现代交流电机的控制原理及DSP实现

马骏杰　高晗璎　尹艳浩　高俊山　编著

北京航空航天大学出版社

内 容 简 介

本书重点介绍了永磁同步电机控制的理论基础及DSP应用技术，主要内容包括电机控制的相关知识、三相永磁同步电机的驱动控制技术、多相永磁同步电机的驱动控制技术及容错控制技术，并提供了完整的电机控制器软硬件设计过程。本书以培养学生能力为主旨，注重理论和实践相结合，在相应章节中不但给出了理论知识，还给出了大量的工程实例及仿真模型，能够极大限度地满足学生对工程实践知识的需要。

本书可作为高等院校本科电力电子与电力传动、自动化、电机、机电一体化专业的“运动控制”、“交流调速”及“创新实践”类课程的教材，也可作为相关专业工程技术人员的参考用书。

图书在版编目(CIP)数据

现代交流电机的控制原理及DSP实现 / 马骏杰等编著
. -- 北京 : 北京航空航天大学出版社，2020.7
ISBN 978-7-5124-3305-2

Ⅰ. ①现… Ⅱ. ①马… Ⅲ. ①交流电机—数字控制系统 Ⅳ. ①TM340.12

中国版本图书馆CIP数据核字(2020)第118143号

现代交流电机的控制原理及DSP实现

马骏杰　高晗璎　尹艳浩　高俊山　编著

责任编辑　刘晓明

*

北京航空航天大学出版社出版发行

北京市海淀区学院路37号(邮编100191)　http://www.buaapress.com.cn

发行部电话:(010)82317024　传真:(010)82328026

读者信箱:emsbook@buaacm.com.cn　邮购电话:(010)82316936

涿州市新华印刷有限公司印装　各地书店经销

*

开本:710×1 000　1/16　印张:22.25　字数:474千字

2020年8月第1版　2020年8月第1次印刷　印数:2 000册

ISBN 978-7-5124-3305-2　定价:69.00元

前　言

本书介绍了现代永磁同步电机的控制理论与DSP实现方法，从三相交流电机入手，介绍了六相、十二相电机的数学模型及控制原理，重点讨论了交流电机矢量控制技术、弱磁控制技术等，并完整地给出了通用型变频器的软硬件设计过程。

全书共分为7章，第1章讨论了应用于逆变器的功率开关器件IGBT的结构特征、缓冲电路及驱动电路的设计，分析了电机控制中常见的PWM技术；第2章系统分析了三相永磁电机的数学模型，探讨了六相及十二相同步电机的理论基础，系统地介绍了多相同步电机数学建模的方法，分析了电机正常工作时、缺相故障工作时的运行状态，给出了基于输出转矩最大方式和基于定子铜耗最小方式的容错控制解决方案。这部分内容是项目组近几年的成果总结，目前国内文献较少讨论，希望能给读者以点滴启示。第3章～第5章讨论了同步电机的矢量控制技术、三相四桥臂冗余控制技术、MTPA技术、弱磁控制技术，并给出了DSP参考代码。第6章～第7章给出了电机控制器的设计过程，手把手指导分析了硬件设计思路及相应的软件编码，内容包含直流电机及异步电机的驱动、发波、闭环调速、显示、保护、通信等多模块DSP设计，希望读者在参考本书内容的基础上可自行设计一台属于自己的小型变频器。本书配套了全数字便携式硬件系统，读者可利用该系统进行二次开发。

本书由哈尔滨理工大学马骏杰、高晗璎、尹艳浩、高俊山编著。其中，高俊山教授编写了第1、5章，高晗璎教授编写了多相电机的内容并提供了第3、4、5章的代码示例，尹艳浩编写了第6章，马骏杰编写了剩余部分并统稿。李永越、刘润杭、郝赫、吕佳奇、周玉、马钧等同学参与了书中图表、文字的整理工作。本书的编写还得到了王振东、王光的技术支持，在此表示衷心感谢！

本书得到了山东省高等学校科技计划项目(J17KB136)、2019 国家级大学生创新创业训练计划项目(201910214004)的资助。在本书的编写过程中,作者参阅了一些优秀的图书和文献资料,在此对这些作品的作者表示感谢。

书中若有疏漏与不当之处,恳请广大读者批评、指正。书中的仿真模型也请读者联系作者或通过微信公众号获取。

作者邮箱:mazhencheng1982@sina.com。

微信公众号

作　者

2020 年 3 月

目　录

第1章

电机控制的关键技术

1.1 IGBT综合应用

1.1.1 IGBT的特征及选型

绝缘栅双极晶体管(Insulated Gate Biplor Transistor,IGBT)相当于由一个MOSFET驱动的GTR。它综合了GTR和MOSFET的优点,即它既具有MOSFET输入阻抗高、开关速度快、热稳定性好、驱动电路简单和驱动功率小的优点,也具有GTR通态压降低、通流能力强的优点。

1. 基本特性

图1-1为IGBT的符号及内部电路结构。IGBT有3个电极,即栅极G、发射极E和集电极C。输入部分是一个MOSFET,图中R_{dr}表示MOSFET的等效调制电阻(即漏极-源极之间的等效电阻R_{DS})。输出部分为一个PNP三极管T_1,此外还有

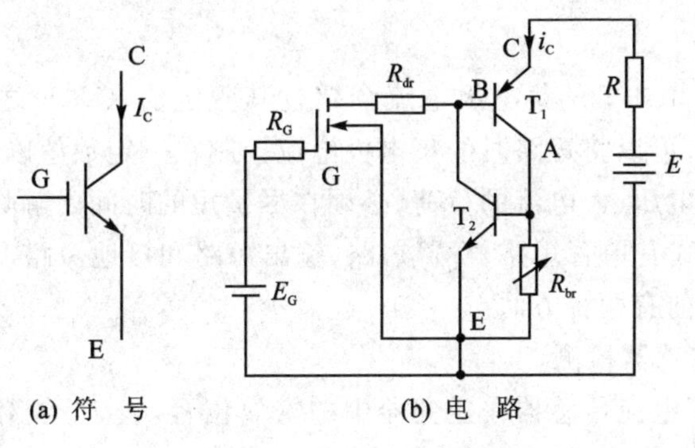

(a) 符　号　　(b) 电　路

图1-1　IGBT符号、电路

一个内部寄生的三极管 T_2(NPN 管),在 NPN 晶体管 T_2 的基极与发射极之间有一个体区电阻 R_{br}。

当栅极 G 与发射极 E 之间的外加电压 $V_{GE}=0$ 时,MOSFET 管内无导电沟道,其调制电阻 R_{dr} 可视为无穷大,$I_C=0$,MOSFET 处于断态。G-E 之间的外加控制电压 V_{GE} 可以改变 MOSFET 导电沟道的宽度,从而改变调制电阻 R_{dr},这就改变了输出晶体管 T_1(PNP 管)的基极电流,控制了 IGBT 管的集电极电流 I_C。当 V_{GE} 足够大时,T_1 饱和导通,IGBT 进入通态。一旦 $V_{GE}=0$,则 MOSFET 由通态转入断态,T_1 截止,IGBT 器件从通态转入断态。

2. 防静电与门极保护

IGBT 模块的 V_{GE} 最大一般为±20 V。此外,IGBT 的门极对静电非常敏感,使用时应遵守以下几点:

① 使用模块时,先让人体和衣服上所带的静电通过高电阻(1 MΩ 左右)接地放电后,再在接地的导电型垫板上进行操作。

② 不要直接触碰 IGBT 控制端子。

③ 对 IGBT 端子进行锡焊作业时,为了避免由电烙铁、电烙铁焊台产生的静电外加到 IGBT 上,电烙铁前端需接地。

④ IGBT 出库时的导电性材料,需要在产品进行电路连接后去除。

【注】当门极-发射极开路,对集电极-发射极间施加电压时,IGBT 可能受损。这是由于集电极电势的变化导致的。为了防止这种损坏的发生,推荐在门极-发射极间连接 10 kΩ(R_{GE})左右的电阻。

3. 保护电路设计

IGBT 可能由于过流、过压等异常情况而受损。因此,在使用 IGBT 的过程中,设计合适的保护电路显得尤为重要。这些保护电路需要在充分了解元件特性的基础上进行设计。如果保护电路与元件特性不匹配,即使安装了保护电路,元件也可能受损。

(1) 短路保护

一旦发生短路,IGBT 的集电极电流会超过其额定值,C-E 之间的电压会急剧增大。根据该特性,可以将短路时的集电极电流控制在一定数值以下,但是 IGBT 上仍然存在外加的高电压、大电流的负荷,必须在尽量短的时间内解除这种负荷。常见的 IGBT 的短路模式有单管短路、桥臂短路、输出短路和接地短路。如何对短路进行有效的检测呢?目前有两种方法。

1) 通过电流传感器检测

图 1-2 显示了电流传感器在逆变器中的安放位置,表 1-1 对各种方法对应的特征和可以检测出的内容进行了说明。

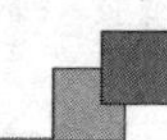

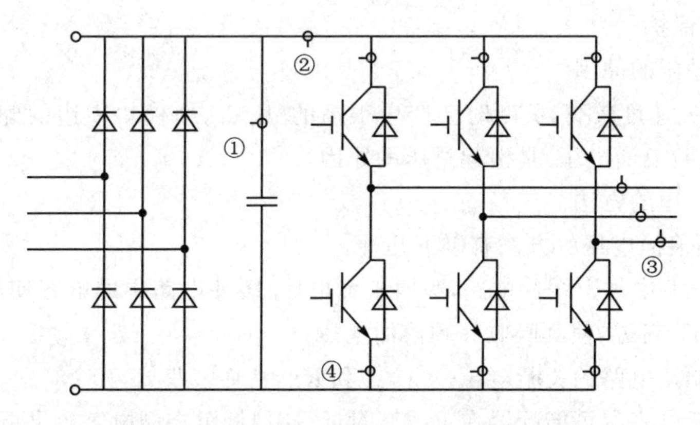

图 1-2　电流传感器在逆变器中的安放位置

表 1-1　各种方法对应的特征和可以检测出的内容

安放位置	特　征	检测内容
①	可使用 CT	单管短路、输出短路、接地短路
②	需使用 Hall	单管短路、输出短路、接地短路
③	可使用 CT	输出短路、接地短路
④	需使用 Hall	单管短路、输出短路、接地短路

2）通过 $V_{CE(sat)}$ 检测

该方法可对表 1-1 中的所有短路事件进行保护，由于从检测出过流事件到进行保护动作都在驱动电路侧进行，因此保护速度能够得到保障。如图 1-3 所示，当开关管的电流变大时，U_{ce} 变大，b 点电位升高，当 b 点电位大于 0.4 V 时，输出 a 点变为低电平，与开关管的 PWM 信号 A 进行“与”运算，输出为低，使开关管关断，起到保护的作用。

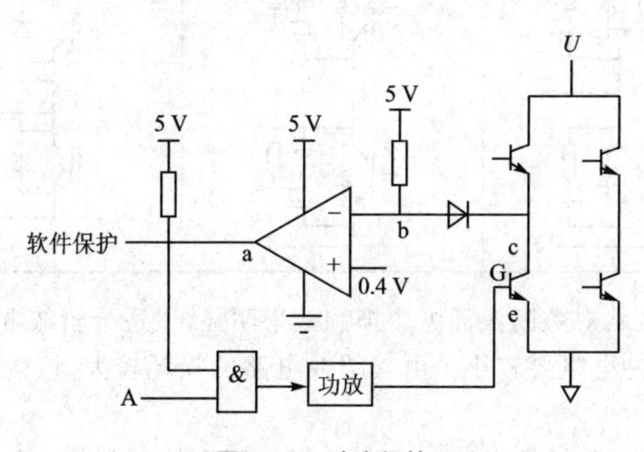

图 1-3　过流保护

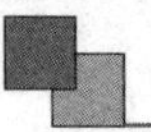

(2) 过压保护

1) 产生过压的原因

IGBT 开关速度较高，关断时会产生很高的 di/dt，由模块周边的配线电感引发的 Ldi/dt(关断浪涌电压)是引起过压的原因。

2) 抑制过压的方法

抑制关断浪涌电压的方法有以下几种：

① 在 IGBT 中加上缓冲电路，吸收浪涌电压，缓冲电路中的电容使用薄膜电容，并配置在 IGBT 附近，使其吸收高频浪涌电压；

② 调整驱动电路的关断电压($-V_{GE}$)和 R_G，从而减小 di/dt；

③ 将电解电容尽可能配置在 IGBT 附近，使用低阻抗型电容效果更佳；

④ 为了减小主电路和缓冲电路的配线电感，配线要更粗、更短，使用铜条效果更佳。

3) 缓冲电路的类型

缓冲电路一般可分为两类：

① 1 对 1 缓冲电路：RC 缓冲电路、充放电型 RCD 缓冲电路、放电阻止型 RCD 缓冲电路；

② 集中式缓冲电路：C 缓冲电路、RCD 缓冲电路。

为简化缓冲电路，采用集中式缓冲电路的情况逐渐增多。表 1-2 列举了部分 1 对 1 缓冲电路的拓扑结构。

表 1-2　部分 1 对 1 缓冲电路的拓扑结构

名　称	RC 缓冲电路	充放电型 RCD 缓冲电路	放电阻止型缓冲电路
拓扑结构	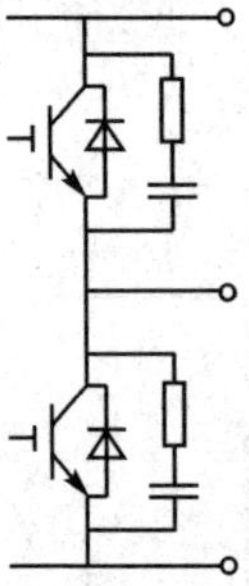	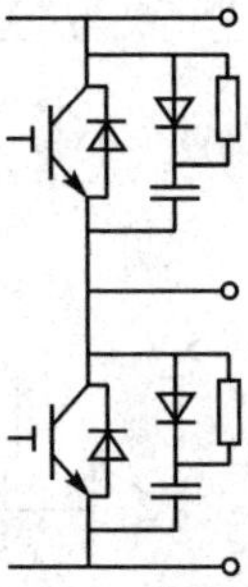	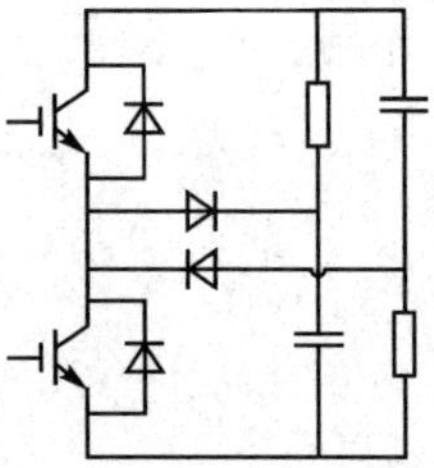

① RC 缓冲电路对关断浪涌电压抑制效果明显，最适合斩波电路。当应用于大容量 IGBT 时，缓冲电阻要较小。由于缓冲电路的损耗较大，该电路不适用于高频场合。

② 充放电型 RCD 缓冲电路对关断浪涌电压有抑制效果。与 RC 缓冲电路不同，由于增加了缓冲二极管，该电路的缓冲电阻可以较大；与放电阻止型 RCD 缓冲电路相比，由于缓冲电路中发生的损耗很大，因此该电路不适用于高频场合。

③ 放电阻止型缓冲电路对关断浪涌电压有抑制效果，最适合高频场合，缓冲电路发生的损耗小。

表 1－3 列举了部分集中式缓冲电路的拓扑结构。

表 1－3　部分集中式缓冲电路的拓扑结构

名　称	RC 缓冲电路	充放电型 RCD 缓冲电路
拓扑结构	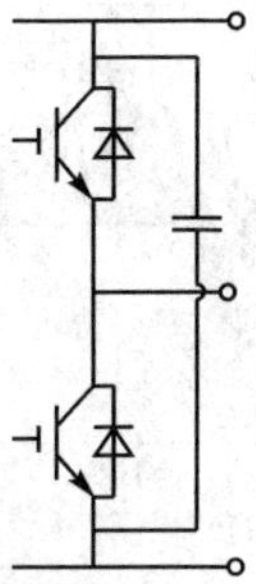	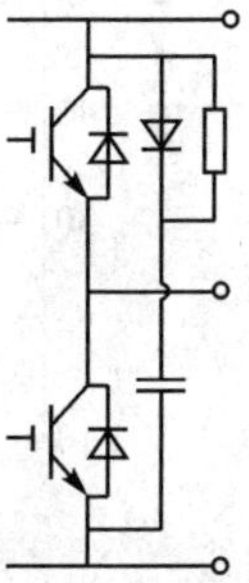

① RC 缓冲电路是最简易的电路，因为主电路电感可与缓冲电容产生 LC 振荡，故母线电压易产生振荡。

② 充放电型 RCD 缓冲电路可以降低母线电压振荡，在母线配线较长的情况下效果更明显；若缓冲二极管选择错误，则会发生高的尖峰电压，或者在缓冲二极管反相恢复时产生电压振荡。

4）EMC 对策

IGBT 开关时产生的高 dv/dt、di/dt 是产生 EMI 的主要原因。图 1－4 为通过加大门极触发电阻，开关特性得以柔性化的示例。如果门极电阻增大到标准门极电阻的 2 倍左右，则能使 EMI 降低 10 dB 以上，但开关损耗有增加的趋势。另外，表 1－4 给出了降低 EMI 的一些方法。

表 1－4　放射性 EMI 杂波的对策实例

对　策	内　容
重新设定驱动条件	门极驱动电阻增大到标准值的 2～3 倍，但可能使开关损耗变大，开关时间变长
	门极-发射极之间接小容量的电容，但可能使开关损耗变大，开关时间变长
缓冲电容与模块进行短距离连接	尽可能与模块的端子连接，对抑制浪涌电压有一定效果
降低配线电感	将直流母线配置为铜条，降低电感，对抑制浪涌电压有一定效果
滤波器	在装置的输入/输出端连接滤波器
屏蔽线	降低电缆本身的放射性杂波
外壳金属化	使外壳金属化，抑制来自装置的杂波

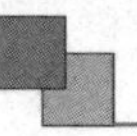

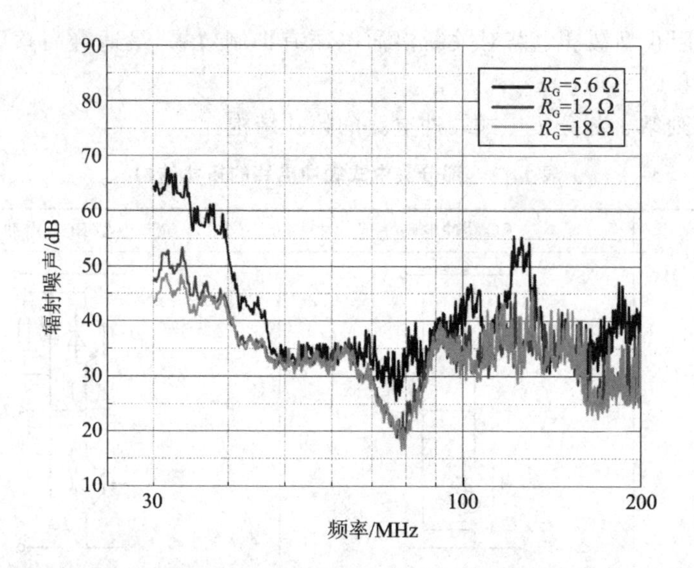

图 1-4　增大触发电阻,EMI 变化的示例

4. IGBT 的并联及降额

(1) IGBT 的并联使用

在很多大功率应用场合,常将多个中、小功率的 IGBT 模块并联使用,以降低系统的硬件成本。

IGBT 并联使用的突出问题是均流。一般要求饱和压降 $V_{CE(sat)}$ 偏差不要超过 15%,阈值电压 $V_{GE(th)}$ 偏差不要超过 10%。此外,驱动电阻应分立,以防止出现振荡。驱动电路、发射极的弥散电感对并联影响尤其重要,应尽可能地对称。并联的 IGBT 应使用同一散热器。尽管采取了以上的措施,并联器件的不均流问题仍不能完全排除。

此外,推荐使用同一厂家的产品且并联使用,这样可以基本排除交流参数对均流的不良影响。

(2) IGBT 的降额使用

器件降额使用的主要目的是保证器件应用的可靠性。IGBT 的降额要求有电压、电流、温度三类应力考核点,其中电压应力分为集电极电压应力和栅极电压应力,电流应力分为平均电流应力和脉冲电流应力,温度应力分为壳温应力和结温应力。

1.1.2　驱动电路设计

1. 驱动要求

IGBT 的驱动方式从易到难分为直接驱动、电流源驱动、双电源驱动、隔离驱动(又分为变压器隔离与光电隔离)、集成模块驱动。在需要有延迟开通功能时多采用光电隔离驱动或集成模块驱动方式。驱动电路一般考虑以下几点:

① 栅极-发射极之间应设计齐纳二极管；

② 驱动电路布线必须进行适当的接地，驱动电流导线尽可能短；

③ 避免主电路与驱动电路相交；

④ 驱动电源两端须有高频旁路方式，并尽可能接近驱动电路；

⑤ 必要时设计高压电平偏转电路和单电源驱动自举电路。

对于IGBT的驱动，主要关心三个参数，即门极正偏电压、门极反偏电压和门极驱动电阻。

(1) 门极正偏电压：$+V_{GE}$(导通)

门极正偏电压($+V_{GE}$)的推荐值为+15 V，设计时应注意：

① 电源电压的波动推荐在±10%范围内。

② 导通时的C-E饱和电压($V_{CE(sat)}$)随$+V_{GE}$变化，$+V_{GE}$越高，饱和电压越低。

③ $+V_{GE}$越高，开通时间越短和损耗越小，开通时越容易产生浪涌电压。

④ IGBT断开时，由于反向恢复时dv/dt也会发生误动作，形成脉冲状的集电极电流，从而会产生不必要的发热。这种现象被称为dv/dt误触发，$+V_{GE}$越高，越容易发生。

⑤ $+V_{GE}$越高，短路最大耐受量越小。

(2) 门极反偏电压：$-V_{GE}$(关断)

门极反偏电压($-V_{GE}$)的推荐值为$-5\sim-15$ V。设计时应注意：

① 电源电压的波动推荐在±10%范围内。

② IGBT的关断特性依赖于$-V_{GE}$，尤其是集电极电流。因此$-V_{GE}$越大，关断时间越短和损耗越小。

③ dv/dt误触发在$-V_{GE}$较小的情况下也会发生，所以至少需设定在-5 V以上。当门极配线较长时更要注意。

(3) 门极驱动电阻：R_G

门极驱动电阻(R_G)设计时应注意：

① R_G越大，IGBT的开关时间越长和开关损耗越大，但浪涌电压越小。

② dv/dt误触发在R_G较大时变得不太容易发生。

③ 当R_G为标准门极电阻值($T_j=25$ ℃)时，电流限制最小值为额定电流值的2倍左右。

2. 驱动电路的具体实例

(1) 采用光耦驱动的分立器件

TLP250是常见的IGBT驱动光耦，它由一个发光二极管和一个集成光电检测器组成。由TLP250构成的两种基本的IGBT驱动电路如图1-5所示。使用TLP250时必须在8、5脚之间并联一个0.1 μF的旁路电容。该驱动电路轻便、小巧、便宜，但不具备过电流、短路、过电压、欠电压等保护功能。

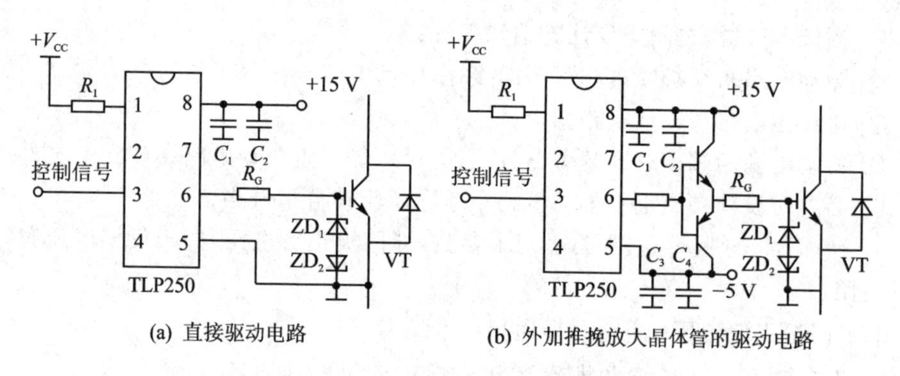

(a) 直接驱动电路　　(b) 外加推挽放大晶体管的驱动电路

图 1－5　TLP250 构成的两种 IGBT 驱动电路

(2) 采用 IGBT 驱动芯片

EXB 系列集成驱动器是结合 IGBT 模块的特点而研发的专用集成驱动器，EXB840/841 是高速型，其最高工作频率为 40 kHz。EXB 系列驱动器内部具有高隔离电压的光耦，进行信号隔离。

EXB841 的原理图如图 1－6 所示，EXB841 内部集成了放大单元、过流保护单元和 5 V 电压基准单元。放大单元由 TLP550、VT_2、VT_4、VT_5、R_1、C_1、R_2 和 R_9 组成。其中 TS01 起隔离作用，VT_2 是中间级，VT_4 和 VT_5 组成推挽输出。

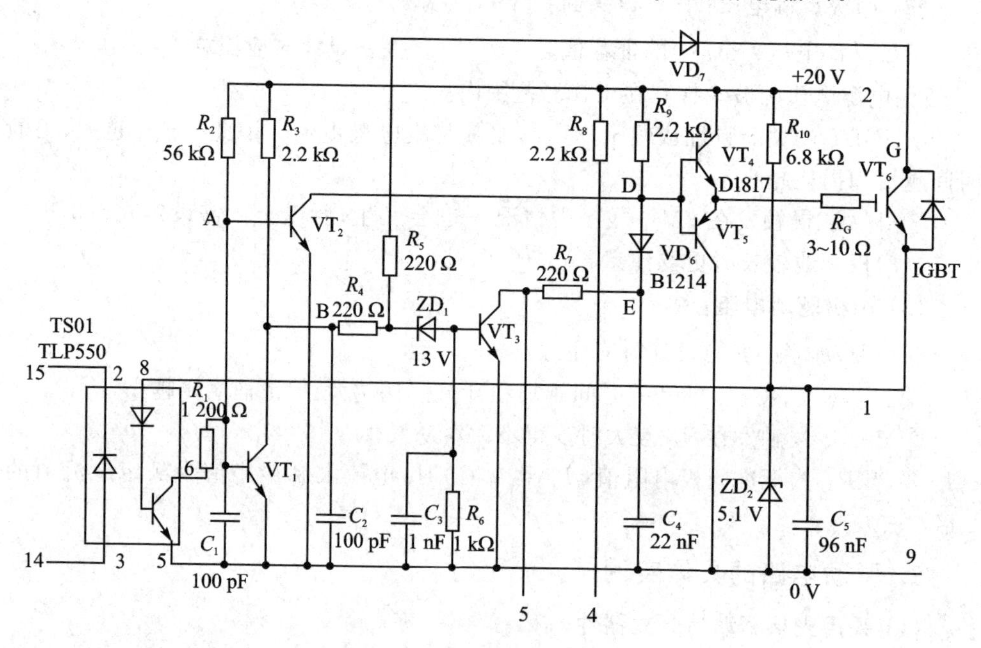

图 1－6　EXB841 的原理图

过流保护单元由 VT_1、VT_3、VD_6、ZD_1、C_2、R_3、R_4、R_5、R_6、C_3、R_7、R_8 及 C_4 等组成，实现过流检测和延时保护功能。EXB841 的 6 脚通过快速二极管 VD_7 接至

IGBT的集电极，它通过检测电压U_{CE}的高低来判断是否发生短路。5 V电压基准单元由R_{10}、VD_2和C_5组成，既为关断IGBT时提供−5 V反压，同时也为输入TS01提供电源。

1）正常开通过程

当控制电路使EXB841的输入端14脚和15脚有10 mA的电流流过时，光耦TS01就会导通，A点电位迅速下降至0 V，使VT_1和VT_2截止。VT_2的截止使D点电位上升至20 V，VT_4导通，VT_5截止，EXB841通过VT_4及栅极电阻R_G向IGBT提供电流，使之迅速导通，U_C下降至3 V。与此同时，VT_1的截止使+20 V电源通过R_3向电容C_2充电，这时B点电位上升，由0 V上升到13 V。

IGBT延迟约1 μs后导通，U_{CE}下降至3 V，从而将EXB841的6脚电位钳制在8 V左右，因此B点和C点的电位不会到13 V，而是上升到8 V左右，这个过程持续时间为1.24 μs。因稳压管ZD_1的稳压值为13 V，IGBT正常开通时不会被击穿，VT_3不导通，E点电位仍为20 V左右，二极管VD_6截止，不影响VT_4和VT_5的正常工作。

2）正常关断过程

当控制电路使EXB841的输入端14脚和15脚无电流流过时，TS01不通，A点电位上升，使VT_1和VT_2导通。VT_2的导通使VT_4截止、VT_5导通，IGBT栅极电荷通过VT_5迅速放电，使EXB841的3脚电位迅速下降至0 V（相对于EXB841的1脚低5 V），使IGBT可靠关断，U_{CE}迅速上升，使EXB841的6脚“悬空”。与此同时，VT_1导通，C_2通过VT_1更快放电，将B点和C点的电位钳制在0 V，使ZD_1仍不导通，IGBT正常关断。

3）保护过程

若IGBT已正常导通，则VT_1和VT_2截止，VT_4导通、VT_5截止，B点和C点电位稳定在8 V左右，ZD_1不被击穿，VT_3不导通，E点电位保持为20 V，二极管VD_6截止。若此时发生短路，IGBT承受大电流而退饱和，U_{CE}上升很多，二极管VD_7截止，则EXB841的6脚“悬空”，B点和C点电位开始由8 V上升。当上升至13 V时，ZD_1被击穿，VT_3导通，C_4通过R_7和VT_3放电，E点电位逐步下降。二极管VD_6导通时，D点电位也逐步下降，从而使EXB841的3脚电位也逐步下降，缓慢关断IGBT。B点和C点电位由8 V上升到13 V，E点电位由20 V下降到3.6 V。

此时慢关断过程结束，IGBT栅极上所受偏压为0 V（设VT_3的压降为0.3 V，VT_5和VT_6的压降为0.7 V），这种状态一直持续到控制信号使光耦TS01截止为止。此时VT_1和VT_6导通，VT_2的导通使D点电位下降到0 V，从而使VT_4完全截止，VT_5完全导通，IGBT栅极所受偏压由慢关断时的0 V迅速下降到−5 V，IGBT完全关断。VT_1的导通使C_2迅速放电，VT_3截止，20 V电源通过R_8对C_4充电，则E点电位由3.6 V上升至19 V。至此，EXB841完全恢复到正常状态，可以进行正常的驱动。

应用 EXB841 设计驱动电路时应注意以下几个方面：

① EXB841 只有 1.5 μs 的延时，慢关断动作时间约为 8 μs。

② 由于仅有 1.5 μs 的延时，只要大于 1.5 μs 的过流都会使慢关断电路工作。由于慢关断电路的放电时间常数 τ_2 较小，充电时间常数 τ_3 较大，两者相差 10 倍，因此慢关断电路一旦工作，即使短路现象很快消失，EXB841 中的 3 脚输出电压也难以达到 $U_{CE}=+15$ V 的正常值。如果 EXB841 的 C_4 已放电至终了值(3.6 V)，则它被充电至 20 V 的时间约为 140 μs，与本脉冲关断时刻相距 140 μs 以内的所有后续脉冲正电平都不会达到 $U_{CE}=+15$ V，即慢关断不仅影响本脉冲，而且可能影响后续的脉冲。

③ 光耦 TS01 由 +5 V 稳压管供电，但由于 EXB841 的 1 脚接在 IGBT 的 E 极，IGBT 的开通和关断会造成其电位很大的跳动，可能会有浪涌尖峰，这无疑对 EXB841 的可靠运行不利。另外，从其 PCB 实际走线来看，光耦阴极的 8 脚到稳压管 ZD_2 的走线很长，而且很靠近输出级(VT_4、VT_5)，易受干扰。

④ IGBT 开通和关断时，稳压管 ZD_2 易受浪涌电压和电流冲击，易损坏。另外，从 PCB 实际走线看，ZD_2 的限流电阻 R_{10} 的两端分别接在 EXB841 的 1 脚和 2 脚上，在实际电路测试时易被示波器探头等短路，从而可能损坏 ZD_2，使 EXB841 不能继续使用。

EXB841 的应用电路如图 1－7 所示，其中 C_1(47 μF)电容器不是电源滤波电容器，其功能是抑制由供电电源接线阻抗变化引起的供电电压变化。

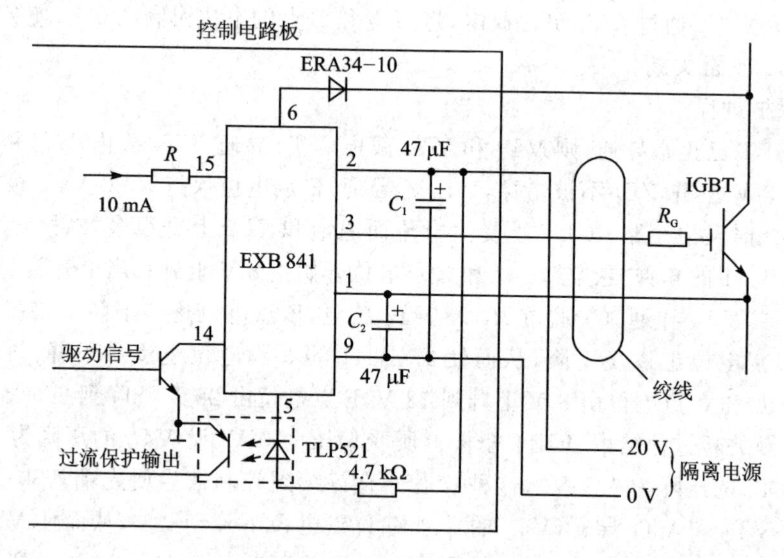

图 1－7　EXB841 的应用电路

采用常规光电隔离驱动多个 IGBT 时，需要多个辅助电源，增加了系统的成本。而采用自举驱动技术时，就会有效地节省电源。

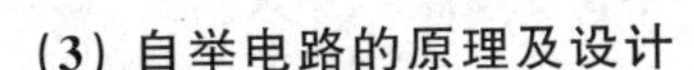

(3) 自举电路的原理及设计

下面以图1-8所示逆变电路为例，介绍自举驱动电路，有助于读者对自举电路的理解。驱动电路的设计需要考虑上桥驱动电源的浮地问题。解决方法有两种：一是多电源驱动方式，缺点是增加了电源数量；二是采用自举技术，如图1-9所示，其中V_1、V_2的$A_上$、$A_下$的驱动逻辑相同，D_1为自举二极管、C为自举电容。

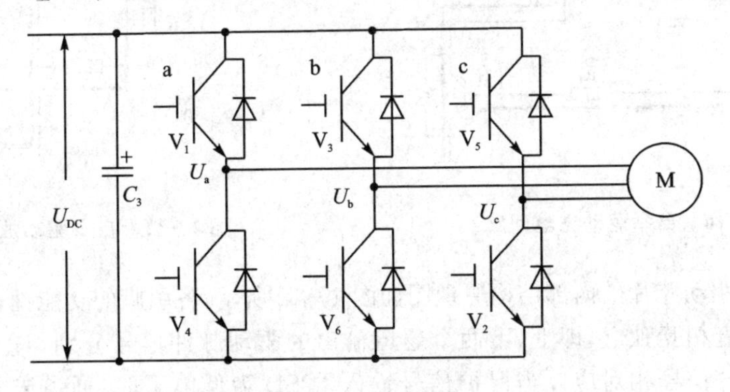

图1-8 逆变电路

1）自举电容充电过程

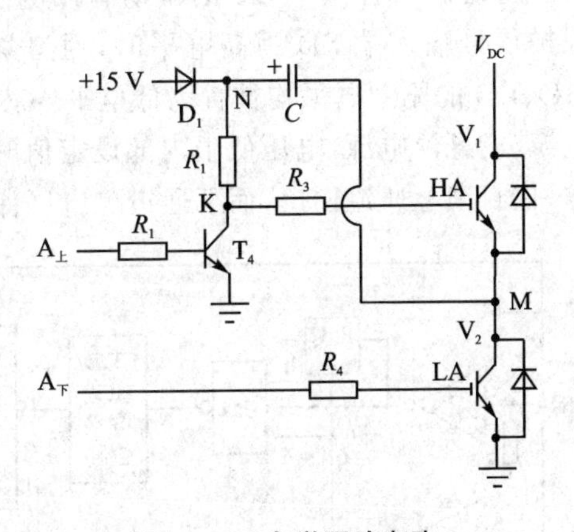

图1-9 自举驱动电路

充电回路如图1-10所示，此时$A_上=A_下=1$，T_4导通，K点为0，上管V_1开路，下管V_2导通，稳态时电容C的电压为+15 V(左正、右负)，此时M点电压=0 V。

2）自举电容放电过程

放电回路如图1-11所示，此时$A_上=A_下=0$，T_4关断，此时K点为1，下管V_2关断，功率管V_1通过图1-11所示放电回路将C上的+15 V电压加到V_1的G、S两端，V_1导通，此时M点电压为V_{DC}，N点电压为V_{DC}+15 V，自举二极管承受的电压为V_{DC}(右正、左负)。

综上，自举电容的作用是为上管导通提供能量；自举二极管是为承担下管V_2关断、上管V_1导通，N点由于M点为V_{DC}时所要承受的高压(V_{DC}+15 V)，此时自举二极管承受的电压数值为V_{DC}(右正、左负)，可见其起到了平衡的作用，平衡掉二极管左、右之间的压差，这是电路设计中“和谐”思想的体现。

IR2110是美国IR公司推出的一种双通道高压、高速电压型功率开关器件栅极驱动芯片，具有自举浮动电源，驱动电路非常简单，只用一路电源即可同时驱动上、下桥臂。

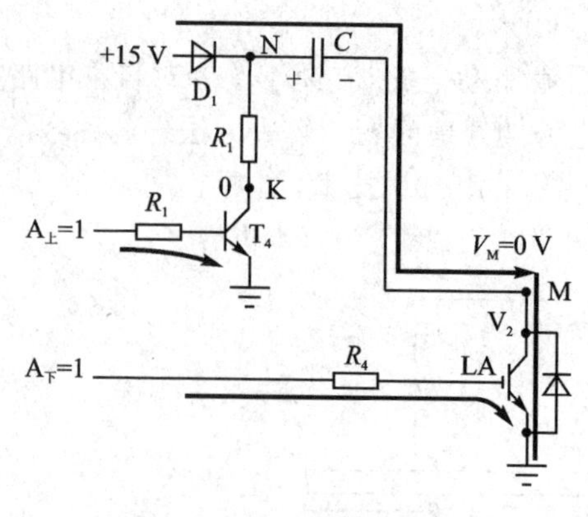

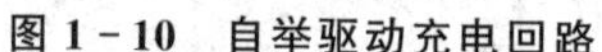
图 1－10　自举驱动充电回路

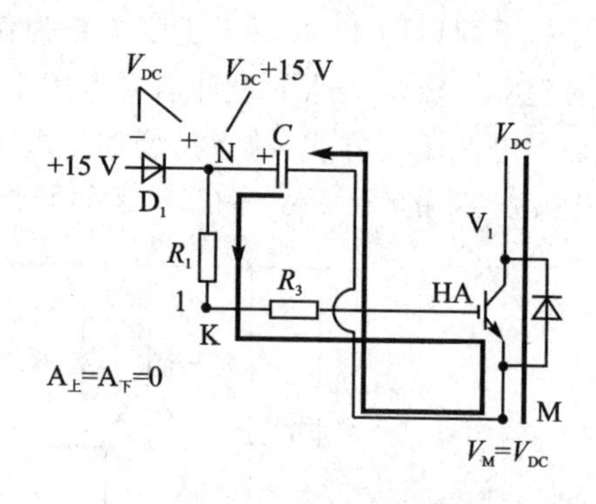

图 1－11　自举驱动放电回路

IR2110 驱动芯片的内部结构原理图如图 1－12 所示，各引脚的功能见表 1－5。芯片的两个通道相互独立，即上、下两个通道输出的驱动脉冲信号分别与上、下两个通道输入的脉冲信号相对应。当保护信号输入端 SD 为低电平时，通道未封锁，上、下两个通道输出端 HO、LO 的驱动脉冲电平分别跟随输入端 HIN 及 LIN 的变化；当保护信号输入端 SD 为高电平时，通道均被封锁，通道输入信号无效，通道输出端 HO、LO 的驱动电平均被置为低电平。芯片上、下通道具有电源欠电压检测电路，当电源（或悬浮电源）电压低于内部设定值时，欠电压保护动作。上通道欠电压保护动作，仅封锁上通道输出；而下通道欠电压保护动作，上下通道输出均封锁。

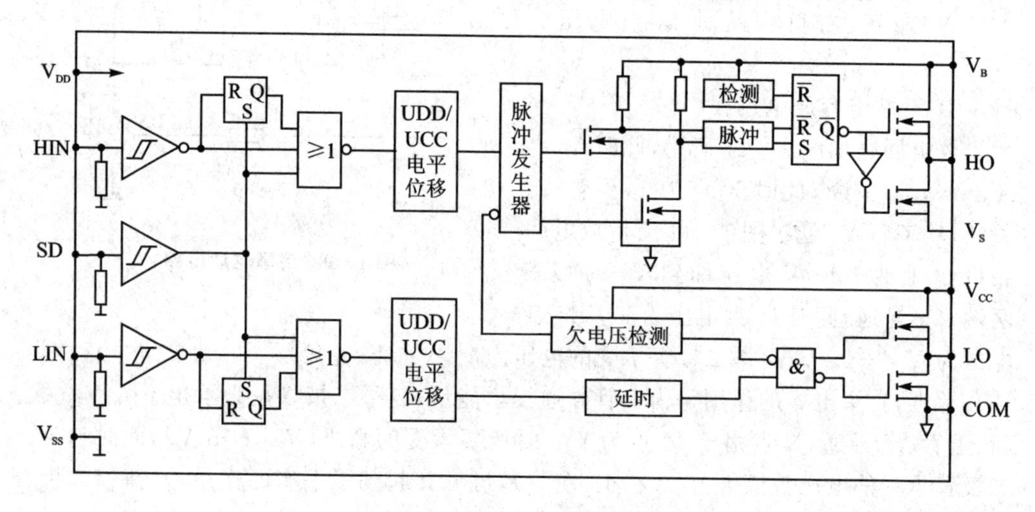

图 1－12　IR2110 内部结构原理图

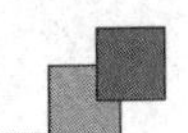

表 1-5 IR2110 各引脚的名称、功能或用法

引 脚	名 称	功能或用法
LO	下通道驱动信号输出端	与桥臂下桥 MOSFET 的门极相连
COM	下通道驱动输出参考地	与 V_{SS} 和低端 MOSFET 的源极相连
V_{CC}	下通道输出级电源输入端	接用户提供的输出级电源正极，且通过一个电容接引脚 2
V_S	上通道驱动输出参考地	与高端 MOSFET 的源极相连
V_B	上通道输出级电源输入端	通过一个高反压快恢复二极管反向连接到 V_{CC}，且通过一个电容连接到引脚 5
HO	上通道驱动信号输出端	与桥臂上桥 MOSFET 的门极相连
V_{DD}	芯片输入级工作电源	可与 V_{CC} 使用同一电源，也可使用两个独立电源
HIN	上通道脉冲信号输入端	接用户脉冲形成部分的上路输出
SD	保护信号输入端	SD 接高电平时驱动输出全被封锁，接低电平时解除封锁。与用户故障（过电流、过电压）保护电路的输出相连
LIN	下通道脉冲信号输入端	接用户脉冲形成部分的下路输出
V_{SS}	芯片工作参考地	接至供电电源的地

IR2110 的典型应用电路如图 1-13 所示。

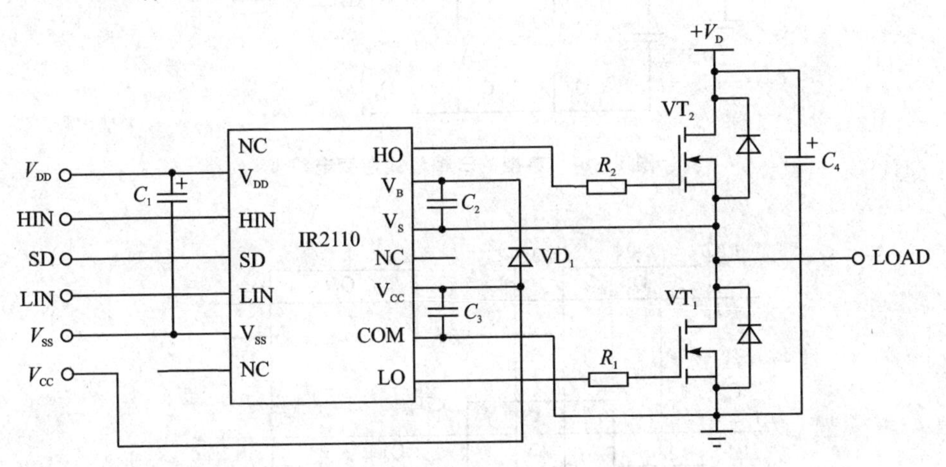

图 1-13 IR2110 典型应用电路

图 1-13 中，V_{DD} 采用 5～20 V 电源，适用于 TTL 或 CMOS 逻辑信号输入，V_{CC} 为 10～20 V 的门极驱动电源。由于 V_{SS} 可与 COM 连接，故 V_{CC} 与 V_{DD} 可共用同一个典型值为+15 V 的电源。C_2 为自举电容，V_{CC} 经 VD_1、C_2 负载、VT_2 给 C_2 充电，以确保 VT_2 关闭、VT_1 开通时，VT_1 管的栅极靠 C_2 上足够的储能来驱动，从而实现自举式驱动。

1.2 逆变器及其 PWM 生成技术

1.2.1 三相电压源型逆变器

1. 基本原理

图 1-14 是应用非常广泛的三相桥式逆变电路。每个桥臂按 180°导电方式且相位上互差 120°进行驱动,则任何时刻均有三个开关管同时导通,且它们的切换顺序按照图 1-15 所示的开关编号的顺序 123→234→345→456→561→612→ 123 进行。这种开关方式的逆变器称为方波逆变器,其中输出电压的幅度保持恒定,而只能控制改变它的频率。

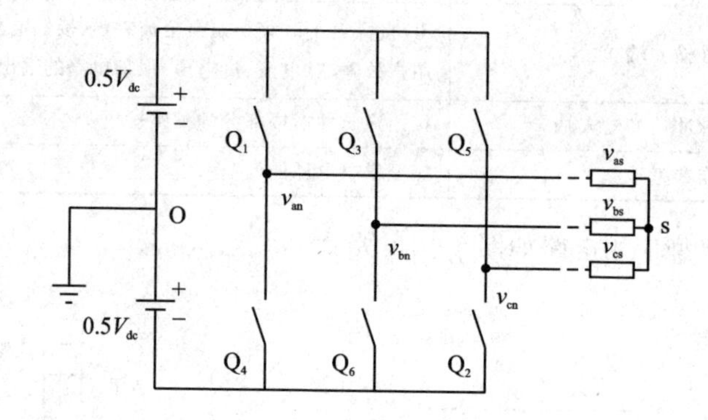

图 1-14 典型的三相桥式逆变电路

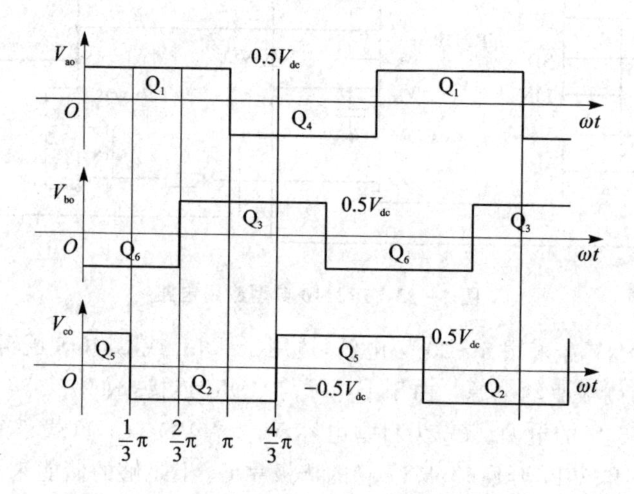

图 1-15 三相逆变器桥臂输出电压

由此，可获得图1-16所示的脉宽为120°、幅值为V_{dc}、彼此互差120°的输出线电压波形($V_{ab}=V_{an}-V_{bn}$)，这种波形通常也称为120°方波。

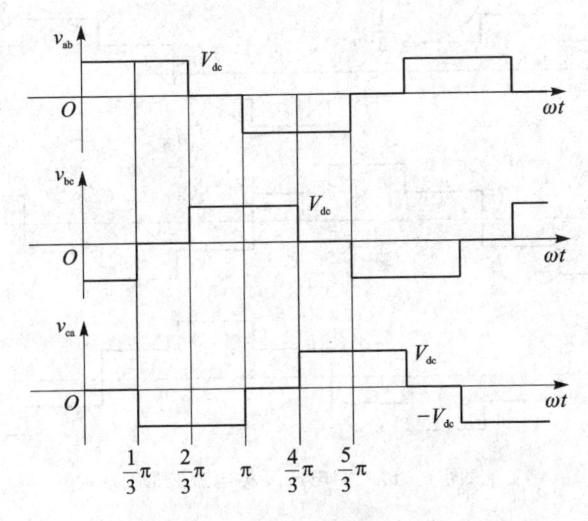

图1-16　三相逆变器的线电压

假设逆变器输出接平衡的Y形负载，如图1-14所示，则负载的相电压可表示为

$$\left.\begin{aligned} v_{as}&=\frac{1}{3}(v_{ab}-v_{ca}) \\ v_{bs}&=\frac{1}{3}(v_{bc}-v_{ab}) \\ v_{cs}&=\frac{1}{3}(v_{ca}-v_{bc}) \end{aligned}\right\} \tag{1-1}$$

相电压也可以直接从逆变器的开关状态获得。例如图1-15中的$\left[0,\frac{1}{3}\pi\right]$，其中$Q_5$、$Q_6$和$Q_1$三个器件导通，此时相电压为

$$v_{as}=\frac{1}{3}V_{dc},\quad v_{bs}=-\frac{2}{3}V_{dc},\quad v_{cs}=\frac{1}{3}V_{dc}$$

再比如图1-15的$\left[\frac{1}{3}\pi,\frac{2}{3}\pi\right]$，其中$Q_6$、$Q_1$和$Q_2$三个器件导通，此时相电压为

$$v_{as}=\frac{2}{3}V_{dc},\quad v_{bs}=-\frac{1}{3}V_{dc},\quad v_{cs}=-\frac{1}{3}V_{dc}$$

按照上述方法可以获取其他区间的相电压，如图1-17所示，这种类型的逆变器通常被称为六步逆变器。当这些方波电压施加到电机等感性负载时，负载电流并不是方波，因为所包含的谐波已被滤除。

设S_a、S_b、S_c分别为a、b、c桥臂的开关函数，并定义当上管开通时为1，下管开通时为0。因此，三相逆变器仅有8种开关组合。表1-6根据这些开关状态给出了三相逆变器桥臂电压和负载电压。

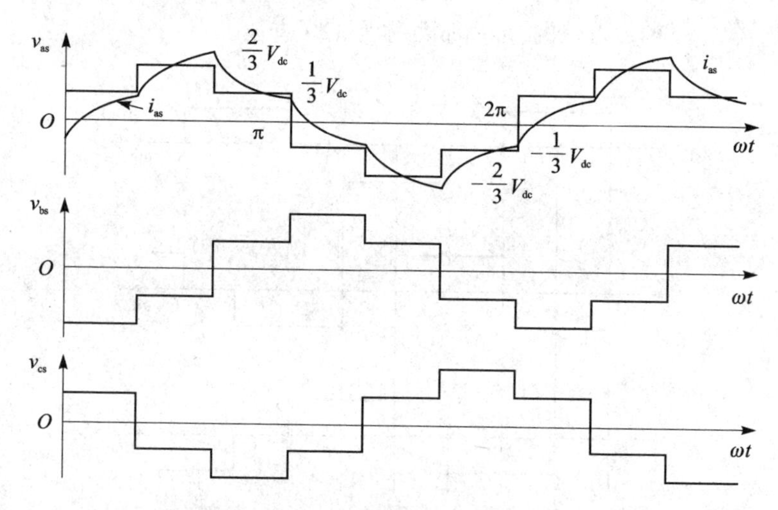

图 1-17　相电压及相电流波形

表 1-6　三相逆变器桥臂电压和负载电压

开关状态(S_a、S_b、S_c)			桥臂输出电压(v_{an}、v_{bn}、v_{cn})			相电压(v_{as}、v_{bs}、v_{cs})		
0	0	0	$-\frac{1}{2}V_{dc}$	$-\frac{1}{2}V_{dc}$	$-\frac{1}{2}V_{dc}$	0	0	0
0	0	1	$-\frac{1}{2}V_{dc}$	$-\frac{1}{2}V_{dc}$	$\frac{1}{2}V_{dc}$	$-\frac{1}{3}V_{dc}$	$-\frac{1}{3}V_{dc}$	$\frac{2}{3}V_{dc}$
0	1	0	$-\frac{1}{2}V_{dc}$	$\frac{1}{2}V_{dc}$	$-\frac{1}{2}V_{dc}$	$-\frac{1}{3}V_{dc}$	$\frac{2}{3}V_{dc}$	$-\frac{1}{3}V_{dc}$
0	1	1	$-\frac{1}{2}V_{dc}$	$\frac{1}{2}V_{dc}$	$\frac{1}{2}V_{dc}$	$-\frac{2}{3}V_{dc}$	$\frac{1}{3}V_{dc}$	$\frac{1}{3}V_{dc}$
1	0	0	$\frac{1}{2}V_{dc}$	$-\frac{1}{2}V_{dc}$	$-\frac{1}{2}V_{dc}$	$\frac{2}{3}V_{dc}$	$-\frac{1}{3}V_{dc}$	$-\frac{1}{3}V_{dc}$
1	0	1	$\frac{1}{2}V_{dc}$	$-\frac{1}{2}V_{dc}$	$\frac{1}{2}V_{dc}$	$\frac{1}{3}V_{dc}$	$-\frac{2}{3}V_{dc}$	$\frac{1}{3}V_{dc}$
1	1	0	$\frac{1}{2}V_{dc}$	$\frac{1}{2}V_{dc}$	$-\frac{1}{2}V_{dc}$	$\frac{1}{3}V_{dc}$	$\frac{1}{3}V_{dc}$	$-\frac{2}{3}V_{dc}$
1	1	1	$\frac{1}{2}V_{dc}$	$\frac{1}{2}V_{dc}$	$\frac{1}{2}V_{dc}$	0	0	0

由相应的开关函数，逆变器的输出电压为

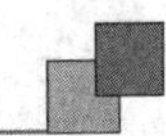

$$\left.\begin{aligned} V_{an} &= V_{dc}\left(S_a - \frac{1}{2}\right) \\ V_{bn} &= V_{dc}\left(S_b - \frac{1}{2}\right) \\ V_{cn} &= V_{dc}\left(S_c - \frac{1}{2}\right) \end{aligned}\right\} \tag{1-2}$$

进一步可得

$$V_{an} + V_{bn} + V_{cn} = V_{as} + V_{bs} + V_{cs} + 3V_{sn} \tag{1-3}$$

对于具有浮动中性点的平衡Y形连接负载,三相电压之和为零,即 $v_{as}+v_{bs}+v_{cs}=0$。因此,中性电压 v_{sn} 为逆变器输出电压的平均值:

$$v_{sn} = \frac{1}{3}(v_{an} + v_{bn} + v_{cn}) = \frac{V_{dc}}{3}\left(S_a + S_b + S_c - \frac{3}{2}\right) \tag{1-4}$$

通过将该中性电压代入,得到用开关函数表示的三相逆变器相电压

$$\left.\begin{aligned} v_{as} &= \frac{V_{dc}}{3}(2S_a - S_b - S_c) \\ v_{bs} &= \frac{V_{dc}}{3}(2S_b - S_a - S_c) \\ v_{cs} &= \frac{V_{dc}}{3}(2S_c - S_b - S_a) \end{aligned}\right\} \tag{1-5}$$

2. 仿真分析

图1-18为六步逆变器仿真模型。

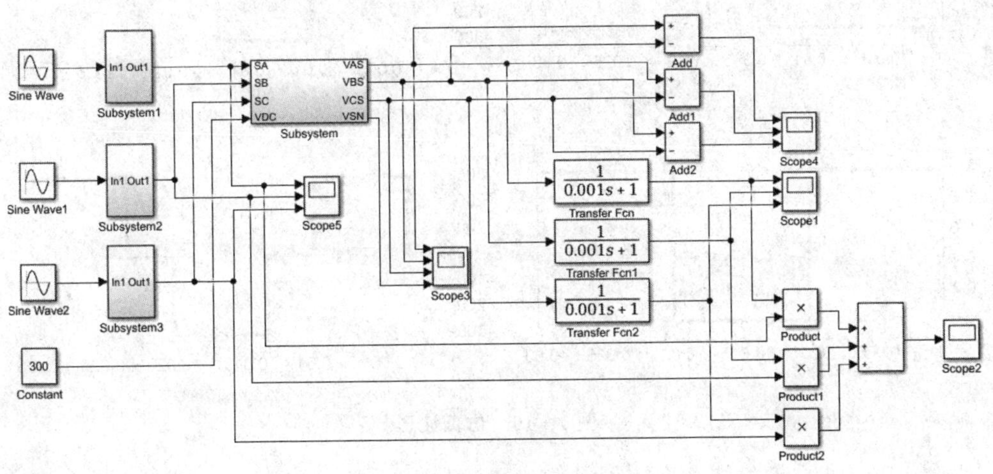

(a) 仿真模型总体框图

图1-18 六步逆变器仿真模型

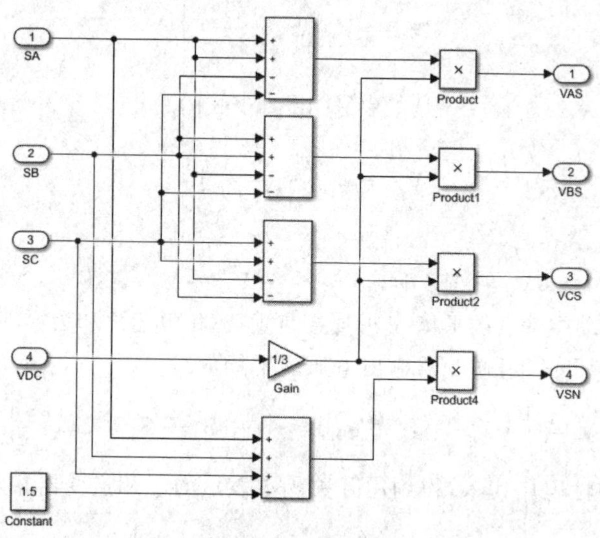

(b) Subsystem内部结构

图 1-18　六步逆变器仿真模型(续)

仿真波形如图 1-19 所示。

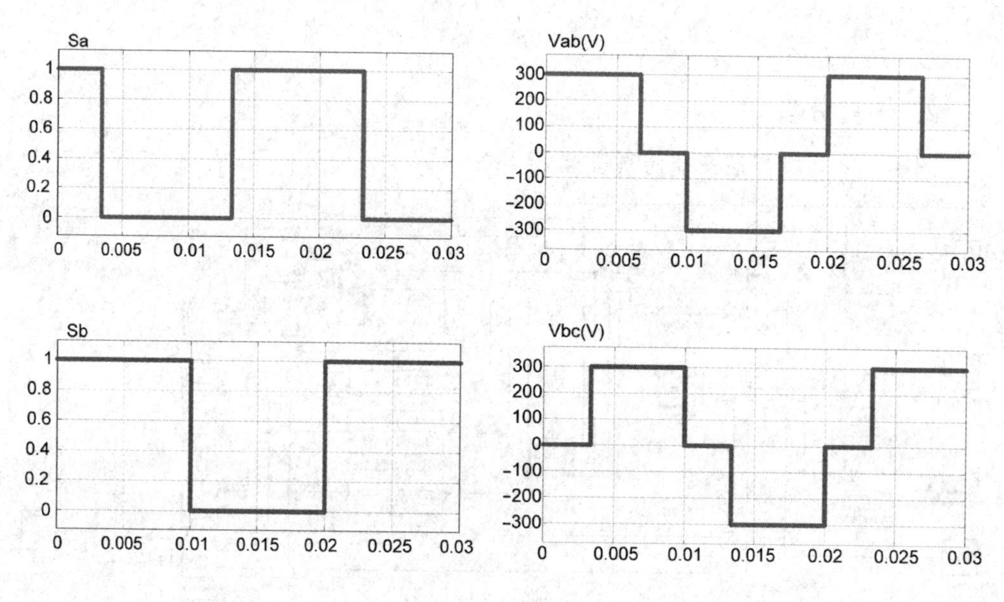

图 1-19　仿真波形

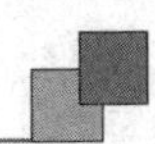

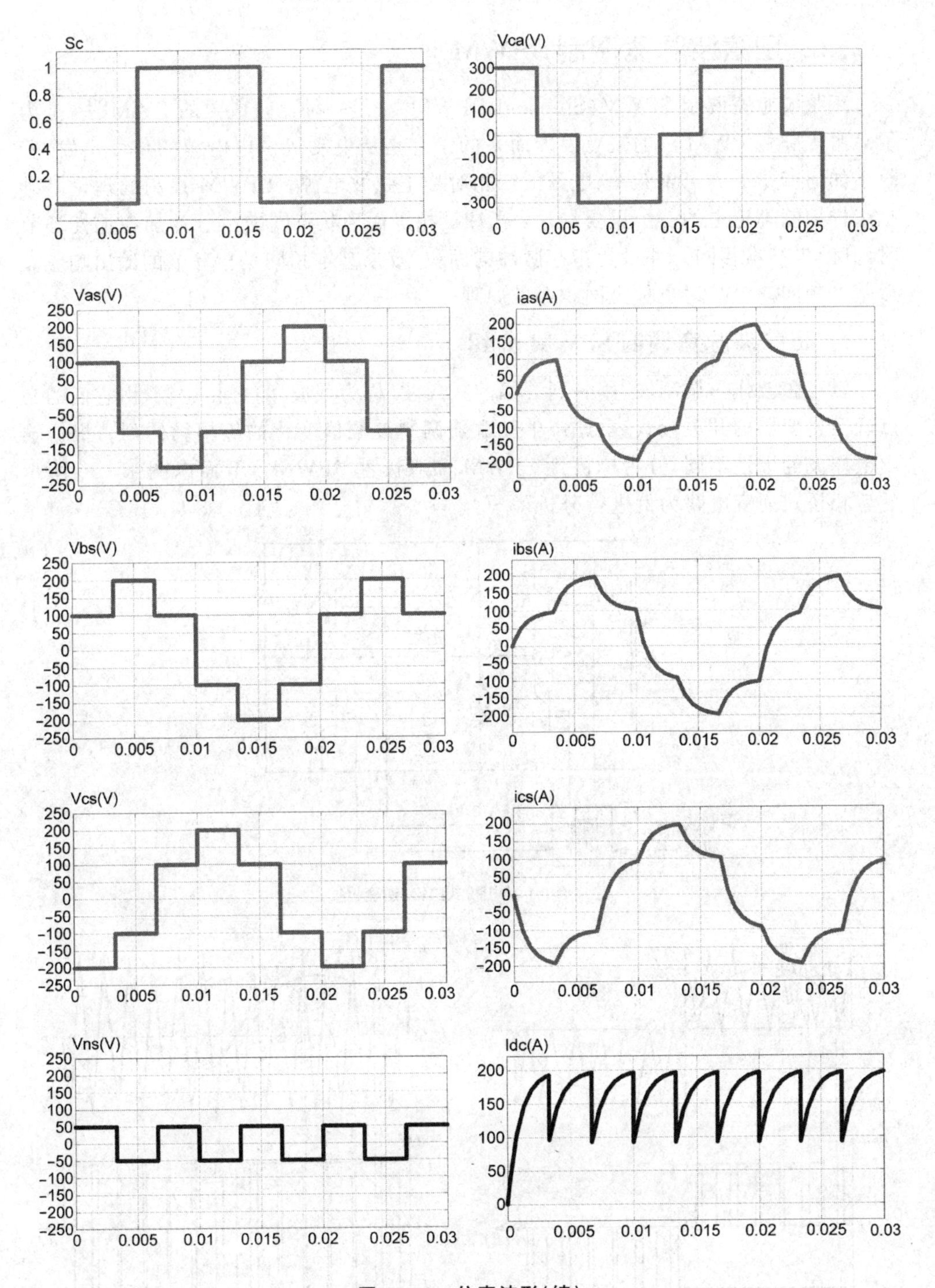
Sc
Vca(V)
Vas(V)
ias(A)
Vbs(V)
ibs(A)
Vcs(V)
ics(A)
Vns(V)
Idc(A)
0
0.005
0.01
0.015
0.02
0.025
0.03

图 1-19 仿真波形(续)

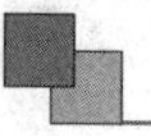

1.2.2　正弦波脉宽调制 SPWM

正弦波脉宽调制 SPWM(Sinusoidal PWM)法是一种比较成熟的 PWM 法,是为了克服等脉宽 PWM 法的缺点发展而来的。它是从电动机供电电源的角度出发,着眼于如何产生一个可调频率、电压的三相对称正弦波电源。SPWM 控制的理论基础是采样控制理论中的一个重要结论:当冲量相等而形状不同的窄脉冲加在惯性环节时,其效果基本相同。冲量是指窄脉冲的面积,效果基本相同是指环节的输出响应波形基本相同。该结论也称为面积等效原理。

1. 正弦波脉宽调制 SPWM 介绍

以正弦波作为调制波,用一列等幅的三角波(称为载波)与之相比较,由它们的交点确定逆变器的开关模式,由此产生脉宽随调制波幅值变化的等幅脉冲列。根据输出电压波的极性不同,分为单极性 SPWM 和双极性 SPWM。下面以图 1-20 所示的单相桥式逆变电路为例进行分析。

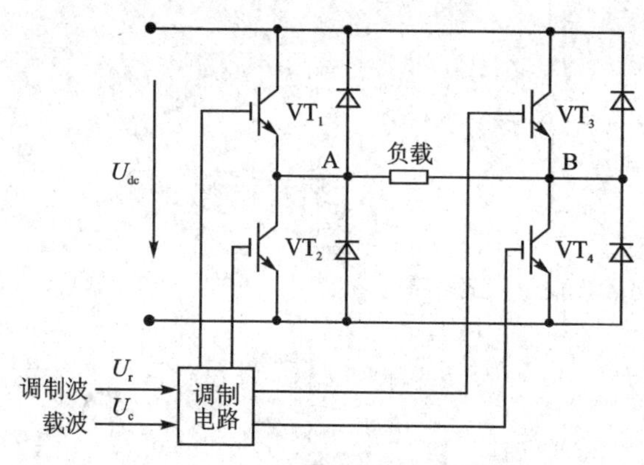

(a) 单相桥式PWM逆变器

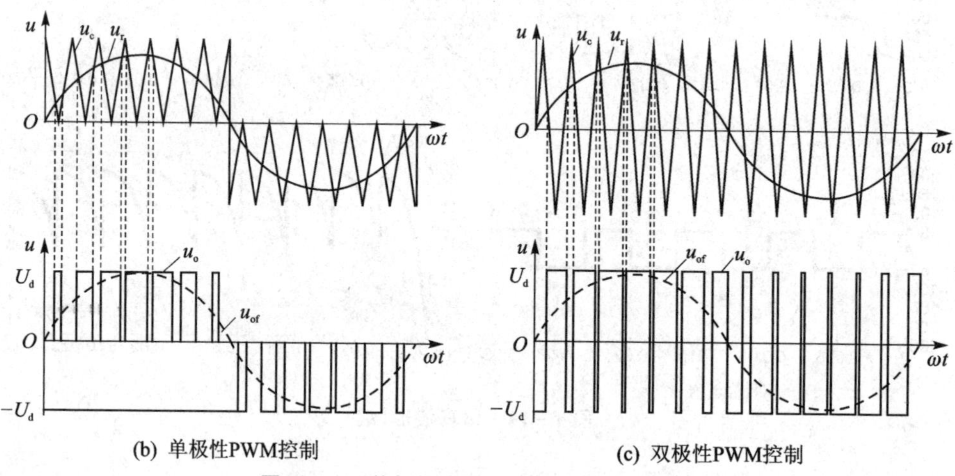

(b) 单极性PWM控制　　(c) 双极性PWM控制

图 1-20　单相桥式单、双极性控制原理图

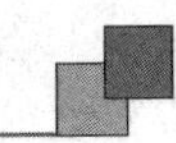

当采用单极性控制时，如图 1-20(b)所示，每半个周期内，逆变桥的同一桥臂的上下两只逆变开关管中，只有一只逆变开关管反复通断，而另一只逆变开关管始终关断。当采用双极性控制时，如图 1-20(c)所示，在全部周期内，同一桥臂的上下两只逆变开关管交替开通与关断，形成互补的工作方式。因而，单极性控制输出电压高，输出波形畸变小；双极性需在每个载波周期加入死区，输出电压低，输出波形畸变大。

2. DSP 代码示例(查表法)

定义三个相差 120°的数据表以表示三相调制波，在中断程序中按顺序取数据表中的数据并作为 PWM 的比较寄存器的值，最终得到三相输出 PWM 波。

```
    const int sina[360] =
    {
    //0～119
    0,65,130,196,261,326,391,457,521,586,651,715,779,843,907,970,1033,1096,1158,
1220,1282,1343,1404,1465,1525,1584,1643,1702,1760,1818,1874,1931,1987,2042,2096,
2150,2204,2256,2308,2359,2410,2460,2509,2557,2604,2651,2697,2742,2786,2830,2872,
2914,2955,2994,3033,3071,3108,3145,3180,3214,3247,3279,3311,3341,3370,3398,3425,
3451,3476,3500,3523,3545,3566,3586,3604,3622,3638,3653,3668,3681,3693,3703,3713,
3722,3729,3735,3740,3744,3747,3749,3749,3749,3747,3744,3740,3735,3729,3722,3713,
3703,3693,3681,3668,3653,3638,3622,3604,3586,3566,3545,3523,3500,3476,3451,3425,
3398,3370,3341,3311,3279,
    //120～239
    3247,3214,3180,3145,3108,3071,3033,2994,2955,2914,2872,2830,2786,2742,2697,
2651,2604,2557,2509,2460,2410,2359.2308,2256,2204,2150,2096,2042,1987,1931,1875,
1818,1760,1702,1643,1584,1525,1465,1404,1343,1282,1220,1158,1096,1033,970,907,843,
779,715,651,586,521,457,391,326,261,196,130,65,0,-65,-130,-196,-261,-326,-391,
-457,-521,-586,-651,-715,-779,-843,-907,-970,-1033,-1096,-1158,-1220,
-1282,-1343,-1404,-1465,-1525,-1584,-1643,-1702,-1760,-1818,-1874,-1931,
-1987,-2042,-2096,-2150,-2204,-2256,-2308,-2359,-2410,-2460,-2509,-2557,
-2604,-2651,-2697,-2742,-2786,-2830,-2872,-2914,-2955,-2994,-3033,-3071,
-3108,-3145,-3180,-3214,
    //240～359
    -3247,-3279,-3311,-3341,-3370,-3398,-3425,-3451,-3476,-3500,-3523,
-3545,-3566,-3586,-3604,-3622,-3638,-3653,-3668,-3681,-3693,-3703,-3713,
-3722,-3729,-3735,-3740,-3744,-3747,-3749,-3749,-3749,-3747,-3744,-3740,
-3735,-3729,-3722,-3713,-3703,-3693,-3681,-3668,-3653,-3638,-3622,-3604,
-3586,-3566,-3545,-3523,-3500,-3476,-3451,-3425,-3398,-3370,-3341,-3311,
-3279,-3247,-3214,-3180,-3145,-3108,-3071,-3033,-2994,-2955,-2914,-2872,
-2830,-2786,-2742,-2697,-2651,-2604,-2557,-2509,-2460,-2410,-2359,-2308,
-2256,-2204,-2150,-2096,-2042,-1987,-1931,-1875,-1818,-1760,-1702,-1643,
-1584,-1525,-1465,-1404,-1343,-1282,-1220,-1158,-1096,-1033,-970,-907,
-843,-779,-715,-651,-586,-521,-457,-391,-326,-261,-196,-130,-65
    };
    // sin b 和 sin c 分别与 sin a 相差 120°和 240°，篇幅有限，在此省略具体数据
    const int sinb[360] = {… …}
    const int sinc[360] = {… …}
    void main()
    {
```

```
    InitSysCtrl();                    // 初始化系统控制寄存器
    InitEPwm1Gpio();                  // 初始化 PWM 引脚
    InitEPwm2Gpio();
    InitEPwm3Gpio();
    InitGpio();
    InitGpio1();
    DINT;
    InitPieCtrl();                    // 初始化中断向量控制寄存器
    IER = 0x0000;
    IFR = 0x0000;
    InitPieVectTable();               // 初始化中断向量表

    EALLOW;
    PieVectTable.EPWM1_INT = &epwm1_isr;
    SysCtrlRegs.PCLKCR0.bit.TBCLKSYNC = 0;
    EDIS;

    InitEpwm1();                      // ePWM 模块配置
    InitEpwm2();
    InitEpwm3();
    PieCtrlRegs.PIEIER3.bit.INTx1 = 1;
    IER| = M_INT3;                    // 使用 OR IER 指令使能相应中断
    EINT;                             // 总中断 INTM 使能
    EALLOW;
    // 启动时基计数器(即打开 ePWM 模块)
    SysCtrlRegs.PCLKCR0.bit.TBCLKSYNC = 1;
    EDIS;
    // 循环按键检测
    while(1)
    {
        if(GpioDataRegs.GPADAT.bit.GPIO8 = = 0)
        {
            Scan_Key0();
        }
        if(GpioDataRegs.GPADAT.bit.GPIO15 = = 0)
        {
            Scan_Key1();
        }
    }
}
// 每个周期执行一次中断
interrupt void epwm1_isr(void)
{
    k = (float)fr/(float)frmax;       // 调制比
    b = a * 360/(fc/fr + 0.5);
    // 比如 2 077.7 若不加 0.5 为 2 077,加上之后为 2 078
    ratioa = 3750 + sina[b] * k + 0.5;
    ratiob = 3750 + sinb[b] * k + 0.5;
    ratioc = 3750 + sinc[b] * k + 0.5;
    EPwm1Regs.CMPA.half.CMPA = ratioa;
```

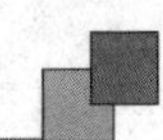

```
    EPwm2Regs.CMPA.half.CMPA = ratiob;
    EPwm3Regs.CMPA.half.CMPA = ratioc;
    a + + ;
    if(a > = fc/fr + 0.5)
    {
        a = 0;
    };
    EPwm1Regs.ETCLR.bit.INT = 1;     // 清除 ePWM1 中断标志位
    // 第三组的中断可以重新响应
    PieCtrlRegs.PIEACK.all = PIEACK_GROUP3;
}
```

3. 仿真分析

用于实现 SPWM 的 MATLAB/Simulink 模型如图 1-21(a)所示，调制比为 0.95，开关频率或载波频率选择为 1 500 Hz(因此 $m_f=1\ 500/50=30$)。得到的相电压波形如图 1-21(b)所示。m_f 的选择很重要，通常选定为 3 的奇数倍，以确保从电机相电流中消除三次谐波。在具有恒定 v/f 控制的可调速驱动系统中，需要变频输出。如果 m_f 保持恒定，则开关频率将保持恒定并且具有较高的基波输出频率($f_c=m_f\times f_M$)。因此，调制比 m_f 会依据输出频率的变化而变化。在电机调速过程中，通常低频(频率低于 f_L)情况下采用异步 PWM；当频率高于 f_M 时，采用同步 PWM。在从异步 PWM 转到同步 PWM 时，首先启动六步操作(six-step operation)。f_L 和 f_M 的典型值分别为 10 Hz 和 50 Hz。三相逆变器的 IGBT 门极驱动波形如图 1-21(c)所示。

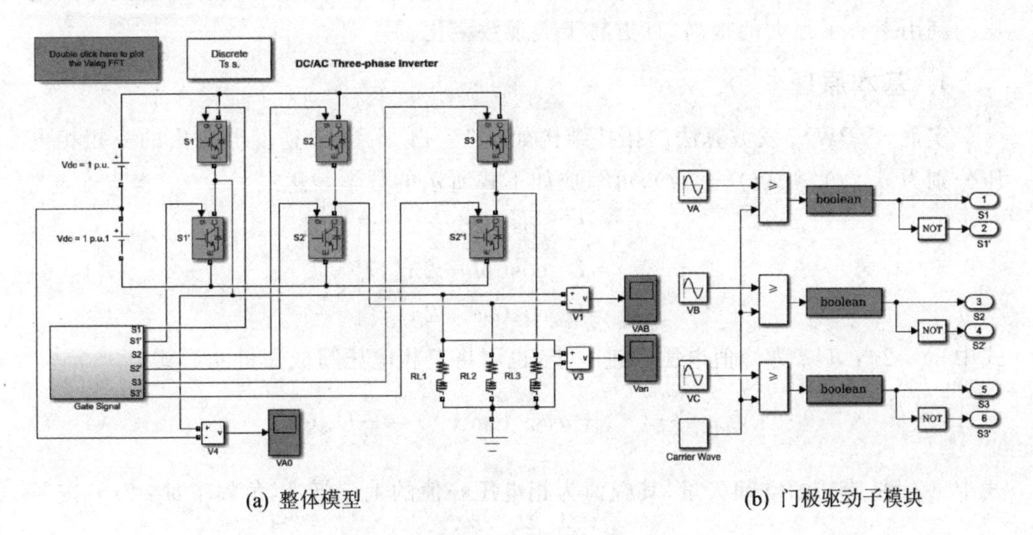

(a) 整体模型　　(b) 门极驱动子模块

图 1-21　SPWM 的 Simulink 模型

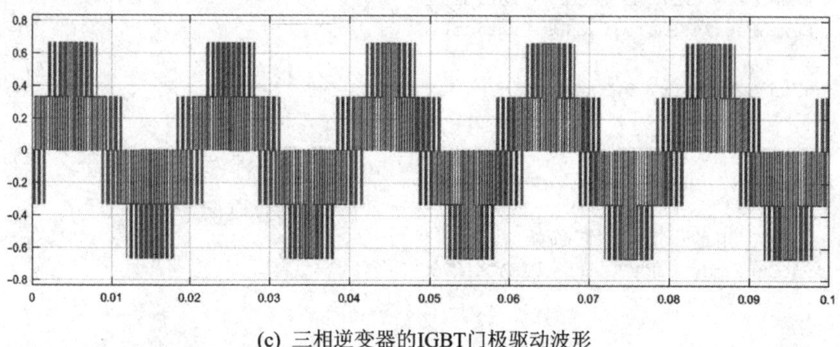

(c) 三相逆变器的IGBT门极驱动波形

图 1－21　SPWM 的 Simulink 模型(续)

1.2.3　空间矢量 SVPWM

SPWM 技术是从电源角度出发输出一个频率和幅值都可调的正弦电压，具有数学模型简单、易实现等优点，但电压利用率较低，线电压 380 V 三相交流电经整流、满调制(即调制度 $M=1$)SPWM 逆变输出的线电压最大为 $190\sqrt{3}$ V，由此可见，SPWM 的最大电压利用率只有 0.866。为此人们设想利用三相对称的零序分量降低相电压幅度，使调制度 $M>1$ 而又不会出现过调失真的现象，最为常用的方法是电压空间矢量调制技术(SVPWM)。相较于 SPWM 技术，SVPWM 技术的绕组电流波形谐波含量小，从而使得电机转矩脉动降低，旋转磁场更趋近于圆形；同时直流母线电压的利用率有了很大的提高，且更易于实现数字化。

1. 基本原理

实现 SVPWM 发波算法的拓扑结构如图 1－14 所示，设逆变器输出的三相相电压分别为 $v_{as}(t)$、$v_{bs}(t)$、$v_{cs}(t)$，可写成如下式所示的数学表达式：

$$\left.\begin{aligned} v_{as}(t) &= U_m\cos(\omega t) \\ v_{bs}(t) &= U_m\cos(\omega t - 2\pi/3) \\ v_{cs}(t) &= U_m\cos(\omega t + 2\pi/3) \end{aligned}\right\} \tag{1-6}$$

式中，$\omega=2\pi f$，U_m 为峰值电压。进一步，也可将三相电压写成矢量的形式：

$$\dot{V}_{ref}=\frac{2}{3}(v_{as}+av_{bs}+a^2v_{cs})=\frac{3}{2}U_m e^{j\omega t} \tag{1-7}$$

式中，$\dot{V}_{ref}$ 是旋转的空间矢量，其幅值为相电压峰值的 1.5 倍，以角频率 $\omega=2\pi f$ 按逆时针方向匀速旋转；$a=e^{j\frac{2\pi}{3}}=-\frac{1}{2}+j\frac{\sqrt{3}}{2}$，$a^2=e^{j\frac{4\pi}{3}}=-\frac{1}{2}-j\frac{\sqrt{3}}{2}$；换句话说，$U(t)$ 在三相坐标轴上的投影就是对称的三相正弦量。

三相桥式电路共有 6 个开关器件，依据同一桥臂上下管不能同时导通的原则，开

关器件一共有 2^3 个组合。若令上管导通时 $S=1$,下管导通时 $S=0$,则(S_a,S_b,S_c)一共构成如表1-7所列的8种矢量。

表1-7 8种开关组合

状 态	V_0	V_1	V_2	V_3	V_4	V_5	V_6	V_7
组 合	000	001	010	011	100	101	110	111

假设开关状态处于 V_6 状态,则 $S_a=1,S_b=1,S_c=0$,电压空间矢量为

$$\dot{V}_{ref}=\frac{2}{3}(v_{as}+av_{bs}+a^2v_{cs})=v_{as}+j\frac{v_{bn}-v_{cn}}{\sqrt{3}} \tag{1-8}$$

此时相电压为

$$v_{as}=\frac{1}{3}V_{dc},\quad v_{bs}=\frac{1}{3}V_{dc},\quad v_{cs}=-\frac{2}{3}V_{dc} \tag{1-9}$$

则电压矢量为

$$\dot{V}_{ref}=V_6=\frac{2}{3}V_{dc}\angle 60° \tag{1-10}$$

同理,可依据上述方式计算出其他开关组合下的空间矢量,如表1-8所列。

表1-8 开关状态与电压之间的关系

(S_a,S_b,S_c)	空间电压矢量	相电压		
		v_{an}	v_{bn}	v_{cn}
(0,0,0)	$V_0=0\angle 0°$	0	0	0
(1,0,0)	$V_4=\frac{2}{3}V_{dc}\angle 0°$	$2/3V_{dc}$	$-1/3V_{dc}$	$-1/3V_{dc}$
(1,1,0)	$V_6=\frac{2}{3}V_{dc}\angle 60°$	$1/3V_{dc}$	$1/3V_{dc}$	$-2/3V_{dc}$
(0,1,0)	$V_2=\frac{2}{3}V_{dc}\angle 120°$	$-1/3V_{dc}$	$2/3V_{dc}$	$-1/3V_{dc}$
(0,1,1)	$V_3=\frac{2}{3}V_{dc}\angle 180°$	$-2/3V_{dc}$	$1/3V_{dc}$	$1/3V_{dc}$
(0,0,1)	$V_1=\frac{2}{3}V_{dc}\angle 240°$	$-1/3V_{dc}$	$-1/3V_{dc}$	$2/3V_{dc}$
(1,0,1)	$V_5=\frac{2}{3}V_{dc}\angle 300°$	$1/3V_{dc}$	$-2/3V_{dc}$	$1/3V_{dc}$
(1,1,1)	$V_7=0\angle 0°$	0	0	0

由表1-8可见,8个矢量中有6个模长为$\frac{2}{3}V_{dc}$的非零矢量,角度间隔为60°;剩余两个零矢量位于中心。每两个相邻的非零矢量构成的区间叫作扇区,共有6个,如图1-22所示。

在每一个扇区,选择相邻的两个电压矢量以及零矢量,可合成每个扇区内的任意

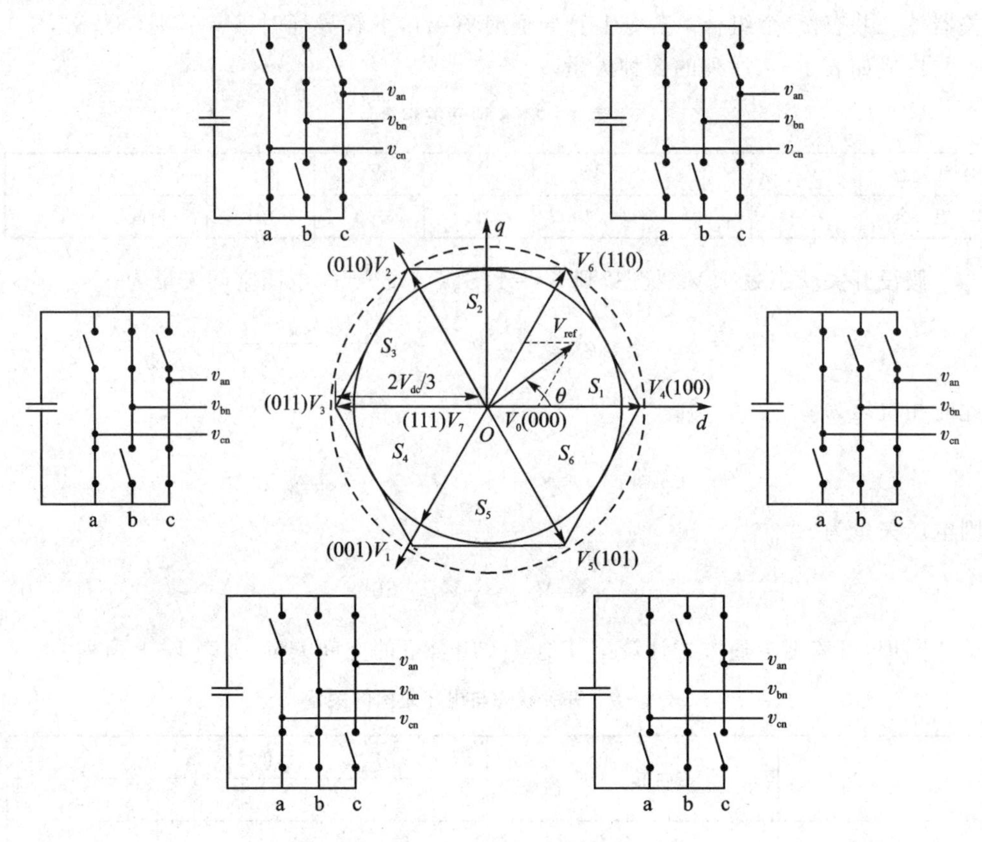

图 1-22 电压空间矢量图

电压矢量，如下式所示。

$$\left.\begin{array}{l}\dot{V}_{ref}\times T=\dot{V}_x\times T_x+\dot{V}_y\times T_y+\dot{V}_0\times T_0\\ T_x+T_y+T_0\leqslant T\end{array}\right\}\tag{1-11}$$

式中，$\dot{V}_{ref}$ 为电压矢量，T 为采样周期，T_x、T_y、T_0 分别为电压矢量 $\dot{V}_x$、$\dot{V}_y$ 和零电压矢量 $\dot{V}_0$ 的作用时间。

由于三相电压在空间矢量中可合成一个旋转速度为电源角频率的旋转电压，因此可以利用电压矢量合成的技术，由某一矢量开始，每一个开关频率增加一个增量，该增量是由扇区内相邻的两个基本非零矢量与零电压矢量的合成，如此反复，从而达到电压空间矢量脉宽调制的目的。

2. 连续 SVPWM 的生成

(1) 扇区判定

由 V_α 和 V_β 所决定的电压空间矢量所处的扇区（V_α 和 V_β 分别为 $\dot{V}_{ref}$ 在坐标轴 α、β 上的投影），可得到表 1-9 所列的扇区判断的充分必要条件。

表 1-9 扇区判断的充分必要条件

扇 区	落入此扇区的充分必要条件	扇 区	落入此扇区的充分必要条件
1	$V_\alpha>0, V_\beta>0$ 且 $V_\beta/V_\alpha<\sqrt{3}$	4	$V_\alpha<0, V_\beta<0$ 且 $V_\beta/V_\alpha<\sqrt{3}$
2	$V_\alpha>0$，且 $V_\beta/\lvert V_\alpha\rvert>\sqrt{3}$	5	$V_\beta<0$ 且 $-V_\beta/\lvert V_\alpha\rvert>\sqrt{3}$
3	$V_\alpha<0, V_\beta>0$ 且 $-V_\beta/V_\alpha<\sqrt{3}$	6	$V_\alpha>0, V_\beta<0$ 且 $-V_\beta/V_\alpha<\sqrt{3}$

进一步分析该表，定义三个参考变量 V_{ref1}、V_{ref2} 和 V_{ref3} 及如下式所示的表达式：

$$\left.\begin{aligned} V_{\text{ref1}} &= V_\beta \\ V_{\text{ref2}} &= \frac{\sqrt{3}}{2}V_\alpha - \frac{1}{2}V_\beta \\ V_{\text{ref3}} &= -\frac{\sqrt{3}}{2}V_\alpha - \frac{1}{2}V_\beta \end{aligned}\right\} \tag{1-12}$$

再定义三个符号变量 A_1、A_2、A_3 及如下所示的判断条件：

If($V_{\text{ref1}}>=0$){$A_1=1$;}

else{$A_1=0$;}

If($V_{\text{ref2}}>=0$){$A_2=1$;}

else{$A_2=0$;}

If($V_{\text{ref3}}>=0$){$A_3=1$;}

else{$A_3=0$;}

则扇区号 Vector_Num$=A_1+2*A_2+4*A_3$，可得到如表 1-10 所列的扇区对应关系。

表 1-10 扇区对应关系

Vector_Num	3	1	5	4	6	2
扇区号	Ⅰ	Ⅱ	Ⅲ	Ⅳ	Ⅴ	Ⅵ

(2) 作用时间计算

假设电压矢量 $\dot{V}_{\text{ref}}$ 在第Ⅰ扇区，如图 1-23 所示，欲用 $\dot{V}_4$、$\dot{V}_6$ 及非零矢量 $\dot{V}_0$ 合成，根据式(1-11)可得

$$\dot{V}_{\text{ref}}\times T=\dot{V}_4\times T_4+\dot{V}_6\times T_6+\dot{V}_0\times T_0 \tag{1-13}$$

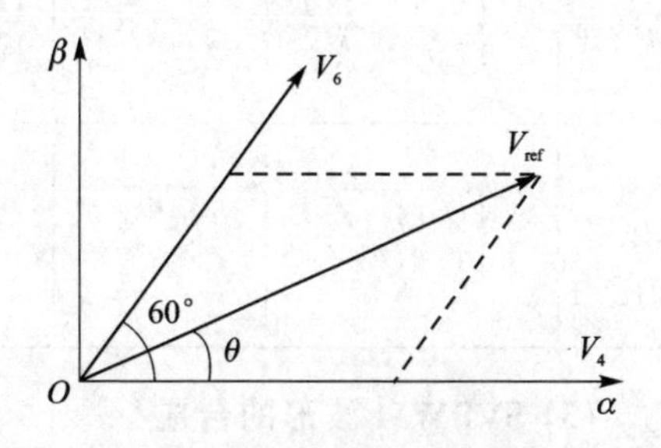

图 1-23 电压矢量在第一区间的合成

式中，T_4、T_6 分别为矢量 $\dot{V}_4$ 和 $\dot{V}_6$ 的作用时间。

对于 α 轴，有

$$\lvert\dot{V}_{\text{ref}}\rvert\times T\times\cos\theta=V_\alpha\times T=\lvert V_4\rvert\times T_4+\lvert V_6\rvert\times T_6\times\cos 60^\circ \tag{1-14}$$

对于 β 轴，有

$$|\dot{V}_{\text{ref}}| \times T \times \sin\theta = V_\beta \times T = |V_6| \times T_6 \times \sin 60^\circ \tag{1-15}$$

又因为 $|V_6| = |V_4| = \dfrac{2}{3}V_{\text{dc}}$，可计算出两个非零矢量的作用时间：

$$\left.\begin{aligned} T_4 &= \frac{3T}{2V_{\text{dc}}}\left(V_\alpha - V_\beta \frac{1}{\sqrt{3}}\right) \\ T_6 &= \sqrt{3}\,T\,\frac{V_\beta}{V_{\text{dc}}} \end{aligned}\right\} \tag{1-16}$$

进而得到零矢量的作用时间：

$$T_0 = T_7 = \frac{T - T_4 - T_6}{2} \tag{1-17}$$

因此 SVPWM 矢量合成有

$$V_{\text{ref}}T = V_0\frac{T_0}{4} + V_4\frac{T_4}{2} + V_6\frac{T_6}{2} + V_7\frac{T_0}{2} + V_6\frac{T_6}{2} + V_4\frac{T_4}{2} + V_0\frac{T_0}{4} \tag{1-18}$$

同理，可得第Ⅱ～第Ⅵ扇区的基本矢量的作用时间。综上，各扇区中基本矢量的作用时间如表 1-11 所列。

表 1-11　各扇区基本空间矢量的作用时间

扇　区	作用时间	扇　区	作用时间
扇区Ⅰ	$\begin{bmatrix} T_4 \\ T_6 \end{bmatrix} = \dfrac{\sqrt{3}\,T}{V_{\text{dc}}}\begin{bmatrix} \frac{\sqrt{3}}{2} & -\frac{1}{2} \\ 0 & 1 \end{bmatrix}\begin{bmatrix} V_\alpha \\ V_\beta \end{bmatrix}$	扇区Ⅱ	$\begin{bmatrix} T_2 \\ T_6 \end{bmatrix} = \dfrac{\sqrt{3}\,T}{V_{\text{dc}}}\begin{bmatrix} -\frac{\sqrt{3}}{2} & \frac{1}{2} \\ \frac{\sqrt{3}}{2} & \frac{1}{2} \end{bmatrix}\begin{bmatrix} V_\alpha \\ V_\beta \end{bmatrix}$
扇区Ⅲ	$\begin{bmatrix} T_2 \\ T_3 \end{bmatrix} = \dfrac{\sqrt{3}\,T}{V_{\text{dc}}}\begin{bmatrix} 0 & 1 \\ -\frac{\sqrt{3}}{2} & -\frac{1}{2} \end{bmatrix}\begin{bmatrix} V_\alpha \\ V_\beta \end{bmatrix}$	扇区Ⅳ	$\begin{bmatrix} T_1 \\ T_3 \end{bmatrix} = \dfrac{\sqrt{3}\,T}{V_{\text{dc}}}\begin{bmatrix} 0 & -1 \\ -\frac{\sqrt{3}}{2} & \frac{1}{2} \end{bmatrix}\begin{bmatrix} V_\alpha \\ V_\beta \end{bmatrix}$
扇区Ⅴ	$\begin{bmatrix} T_1 \\ T_5 \end{bmatrix} = \dfrac{\sqrt{3}\,T}{V_{\text{dc}}}\begin{bmatrix} -\frac{\sqrt{3}}{2} & -\frac{1}{2} \\ \frac{\sqrt{3}}{2} & -\frac{1}{2} \end{bmatrix}\begin{bmatrix} V_\alpha \\ V_\beta \end{bmatrix}$	扇区Ⅵ	$\begin{bmatrix} T_4 \\ T_5 \end{bmatrix} = \dfrac{\sqrt{3}\,T}{V_{\text{dc}}}\begin{bmatrix} \frac{\sqrt{3}}{2} & \frac{1}{2} \\ 0 & -1 \end{bmatrix}\begin{bmatrix} V_\alpha \\ V_\beta \end{bmatrix}$

(3) SVPWM 波形的合成

SVPWM 实质是利用均值等效原理在三相正弦基波中注入零序分量，然后进行规则采样的 SPWM 的一种变形。同一瞬时，逆变器只能输出一种电压矢量状态，因此两个基本矢量并不是同时作用合成的给定矢量，而是和零状态矢量在时间轴上相互穿插依次作用进行的。

零序分量的注入模式常用的有三种：一是零序分量作用在两基本矢量之后；二

是将零序分量作用时间均匀地分布在开关周期的起始和结束上；三是将零序分量作用时间分为三段，均匀地分布在开关周期的起始、中间和结束上。以扇区Ⅰ为例，三种模式分别如图1-24所示。

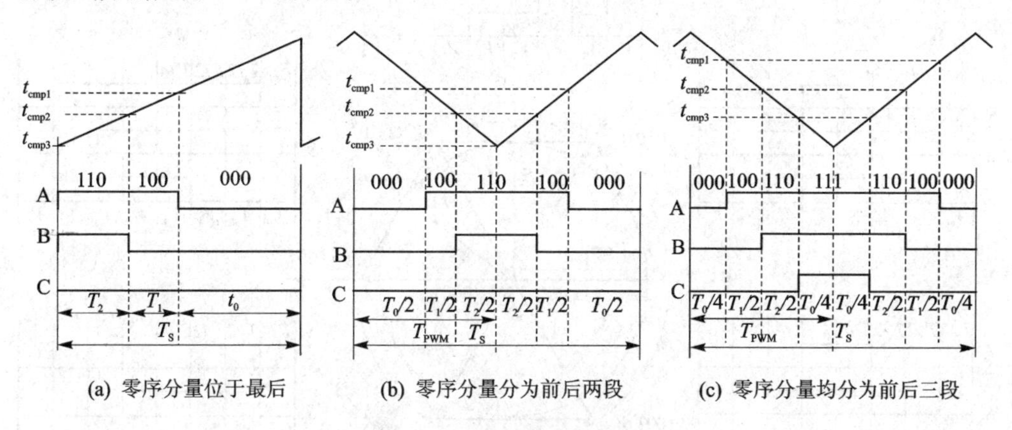

(a) 零序分量位于最后　(b) 零序分量分为前后两段　(c) 零序分量均分为前后三段

图1-24　零序分量注入模式

模式一结构简单，开关管开关次数最少，但总谐变率最大，主要原因在于此方法中电压矢量的不对称作用；

模式二为五段式SVPWM，开关损耗和总谐变率适中，综合指数较好，TI公司的DSP芯片集成了这种模式的SVPWM；

模式三为七段式SVPWM，开关管开关次数最多，开关损耗最大，但总谐变率最小，原因在于V_0、V_7零序分量的均匀插入及各基本电压矢量的对称作用。

考虑到永磁同步电机控制器对性能的要求度，常采用七段式SVPWM，以减小总谐变率。各扇区的驱动波形如图1-25所示。

(4) SVPWM的本质

SPWM是在ABC三相静止坐标系下分相实现的调制过程，其相电压的调制波是正弦波；SVPWM是基于6个基本空间电压矢量下实现的，没有显性的相电压调制波形。为了揭示SVPWM的本质，将SVPWM的调制波显化，下面将推导SVPWM在*abc*坐标系下的等效相电压调制波形。

记给定恒幅值旋转空间电压$V_{ref}=V_m e^{j\theta}=V_m\cos\theta+jV_m\sin\theta=V_\alpha+jV_\beta$。

对于扇区Ⅰ驱动波形，a相高电平作用时间为$T_4+T_6+T_0/2$，低电平作用时间为$T_0/2$，选取O点电压为电压参考点(参考图1-25)，故其平均电压值为

$$v_a=\frac{\left(T_4+T_6+\frac{T_0}{2}-\frac{T_0}{2}\right)\frac{V_{dc}}{2}}{T}=\frac{3}{4}V_\alpha+\frac{\sqrt{3}}{4}V_\beta$$

$$=\frac{3}{4}V_m\cos\theta+\frac{\sqrt{3}}{4}V_m\sin\theta=\frac{\sqrt{3}}{2}V_m\sin(\theta+60°)\qquad(1-19)$$

对于扇区Ⅰ，各相电压平均值为

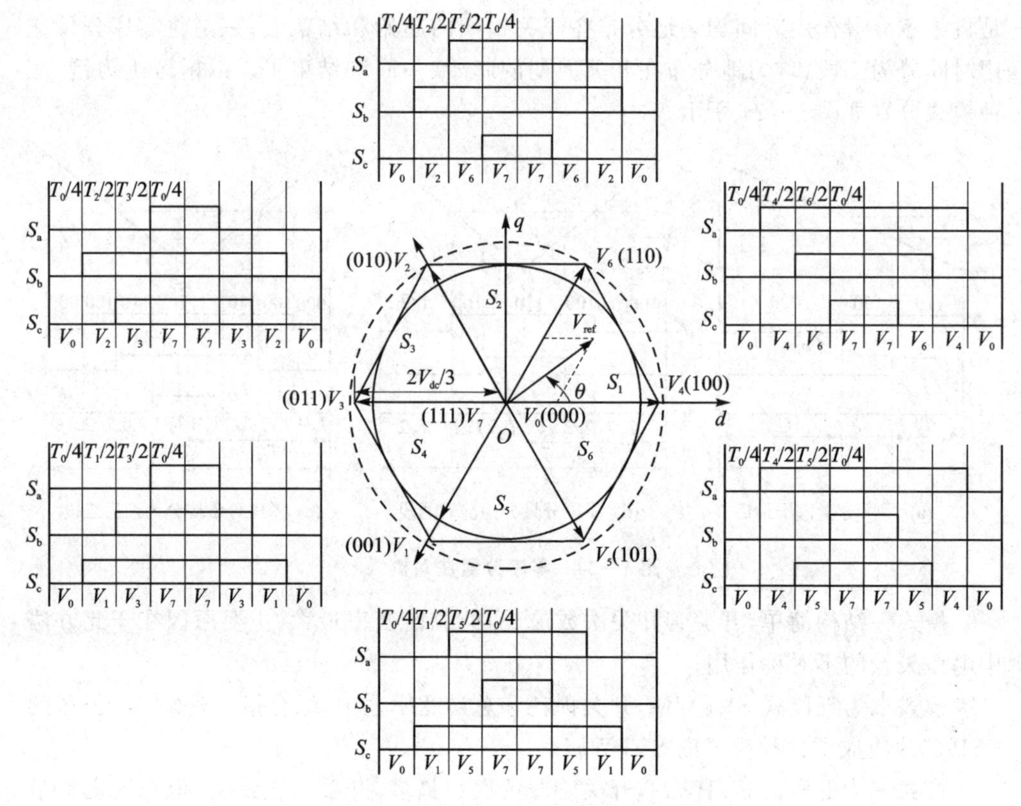

图 1-25 七段式 SVPWM 各扇区的驱动波形

$$
\left.\begin{aligned}
v_{\mathrm{a}} &= \frac{V_{\mathrm{dc}}}{T}(T_4 + T_6) = \frac{3}{2}V_\alpha + \frac{\sqrt{3}}{2}V_\beta = \frac{\sqrt{3}}{2}V_{\mathrm{m}}\sin(\theta + 60^\circ) \\
v_{\mathrm{b}} &= \frac{V_{\mathrm{dc}}}{T}(-T_4 + T_6) = -\frac{3}{2}V_\alpha + \frac{3\sqrt{3}}{2}V_\beta = \frac{3}{2}V_{\mathrm{m}}\sin(\theta - 30^\circ) \\
v_{\mathrm{c}} &= \frac{V_{\mathrm{dc}}}{T}(-T_4 - T_6) = -\frac{3}{2}V_\alpha - \frac{\sqrt{3}}{2}V_\beta = -\frac{\sqrt{3}}{2}V_{\mathrm{m}}\sin(\theta + 60^\circ)
\end{aligned}\right\} \tag{1-20}
$$

同理,由逆变桥驱动波形图 1-25 可得其他扇区各相电压平均值,各扇区各相电压平均值如表 1-12 所列。

表 1-12 各扇区各相电压平均值

扇 区	电压平均值	扇 区	电压平均值
扇区 Ⅰ	$\begin{cases} v_{\mathrm{a}} = \sqrt{3}V_{\mathrm{m}}\sin(\theta + 60^\circ)/2 \\ v_{\mathrm{b}} = 3V_{\mathrm{m}}\sin(\theta - 30^\circ)/2 \\ v_{\mathrm{c}} = -\sqrt{3}V_{\mathrm{m}}\sin(\theta + 60^\circ)/2 \end{cases}$	扇区 Ⅱ	$\begin{cases} v_{\mathrm{a}} = -[3U_{\mathrm{m}}\sin(\theta - 90^\circ)]/2 \\ v_{\mathrm{b}} = (\sqrt{3}U_{\mathrm{m}}\sin\theta)/2 \\ v_{\mathrm{c}} = -(\sqrt{3}U_{\mathrm{m}}\sin\theta)/2 \end{cases}$

续表 1-12

扇　区	电压平均值	扇　区	电压平均值
扇区Ⅲ	$\begin{cases} v_a = -[\sqrt{3}U_m\sin(\theta-60°)]/2 \\ v_b = [\sqrt{3}U_m\sin(\theta-60°)]/2 \\ v_c = -[3U_m\sin(\theta+30°)]/2 \end{cases}$	扇区Ⅳ	$\begin{cases} v_a = [\sqrt{3}U_m\sin(\theta+60°)]/2 \\ v_b = [3U_m\sin(\theta-30°)]/2 \\ v_c = -[\sqrt{3}U_m\sin(\theta+60°)]/2 \end{cases}$
扇区Ⅴ	$\begin{cases} v_a = -[3U_m\sin(\theta-90°)]/2 \\ v_b = (\sqrt{3}U_m\sin\theta)/2 \\ v_c = -(\sqrt{3}U_m\sin\theta)/2 \end{cases}$	扇区Ⅵ	$\begin{cases} v_a = -[\sqrt{3}U_m\sin(\theta-60°)]/2 \\ v_b = [\sqrt{3}U_m\sin(\theta-60°)]/2 \\ v_c = -[3U_m\sin(\theta+30°)]/2 \end{cases}$

整理相电压调制函数为

$$\left.\begin{array}{l} v_a(\theta)=\begin{cases} \dfrac{\sqrt{3}}{2}U_m\sin(\theta+60°), & \theta\in[0°,60°)\cup[180°,240°) \\ -\dfrac{3}{2}U_m\sin(\theta-90°), & \theta\in[60°,120°)\cup[240°,300°) \\ -\dfrac{\sqrt{3}}{2}U_m\sin(\theta-60°), & \theta\in[120°,180°)\cup[300°,360°) \end{cases} \\ v_b(\theta)=v_a(\theta-120°) \\ v_c(\theta)=v_a(\theta+120°) \end{array}\right\} \tag{1-21}$$

由此可知,SVPWM 的相电压载波波形并不是正弦波,也不是正弦波与三次谐波的叠加,而是一个规则连续的分段函数。由前面的分析可知,逆变桥所能输出的最大圆轨迹电压是正六边形的内接圆,所以 U_m 的最大取值为 6 个基本电压矢量内接圆半径,即有 $U_m \leqslant U_{dc}/\sqrt{3}$。因此,可知七段式 SVPWM 的最大电压利用率为 100%。

从另外一个角度,按照上述介绍的 SVPWM 调制计算方式,以 A 相为例,可以计算出每一扇区的波形,并根据这 6 段波形得出图 1-26 所示总波形。

第 1 扇区:即 $0° \leqslant \theta < 60°$ 时,$v_{an1}=\dfrac{T_4+T_6}{T}\cdot\dfrac{V_{dc}}{2}=\dfrac{\sqrt{3}}{2}|\dot{V}_{ref}|\cos\left(\dfrac{\pi}{6}-\theta\right)$

第 2 扇区:即 $60° \leqslant \theta < 120°$ 时,$v_{an2}=\dfrac{T_6-T_2}{T}\cdot\dfrac{V_{dc}}{2}=\dfrac{3}{2}|\dot{V}_{ref}|\cos\left(\dfrac{\pi}{6}-\theta\right)$

第 3 扇区:即 $120° \leqslant \theta < 180°$ 时,$v_{an3}=\dfrac{-T_3-T_2}{T}\cdot\dfrac{V_{dc}}{2}=-\dfrac{3}{2}|\dot{V}_{ref}|\cos\left(\dfrac{\pi}{6}-\theta\right)$

第 4 扇区:即 $180° \leqslant \theta < 240°$ 时,$v_{an4}=\dfrac{-T_3-T_1}{T}\cdot\dfrac{V_{dc}}{2}=-\dfrac{3}{2}|\dot{V}_{ref}|\cos\left(\dfrac{\pi}{6}-\theta\right)$

第 5 扇区:即 $240° \leqslant \theta < 300°$ 时,$v_{an5}=\dfrac{T_1-T_5}{T}\cdot\dfrac{V_{dc}}{2}=\dfrac{3}{2}|\dot{V}_{ref}|\cos\left(\dfrac{\pi}{6}-\theta\right)$

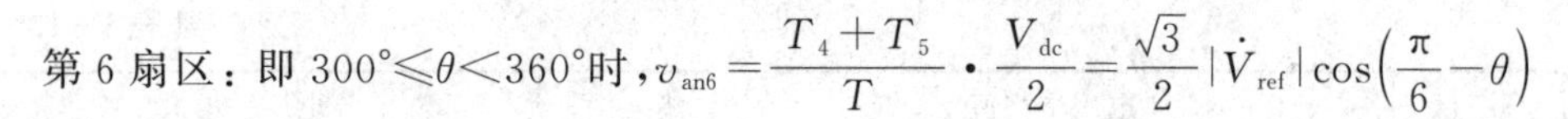

第 6 扇区：即 $300° \leqslant \theta < 360°$ 时，$v_{an6} = \dfrac{T_4 + T_5}{T} \cdot \dfrac{V_{dc}}{2} = \dfrac{\sqrt{3}}{2} |\dot{V}_{ref}| \cos\left(\dfrac{\pi}{6} - \theta\right)$

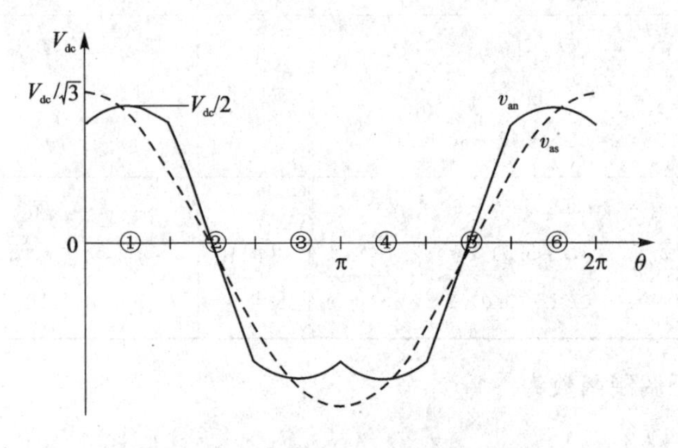

图 1-26　一个周期内合成的总波形

值得注意的是，v_{an} 不是正弦波，而是包含类似于三次谐波注入型 SPWM 所得到的马鞍波。由于 SVPWM 技术也利用了三次谐波分量，因此输出电压较 SPWM 技术具有更广的调制范围。

(5) 仿真示例

使用 MATLAB 的 M 语言编写的代码如下所示。

```
% inputs are magnitudeu1(:) and angle u2(:);
% Sector identification
% n = Total simulation time / step size (integer value)
function [sf] = aaa(u)
f = 50;ts = 0.0002;
vdc = 1;
peak_phase_max = vdc/sqrt(3);
x = u(2);
y = u(3);
mag = (u(1)/peak_phase_max) * ts;
```

```
% sector I
if (x > = 0) & (x < pi/3)
    ta = mag * sin(pi/3 - x);
    tb = mag * sin(x);
    t0 = (ts - ta - tb);
    t1 = [t0/4 ta/2 tb/2 t0/2 tb/2 ta/2 t0/
4];
    t1 = cumsum(t1);
    v1 = [0 1 1 1 1 1 0];
    v2 = [0 0 1 1 1 0 0];
    v3 = [0 0 0 1 0 0 0];
    for j = 1:7
        if(y < t1(j))
                break
            end
        end
        sa = v1(j);
        sb = v2(j);
        sc = v3(j);
end

% sector II
if (x > = pi/3) & (x < 2 * pi/3)
        adv = x - pi/3;
        tb = mag * sin(pi/3 - adv);
        ta = mag * sin(adv);
```

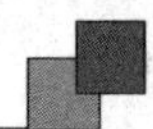

```
    t0 = (ts - ta - tb);
    t1 = [t0/4 ta/2 tb/2 t0/2 tb/2 ta/2 t0/
4];
    t1 = cumsum(t1);
    v1 = [0 0 1 1 1 0 0];
    v2 = [0 1 1 1 1 1 0];
    v3 = [0 0 0 1 0 0 0];
    for j = 1:7
        if(y < t1(j))
            break
        end
    end
    sa = v1(j);
    sb = v2(j);
    sc = v3(j);
end
 % sector III

if (x > = 2 * pi/3) & (x < pi)
    adv = x - 2 * pi/3;
    ta = mag * sin(pi/3 - adv);
    tb = mag * sin(adv);
    t0 = (ts - ta - tb);
    t1 = [t0/4 ta/2 tb/2 t0/2 tb/2 ta/2 t0/
4];
    t1 = cumsum(t1);
    v1 = [0 0 0 1 0 0 0];
    v2 = [0 1 1 1 1 1 0];
    v3 = [0 0 1 1 1 0 0];
    for j = 1:7
        if(y < t1(j))
            break
        end
    end
    sa = v1(j);
    sb = v2(j);
    sc = v3(j);
    end

 % sector IV
if (x > = - pi) & (x < - 2 * pi/3)
    adv = x + pi;
    tb = mag * sin(pi/3 - adv);
    ta = mag * sin(adv);
    t0 = (ts - ta - tb);
    t1 = [t0/4 ta/2 tb/2 t0/2 tb/2 ta/2 t0/
4];
    t1 = cumsum(t1);
    v1 = [0 0 0 1 0 0 0];
    v2 = [0 0 1 1 1 0 0];
    v3 = [0 1 1 1 1 1 0];
    for j = 1:7
        if(y < t1(j))
            break
        end
    end
    sa = v1(j);
    sb = v2(j);
    sc = v3(j);
end

 % sector V
if (x > = - 2 * pi/3) & (x < - pi/3)
    adv = x + 2 * pi/3;
    ta = mag * sin(pi/3 - adv);
    tb = mag * sin(adv);
    t0 = (ts - ta - tb);
    t1 = [t0/4ta/2 tb/2 t0/2 tb/2 ta/2 t0/
4];
    t1 = cumsum(t1);
    v1 = [0 0 1 1 1 0 0];
    v2 = [0 0 0 1 0 0 0];
    v3 = [0 1 1 1 1 1 0];
    for j = 1:7
        if(y < t1(j))
            break
        end
    end
    sa = v1(j);
    sb = v2(j);
    sc = v3(j);
end

 % Sector VI
if (x > = - pi/3) & (x < 0)
    adv = x + pi/3;
    tb = mag * sin(pi/3 - adv);
    ta = mag * sin(adv);
    t0 = (ts - ta - tb);
    t1 = [t0/4 ta/2 tb/2 t0/2 tb/2 ta/2 t0/
4];
    t1 = cumsum(t1);
    v1 = [0 1 1 1 1 1 0];
    v2 = [0 0 0 1 0 0 0];
    v3 = [0 0 1 1 1 0 0];
    for j = 1:7
        if(y < t1(j))
            break
```

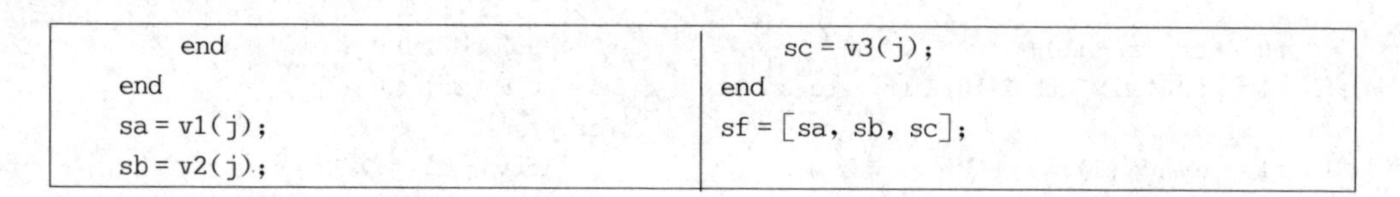

```
        end
    end
    sa = v1(j);
    sb = v2(j);
        sc = v3(j);
    end
    sf = [sa, sb, sc];
```

3. 不连续 SVPWM 的生成

(1) 基本工作原理

前面描述的 PWM 技术属于连续调制(Continuous Pulse Width Modulation, CPWM),其中三个桥臂中的开关器件均发生动作。与 CPWM 相比,不连续脉宽调制 (Discontinuous Pulse Width Modulation, DPWM)可以实现开关管在一个电压基波周期内的一定区间(该区间也称为不调制区)不动作,从而通过降低开关损耗来提高变换效率。

CPWM 中,每半周(即 180°)有 60°范围开关不动作。有文献表明,若完全使用这些未调制部分,则开关频率可降低到 CPWM 方法下的 66.7%。

【注】如图 1-22 所示,当参考电压矢量由 V_4 变为 V_6 时(第 1 扇区),开关状态由 100→110,这时只有 b 相开关状态发生变化。但实际操作过程中加入了零矢量,如 000,因此开关状态由 100→110→000,这时候只有 c 相开关状态保持不变,也就是说在这个扇区内只有 c 相保持不变,其余两相都要变;当参考电压矢量继续逆时针旋转时,在第 2 扇区内也只有 c 相保持不变,但是当参考电压矢量进入第 3 扇区时,c 相状态就要发生变化了。

所以在 360°内,c 相最多能在 120°的范围内连续保持不变,a 相和 b 相也如此,即"每半周(即 180°)有 60°开关不动作"。

图 1-27 为 DPWMx 脉冲生成示意图。

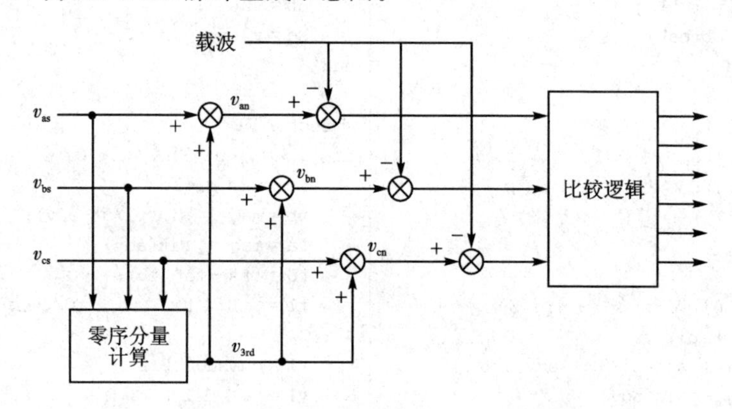

图 1-27 DPWMx 脉冲生成示意图

可得零序分量为

$$v_{3rd}(t) = -kv_{max} - (1-k)v_{min} + 2k + 1 \tag{1-22}$$

式中,k 为 DPWMx 选择系数。

(2) 仿真示例

使用 MATLAB 的 M 语言编写的代码如下所示。

```
function [sf] = DSVPWM(u)
f = 50; ts = 0.0002;
vdc = 1;
peak_phase_max = vdc/sqrt(3);
x = u(2);
y = u(3);
mag = (u(1)/peak_phase_max) * ts;
```

```
% sector I
if (x > = 0) & (x < pi/3)
    ta = mag * sin(pi/3 - x);
    tb = mag * sin(x);
    t0 = (ts - ta - tb);
    t1 = [ta/2 tb/2 t0 tb/2 ta/2 ];
    t1 = cumsum(t1);
    v1 = [ 1 1 1 1 1 ];
    v2 = [ 0 1 1 1 0 ];
    v3 = [ 0 0 1 0 0];
    for j = 1:5
        if(y < t1(j))
            break
        end
    end
    sa = v1(j);
    sb = v2(j);
    sc = v3(j);
end

% sector II
if (x > = pi/3) & (x < 2 * pi/3)
    adv = x - pi/3;
    tb = mag * sin(pi/3 - adv);
    ta = mag * sin(adv);
    t0 = (ts - ta - tb);
    t1 = [ta/2 tb/2 t0/2 tb/2 ta/2];
    t1 = cumsum(t1);
    v1 = [0 1 1 1 0];
    v2 = [1 1 1 1 1];
    v3 = [0 0 1 0 0];
    for j = 1:7
        if(y < t1(j))
            break
        end
    end
    sa = v1(j);
    sb = v2(j);
    sc = v3(j);
end

% sector III
if (x > = 2 * pi/3) & (x < pi)
    adv = x - 2 * pi/3;
    ta = mag * sin(pi/3 - adv);
    tb = mag * sin(adv);
    t0 = (ts - ta - tb);
    t1 = [ta/2 tb/2 t0 tb/2 ta/2];
    t1 = cumsum(t1);
    v1 = [ 0 0 1 0 0];
    v2 = [1 1 1 1 1];
    v3 = [0 1 1 1 0];
    for j = 1:7
        if(y < t1(j))
            break
        end
    end
    sa = v1(j);
    sb = v2(j);
    sc = v3(j);
end

% sector IV
if (x > = - pi) & (x < - 2 * pi/3)
    adv = x + pi;
    tb = mag * sin(pi/3 - adv);
    ta = mag * sin(adv);
    t0 = (ts - ta - tb);
    t1 = [ta/2 tb/2 t0 tb/2 ta/2];
    t1 = cumsum(t1);
    v1 = [0 0 1 0 0];
    v2 = [0 1 1 1 0];
    v3 = [1 1 1 1 1];
    for j = 1:7
        if(y < t1(j))
            break
```

```
        end
    end
    sa = v1(j);
    sb = v2(j);
    sc = v3(j);
end
% sector V
if (x > = - 2 * pi/3) & (x < - pi/3)
    adv = x + 2 * pi/3;
    ta = mag * sin(pi/3 - adv);
    tb = mag * sin(adv);
    t0 = (ts - ta - tb);
    t1 = [ta/2 tb/2 t0 tb/2 ta/2];
    t1 = cumsum(t1);
    v1 = [0 1 1 1 0];
    v2 = [0 0 1 0 0];
    v3 = [1 1 1 1 1];
    for j = 1:7
        if(y < t1(j))
            break
        end
    end
    sa = v1(j);
    sb = v2(j);
    sc = v3(j);
end

% Sector VI
if (x > = - pi/3) & (x < 0)
    adv = x + pi/3;
    tb = mag * sin(pi/3 - adv);
    ta = mag * sin(adv);
    t0 = (ts - ta - tb);
    t1 = [ta/2 tb/2 t0 tb/2 ta/2];
    t1 = cumsum(t1);
    v1 = [1 1 1 1 1];
    v2 = [0 0 1 0 0];
    v3 = [0 1 1 1 0];
    for j = 1:7
        if(y < t1(j))
            break
        end
    end
    sa = v1(j);
    sb = v2(j);
    sc = v3(j);
end
sf = [sa, sb, sc];
```

1.2.4 偏置型 PWM

1. 偏置信号的产生

基于 SPWM 技术的逆变输出电压限制在 $0.5V_{dc}$，通过在正弦调制波信号中加入偏置电压以减小目标调制信号的峰值，所得到的调制波峰值可超过 $0.5V_{dc}$。

可在如式(1－20)所示的相电压中加入偏置电压 $v_{offset}(t)$，得到的波形如图 1－28 所示。

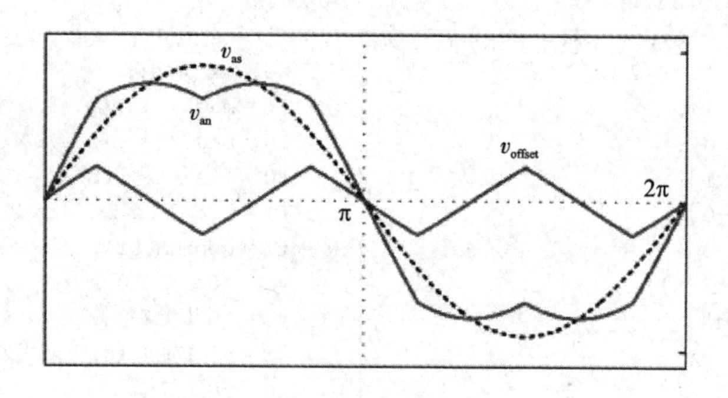

图 1－28　加入偏置电压所得到的波形

$$\left.\begin{aligned} v_{as}(t) &= U_m\cos(\omega t) \\ v_{bs}(t) &= U_m\cos(\omega t - 2\pi/3) \\ v_{cs}(t) &= U_m\cos(\omega t + 2\pi/3) \end{aligned}\right\} \tag{1-23}$$

得

$$\left.\begin{aligned} v_{an}(t) &= U_m\cos(\omega t) + v_{offset}(t) \\ v_{bn}(t) &= U_m\cos(\omega t - 2\pi/3) + v_{offset}(t) \\ v_{cn}(t) &= U_m\cos(\omega t + 2\pi/3) + v_{offset}(t) \end{aligned}\right\} \tag{1-24}$$

如何在三相给定为正弦波的情况下拟合出三次谐波？如图 1－29 所示，阴影部分就是通过三相平衡正弦波拟合出的偏置电压。

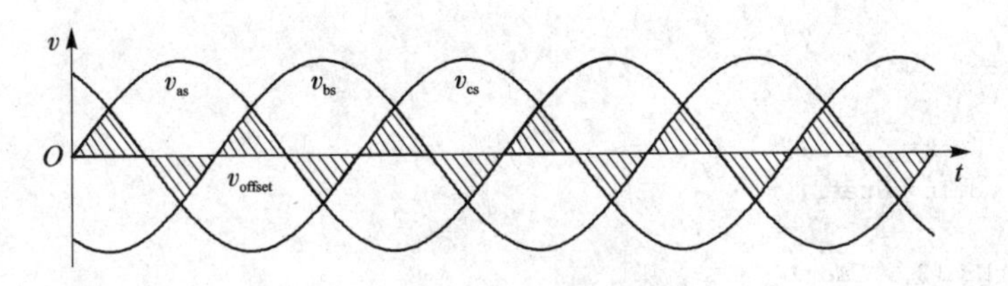

图 1－29　$v_{offset}(t)$的生成

按照这种思路，首先取三相载波电压的最小值和最大值：

$$\left.\begin{aligned} v_{min}(t) &= \min[v_{as}(t), v_{bs}(t), v_{cs}(t)] \\ v_{max}(t) &= \max[v_{as}(t), v_{bs}(t), v_{cs}(t)] \end{aligned}\right\} \tag{1-25}$$

电压偏置分量可由下式表示：

$$v_{offset}(t) = -\frac{v_{max}(t) + v_{min}(t)}{2} \tag{1-26}$$

如图 1－30 所示为偏置型 PWM 发波算法控制框图。

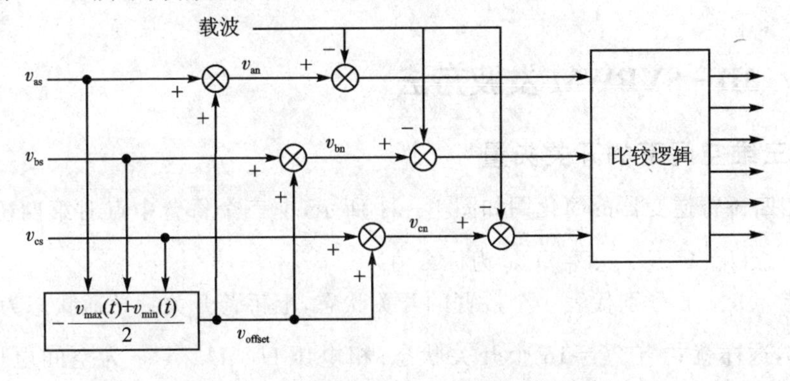

图 1－30　偏置型 PWM 发波算法控制框图

2. DSP 代码示例

DSP 代码示例如下：

```
void SVGEN_COMM()
{
    float UAlpha, UBeta, Uref1, Uref2, Uref3, Umax, Umin, Ucomm;
    float tmp1, tmp2;
    tmp1 = UAlpha * 0.5;                // divide by 2
    tmp2 = UBeta * 0.8660254;           // 0.8660254 = sqrt(3)/2
    Uref1 = UAlpha;                     // Inv Clarke
    Uref2 = tmp1 + tmp2;
    Uref3 = tmp1 - tmp2;
    if (Uref1 > Uref2)                  // Find max and min phase
    {
        Umax = Uref1;
        Umin = Uref2;
    }
    else
    {
        Umax = Uref2;
        Umin = Uref1;
    }
    if (Uref3 > Umax)
    {
        Umax = Uref3;
    }
    if (Uref3 < Umin)
    {
        Umin = Uref3;
    }
    Ucomm = (Umax + Umin) * 0.5;        // Calculate common mode
    EPwm1Regs.CMPA.half.CMPA = Uref1 - Ucomm;
    EPwm2Regs.CMPA.half.CMPA = Uref2 - Ucomm;
    EPwm3Regs.CMPA.half.CMPA = Uref3 - Ucomm;
}
```

1.2.5 3D-SVPWM 发波方法

1. 三维空间下的开关矢量

三相四桥臂逆变器的简化图如图 1-31 所示，前三个桥臂中点对第四桥臂中点电压为 $\dot{U}_{an}$、$\dot{U}_{bn}$、$\dot{U}_{cn}$（U_{an}、U_{bn}、U_{cn} 为标幺值）。

假定 a、b、c、n 分别代表 4 个桥臂的开关状态，上桥臂开关管导通状态为 1，关断状态为 0，这样就共有 $2^4=16$ 个开关状态；相电压 $\dot{U}_{an}$、$\dot{U}_{bn}$、$\dot{U}_{cn}$ 为空间电压矢量；$\dot{U}_0 \sim \dot{U}_{15}$ 为每个开关状态所对应的 16 个合成矢量，其中包括 2 个零矢量（$\dot{U}_0$ 和 $\dot{U}_{15}$），如表 1-13 所列。将这 16 合成矢量 $\dot{U}_0 \sim \dot{U}_{15}$ 在 abc 坐标系下画成空间矢量图，如图 1-32 所示，得到了由两个立方体所构成的空间 12 面体。

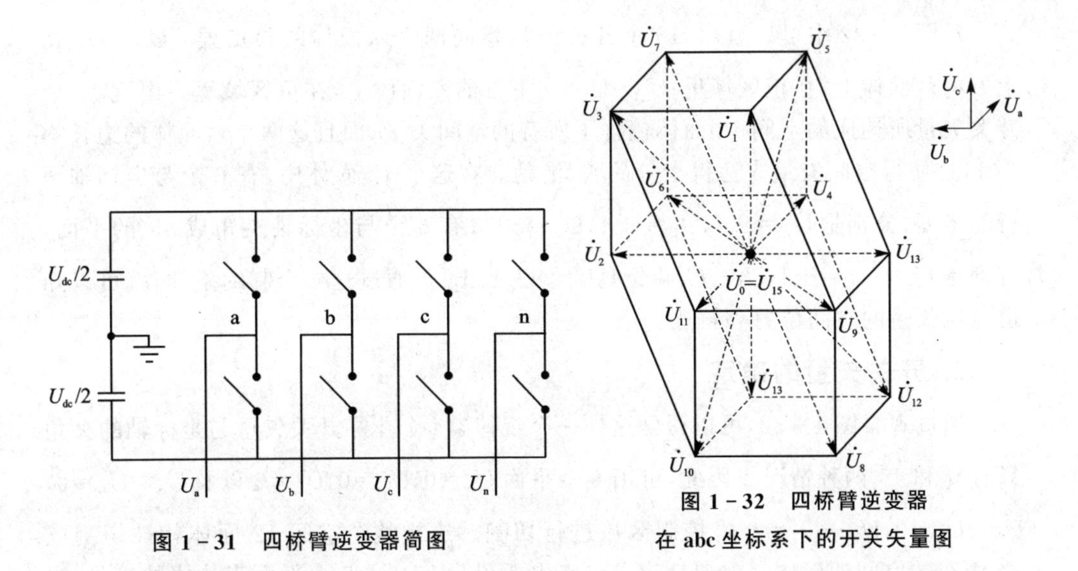

图 1－31　四桥臂逆变器简图

图 1－32　四桥臂逆变器在 abc 坐标系下的开关矢量图

以状态 6 为例，此时 a、b、c、n 分别为 1、1、0、0；$\dot{U}_{an}$、$\dot{U}_{bn}$、$\dot{U}_{cn}$ 分别为 1、1、0；这表示的是 a、b 上桥臂开关管导通，下管关断；c 上桥臂的开关管关断，下管开通。空间矢量为 $\dot{U}_6$，位于 *abc* 坐标系中(1,1,0)坐标处。

表 1－13　开关状态和开关矢量

状　态	a	b	c	n	$\dot{U}_{an}$	$\dot{U}_{bn}$	$\dot{U}_{cn}$	矢　量
0	0	0	0	0	0	0	0	$\dot{U}_0$
1	0	0	1	0	0	0	1	$\dot{U}_1$
2	0	1	0	0	0	1	0	$\dot{U}_2$
3	0	1	1	0	0	1	1	$\dot{U}_3$
4	1	0	0	0	1	0	0	$\dot{U}_4$
5	1	0	1	0	1	0	1	$\dot{U}_5$
6	1	1	0	0	1	1	0	$\dot{U}_6$
7	1	1	1	0	1	1	1	$\dot{U}_7$
8	0	0	0	1	−1	−1	−1	$\dot{U}_8$
9	0	0	1	1	−1	−1	0	$\dot{U}_9$
10	0	1	0	1	−1	0	−1	$\dot{U}_{10}$
11	0	1	1	1	−1	0	0	$\dot{U}_{11}$
12	1	0	0	1	0	−1	−1	$\dot{U}_{12}$
13	1	0	1	1	0	−1	0	$\dot{U}_{13}$
14	1	1	0	1	0	0	−1	$\dot{U}_{14}$
15	1	1	1	1	0	0	0	$\dot{U}_{15}$

从图1-32中可以看出，16个开关矢量指向两个六面体的顶点处。$\dot{U}_0 \sim \dot{U}_7$ 在上方的六面体上，在正区域里；$\dot{U}_8 \sim \dot{U}_{15}$ 在下方的六面体上，在负区域里。由这16个开关矢量所构成的空间12面体包含了所有的空间矢量，而且这两个六面体的边长均为1，这使得空间矢量表达得十分简明、清楚。在这个12面体中，有6个与坐标轴平行的平面，分别是 $\dot{U}_a = \pm 1$，$\dot{U}_b = \pm 1$，$\dot{U}_c = \pm 1$；有6个与坐标轴夹角成45°的平面，分别是 $\dot{U}_a - \dot{U}_b = \pm 1$，$\dot{U}_b - \dot{U}_c = \pm 1$，$\dot{U}_a - \dot{U}_c = \pm 1$。通过这6个制约条件，就可以知道电压矢量的空间位置和轨迹。

2. 开关矢量的确定

通过观察图1-32，可以得到这样一个规律，14个非零开关矢量与坐标轴的夹角只有0°和45°两种情况。因此，可用6个平面 $\dot{U}_a = 0$，$\dot{U}_b = 0$，$\dot{U}_c = 0$ 以及 $\dot{U}_a - \dot{U}_b = 0$，$\dot{U}_b - \dot{U}_c = 0$，$\dot{U}_a - \dot{U}_c = 0$ 将控制区域进行切割。这样整个空间12面体就被切割成24个小的空间四面体。只要知道了参考电压矢量在上述6个平面表达式的符号，也就知道了它所在的四面体，即可以利用构成四面体的矢量组来拟合参考电压矢量。例如，某一时刻的参考电压矢量在 abc 坐标系中的坐标为 $(\dot{U}_a, \dot{U}_b, \dot{U}_c)$，并且有 $\dot{U}_a > 0$，$\dot{U}_b > 0$，$\dot{U}_c > 0$，$\dot{U}_a - \dot{U}_b > 0$，$\dot{U}_b - \dot{U}_c > 0$，$\dot{U}_a - \dot{U}_c > 0$，则它在 U_4、U_6、U_7 开关矢量组所组成的空间四面体中。

四面体的选择就是根据参考矢量计算区域指针 N，来确定参考矢量位于哪个四面体中。平面SVPWM中确定扇区的参考矢量是由 $\alpha\beta$ 坐标系下的表达式构成的；3D-SVPWM确定四面体的参考矢量就是输入的三相电压 U_{refa}、U_{refb}、U_{refc}。可由下式来确定要选择的四面体：

$$N = 1 + K_1 + 2K_2 + 4K_3 + 8K_4 + 16K_5 + 32K_6 \tag{1-27}$$

式中

$$K_1 = \begin{cases} 1 & (U_{refa} \geqslant 0) \\ 0 & (U_{refa} < 0) \end{cases}, \quad K_2 = \begin{cases} 1 & (U_{refb} \geqslant 0) \\ 0 & (U_{refb} < 0) \end{cases}$$

$$K_3 = \begin{cases} 1 & (U_{refc} \geqslant 0) \\ 0 & (U_{refc} < 0) \end{cases}, \quad K_4 = \begin{cases} 1 & (U_{refa} - U_{refb} \geqslant 0) \\ 0 & (U_{refa} - U_{refb} < 0) \end{cases}$$

$$K_5 = \begin{cases} 1 & (U_{refb} - U_{refc} \geqslant 0) \\ 0 & (U_{refb} - U_{refc} < 0) \end{cases}, \quad K_6 = \begin{cases} 1 & (U_{refa} - U_{refc} \geqslant 0) \\ 0 & (U_{refa} - U_{refc} < 0) \end{cases}$$

N 为区域指针 $\left(N = 1 + \sum_{i=1}^{6} k_i \cdot 2^{i-1}\right)$，取值范围从1～64。由于 K_i 的取值并不完全独立，故 N 只有24个数值。表1-14给出了指针变量所对应的矢量组，图1-33给出了指针变量 N 所对应的四面体位置。

表 1-14 指针变量与所对应的矢量组

N	U_{d1}	U_{d2}	U_{d3}	N	U_{d1}	U_{d2}	U_{d3}
1	$\dot{U}_8$	$\dot{U}_9$	$\dot{U}_{11}$	41	$\dot{U}_8$	$\dot{U}_{12}$	$\dot{U}_{13}$
5	$\dot{U}_1$	$\dot{U}_9$	$\dot{U}_{11}$	42	$\dot{U}_4$	$\dot{U}_{12}$	$\dot{U}_{13}$
7	$\dot{U}_1$	$\dot{U}_3$	$\dot{U}_{11}$	46	$\dot{U}_4$	$\dot{U}_5$	$\dot{U}_{13}$
8	$\dot{U}_1$	$\dot{U}_3$	$\dot{U}_7$	48	$\dot{U}_4$	$\dot{U}_5$	$\dot{U}_7$
9	$\dot{U}_8$	$\dot{U}_9$	$\dot{U}_{13}$	49	$\dot{U}_8$	$\dot{U}_{10}$	$\dot{U}_{14}$
13	$\dot{U}_1$	$\dot{U}_9$	$\dot{U}_{13}$	51	$\dot{U}_2$	$\dot{U}_{10}$	$\dot{U}_{14}$
14	$\dot{U}_1$	$\dot{U}_5$	$\dot{U}_{13}$	52	$\dot{U}_2$	$\dot{U}_6$	$\dot{U}_{14}$
16	$\dot{U}_1$	$\dot{U}_5$	$\dot{U}_7$	56	$\dot{U}_2$	$\dot{U}_6$	$\dot{U}_7$
17	$\dot{U}_8$	$\dot{U}_{10}$	$\dot{U}_{11}$	57	$\dot{U}_8$	$\dot{U}_{12}$	$\dot{U}_{13}$
19	$\dot{U}_2$	$\dot{U}_{10}$	$\dot{U}_{11}$	58	$\dot{U}_4$	$\dot{U}_{12}$	$\dot{U}_{14}$
23	$\dot{U}_2$	$\dot{U}_3$	$\dot{U}_{11}$	60	$\dot{U}_4$	$\dot{U}_6$	$\dot{U}_{14}$
24	$\dot{U}_2$	$\dot{U}_3$	$\dot{U}_7$	64	$\dot{U}_4$	$\dot{U}_6$	$\dot{U}_7$

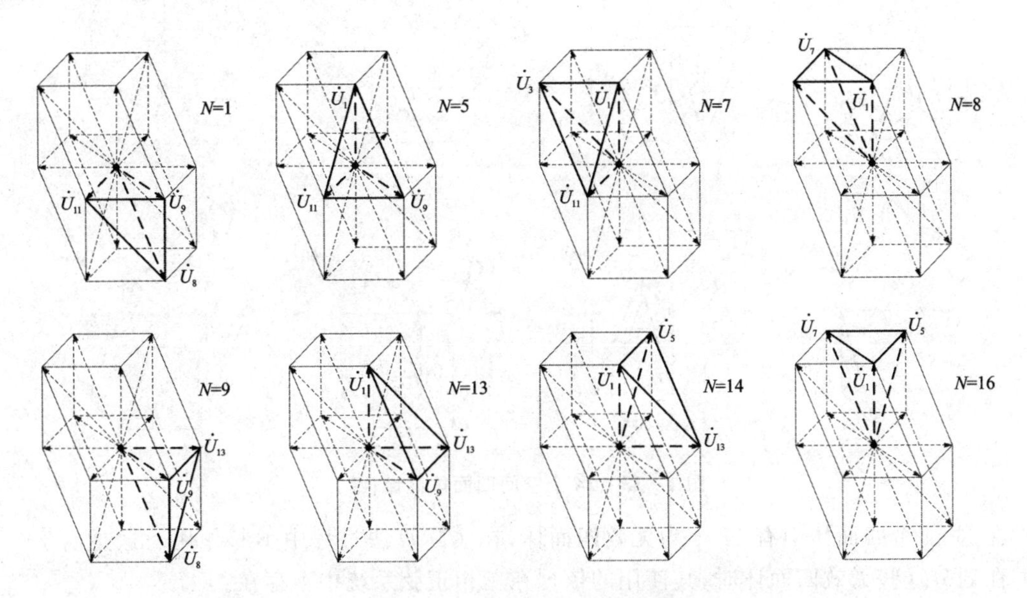

图 1-33 24 个空间四面体区域

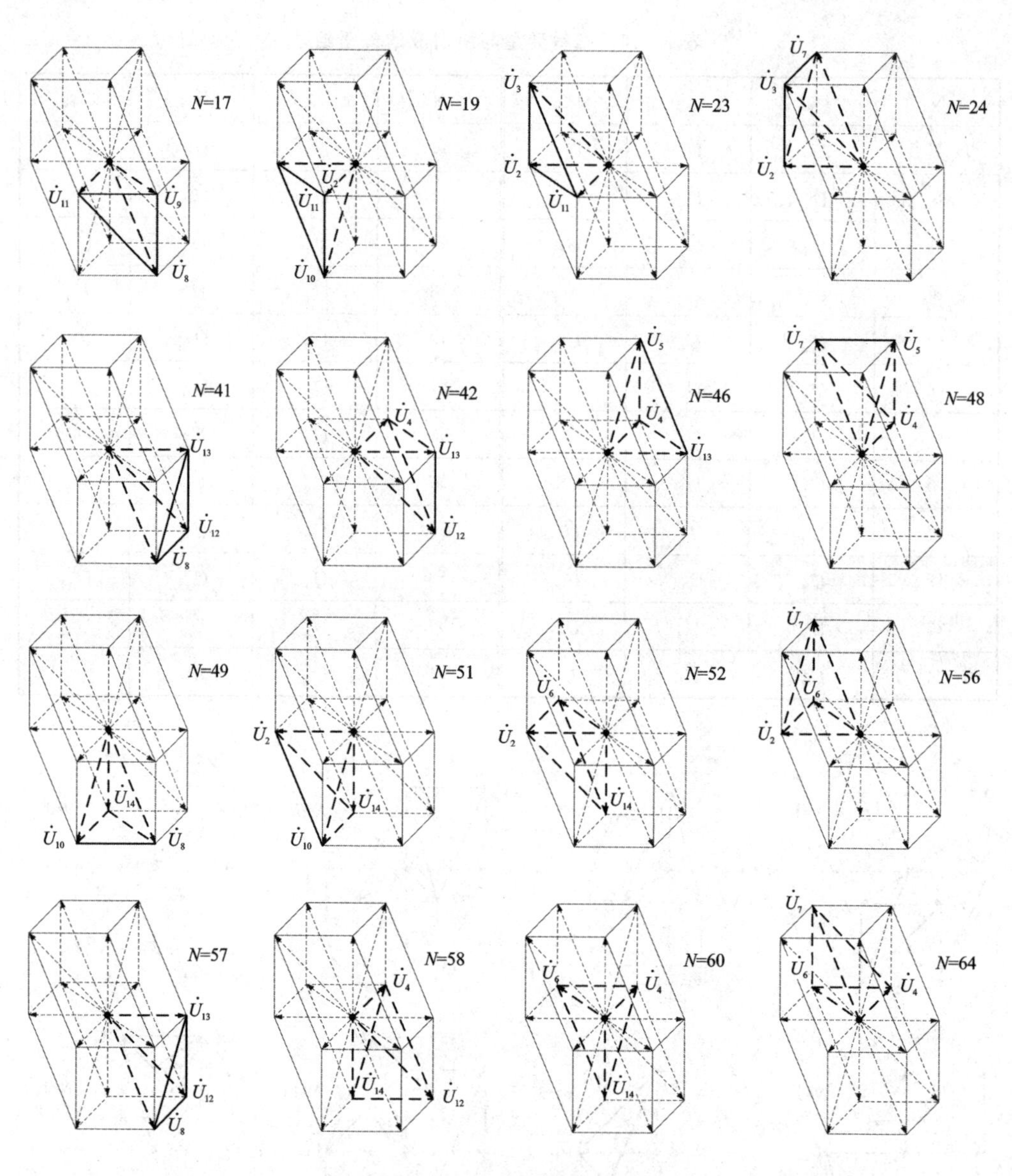

图 1-33　24 个空间四面体区域(续)

在这 24 个四面体中有 12 个为无效四面体,在实际算法过程中不起作用。这是由于在划分这些无效四面体时,其使用的依据在三相正弦系统中不存在。

例如,当 $N=1$ 时,$K_i=0$ 恒成立,即要求 $U_{\text{refa}}<0$、$U_{\text{refb}}<0$、$U_{\text{refc}}<0$、$U_{\text{refa}}<U_{\text{refb}}<U_{\text{refc}}$。这在标准的三相正弦系统中是不成立的,也就是说 N 在数值上可以取 1,但在实际算法中取不到 1。同理,其余 11 个四面体因三相参考电压不能同时大于零或小于零,因而也是无效四面体。如图 1-34 所示为有效的四面体。

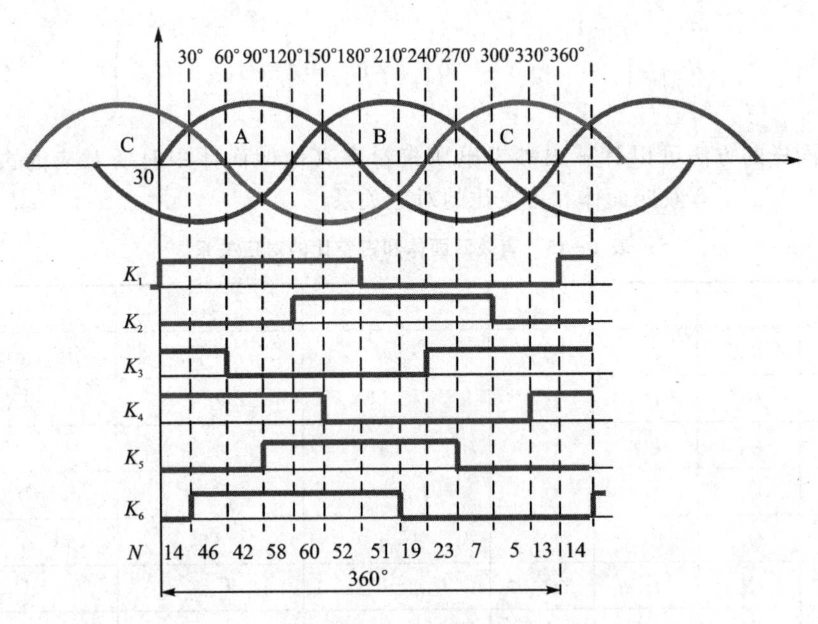

图1-34 有效的四面体

3. 占空比的计算

得到了参考电压矢量所在的四面体,即找到了能够合成它的开关矢量组合。根据伏秒面积相等,就可以计算出每个开关矢量的占空比,也就是说每一时刻参考电压矢量的大小等于每个开关电压矢量与其占空比的乘积之和。如下式所示,对矩阵求逆,就得到了占空比的值。

$$\dot{U}_{\mathrm{ref}}=\begin{pmatrix}U_{\mathrm{aref}}\\U_{\mathrm{bref}}\\U_{\mathrm{cref}}\end{pmatrix}=\begin{pmatrix}U_{\mathrm{d1\_a}} & U_{\mathrm{d2\_a}} & U_{\mathrm{d3\_a}}\\U_{\mathrm{d1\_b}} & U_{\mathrm{d2\_b}} & U_{\mathrm{d3\_b}}\\U_{\mathrm{d1\_c}} & U_{\mathrm{d2\_c}} & U_{\mathrm{d3\_c}}\end{pmatrix}\begin{pmatrix}d_1\\d_2\\d_3\end{pmatrix}\tag{1-28}$$

$$\left.\begin{aligned}&d_0=1-d_1-d_2-d_3\\&\begin{pmatrix}d_1\\d_2\\d_3\end{pmatrix}=\begin{pmatrix}U_{\mathrm{d1\_a}} & U_{\mathrm{d2\_a}} & U_{\mathrm{d3\_a}}\\U_{\mathrm{d1\_b}} & U_{\mathrm{d2\_b}} & U_{\mathrm{d3\_b}}\\U_{\mathrm{d1\_c}} & U_{\mathrm{d2\_c}} & U_{\mathrm{d3\_c}}\end{pmatrix}^{-1}\dot{U}_{\mathrm{ref}}\end{aligned}\right\}\tag{1-29}$$

式中,$\dot{U}_{\mathrm{ref}}$ 为参考电压矢量,$\dot{U}_{\mathrm{d1}}$、$\dot{U}_{\mathrm{d2}}$、$\dot{U}_{\mathrm{d3}}$ 为三个非零开关电压矢量,下标中的a、b、c表示在空间坐标系上各轴的投影值。d_1、d_2、d_3 分别为各个合成非零矢量所对应的占空比,d_0 则是零矢量的占空比,可以是 $\dot{U}_0(0,0,0)$、$\dot{U}_{15}(1,1,1)$两个零矢量中的某一个或两个的组合。以 $N=1$ 为例,开关矢量组为 $\dot{U}_8(-1,-1,-1)$、$\dot{U}_9(-1,-1,0)$、$\dot{U}_{11}(-1,0,0)$,根据式(1-29)得出

$$\begin{pmatrix} d_1 \\ d_2 \\ d_3 \end{pmatrix} = \begin{pmatrix} -1 & -1 & -1 \\ -1 & -1 & 0 \\ -1 & 0 & 0 \end{pmatrix}^{-1} \cdot \dot{U}_{\text{ref}} = \begin{pmatrix} -U_{\text{cref}} \\ -U_{\text{bref}} + U_{\text{cref}} \\ -U_{\text{aref}} + U_{\text{cref}} \end{pmatrix} \tag{1-30}$$

用同样的方法可以计算出参考电压矢量在其他四面体中时所对应的占空比，表1-15给出了有效四面体和占空比的对应关系。

表1-15 有效四面体和占空比的对应关系

N	U_{d1}	U_{d2}	U_{d3}	d_1	d_2	d_3
5	$\dot{U}_1$	$\dot{U}_9$	$\dot{U}_{11}$	U_{cref}	$-U_{\text{bref}}$	$-U_{\text{aref}}+U_{\text{bref}}$
7	$\dot{U}_1$	$\dot{U}_3$	$\dot{U}_{11}$	$-U_{\text{bref}}+U_{\text{cref}}$	U_{bref}	$-U_{\text{aref}}$
13	$\dot{U}_1$	$\dot{U}_9$	$\dot{U}_{13}$	U_{cref}	$-U_{\text{aref}}$	$U_{\text{aref}}-U_{\text{bref}}$
14	$\dot{U}_1$	$\dot{U}_5$	$\dot{U}_{13}$	$-U_{\text{aref}}+U_{\text{cref}}$	U_{aref}	$-U_{\text{bref}}$
19	$\dot{U}_2$	$\dot{U}_{10}$	$\dot{U}_{11}$	U_{bref}	$-U_{\text{cref}}$	$-U_{\text{aref}}+U_{\text{cref}}$
23	$\dot{U}_2$	$\dot{U}_3$	$\dot{U}_{11}$	$U_{\text{bref}}-U_{\text{cref}}$	U_{cref}	$-U_{\text{aref}}$
42	$\dot{U}_4$	$\dot{U}_{12}$	$\dot{U}_{13}$	U_{aref}	$-U_{\text{cref}}$	$-U_{\text{bref}}+U_{\text{cref}}$
46	$\dot{U}_4$	$\dot{U}_5$	$\dot{U}_{13}$	$U_{\text{aref}}-U_{\text{cref}}$	U_{cref}	$-U_{\text{bref}}$
51	$\dot{U}_2$	$\dot{U}_{10}$	$\dot{U}_{14}$	U_{bref}	$-U_{\text{aref}}$	$U_{\text{aref}}-U_{\text{cref}}$
52	$\dot{U}_2$	$\dot{U}_6$	$\dot{U}_{14}$	$-U_{\text{aref}}+U_{\text{bref}}$	U_{aref}	$-U_{\text{cref}}$
58	$\dot{U}_4$	$\dot{U}_{12}$	$\dot{U}_{14}$	U_{aref}	$-U_{\text{bref}}$	$U_{\text{bref}}-U_{\text{cref}}$
60	$\dot{U}_4$	$\dot{U}_6$	$\dot{U}_{14}$	$U_{\text{aref}}-U_{\text{bref}}$	U_{bref}	$-U_{\text{cref}}$

4. PWM调制波的生成

每个四面体中三个非零矢量确定后，需要确定开关的排序，即决定开关矢量的作用顺序。根据不同的零矢量加入方式可以组合出许多种开关样式，基本上还是五段式或七段式。图1-35为有效四面体的开关状态，只添加了一种零矢量。该方式在一个工频周期内，对于A、B、C桥臂而言每个开关管都有1/3的时间不动作，开关损耗较小。

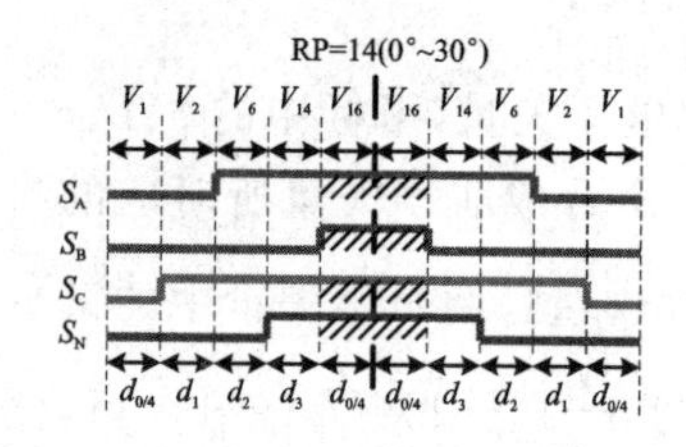

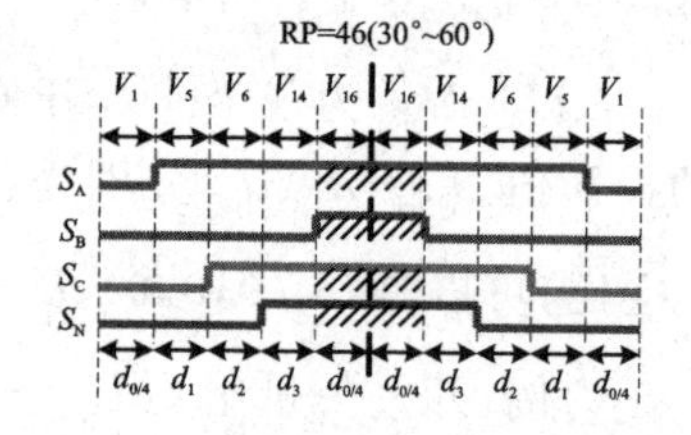

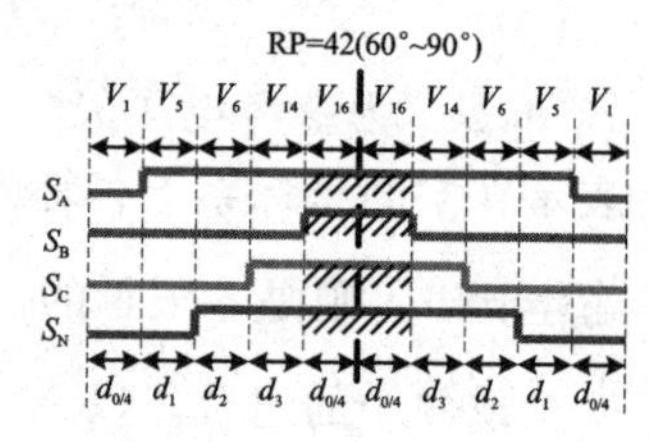

图1-35 有效四面体的开关状态

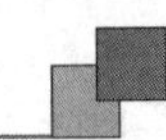

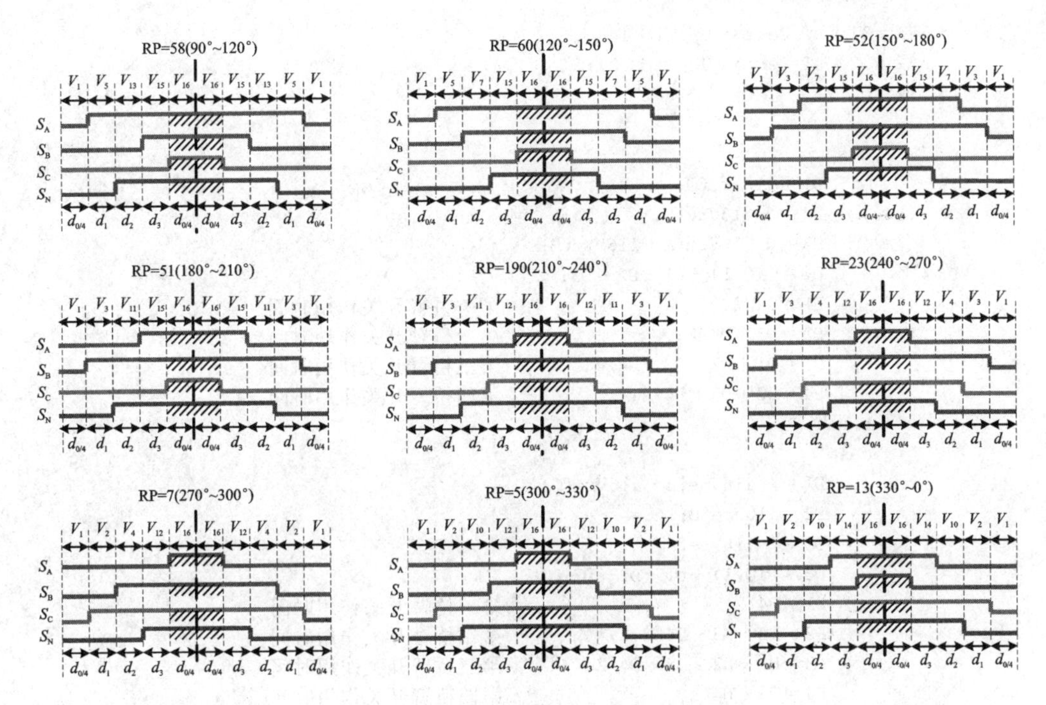

图 1－35　有效四面体的开关状态(续)

5. DSP 代码示例

```
void 3D_SVPWM()
{
    // A 相电流与零比较
    if(i16VrefA > = 0){K1 = 1;}
    else {K1 = 0;}
    // B 相电流与零比较
    if(i16VrefB > = 0){K2 = 1;}
    else {K2 = 0;}
    // C 相电流与零比较
    if(i16VrefC > = 0){K3 = 1;}
    else {K3 = 0;}
    // A 相电流与 B 相电流比较
    if(i16VrefA > = i16VrefB){K4 = 1;}
    else {K4 = 0;}
    // B 相电流与 C 相电流比较
    if(i16VrefB > = i16VrefC){K5 = 1;}
    else {K5 = 0;}
    // A 相电流与 C 相电流比较
    if(i16VrefA > = i16VrefC){K6 = 1;}
    else {K6 = 0;}
    // 四面体的选择
    N = 1 + K1 + 2 * K2 + 4 * K3 + 8 * K4 + 16 * K5 + 32 * K6;
    // 矢量作用时间饱和处理,如果饱和
```

```
T1 = T1 * uT1Period_0/(T1 + T2);
T2 = T2 * uT1Period_0/(T1 + T2);
switch(N)
{
    case 5:
        D1 = i16VrefC;
        D2 = - i16VrefB;
        D3 = - i16VrefA + i16VrefB;
        D4 = _IQ(1) - D1 - D2 - D3;
        P1 = D4/2;                      // 第一桥臂开关作用时间
        P2 = D3 + D4/2;                 // 第二桥臂开关作用时间
        P3 = D1 + D2 + D3 + D4/2;       // 第三桥臂开关作用时间
        P4 = D2 + D3 + D4/2;            // 第四桥臂开关作用时间
    break;
    case 7:
        D1 = - i16VrefB + i16VrefC;
        D2 = i16VrefB;
        D3 = - i16VrefA;
        D4 = _IQ(1) - D1 - D2 - D3;
        P1 = D4/2;                      // 第一桥臂开关作用时间
        P2 = D2 + D3 + D4/2;            // 第二桥臂开关作用时间
        P3 = D1 + D2 + D3 + D4/2;       // 第三桥臂开关作用时间
        P4 = D3 + D4/2;                 // 第四桥臂开关作用时间
    break;
    case 13:
        D1 = i16VrefC;
        D2 = - i16VrefA;
        D3 = i16VrefA - i16VrefB;
        D4 = _IQ(1) - D1 - D2 - D3;
        P1 = D3 + D4/2;                 // 第一桥臂开关作用时间
        P2 = D4/2;                      // 第二桥臂开关作用时间
        P3 = D1 + D2 + D3 + D4/2;       // 第三桥臂开关作用时间
        P4 = D2 + D3 + D4/2;            // 第四桥臂开关作用时间
    break;
    case 14:
        D1 = - i16VrefA + i16VrefC;
        D2 = i16VrefA;
        D3 = - i16VrefB;
        D4 = _IQ(1) - D1 - D2 - D3;
        P1 = D2 + D3 + D4/2;            // 第一桥臂开关作用时间
        P2 = D4/2;                      // 第二桥臂开关作用时间
        P3 = D1 + D2 + D3 + D4/2;       // 第三桥臂开关作用时间
        P4 = D3 + D4/2;                 // 第四桥臂开关作用时间
    break;
    case 19:
        D1 = i16VrefB;
        D2 = - i16VrefC;
        D3 = - i16VrefA + i16VrefC;
        D4 = _IQ(1) - D1 - D2 - D3;
        P1 = D4/2;                      // 第一桥臂开关作用时间
```

```
        P2 = D1 + D2 + D3 + D4/2;         // 第二桥臂开关作用时间
        P3 = D3 + D4/2;                   // 第三桥臂开关作用时间
        P4 = D2 + D3 + D4/2;              // 第四桥臂开关作用时间
    break;
    case 23:
        D1 = i16VrefB - i16VrefC;
        D2 = i16VrefC;
        D3 = - i16VrefA;
        D4 = _IQ(1) - D1 - D2 - D3;
        P1 = D4/2;                        // 第一桥臂开关作用时间
        P2 = D1 + D2 + D3 + D4/2;         // 第二桥臂开关作用时间
        P3 = D2 + D3 + D4/2;              // 第三桥臂开关作用时间
        P4 = D3 + D4/2;                   // 第四桥臂开关作用时间
    break;
    case 42:
        D1 = i16VrefA;
        D2 = - i16VrefC;
        D3 = - i16VrefB + i16VrefC;
        D4 = _IQ(1) - D1 - D2 - D3;
        P1 = D1 + D2 + D3 + D4/2;         // 第一桥臂开关作用时间
        P2 = D4/2;                        // 第二桥臂开关作用时间
        P3 = D3 + D4/2;                   // 第三桥臂开关作用时间
        P4 = D2 + D3 + D4/2;              // 第四桥臂开关作用时间
    break;
    case 46:
        D1 = i16VrefA - i16VrefC;
        D2 = i16VrefC;
        D3 = - i16VrefB;
        D4 = _IQ(1) - D1 - D2 - D3;
        P1 = D1 + D2 + D3 + D4/2;         // 第一桥臂开关作用时间
        P2 = D4/2;                        // 第二桥臂开关作用时间
        P3 = D2 + D3 + D4/2;              // 第三桥臂开关作用时间
        P4 = D3 + D4/2;                   // 第四桥臂开关作用时间
    break;
    case 51:
        D1 = i16VrefB;
        D2 = - i16VrefA;
        D3 = i16VrefA - i16VrefC;
        D4 = _IQ(1) - D1 - D2 - D3;
        P1 = D3 + D4/2;                   // 第一桥臂开关作用时间
        P2 = D1 + D2 + D3 + D4/2;         // 第二桥臂开关作用时间
        P3 = D4/2;                        // 第三桥臂开关作用时间
        P4 = D2 + D3 + D4/2;              // 第四桥臂开关作用时间
    break;
    case 52:
        D1 = - i16VrefA + i16VrefB;
        D2 = i16VrefA;
        D3 = - i16VrefC;
        D4 = _IQ(1) - D1 - D2 - D3;
        P1 = D2 + D3 + D4/2;              // 第一桥臂开关作用时间
```

```
            P2 = D1 + D2 + D3 + D4/2;      // 第二桥臂开关作用时间
            P3 = D4/2;                     // 第三桥臂开关作用时间
            P4 = D3 + D4/2;                // 第四桥臂开关作用时间
        break;
        case 58:
            D1 = i16VrefA;
            D2 = - i16VrefB;
            D3 = i16VrefB - i16VrefC;
            D4 = _IQ(1) - D1 - D2 - D3;
            P1 = D1 + D2 + D3 + D4/2;      // 第一桥臂开关作用时间
            P2 = D3 + D4/2;                // 第二桥臂开关作用时间
            P3 = D4/2;                     // 第三桥臂开关作用时间
            P4 = D2 + D3 + D4/2;           // 第四桥臂开关作用时间
        break;
        case 60:
            D1 = i16VrefA - i16VrefB;
            D2 = i16VrefB;
            D3 = - i16VrefC;
            D4 = _IQ(1) - D1 - D2 - D3;
            P1 = D1 + D2 + D3 + D4/2;      // 第一桥臂开关作用时间
            P2 = D2 + D3 + D4/2;           // 第二桥臂开关作用时间
            P3 = D4/2;                     // 第三桥臂开关作用时间
            P4 = D3 + D4/2;                // 第四桥臂开关作用时间
        break;
    }
}
```

1.3 位置传感器

转速信号与位置信号可以通过光电编码器、旋转变压器或脉冲编码器等获得。几种速度检测元件的性能比较见表 1-16。

表 1-16 几种常见的速度检测元件性能比较

参数＼元件	旋转变压器	霍尔传感器	光电编码器
精确度/(°)	0.3～1(中)	0.5～1(中)	0.02～0.1(优)
分辨率/($P \cdot R^{-1}$)	2 000～30 000	0～500	0～5 000
输出信号	绝对式	增量式	增量式
跟踪速度/($r \cdot min^{-1}$)	>50 000	>20 000	>10 000
工作温度/℃	0～150	0～120	0～85
抗振力	优	良	中
可靠性	优	中	良

从功能上来讲，它们都能完成速度检测的功能，但是编码器由于码盘防护等级不

高，容易振坏，虽然有较高的分辨率，但是维修频率高；霍尔速度传感器价格便宜、但是分辨率低，使得控制精度受到限制，而且霍尔元件长时间受热后磁性会减弱，所以使用寿命不长；旋转变压器由于转子和定子分离，无接触，而且采用无刷设计，所以有很高的防护等级，能耐高强度的振动，不怕水和油污，使用寿命可以长达数十年，另外采用专用的转换芯片解码，可以将旋变输出的模拟信号转换为数字信号，有和旋转编码器相当的解码精度。

1.3.1　光电编码盘

光电编码盘角度检测传感器是一种广泛应用的编码式数字传感器，它将测得的角位移转换为脉冲形式的数字信号输出。光电编码盘角度检测传感器可分为两种：绝对式光电编码盘和增量式光电编码盘。

1. 绝对式光电编码盘

绝对式光电编码盘由绝对式光电码盘和光电检测装置组成。码盘采用照相腐蚀，在一块圆形光学玻璃上刻出透光与不透光的编码。图1-36给出了一种4位二进制绝对式光电编码盘的例子。图1-36(a)是它的编码盘，编码盘中黑色代表不透光，白色代表透光。编码盘分成若干个扇区，代表若干个角位置。每个扇区分成4条，代表4位二进制编码。为了保证低位码的精度，都把最外码道作为编码的低位，而将最内码道作为编码的高位。因为4位二进制最多可以表示16，所以图中所示的扇区数为16。

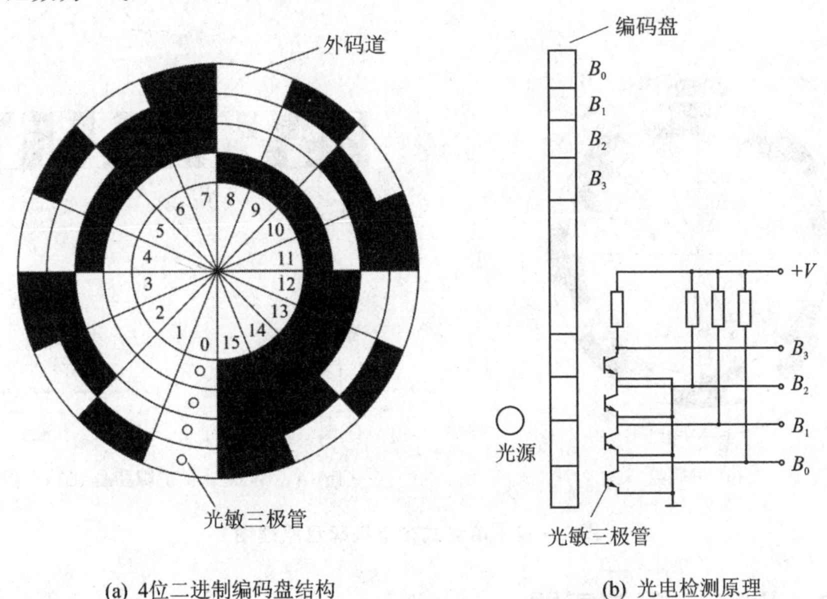

(a) 4位二进制编码盘结构　　(b) 光电检测原理

图1-36　绝对式光电编码盘结构与原理图

图 1-36(b)是该编码盘的光电检测原理图。光源位于编码盘的一侧,4 只光敏三极管位于另一侧,沿编码盘的径向排列,每一只光敏三极管都对着一条码道。当码道透光时,该光敏三极管接收到光信号,由图中的电路可知,它输出低电平 0;当码道不透光时光敏三极管收不到光信号,因而输出高电平 1。例如,编码盘转到图 1-36(a)中的第五扇区,从内向外 4 条码道的透光状态依次为:透光、不透光、透光、不透光,所以 4 个光敏三极管的输出从高位到低位依次为 0101。它是二进制的 5,此时代表角位置——第 5 扇区,所以,不管转动机构怎样转动,都可以通过随转动机构转动的编码盘来获得转动机构所在的确切位置。因为所测得的角位置是绝对位置,所以称这样的编码盘为绝对式编码盘。

2. 增量式光电编码盘

增量式光电编码盘不像绝对式光电编码盘那样测量转动体的绝对位置,它是测量转动体角位移的累计量。

增量式光电编码盘是在一个码盘上只开出 3 条码道,由内向外分别为 A、B、C,如图 1-37(a)所示。在 A、B 码道的码盘上,等距离地开有透光的缝隙,两条码道上相邻的缝隙互相错开半个缝宽,其展开图如图 1-37(b)上图所示。第 3 条码道 C 只开出一个缝隙,用来表示码盘的零位。在码盘的两侧分别安装光源和光敏元件,当码盘转动时,光源经过透光和不透光区域,相应地,每条码道将有一系列脉冲从光敏元件输出。码道上有多少缝隙,就会有多少个脉冲输出。将这些脉冲整形后,输出的脉冲信号如图 1-37(b)下图所示。

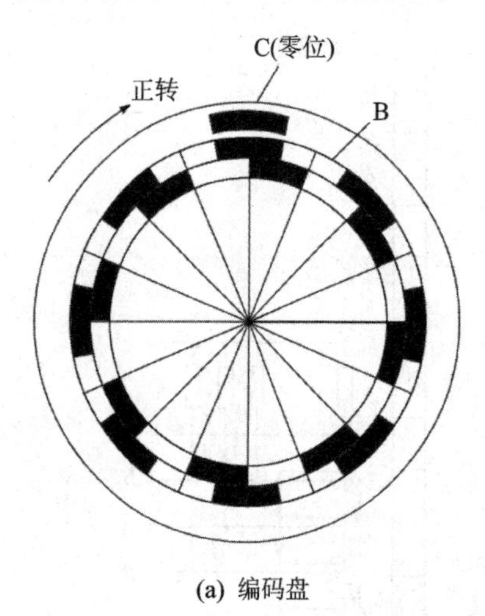

(a) 编码盘

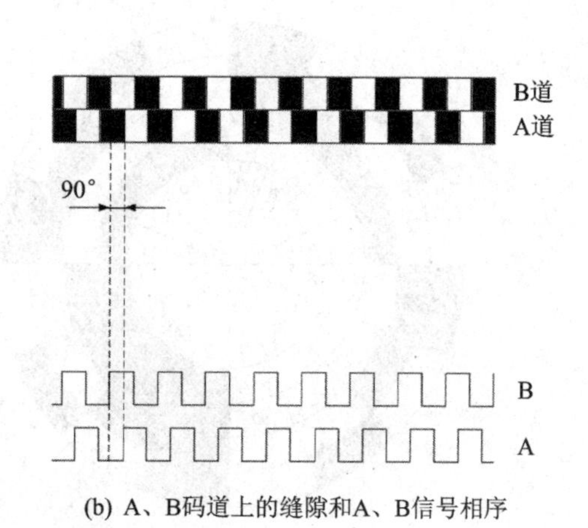

(b) A、B码道上的缝隙和A、B信号相序

图 1-37 增量式光电编码盘原理图

1.3.2 霍尔位置传感器

霍尔式位置传感器是利用“霍尔效应”进行工作的。利用霍尔式位置传感器工作

的电机转子同时也是霍尔传感器的转子，通过感知转子上的磁场强弱变化来辨别转子所处的位置。下面介绍“霍尔效应”。

如图1－38所示，在长方形半导体薄片上通入电流 I，当在垂直于薄片的方向上施加磁感应强度 B 时，在与 I、B 构成的平面相垂直的方向上会产生一个电动势 E，称其为霍尔电动势，其大小如下式所示，称这种效应为霍尔效应。

$$E = K_H IB \tag{1-31}$$

式中 K_H——灵敏度系数；

I——控制电流。

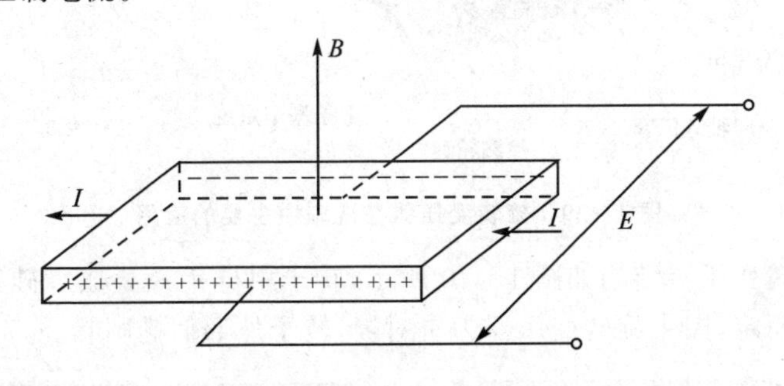

图1－38 霍尔效应

当磁场强度方向与半导体薄片不垂直，而是成 θ 角时，霍尔电动势的大小改为

$$E = K_H IB\cos\theta \tag{1-32}$$

所以利用永磁转子的磁场，对霍尔应变片通入直流电，当转子的磁场强度大小和方向随着它位置不同而发生变化时，霍尔半导体就会输出霍尔电动势，霍尔电动势的大小和相位随转子位置而发生变化，从而起到了检测转子位置的作用。

常用开关型霍尔集成电路作为传感元件，它的外形像一只普通晶体管。霍尔式位置传感器由于结构简单、性能可靠且成本低，因此是目前电机应用较多的一种位置传感器。

1.3.3 旋转变压器

1. 旋转变压器的基本结构

旋转变压器简称为旋变，是一种输出电压随转子转角变化的信号元件。当励磁绕组以一定频率的交流电压励磁时，输出绕组的电压幅值与转子转角成正、余弦函数关系，或保持某一比例关系，或在一定转角范围内与转角成线性关系。

旋转变压器具有耐高温、耐湿度、抗冲击性好、抗干扰能力强等突出优点，同时与旋转变压器/数字转换器配合使用能够产生转子绝对位置信息。因此，旋转变压器适用于永磁同步电机数字控制系统，能够满足电动汽车驱动系统高性能、高可靠性的要求。汽车中使用时，旋转变压器输出的信号通过专用芯片进行解码后得到的速度和角度信息被送入DSP中，完成速度和角度信息的采集。旋转变压器在汽车中的应用特别广泛，图1-39显示了旋转变压器在汽车中主要的应用。

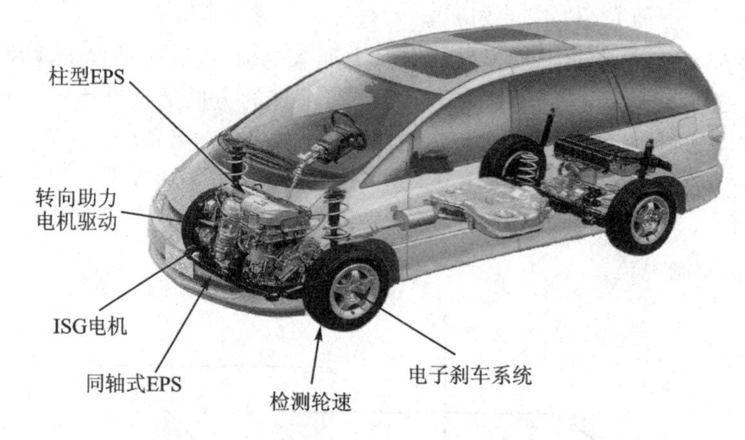

图1-39　旋转变压器在汽车中主要的应用

典型的旋转变压器结构如图1-40所示，转子由硅钢片叠成。硅钢片的外形轮廓视旋变极数而定，图中旋转变压器为1对极，转子外形似椭圆状。

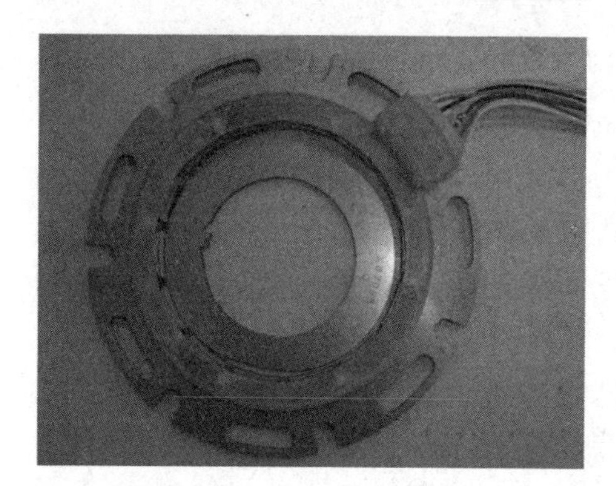

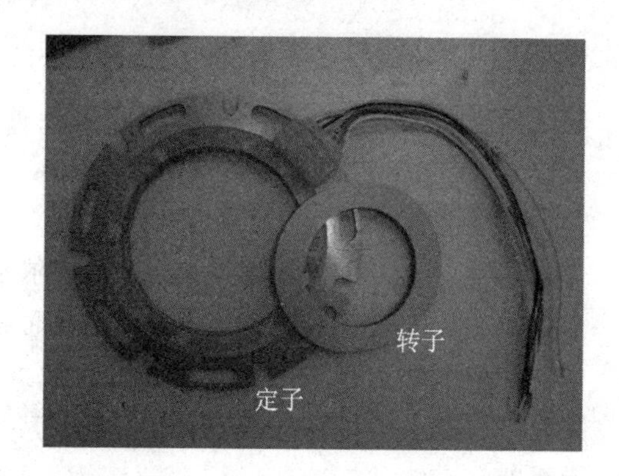

图1-40　旋转变压器实物图

定子上开有齿槽，一相初极励磁线圈和两相次极输出线圈都绕在齿槽内，定子旋转改变绕组和定子之间的空气厚度，从而改变初、次极绕组间的耦合系数，使得在初极输入交流励磁电压的情况下，输出电压的幅度和转子转过的角度成比例。

旋转变压器安装的位置可以在电机外部，这种情况是与发动机曲轴输出端相连，这种安装相对简单；另一种情况是安装在电机内部，这时由于电机内部的磁场会影响旋转变压器本身的磁通量变化率，从而影响其解码精度，因此必须加装屏蔽罩，并且应在旋转变压器的输出线上套上屏蔽线，以降低空间电磁干扰。采用这种安装方法将使旋转变压器得到很好的保护，不会受到灰尘、油污等的影响，因此旋转变压器使用寿命长，故障率低，是一种理想的使用方法。目前丰田、雷克萨斯等公司就是采用这种方法，而且经实践检验确实非常可靠。图1-41是丰田混合动力汽车动力部分，图中的旋转变压器是日本多摩川公司的一款Singlsyn装在电机主轴上的展示。

图 1-41　丰田汽车中的旋转变压器

旋转变压器的输出信号是连续变化的模拟信号,用户一般不能直接使用,需解码芯片,将模拟信号转换为方波信号。

2. 解码芯片

AD2S1200 是最新的旋转变压器/数字转换器单片集成电路,输出 12 位绝对位置信息和带符号的 11 位速度信息,精确度为±11 弧分,最大跟踪速度为 1 000 r/s,工作温度为−40～+125 ℃。相对于前一代的 AD2S90,它集成了可编程的正弦波振荡器,励磁频率为 10 kHz、12 kHz、15 kHz、20 kHz;可编程,因此不再需要搭配 AD2S99 正弦波励磁芯片;AD2S1200 在保留串行通信接口的同时,增加了并行输出接口;速度检测输出由模拟信号升级到数字信号。以上特点不仅简化了外围电路设计,而且使功能得以丰富,性价比很高。

AD2S1200 的内部由可编程的正弦波振荡器、错误检测电路、Ⅱ型闭环系统及数据总线接口等四个单元构成,其中处于核心功能的Ⅱ型闭环系统负责位置和速度的检测,其内部结构框图如图 1-42 所示。

由 EXC 两端向旋转变压器提供励磁信号,承载位置信息的两路旋转变压器模拟信号送入 sin/sinLo、cos/cosLo 输入端,分别经过 AD 采样后送入乘法器。假设此时位置积分器(增减计数器)输出的数字角度为 ϕ,也送入乘法器,分别进行乘法运算:

$$KE_0\sin(\omega t)\sin\theta\cos\phi \tag{1-33}$$

$$KE_0\sin(\omega t)\cos\theta\sin\phi \tag{1-34}$$

式(1-33)减去式(1-34)并简化得

$$KE_0\sin(\omega t)(\sin\theta\cos\phi-\cos\theta\sin\phi)=KE_0\sin(\omega t)\sin(\theta-\phi) \tag{1-35}$$

式中,$\theta-\phi$ 为角度误差。

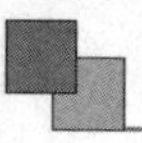

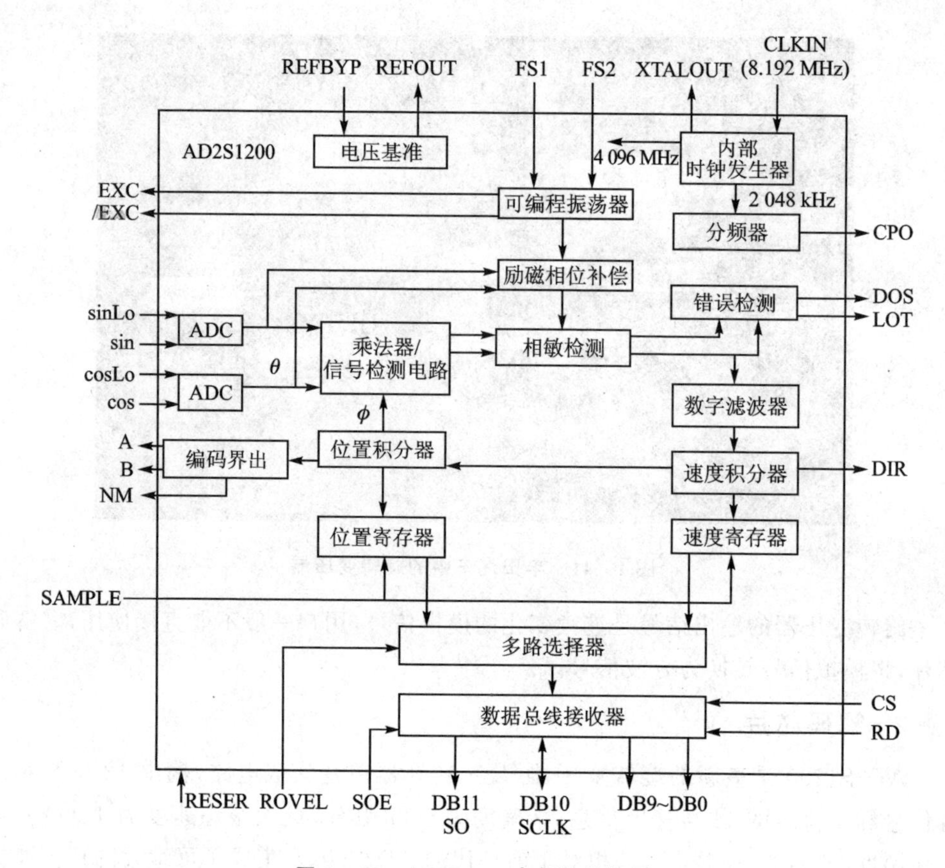

图 1-42　AD2S1200 内部结构框图

AD2S1200 与 DSP 的通信既可以采用并行模式，也可以采用串行模式。

并行模式：AD2S1200 有 DB0～DB11 共 12 位的数据输出总线，可直接或经光耦隔离后连接至 DSP 的数据总线上。

当 SOE 为高电平时，AD2S1200 处于并行输出模式；CS 低电平对 AD2S1200 实行片选；在 SAMPLE 引脚电平由高到低的跳变过程中，位置和速度积分器的数据采样至位置和速度寄存器中；由 RDVEL 的高低状态选择传送位置或速度寄存器中的数据到输出寄存器；最后，RD 置低电平，启动读输出寄存器和使能输出缓冲器。

串行模式：AD2S1200 的 3 线式串行总线引脚为 RD、SCLK 和 SO(SCLK 与 DB10，SO 与 DB11 引脚复用)，串行输出频率最高可达 25 MHz。当 SOE 为低电平时，AD2S1200 被设置为串行输出模式；SAMPLE、RDVEL 的工作机制与并行模式相同；串行通信时，时钟由 SCLK 引脚引入；当 RD 置低电平时，启动读输出寄存器，数据将会随着时钟频率从输出寄存器串行输出至 SO 引脚。串行输出时 DB0～DB9 处于高阻状态。

关于旋转变压器更详细的电路设计及代码设计会在第 2 章给出详细方案。

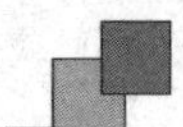

1.4　CPU

微处理器是电机数字控制系统的核心，机型的选择往往直接影响到系统的控制功能、性能和控制效果。通常，适用电机数字控制系统的微处理器较多，各种类型微处理器的性能也千差万别。如何选择最适合的控制核心，是每个工程技术人员所必须面对的问题，因此需对各种常用微处理器有一个全面的了解。

1.4.1　微控制器

微控制器(Micro Controller Unit，简称 MCU)，又称单片微型计算机(Single Chip Microcomputer)，是指随着大规模集成电路的出现和发展，将计算机的 CPU、RAM、ROM、定时器和多种 I/O 接口集成在一块芯片上，形成的芯片级计算机。

微控制器经过近几十年的研究、发展，历经 4 位、8 位，到现在的 16 位、32 位，甚至 64 位。随着微电子技术的发展、微型计算机功能的不断提高，电气传动领域出现了以微处理器为核心的微机控制系统。为达到控制的目的，微机控制在初始阶段需要配置大量的外围接口，而一些公司为了适应这种需求，在单块芯片上直接集成这些外围接口，构成了单片机。

从美国仙童(Fairchild)公司 1974 年生产出第一块单片机开始，短短几十年的时间，单片机如雨后春笋般地大量涌现出来，如 Intel、Motorola、Zilog、TI 和 NEC 等世界上几十大计算机公司都纷纷推出自己的单片机系列。以下介绍几种高性能单片机。

1. MCS-51 系列

MCS-51 系列单片机是 Intel 公司在其 MCS-48 系列单片机基础上推出的高性能 8 位单片机。

基本型：8031、8051 和 8751，采用 HMOS 工艺。8031 无片内 ROM，8751 片内有 4 KB EPROM。派生型：8032、8052 和 8752，在基本型的基础上增加了 ROM 和 RAM 的容量、定时器和中断源数量。低功耗高速型：80C31、80C51 和 87C51，采用了 CHMOS 工艺，CHMOS 是 CMOS 和 HMOS 的结合，既保持了 HMOS 高速度和高密度的特点，还具有 CMOS 低功耗的特点。高性能型：80C252、83C252 和 87C252，在派生型基础上采用 CHMOS 工艺，集成了高速输入口(HSI)、高速输出口(HSO)和脉宽调制输出口(PWM)。

以上硬件资源基本上能够满足一般控制系统的需要，故这类单片机仍是目前应用最为广泛的单片机之一。但在一些比较复杂的控制系统中，由于受计算速度和计算精度的影响，它不得不让位于 16 位单片机。

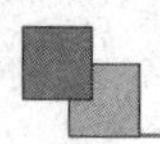

2. MCS－96 系列

MCS－96 系列是目前性能较高的单片机系列之一，适用于高速、高精度的工业控制领域。其典型产品的主要特点如下：

① 改变了以往的累加器结构，而采用寄存器-寄存器结构，CPU 可直接对它们进行操作，消除累加器的“瓶颈”效应，提高了计算速度和数据吞吐能力；

② 具有高效的指令系统，如有 32 位(双字)操作；

③ 内置 10 位 A/D 转换器；

④ 具有 PWM 输出，可作为电机控制和简易 D/A 转换用；

⑤ 具有 HSI 和 HSO 功能，无需 CPU 干预而自动实现；

⑥ 可动态配置总线。

MCS－96 系列从诞生到现在，已发展了多种型号的系列产品，如普通型：8×96(无 A/D 型)、8×97(带 A/D 型)；增强型：8×96BH(无 A/D 型)和 8×97BH(带 A/D 型)；高档型：8×196 KB、8×196 KC、8×196 MC 和 8×196 MH。虽然 MCS－96 系列单片机性能优越，但当需要进行大量数据处理或浮点运算时则略显逊色。

3. PIC 系列单片机

PIC 系列单片机是美国 Microchip 公司推出的高性价比 8 位嵌入式微处理器，其技术特点如下：

① 哈佛双总线和两级指令流水线结构，指令集为 RISC；

② 具有较大的输入、输出能力(灌电流可达 25 mA)；

③ PIC 单片机不支持程序和数据地址空间的扩展，器件外接和扩展只能通过 I/O 端口来实现；

④ 中断时间只需要 3 个机器周期，此外，还具有高速度(每条指令最快可达 160 ns)、低工作电压(最低工作电压可为 3 V)、低功耗(3 V、32 kHz 时为 15 μW)、小体积(最小引脚数为 8)和指令简单易学等特点。

与 51 单片机相比，PIC 单片机的突出优点如下：

① 指令集为 RISC，并采用了两级指令流水线结构，且绝大多数指令为单周期指令(除程序分支指令外)；

② I/O 端口驱动能力强，可作为高速 I/O 使用，且各 I/O 引脚具有复用功能；

③ 采用宽字指令，所生成的代码与 51 单片机相比约减少一半；

④ 寄存器采用 RAM 结构形式，只需 1 个周期即可完成访问和操作，其他大多数单片机需要 2 个或 2 个以上周期才能改变寄存器的内容；

⑤ 高级 PIC 单片机具有 8 位×8 位硬件乘法器，且一个乘法运算可在一个机器周期内完成；

⑥ 基础级、中级和高级 PIC 分别支持 2 级、8 级和 16 级硬件堆栈，可为中断的高效处理提供有效的硬件基础；

⑦ 程序代码可进行加密保护。

PIC 性能十分优异，但其缺点也十分突出，如：

① 不支持地址空间的扩展，只能用 I/O 端口来扩展外围器件，这在许多应用中是难以忍受的；

② 仿真、调试方式仍然采用硬件开发器和编程器的方式。

总的来说，PIC 单片机适用于设计外围器件较少、响应速度要求较快的控制系统，如直流有刷电机的控制等。

4. AVR 系列单片机

AVR 系列单片机是 Atmel 公司继率先推出集成 51 内核与其擅长的 Flash 技术的 AT89 系列单片机后，于 1997 年推出的全新配置的精简指令集(RISC)单片机。近年来，AVR 已经形成了系列产品，其中 ATtiny、AT90 和 ATmega 分别为该系列低、中和高档产品。

AVR 系列单片机的主要特点如下：

① 哈佛总线结构，指令集为 RISC；

② 内部寄存器达到 32 个；

③ 可进行程序和数据存储器的外部地址扩展；

④ 吸收了 PIC 和 51 单片机的优点设计而成，如快速存取寄存器，单周期指令等；

⑤ 工作电压范围宽(2.7～6 V)，抗干扰能力强；

⑥ 支持串行在线下载 ISP。

在资源集成方面的特点如下：

① 结构上内嵌 Flash，多数种类还内含 E^2PROM，I/O 口具有大电流驱动能力；

② 高速度、低功耗和支持休眠功能；

③ 接口功能丰富，内含模拟比较器、A/D 转换、事件捕获、输出比较器匹配和 PWM 等；

④ 定时器/计数器可进行内部预分频，有利于定时；

⑤ 具有同步串行接口 SPI 和串行异步通信接口 UART；

⑥ 程序存储器可进行加密设置，程序保密程度高等。

相比于 51 单片机，AVR 单片机的突出特点如下：

① 采用精简指令，大多数指令只需 1 个机器周期，且比常规 RISC 单片机快 10 倍左右；

② 内部寄存器达到 32 个；

③ 具有 SPI 口，可实现 ISP(Internet Service Provider)；

④ 中断应答时间为 4 个时钟周期；

⑤ 程序存储器可进行加密设置。

AVR 系列单片机的主要缺点是：仍采用寄存器＋ALU 的结构，所有寄存器都与 ALU 连接来实现逻辑、运算操作，主流机型仍不具备乘法器；开发工具较贵。

1.4.2 DSP 系列处理器

DSP 的含义是数字信号处理器(Digital Signal Processor)，是一种具有特殊结构的微处理器。它出现于 20 世纪 70 年代末和 80 年代初，实际上是一款高性能的单片机，其内部集成了 CPU、控制芯片和外围设备等。早期的 DSP 是针对数字信号处理的，如语音、图像信号等，因此得名数字信号处理器。随着技术的发展，DSP 开始向其他应用领域发展，尤其是进入 20 世纪 90 年代以来，DSP 技术已被普遍应用，特别是在电机控制领域中。

1. DSP 的特点

DSP 是一种独特的微处理器，有自己完整的指令系统，可以用来处理大量信息。一个数字信号处理器 DSP 是在一块不大的芯片内集成了控制单元、运算单元、各种寄存器以及一定数量的存储单元等，在其外围还可以连接若干存储器，并可以与一定数量的外部设备相互通信。DSP 采用哈佛总线设计，即数据总线和地址总线分开，使程序和数据分别存储在两个分开的空间，允许取指令和执行指令完全重叠；也就是说，在执行上一条指令的同时就可取出下一条指令，并进行译码，这大大地提高了微处理器的处理速度，其实时处理速度可高达数以千万条指令每秒，远远超过通用微处理器。高速的数据处理能力、强大的外设资源和灵活的软件编程性，这一切为复杂系统的设计提供了可靠的技术保证。

根据数字信号处理的要求，DSP 芯片一般具有如下特点：

① 在一个指令周期内可完成一次乘法和一次加法；

② 程序和数据空间分开，可以同时访问指令和数据；

③ 快速的中断处理和硬件 I/O 支持；

④ 可以并行执行多个操作；

⑤ 支持流水线操作，使取指、译码和执行等操作可以重叠执行。

当然，与通用微处理器相比，DSP 芯片的其他通用功能相对弱些。比如电路设计和软件编程十分复杂；大多数 DSP 芯片的工作电压为＋3.3 V，与大多数＋5 V 工作电源的数字、模拟器件进行接口时需要进行电平转换。

2. DSP 芯片的发展

自 1980 年以来，DSP 芯片得到了突飞猛进的发展，DSP 芯片的应用也越来越广泛。从运算速度来看，MAC(一次乘法和一次加法)时间已经从 80 年代初的 400 ns 降低到 6.67 ns。从制造工艺来看，1980 年采用 4 μm 的 N 沟道 MOS 工艺，而现在则普遍采用亚微米 CMOS 工艺。DSP 芯片的引脚数量从 1980 年的最多 64 个增加到现在的 200 个以上。引脚数量的增加，意味着结构灵活性的增加。此外，DSP 芯

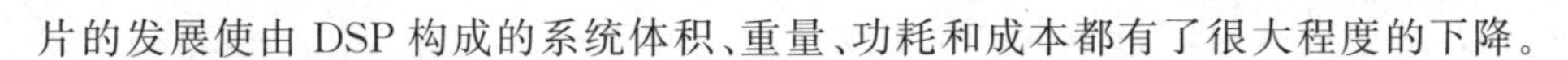

片的发展使由DSP构成的系统体积、重量、功耗和成本都有了很大程度的下降。

3. DSP芯片的分类

DSP的种类繁多，可根据不同的性能指标进行分类。

(1) 按数据格式分

这是根据DSP芯片所采用的数据格式来分类的。采用定点格式工作的DSP芯片称为定点DSP芯片，采用浮点格式工作的DSP芯片则称为浮点DSP芯片。定点DSP硬件采用整数运算，有16位字宽和24位字宽两种；浮点DSP采用32位数据宽度，由24位组成尾数，8位组成阶码。一个24位定点DSP所能提供的精度和24位尾数浮点DSP提供的精度是相同的，但定点DSP的数据范围与浮点DSP的相比要小得多。

定点DSP芯片在进行运算时，使用的是小数点位置固定的有符号数或无符号数。定点器件在硬件结构上比浮点器件简单，具有价格低、速度快等特点。定点DSP芯片主要有Motorola公司的MC56000系列、AD公司的ADSP21xx系列和TI公司的TMS320C1x/C2x/C5x/C2xx/C24x/C24xx/C281x/C54x/C55x/C62x/C64x等。

浮点DSP芯片在进行算术运算时，使用的是带有指数的小数，小数点的位置随着具体数据的不同进行浮动。浮点器件具有动态范围大、运算精度高和不需要进行定标等优点，因此在性能要求较高的实时信号处理场合中得到了广泛应用。但是，浮点芯片成本高、功耗大、速度较慢。浮点DSP芯片主要有TI公司的TMS320C283x/C67x、Motorola公司的MC96000系列以及AD公司的ADSP21x系列等。

(2) 按用途分

按照DSP芯片的用途来分，可分为通用型DSP芯片和专用型的DSP芯片。通用型DSP芯片适合普通的DSP应用，如TI公司的一系列DSP芯片；专用型DSP芯片是为特定的DSP运算而设计的，更适合特殊的运算，如数字滤波、卷积和快速傅里叶变换(FFT)等。

4. DSP芯片的基本结构

DSP芯片的基本结构包括以下几类。

(1) 哈佛结构

哈佛结构的主要特点是将程序和数据分别存储在不同的存储空间中，即程序存储器和数据存储器是两个相互独立的存储器，每个存储器独立编址、独立访问。与两个存储器相对应的是系统中设置了程序总线和数据总线，从而使数据的吞吐量提高了1倍。

(2) 流水线操作

DSP执行一条指令通常要经过取指、译码、取操作数和执行等几个阶段。为了提高芯片的计算速度，DSP芯片广泛采用流水线结构，也就是将一个任务分解为若干个子任务，在任务的连续执行过程中，这些子任务可相互重叠进行，以减少指令执行的时间，从而增强 DSP 的数据处理能力。

(3) 专用的硬件乘法器

在数字信号处理算法中，应用最多的运算类型是乘法和加法运算。在通用的微处理器中，乘法一般由软件实现，由多个指令周期来完成，这样就限制了数字信号处理算法的执行速度。在 DSP 芯片中，一般都有专用的硬件乘法器（一个或多个），使得一次或多次乘法运算可以在一个单指令周期内完成，从而极大地提高 DSP 芯片的运算性能和运算速度。

(4) 特殊的 DSP 指令

为了更好地满足数字信号处理应用的需要，在 DSP 芯片的指令系统中设计了一些特殊的 DSP 指令，以充分发挥 DSP 算法及各系列芯片的特殊设计功能。

5. DSP 芯片的选择

在设计 DSP 应用系统时，选择 DSP 芯片是一个非常重要的环节。只有选定了 DSP 芯片才能进一步设计外围电路及系统的其他电路。总的来说，DSP 芯片的选择应根据实际应用系统的需要而确定。一般来说，选择 DSP 芯片时应考虑如下因素：

① 运算速度：运算速度是 DSP 芯片最重要的性能指标，也是选择 DSP 芯片时所需要考虑的一个主要因素。DSP 芯片的运算速度应采用以下几种性能指标来衡量：

- 指令周期：执行一条指令所需要的时间，通常以 ns 为单位；
- MAC 时间：一次乘法加上一次加法的时间；
- MIPS：每秒执行百万条指令；
- MOPS：每秒执行百万次操作；
- MFLOPS：每秒执行百万次浮点操作；
- BOPS：每秒执行十亿次操作。

② 价格。

③ 硬件资源。

④ 开发工具。

⑤ 功耗。

⑥ 其他因素，如封装的形式、质量标准和生命周期等。

6. TI 系列 DSP

在众多 DSP 芯片种类中，最成功的是美国德州仪器公司（Texas Instruments，简称 TI）的一系列产品。TI 公司在 1982 年成功推出第一代 DSP 芯片 TMS32010 及其系列产品 TMS32011、TMS32C10/C14/C15/C16/C17 等，之后相继推出了第二代 DSP 芯片 TMS32020、TMS320C25/C26/C28，第三代 DSP 芯片 TMS32C30/C31/C32，第四代 DSP 芯片 TMS32C40/C44，第五代 DSP 芯片 TMS32C50/C51/C52/C53 等，以及集多 DSP 于一体的高性能 DSP 芯片 TMS32C80/C82 等。

作为世界上最知名的DSP芯片生产厂商，美国德州仪器公司生产的TMS320系列芯片广泛应用于各个领域，其中TMS320C2000系列(简称为C2000)实时控制器是高性能微控制器产品系列，专门用于控制电力电子产品，并在工业和汽车应用中提供高级数字信号处理。在20多年处于模数控制革命的最前沿期间，C2000不断发展，现在可提供精密传感、强大的处理和高级驱动，使工程师能够创建世界上最高效的电源控制系统。如图1-43所示为截至2019年，C2000系列DSP家族产品。

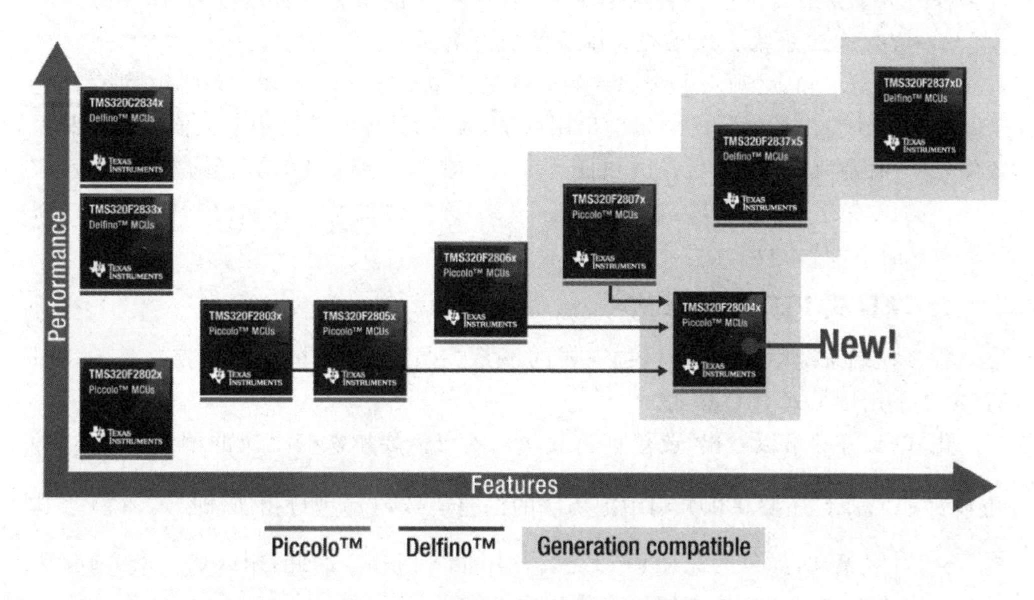

图1-43　C2000系列DSP家族产品(源于TI官网)

TMS320F28335(简称F28335)数字信号处理器是属于C2000系列的一款浮点DSP控制器。与以往的定点DSP相比，该器件的精度高，成本低，功耗小，性能高，外设集成度高，数据以及程序存储量大，A/D转换更精确、快速。

F28335具有150 MHz的高速处理能力，具备32位FPU(浮点处理单元)，6个DMA通道支持ADC、McBSP和EMIF，有多达18路的PWM输出，其中6路为高精度的PWM输出(HRPWM)，12位16通道ADC。得益于FPU，用户可快速编写控制算法而无需在处理小数操作上耗费过多的时间和精力，并与定点C28x控制器软件兼容。本书给出的所有代码及相关DSP设计都是基于F28335的。当然，目前TI又推出了更先进的用于电机控制的DSP，如TMS320F28075、TMS320F28377D等。

1.5　数字PID控制

PID调节是连续系统中技术成熟且应用十分广泛的一种调节方式，数字PID控制算法通常又分为位置式和增量式控制算法。

1. 位置式 PID 控制算法

离散的 PID 表达式为

$$u(k)=K_{\mathrm{P}}\left\{e(k)+\frac{T}{T_{\mathrm{I}}}\sum_{j=0}^{k}e(j)+\frac{T_{\mathrm{D}}}{T}[e(k)-e(k-1)]\right\}+u_0 \quad (1-36)$$

式中,T 为采样周期,必须使 T 足够小,才能保证系统有一定的精度;$e(k)$表示第 k 次采样时的偏差值;$e(k-1)$表示第 $k-1$ 次采样时的偏差值;k 表示采样序号,$k=0,1,2,\cdots$;$u(k)$表示第 k 次采样时调节器的输出。

为了实现求和,必须将系统偏差的全部过去值 $e(j)(j=1,2,3,\cdots,k)$都存储起来。这种算法得出控制量的全量输出用 $u(k)$表示,是控制量的绝对数值。在控制系统中,这种控制量确定了执行机构的位置,例如在阀门控制中,这种算法的输出对应了阀门的位置(开度)。所以,通常把式(1-36)称为位置型 PID 的位置控制算式,将这种算法称为“位置算法”。

2. 增量式 PID 控制算法

很多控制系统中,当执行机构需要的不是控制量的绝对值,而是控制量的增量时,通常采用增量式 PID 算法。

由式(1-36)可以看出,要想计算 $u(k)$,不仅需要本次与上次的偏差信号 $e(k)$ 和 $e(k-1)$,而且还要在积分项中把历次的偏差信号 $e(j)$进行相加,即 $\sum\limits_{j=0}^{k}e(j)$。这样,不仅计算繁琐,而且为保存 $e(j)$还要占用很多内存。因此,用式(1-36)直接进行控制很不方便,为此,可做如下改动。

根据递推原理,由式(1-36)写出第 $k-1$ 次 PID 的输出表达式:

$$u(k-1)=K_{\mathrm{P}}\left\{e(k-1)+\frac{T}{T_{\mathrm{I}}}\sum_{j=0}^{k-1}e(j)+\frac{T_{\mathrm{D}}}{T}[e(k-1)-e(k-2)]\right\}+u_0 \quad (1-37)$$

将式(1-36)与式(1-37)两式相减,可得

$$\begin{aligned}\Delta u(k)=u(k)-u(k-1)=K_{\mathrm{P}}[e(k)-e(k-1)]+K_{\mathrm{I}}e(k)+\\ K_{\mathrm{D}}[e(k)-2e(k-1)+e(k-2)]\end{aligned} \quad (1-38)$$

式中,$K_{\mathrm{I}}=K_{\mathrm{P}}\dfrac{T}{T_{\mathrm{I}}}$,为积分系数;$K_{\mathrm{D}}=K_{\mathrm{P}}\dfrac{T_{\mathrm{D}}}{T}$,为微分系数。

式(1-38)表示第 k 次输出的增量 $\Delta u(k)$,等于第 k 次与第 $k-1$ 次调节器输出的差值,即在第 $k-1$ 次的基础上增加(或减少)的量,所以式(1-38)叫作增量式 PID 控制算法。由式(1-38)可知,要计算第 k 次输出值 $u(k)$,只需知道 $u(k-1)$、$e(k)$、$e(k-1)$和 $e(k-2)$即可,这比用式(1-36)计算要简单得多。

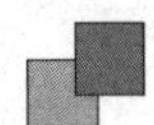

3. 数字式 PID 控制算法子程序

(1) 增量式 PID 控制算法子程序

增量式 PID 控制算法子程序是根据式(1-38)设计的。

由 $\Delta u(k)=K_P[e(k)-e(k-1)]+K_I e(k)+K_D[e(k)-2e(k-1)+e(k-2)]$,设

$$\begin{cases}\Delta u_P(k)=K_P[e(k)-e(k-1)]\\ \Delta u_I(k)=K_I e(k)\\ \Delta u_D(k)=K_D[e(k)-2e(k-1)+e(k-2)]\end{cases}$$

所以,有

$$\Delta u(k)=\Delta u_P(k)+\Delta u_I(k)+\Delta u_D(k) \tag{1-39}$$

(2) 位置型 PID 控制算法子程序

由式(1-36)可写出第 k 次采样时 PID 的输出表达式为

$$u(k)=K_P e(k)+K_I\sum_{j=0}^{k}e(j)+K_D[e(k)-e(k-1)] \tag{1-40}$$

为方便程序设计,将式(1-40)做如下改进,设比例项的输出为

$$u_P(k)=K_P e(k)$$

积分项的输出为

$$P_I(k)=K_I\sum_{j=0}^{k}e(j)=K_I e(k)+K_I\sum_{j=0}^{k-1}e(j)=K_I e(k)+P_I(k-1)$$

微分项的输出为

$$P_D(k)=K_D[e(k)-e(k-1)]$$

所以,式(1-40)可写为

$$P(k)=P_P(k)+P_I(k)+P_D(k) \tag{1-41}$$

第 2 章

永磁同步电机的模型分析

2.1 坐标变换

坐标变换是一组矩阵表达式，包括三相静止坐标系到两相静止坐标系的变换（简称 Clarke 变换）、两相静止坐标系到两相旋转坐标系的变换（简称 Park 变换）。

2.1.1 矢量及空间

三相交流电机可使用空间矢量进行描述，令三相交流电机的变量（这些变量为电机电压、电流、磁场等交流变量）为 $\boldsymbol{X}_A(t)$、$\boldsymbol{X}_B(t)$ 和 $\boldsymbol{X}_C(t)$。若电机三相对称，则一定有

$$\boldsymbol{X}_A(t)+\boldsymbol{X}_B(t)+\boldsymbol{X}_C(t)=\boldsymbol{0} \tag{2-1}$$

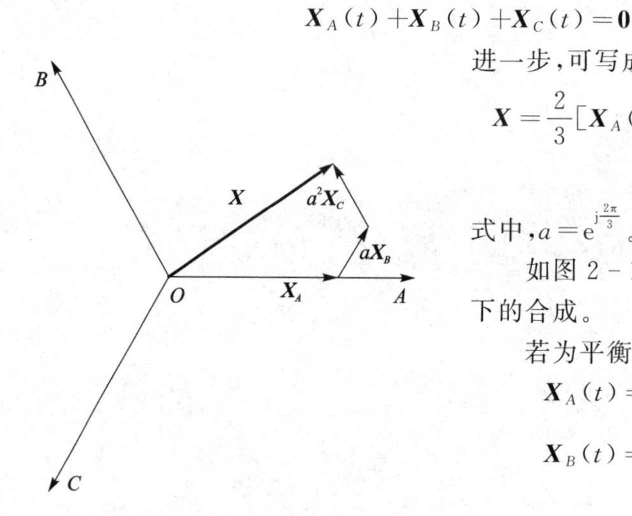

图 2-1　矢量 X 在 ABC 轴下的合成

进一步，可写成

$$\boldsymbol{X}=\frac{2}{3}[\boldsymbol{X}_A(t)+a\boldsymbol{X}_B(t)+a^2\boldsymbol{X}_C(t)] \tag{2-2}$$

式中，$a=\mathrm{e}^{\mathrm{j}\frac{2\pi}{3}}$。

如图 2-1 所示为矢量 $\boldsymbol{X}$ 在 ABC 轴下的合成。

若为平衡的三相变量，则

$$\left.\begin{aligned}\boldsymbol{X}_A(t)&=X_\mathrm{m}\cos\omega t\\\boldsymbol{X}_B(t)&=X_\mathrm{m}\cos\left(\omega t-\frac{2\pi}{3}\right)\\\boldsymbol{X}_C(t)&=X_\mathrm{m}\cos\left(\omega t+\frac{2\pi}{3}\right)\end{aligned}\right\} \tag{2-3}$$

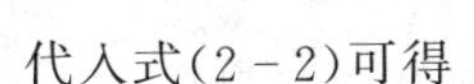

代入式(2-2)可得

$$X = X_m e^{j\omega t} \tag{2-4}$$

式(2-4)表明，平衡正弦三相变量经过 Park 变换后是一个旋转空间矢量。矢量模长恒定且等于单相交流量的峰值，矢量旋转的角频率和单相正弦变量的角频率相同。Park 变换产生的空间矢量在 A、B、C 轴上的投影长度，就是三相变量的大小。也就是说，除了在 ABC 坐标系下，还可以在 $\alpha\beta$ 和 dq 坐标系下研究三相电机中的问题。下面以三相定子电流 i_{sA}、i_{sB}、i_{sC} 为例进行讨论。

2.1.2　Clarke 变换($ABC-\alpha\beta$)

图 2-2 为 ABC 坐标轴与 $\alpha\beta$ 坐标轴的关系。

由图 2-2 可知在 $\alpha\beta$ 坐标系下有

$$\dot{i}_s = i_{s\alpha} + j i_{s\beta} \tag{2-5}$$

式中

$$\left.\begin{aligned} i_{s\alpha} &= \mathrm{Re}\left[\frac{2}{3}(i_{sA} + a i_{sB} + a^2 i_{sC})\right] \\ i_{s\beta} &= \mathrm{Im}\left[\frac{2}{3}(i_{sA} + a i_{sB} + a^2 i_{sC})\right] \end{aligned}\right\} \tag{2-6}$$

若遵循变换前后电流产生的磁场等效原则，则有

$$\left.\begin{aligned} i_{s\alpha} &= i_{sA} \\ i_{s\beta} &= \frac{1}{\sqrt{3}}(i_{sA} + 2 i_{sB}) \end{aligned}\right\} \tag{2-7}$$

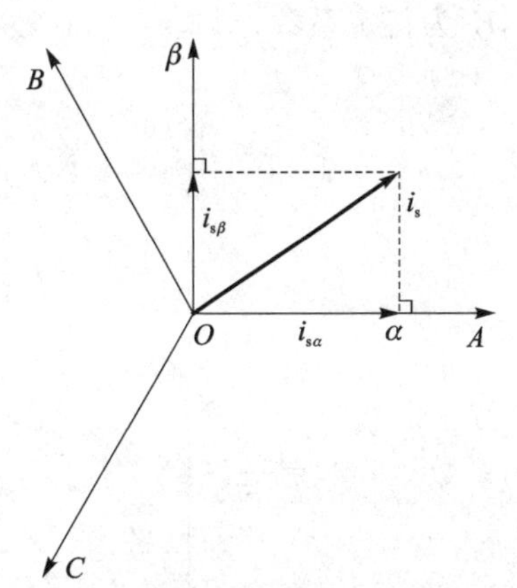

图 2-2　ABC 坐标轴与 $\alpha\beta$ 坐标轴的关系

因此上式等效为(即 Clarke 变换)

$$\begin{bmatrix} i_{s\alpha} \\ i_{s\beta} \end{bmatrix} = \begin{bmatrix} 1 & 0 & 0 \\ \frac{1}{\sqrt{3}} & \frac{2}{\sqrt{3}} & 0 \end{bmatrix} \begin{bmatrix} i_{sA} \\ i_{sB} \\ i_{sC} \end{bmatrix} \tag{2-8}$$

因此，从 $\alpha\beta$ 坐标系至 ABC 坐标系的 Clarke 逆变换为

$$\begin{bmatrix} i_{sA} \\ i_{sB} \\ i_{sC} \end{bmatrix} = \begin{bmatrix} 1 & 0 \\ -\frac{1}{2} & -\frac{\sqrt{3}}{2} \\ -\frac{1}{2} & \frac{\sqrt{3}}{2} \end{bmatrix} \begin{bmatrix} i_{s\alpha} \\ i_{s\beta} \end{bmatrix} \tag{2-9}$$

但这种变换并未考虑零序分量的影响，并且遵循变换前后电流产生的旋转磁场等效的原则。若以遵循变换前后两个坐标系统的电动机输出功率不变为原则，则有另外一套变换公式，推导如下：

$$\left.\begin{aligned}N_2 i_{s\alpha} &= N_3 i_{sA} + N_3 i_{sB}\cos 120° + N_3 i_{sC}\cos(-120°)\\ N_2 i_{s\beta} &= 0 + N_3 i_{sB}\sin 120° + N_3 i_{sC}\sin(-120°)\end{aligned}\right\} \tag{2-10}$$

N_2、N_3 分别为两相和三相绕组的匝数,整理可得

$$\begin{bmatrix} i_{s\alpha} \\ i_{s\beta} \end{bmatrix} = \frac{N_3}{N_2}\begin{bmatrix} 1 & -\frac{1}{2} & -\frac{1}{2} \\ 0 & \frac{\sqrt{3}}{2} & -\frac{\sqrt{3}}{2} \end{bmatrix}\begin{bmatrix} i_{sA} \\ i_{sB} \\ i_{sC} \end{bmatrix} \tag{2-11}$$

为了便于矩阵逆变换,增加一项零序电流 i_0。定义

$$i_0 = \frac{N_3}{N_2}(K i_{sA} + K i_{sB} + K i_{sC}) \tag{2-12}$$

式中,K 为待定系数,则式(2-11)改写为

$$\begin{bmatrix} i_0 \\ i_{s\alpha} \\ i_{s\beta} \end{bmatrix} = \frac{N_3}{N_2}\begin{bmatrix} K & K & K \\ 0 & \frac{\sqrt{3}}{2} & \frac{\sqrt{3}}{2} \\ 1 & -\frac{1}{2} & -\frac{1}{2} \end{bmatrix}\begin{bmatrix} i_{sA} \\ i_{sB} \\ i_{sC} \end{bmatrix} \tag{2-13}$$

因此,系数矩阵 $\boldsymbol{T} = \frac{N_3}{N_2}\begin{bmatrix} K & K & K \\ 0 & \frac{\sqrt{3}}{2} & \frac{\sqrt{3}}{2} \\ 1 & -\frac{1}{2} & -\frac{1}{2} \end{bmatrix}$。

为了符合功率不变原则,有 $\boldsymbol{T}^{\mathrm{T}} = \boldsymbol{T}^{-1}$,从而求得未知量。

遵循变换前后电流产生的旋转磁场等效原则,有

$$\begin{bmatrix} x_0 \\ x_\alpha \\ x_\beta \end{bmatrix} = \begin{bmatrix} \frac{1}{3} & \frac{1}{3} & \frac{1}{3} \\ \frac{2}{3} & -\frac{1}{3} & -\frac{1}{3} \\ 0 & \frac{1}{\sqrt{3}} & -\frac{1}{\sqrt{3}} \end{bmatrix}\begin{bmatrix} x_A \\ x_B \\ x_C \end{bmatrix} \text{(Clarke 变换)}, \quad T_{ABC-\alpha\beta0} = \begin{bmatrix} \frac{1}{3} & \frac{1}{3} & \frac{1}{3} \\ \frac{2}{3} & -\frac{1}{3} & -\frac{1}{3} \\ 0 & \frac{1}{\sqrt{3}} & -\frac{1}{\sqrt{3}} \end{bmatrix}$$

$$\begin{bmatrix} x_A \\ x_B \\ x_C \end{bmatrix} = \begin{bmatrix} 1 & 1 & 0 \\ 1 & -\frac{1}{2} & \frac{\sqrt{3}}{2} \\ 1 & -\frac{1}{2} & -\frac{\sqrt{3}}{2} \end{bmatrix}\begin{bmatrix} x_0 \\ x_\alpha \\ x_\beta \end{bmatrix} \text{(Clarke 逆变换)}, \quad T_{\alpha\beta0-ABC} = \begin{bmatrix} 1 & 1 & 0 \\ 1 & -\frac{1}{2} & \frac{\sqrt{3}}{2} \\ 1 & -\frac{1}{2} & -\frac{\sqrt{3}}{2} \end{bmatrix}$$

遵循变换前后两个坐标系统的电机输出功率不变的原则,有

$$\begin{bmatrix} x_\alpha \\ x_\beta \\ x_0 \end{bmatrix} = \sqrt{\frac{2}{3}} \begin{bmatrix} 1 & -\frac{1}{2} & -\frac{1}{2} \\ 0 & \frac{\sqrt{3}}{2} & -\frac{\sqrt{3}}{2} \\ \frac{1}{\sqrt{2}} & \frac{1}{\sqrt{2}} & \frac{1}{\sqrt{2}} \end{bmatrix} \begin{bmatrix} x_A \\ x_B \\ x_C \end{bmatrix} \quad \text{(Clarke 变换)}$$

$$T_{ABC-\alpha\beta 0} = \sqrt{\frac{2}{3}} \begin{bmatrix} 1 & -\frac{1}{2} & -\frac{1}{2} \\ 0 & \frac{\sqrt{3}}{2} & -\frac{\sqrt{3}}{2} \\ \frac{1}{\sqrt{2}} & \frac{1}{\sqrt{2}} & \frac{1}{\sqrt{2}} \end{bmatrix}$$

$$\begin{bmatrix} x_A \\ x_B \\ x_C \end{bmatrix} = \sqrt{\frac{2}{3}} \begin{bmatrix} 1 & 0 & \frac{\sqrt{2}}{2} \\ -\frac{1}{2} & \frac{\sqrt{3}}{2} & \frac{\sqrt{2}}{2} \\ -\frac{1}{2} & -\frac{\sqrt{3}}{2} & \frac{\sqrt{2}}{2} \end{bmatrix} \begin{bmatrix} x_\alpha \\ x_\beta \\ x_0 \end{bmatrix} \quad \text{(Clarke 逆变换)}$$

$$T_{\alpha\beta 0-ABC} = \sqrt{\frac{2}{3}} \begin{bmatrix} 1 & 0 & \frac{\sqrt{2}}{2} \\ -\frac{1}{2} & \frac{\sqrt{3}}{2} & \frac{\sqrt{2}}{2} \\ -\frac{1}{2} & -\frac{\sqrt{3}}{2} & \frac{\sqrt{2}}{2} \end{bmatrix}$$

2.1.3　Park 变换($\alpha\beta$ - dq)

若静止绕组产生的旋转磁动势角速度为 ω_1，则有 $\omega_1 = 2\pi f / p_n$。dq 旋转坐标系的旋转速度是任意的，如果令 dq 旋转坐标系的旋转速度是 ω，则旋转坐标系上旋转绕组中的电流角频率是 $\omega_1 - \omega$。如果旋转坐标系的旋转速度等于 ω_1，则旋转绕组中的电流角频率为零，即旋转绕组中的电流为直流。也就是说，经过如此的坐标变换，交流电机和直流电机之间建立了等效关系，使交流电机可以按照直流电机的控制模式进行控制，这是交流电机矢量控制的重要思路。

图 2-3 把两个坐标系画在一起，其中 dq 坐标系以角频率 ω 在旋转(同时 ω 也是 $i_{s\alpha}$、$i_{s\beta}$ 的频率)，φ 是 dq 坐标系和静止两相坐标系的夹角，它随时间的变化而变化，$\theta = \omega t$(假设初始夹角为 0°)。

由图 2-3 可知，在 dq 坐标系下，有

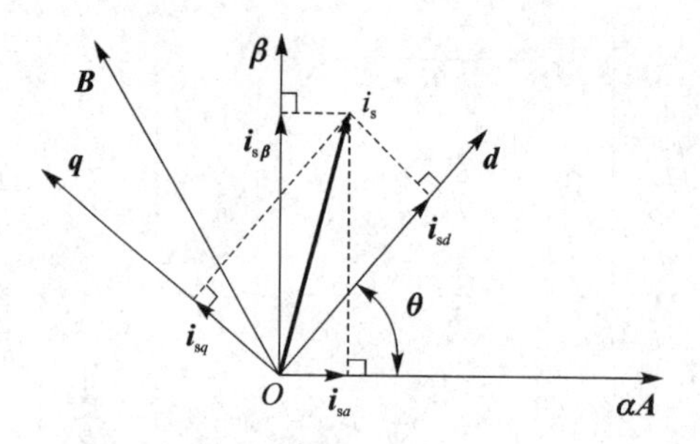

图 2-3　αβ 坐标轴与 dq 坐标轴的关系

$$\dot{i}_s = i_{sd} + \mathrm{j} i_{sq} \tag{2-14}$$

进一步可等效为

$$\dot{i}_s = (i_{s\alpha}\cos\theta + i_{s\beta}\sin\theta) + \mathrm{j}(i_{s\beta}\cos\theta - i_{s\alpha}\sin\theta) \tag{2-15}$$

因此,可以写成矩阵的形式:

$$\dot{i}_s = \begin{bmatrix} i_{sd} \\ i_{sq} \end{bmatrix} = \begin{bmatrix} \cos\theta & \sin\theta \\ -\sin\theta & \cos\theta \end{bmatrix} \begin{bmatrix} i_{s\alpha} \\ i_{s\beta} \end{bmatrix} \tag{2-16}$$

因此 Park 正变换为

$$T_{\alpha\beta\text{-}dq} = \begin{bmatrix} \cos\theta & \sin\theta \\ -\sin\theta & \cos\theta \end{bmatrix}$$

Park 逆变换为

$$T_{dq\text{-}\alpha\beta} = \begin{bmatrix} \cos\theta & -\sin\theta \\ \sin\theta & \cos\theta \end{bmatrix}$$

2.2　三相同步电机的模型分析

永磁同步电机(PMSM)的定子与普通感应电机基本相同,转子的磁路结构是区别于其他电机的主要因素。按照永磁体在电机转子上的安装位置,永磁同步电机分成凸装式(表面式)、嵌入式和内置式(属于内永磁式)三种。转子磁路结构不同,其控制系统、运行性能、制造工艺和使用场合均有差别。

数学模型是研究实际物理对象的重要手段,通过某种途径,建立能够反映研究对象本质规律的数学模型,可对实际对象进行有效的分析和控制,探讨系统参量的变化规律,研究对象控制系统的响应特性。因此,为便于对永磁同步电机进行分析与控制,需要建立简便可行的数学模型。

从同步电机的电磁关系可知,同步电机的微分方程是一组变系数微分方程,微分方程的系数是随转子和相对位置而变化的时间函数。因此,同步电机属于一种非线性多变量系统,分析和求解这些微分方程十分困难,需要借助于数值计算方法方可实现求解。Park 变换将同步电机定子坐标系中所有变量等效地由转子坐标系变量来

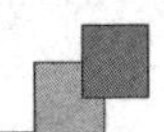

替代，消除了同步电机数学模型中的时变系数，简化了同步电机数学模型，成为研究同步电机的重要手段。人们在对电机进行分析与控制的研究过程中，还陆续提出了几种坐标变换公式，为电机在不同运行条件下建立简单的数学模型奠定了基础。以坐标变换为基础的矢量控制技术，为高性能交流电力传动提供了理论基础。本章将探讨在 ABC 坐标系和 $\alpha\beta O$ 坐标系下的坐标变换及永磁同步电机的电磁特性，并阐述永磁同步电机的数学模型。

现代控制理论建立在被控对象系统的状态方程上，因此，需要利用能够表达永磁同步电机内部特征的物理量作为状态变量，借助于永磁同步电机的数学模型建立永磁同步电机的状态方程。

在永磁同步电机的定子上装有 A、B、C 三相对称绕组，转子上装有永磁体，定子和转子间通过气隙磁场耦合。由于电机定子与转子间存在相对运动，因此定转子之间的位置关系是随时间变化的。为了方便对永磁同步电机进行分析，现作如下假设：

① 忽略磁路饱和、磁滞和涡流影响，视电机磁路是线性的，可以应用叠加原理对电机回路各参数进行分析；

② 电机的定子绕组三相对称，各绕组轴线在空间上互差 120°电角度；

③ 转子上没有阻尼绕组，永磁体没有阻尼作用；

④ 电机定子电势按正弦规律变化，定子电流在气隙中只产生正弦分布磁势，忽略磁场场路中的高次谐波磁势。

2.2.1　三相坐标系下的数学模型

在 ABC 坐标系中，将定子三相绕组中 A 相轴线作为空间坐标系的参考轴线 as，在确定好磁链和电流正方向后（见图 2－4），as、bs、cs 为电机三相定子绕组轴线，θ 为转子 d 轴轴线与 A 相绕组轴线之间的夹角，ψ_f 为转子产生的穿过定子的磁链，$\boldsymbol{i}_s$ 为电机定子三相电流的综合矢量。

永磁同步电机在 ABC 坐标系下的定子电压方程为

$$u_s = Ri_s + L\frac{\mathrm{d}i_s}{\mathrm{d}t} + \frac{\mathrm{d}\psi_s}{\mathrm{d}t} = Ri_s + \frac{\mathrm{d}\psi}{\mathrm{d}t} \tag{2-17}$$

在 ABC 三相坐标系下的磁链方程为

$$\left.\begin{aligned}\psi_A &= L_A i_A + M_{AB} i_B + M_{AC} i_C + \psi_f \cos\theta \\ \psi_B &= M_{BA} i_A + L_B i_B + M_{BC} i_C + \psi_f \cos\left(\theta - \frac{2\pi}{3}\right) \\ \psi_C &= M_{CA} i_A + M_{CB} i_B + L_C i_C + \psi_f \cos\left(\theta + \frac{2\pi}{3}\right)\end{aligned}\right\} \tag{2-18}$$

写成向量形式，上式可表示为 $\boldsymbol{\psi} = \boldsymbol{L}\boldsymbol{i}_s + \boldsymbol{\psi}_s$

对应式（2－17）、式（2－18），则 $\boldsymbol{u}_s = [u_A \quad u_B \quad u_C]^{\mathrm{T}}$，$\boldsymbol{i}_s = [i_A \quad i_B \quad i_C]^{\mathrm{T}}$，$\boldsymbol{\psi}_s = [\psi_A \quad \psi_B \quad \psi_C]^{\mathrm{T}}$，

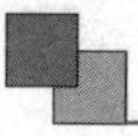

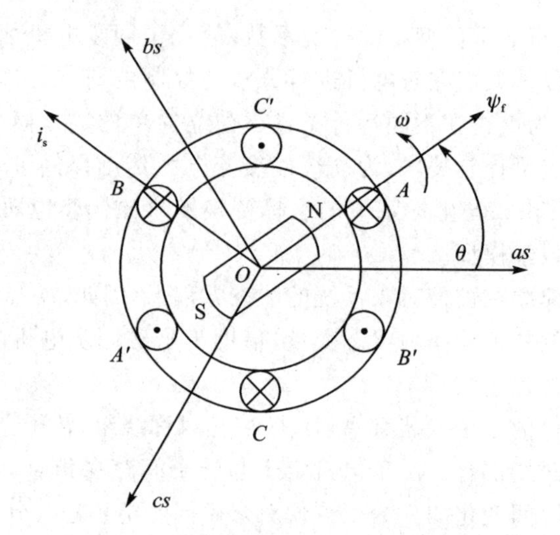

图 2-4　永磁同步电机的物理模型

$$\boldsymbol{R}=\begin{bmatrix} R_s & 0 & 0 \\ 0 & R_s & 0 \\ 0 & 0 & R_s \end{bmatrix},\quad \boldsymbol{L}=\begin{bmatrix} L_A & M_{AB} & M_{AC} \\ M_{BA} & L_B & M_{BC} \\ M_{CA} & M_{CB} & L_C \end{bmatrix},\quad \boldsymbol{\psi}_s=\psi_f\begin{bmatrix} \cos\theta \\ \cos(\theta-2\pi/3) \\ \cos(\theta+2\pi/3) \end{bmatrix}$$

式中　i_A、i_B、i_C——A、B、C 三相绕组电流；

u_A、u_B、u_C——A、B、C 三相绕组电压；

R_s——电机定子相绕组电阻；

ψ_f——转子永磁体磁极的励磁磁链；

L_A、L_B、L_C——电机定子绕组自感系数；

$M_{XY}=M_{YX}$——定子绕组互感系数；

θ——转子 d 轴超前定子 A 相绕组轴线 as 的电角度。

除电压方程和磁链方程外，ABC 坐标系下的数学模型还包括电机的运动方程和转矩方程。ABC 坐标方程和磁链方程比较复杂，磁链的数值随永磁同步电机定转子的位置而变化；而电机运动方程是描述电机电磁转矩与电机运动状态之间的关系，方程的表述比较简单，但转矩方程涉及永磁同步电机电流向量和磁链矩阵，其表述相对复杂。

由 ABC 三相坐标系的电压方程(2-17)和磁链方程(2-18)可以看出，在 ABC 坐标系中因为电机的定、转子在磁电结构上的不对称，同步电机的数学模型是一组与转子瞬间位置有关的非线性时变方程。因此采用 ABC 坐标系的数学模型对永磁同步电机进行分析和控制是十分困难的，需要对数学模型进行简化，以便对永磁同步电机进行分析与控制。

2.2.2　静止坐标系下的数学模型

将永磁同步电机在 ABC 三相坐标系中的电流参量进行坐标变换，可以将三相坐标系下的电机电压、磁链方程在 $\alpha\beta$ 坐标系中表示出来。将 α 轴与 A 相轴线重合，β 轴超前 α 轴 90°，如图 2-5 所示。在 $\alpha-\beta$ 轴中的电压、电流，直接从 ABC 三相坐标系中的电压电流通过简单的线性变换就可得到。一个旋转矢量从三相 ABC 定子坐标系变换到 $\alpha\beta$ 坐标系称为 3/2 变换，有

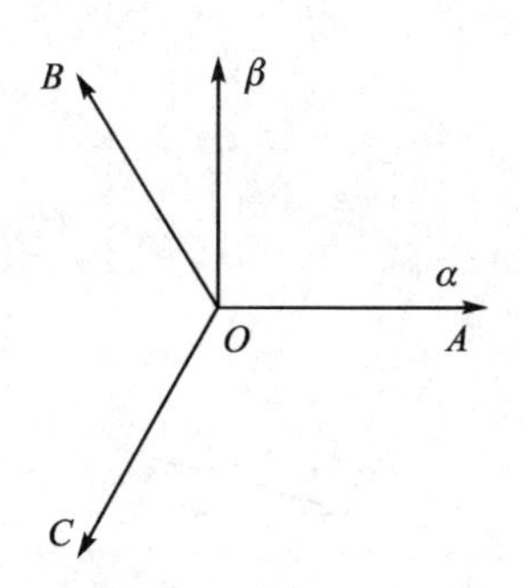

图 2-5　**αβ 坐标系和 ABC 三相坐标系**

$$\begin{bmatrix} i_\alpha \\ i_\beta \end{bmatrix} = \frac{2}{3} \begin{bmatrix} 1 & -\frac{1}{2} & -\frac{1}{2} \\ 0 & \frac{\sqrt{3}}{2} & -\frac{\sqrt{3}}{2} \end{bmatrix} \begin{bmatrix} i_A \\ i_B \\ i_C \end{bmatrix} \tag{2-19}$$

经过变换得到 $\alpha\beta$ 坐标系的电压方程为

$$\left.\begin{aligned} u_\alpha &= \frac{\mathrm{d}\psi_\alpha}{\mathrm{d}t} + Ri_\alpha \\ u_\beta &= \frac{\mathrm{d}\psi_\beta}{\mathrm{d}t} + Ri_\beta \end{aligned}\right\} \tag{2-20}$$

$\alpha\beta$ 坐标系的磁链方程为

$$\left.\begin{aligned} \psi_\alpha &= i_\alpha(L_d\cos^2\theta + L_q\sin^2\theta) + i_\beta(L_d - L_q)\sin\theta\cos\theta + \psi_\alpha\cos\theta \\ \psi_\beta &= i_\alpha(L_d - L_q)\sin\theta\cos\theta + i_\beta(L_d\cos^2\theta + L_q\sin^2\theta) + \psi_\alpha\sin\theta \end{aligned}\right\} \tag{2-21}$$

式中，L_d、L_q 为同步电机直轴、交轴电感；$\psi_\alpha(=\sqrt{3/2}\,\psi_f)$ 为永磁体产生的与定子绕组交链的磁链。

在 $\alpha\beta$ 坐标系中，经过线性变换式(2-21)使 ABC 三相坐标系中的电机数学模型方程得到一定的简化。针对内永磁同步电机，因为转子直、交轴的不对称而具有凸极效应，直轴、交轴电感不相等，即 $L_d \neq L_q$，因此在 $\alpha\beta$ 坐标系中的内永磁同步电机磁链、电压方程是一组非线性方程组，数学模型相当复杂。将该方程组用于内永磁同步电机的分析和控制时也很复杂，一般不采用该坐标系下的数学模型。然而，对于具有对称转子结构的表面式永磁同步电机，因为 $L_d = L_q$，电机的数学模型相对简单，故可以用于对该电机的分析与控制。但实际上，即便是面装式永磁同步电机，也不能保证 $L_d = L_q$，故在分析永磁同步电机时，一般不用这个模型。

2.2.3　同步旋转坐标系下的数学模型

dq 坐标系是随电机气隙磁场同步旋转的坐标系，可将其视为放置在电机转子上的旋转坐标系，其 d 轴的方向是永磁同步电机转子励磁磁链方向，q 轴超前 d 轴 90°，如图 2-6 所示。在 dq 坐标系中，永磁同步电机的等效模型如图 2-7 所示。

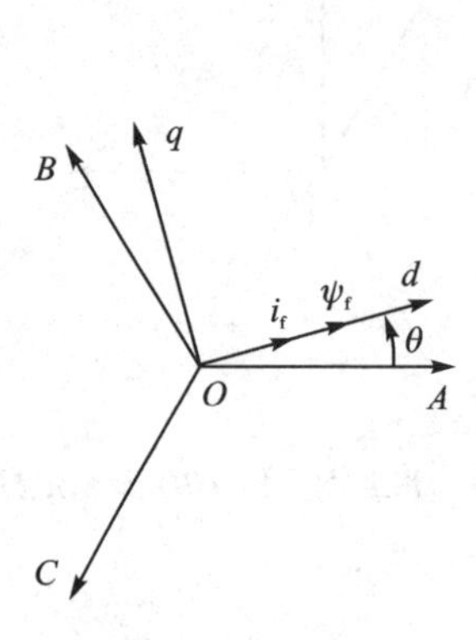

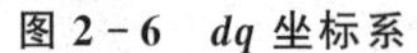

图 2-6　dq 坐标系

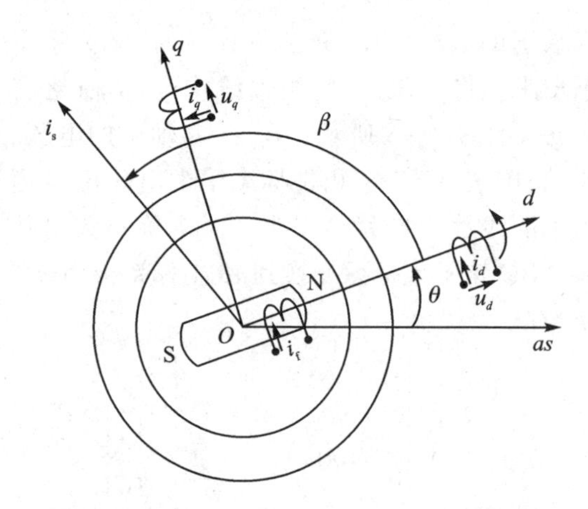

图 2-7　dq 同步旋转坐标系中的电机模型

β 为电机定子三相电流合成空间矢量与永磁体励磁磁场轴线(直轴)之间的夹角,又称转矩角。θ 为 d 轴轴线与电机 A 相绕组轴线之间的夹角。ψ_f 为转子永磁体磁极的励磁磁链。

由 ABC 坐标系的三相电流到 dq 同步旋转坐标系的 $d-q$ 轴电流之间的变换(等功率变换)为

$$\begin{bmatrix} i_d \\ i_q \end{bmatrix} = \sqrt{\frac{2}{3}} \begin{bmatrix} \cos\theta & \cos(\theta-2\pi/3) & \cos(\theta+2\pi/3) \\ -\sin\theta & -\sin(\theta-2\pi/3) & -\sin(\theta+2\pi/3) \end{bmatrix} \begin{bmatrix} i_A \\ i_B \\ i_C \end{bmatrix} \tag{2-22}$$

永磁同步电机在 dq 同步旋转坐标系下的磁链、电压方程为

$$\left.\begin{aligned} \psi_d &= L_d i_d + \psi_f \\ \psi_q &= L_q i_q \end{aligned}\right\} \tag{2-23}$$

$$\left.\begin{aligned} u_d &= \frac{d\psi_d}{dt} - \omega\psi_q + R_s i_d \\ u_q &= \frac{d\psi_q}{dt} + \omega\psi_d + R_s i_q \end{aligned}\right\} \tag{2-24}$$

电磁转矩矢量方程为

$$T_e = p_n \dot{\psi}_s \times \dot{i}_s \tag{2-25}$$

用 dq 轴系分量来表示式(2-25)中磁链和电流综合矢量,有

$$\left.\begin{aligned} \dot{\psi}_s &= \psi_d + j\psi_q \\ \dot{i}_s &= i_d + ji_q \end{aligned}\right\} \tag{2-26}$$

将式(2-26)代入式(2-25),电机电磁转矩方程变换为

$$T_e = p_n(\psi_d i_q - \psi_q i_d) \tag{2-27}$$

将磁链方程式(2-23)代入式(2-27),可得永磁同步电机的电磁转矩为

$$T_e = p_n[\psi_f i_q + (L_d - L_q) i_d i_q] \tag{2-28}$$

由图2-7可知,$i_d = i_s \cos\beta$,$i_q = i_s \sin\beta$,将其代入式(2-28)得

$$T_e = p_n[\psi_f i_s \sin\beta + 0.5(L_d - L_q) i_s^2 \sin 2\beta] \tag{2-29}$$

式(2-20)~式(2-27)中,i_A、i_B、i_C 为 A、B、C 三相绕组电流,L_d、L_q 为电机直轴、交轴同步电感,R_s 为电机定子电阻,p_n 为电机定子绕组极对数,$\dot{\psi}_s$、$\dot{i}_s$ 为电机磁链、定子电流的综合矢量,i_d、i_q 为在 dq 同步旋转坐标系中直轴与交轴电流。

式(2-27)第一项是电机定子电流与永磁体磁场之间产生的电磁转矩,第二项是由于转子凸极效应所产生的转矩,称为磁阻转矩。对内置式永磁同步电机,$L_d \neq L_q$,在矢量控制过程中,可以利用磁阻转矩增加电机输出力矩或者拓展电机的调速范围。

转矩平衡方程式为

$$T_e - T_L = J\frac{d\omega_r}{dt} + R_\Omega \omega_r \tag{2-30}$$

式中,ω_r、T_L、J、R_Ω 分别是电机机械角速度($\omega_r = \omega / p_n$)、电机的负载阻力矩、电机转动惯量、电机阻尼系数。

式(2-21)、式(2-22)、式(2-23)、式(2-24)便是永磁同步电机在 dq 同步旋转坐标系下的数学模型。由此数学模型可得永磁同步电机矢量图,如图2-8所示,图中 δ 为电机的功角。

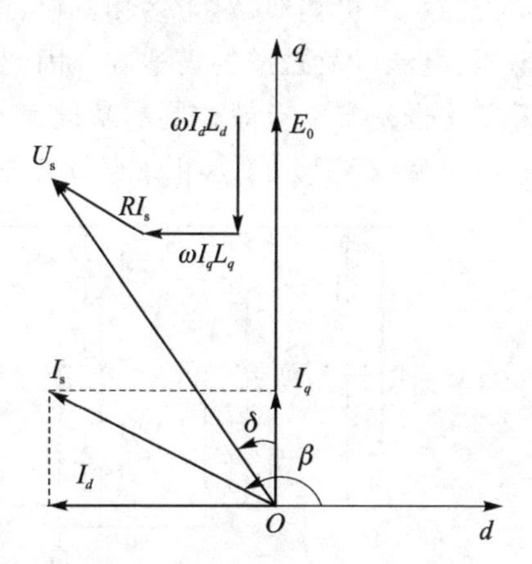

图2-8　永磁同步电机的矢量图

从前面的分析可见,在dq坐标系下同步电机的数学模型,比起前两种静止坐标系下的数学模型要简单得多,将电机的变系数微分方程变换成常系数方程,消除了时变系数,从而简化了系统运算和分析,方便系统的控制。

对于表面式永磁同步电机,有 $L_d = L_q$,其数学模型成为

$$\left.\begin{aligned} u_d &= R_s i_d + L_d\frac{di_d}{dt} - \omega L_q i_q \\ u_q &= R_s i_q + L_q\frac{di_q}{dt} + \omega L_d i_d + \omega\psi_f \\ T_e &= p_n\psi_f i_q = J\frac{d(\omega/p_n)}{dt} + R_\Omega\frac{\omega}{p_n} + T_L \end{aligned}\right\} \tag{2-31}$$

对于内永磁同步电机,有 $L_d \neq L_q$,其数学模型为

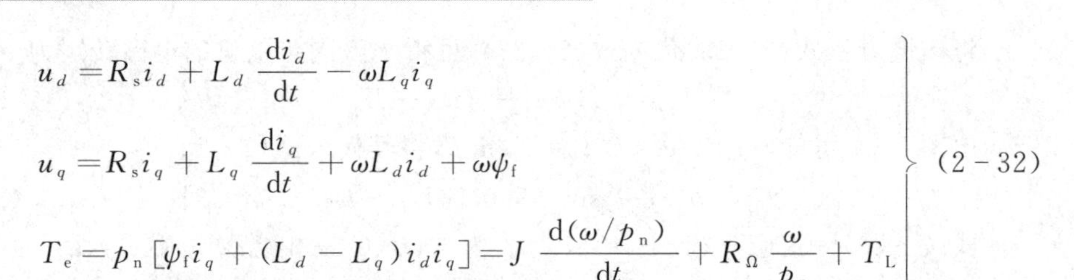

$$\left.\begin{aligned} u_d &= R_s i_d + L_d \frac{\mathrm{d}i_d}{\mathrm{d}t} - \omega L_q i_q \\ u_q &= R_s i_q + L_q \frac{\mathrm{d}i_q}{\mathrm{d}t} + \omega L_d i_d + \omega \psi_f \\ T_e &= p_n [\psi_f i_q + (L_d - L_q) i_d i_q] = J \frac{\mathrm{d}(\omega / p_n)}{\mathrm{d}t} + R_\Omega \frac{\omega}{p_n} + T_L \end{aligned}\right\} \quad (2-32)$$

由表面式永磁同步电机和内永磁同步电机的数学模型可以看出,这两种电机的数学模型基本相同,差别仅在于其电磁转矩的表达式上。

2.3 双 Y 移 30°六相永磁同步电机的运动分析

双 Y 移 30°六相永磁同步电机是一个多变量、强耦合、非线性的时变系统,变量之间的耦合关系也变得更加复杂,给控制系统的分析带来了极大的困难。与传统三相永磁同步电机类似,对于多相电机,同样可以根据电磁关系写出在不同坐标下等效的电压、电流以及磁链的表达式。因此,应采取相应的坐标变换对其进行解耦,将模型简单化也是实施有效控制的基础。

电压型双 Y 移 30°六相永磁同步电机驱动系统的拓扑结构如图 2-9 所示。

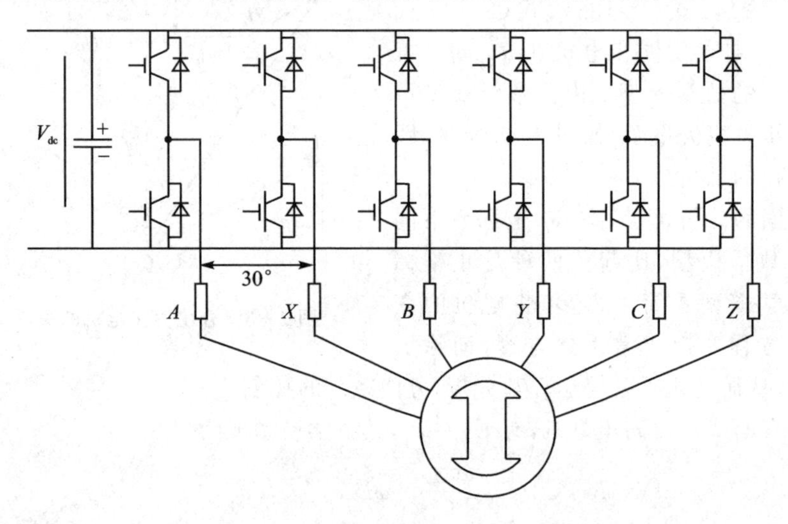

图 2-9 电压型双 Y 移 30°六相永磁同步电机驱动系统的拓扑

正确建立双 Y 移 30°六相电机的数学模型是实施各种控制策略的前提。建立双 Y 移 30°六相永磁同步电机在两相静止坐标系以及同步旋转坐标系下的数学模型,并根据基本的电磁关系推出相应的变换矩阵。为了便于分析,现做出如下假设:

① 定子绕组产生的电枢反应磁场和转子永磁体产生的励磁磁场在气隙中均为正弦分布;

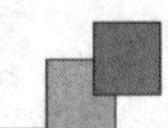

② 忽略电机铁芯的磁饱和，不计涡流、磁滞损耗和定子绕组间的互漏感；

③ 转子上没有阻尼绕组；

④ 永磁材料的电导率为零，永磁内部的磁导率与空气相同，且产生的转子磁链恒定；

⑤ 电压、电流、磁链等变量的方向均按照电动机惯例选取，且符合右手螺旋定则。

2.3.1　坐标变换与运动方程

1. 双 Y 移 30°六相电机的坐标变换与变换矩阵

(1) 六相静止坐标系与两相静止坐标系之间的转化

令 α 轴的方向和 A 轴的方向相同，β 轴沿着 α 轴逆时针旋转 90°。为了保证坐标变换前后不会影响机电能量转换和电磁转矩的生成，要遵循变换前后磁动势不变的原则，即在 $\alpha\beta$ 坐标系下产生的磁势和六相绕组产生的磁势相等，如图 2-10 所示。根据图 2-10 可推出：

$$\left.\begin{aligned} F_\alpha &= F_A\cos 0° + F_X\cos 30° + F_B\cos 120° + F_Y\cos 150° + F_C\cos 240° + F_Z\cos 270° \\ F_\beta &= F_A\sin 0° + F_X\sin 30° + F_B\sin 120° + F_Y\sin 150° + F_C\sin 240° + F_Z\sin 270° \end{aligned}\right\} \tag{2-33}$$

将式(2-33)写成矩阵的形式：

$$\begin{bmatrix} F_\alpha \\ F_\beta \end{bmatrix} = \begin{bmatrix} 1 & \frac{\sqrt{3}}{2} & -\frac{1}{2} & -\frac{\sqrt{3}}{2} & -\frac{1}{2} & 0 \\ 0 & \frac{1}{2} & \frac{\sqrt{3}}{2} & \frac{1}{2} & -\frac{\sqrt{3}}{2} & -1 \end{bmatrix} [F_A \quad F_X \quad F_B \quad F_Y \quad F_C \quad F_Z]^{\mathrm{T}} \tag{2-34}$$

为了将式(2-34)中的变换矩阵化为单位正交阵，在 $\alpha\beta$ 的基础上，增加两个子空间 Z_1Z_2 和 O_1O_2，且各子空间彼此正交。其中基波与 $12k\pm1(k=1,2,3,\cdots)$ 次谐波映射在 $\alpha\beta$ 子空间上，$6k\pm1(k=1,3,5,\cdots)$ 映射在 Z_1Z_2 子空间上，$6k\pm3(k=1,3,5,\cdots)$ 次谐波映射在 O_1O_2 子空间上。其中只有 $\alpha\beta$ 子空间上的电流分量会在气隙中产生旋转的磁势并参与系统的机电能量转换，Z_1Z_2 和 O_1O_2 子空间上的电流分量不会产生旋转磁势，故这两个子空间与机电能量转换无关。对于中性点互相隔离的六相电机，映射在 O_1O_2 子空间上的变量均为零，故 O_1O_2 又称为零序子空间。由于子空间彼此的正交性，可得下式：

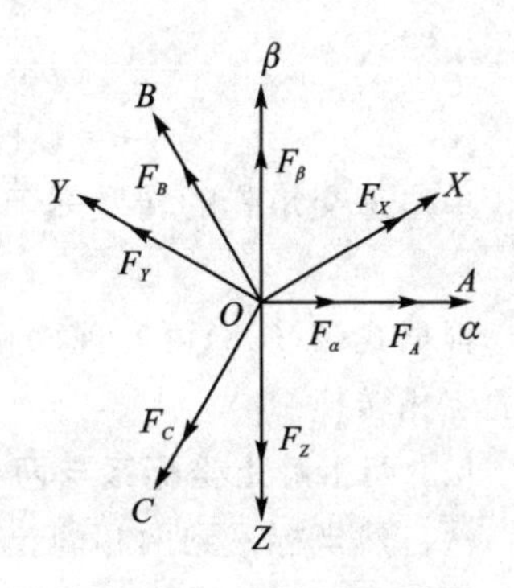

图 2-10　自然坐标系和 αβ 坐标系之间转换图

$$\left.\begin{aligned}&\beta\cdot\alpha^{\mathrm{T}}=0\\&Z_1\cdot\alpha^{\mathrm{T}}=Z_1\cdot\beta^{\mathrm{T}}=0\\&Z_2\cdot\alpha^{\mathrm{T}}=Z_2\cdot\beta^{\mathrm{T}}=Z_2\cdot Z_1^{\mathrm{T}}=0\\&O_1\cdot\alpha^{\mathrm{T}}=O_1\cdot\beta^{\mathrm{T}}=O_1\cdot Z_1^{\mathrm{T}}=O_1\cdot Z_2^{\mathrm{T}}=0\\&O_2\cdot\alpha^{\mathrm{T}}=O_2\cdot\beta^{\mathrm{T}}=O_2\cdot Z_1^{\mathrm{T}}=O_2\cdot Z_2^{\mathrm{T}}=O_2\cdot O_1^{\mathrm{T}}=0\end{aligned}\right\}\tag{2-35}$$

根据式(2－34)和式(2－35)可得

$$\begin{bmatrix}\alpha\\\beta\\Z_1\\Z_2\\O_1\\O_2\end{bmatrix}=\frac{1}{2}\begin{bmatrix}2&\sqrt{3}&-1&-\sqrt{3}&-1&0\\0&1&\sqrt{3}&1&-\sqrt{3}&-2\\2&-\sqrt{3}&-1&\sqrt{3}&-1&0\\0&1&-\sqrt{3}&1&\sqrt{3}&-2\\2&0&2&0&2&0\\0&2&0&2&0&2\end{bmatrix}\tag{2-36}$$

将式(2－36)中矩阵进行单位化得到单位正交阵，即得变换矩阵 $\boldsymbol{C}_{6s/2s}$ 为

$$\begin{aligned}\boldsymbol{C}_{6s/2s}&=\begin{bmatrix}\dfrac{\alpha}{|\alpha|}&\dfrac{\beta}{|\beta|}&\dfrac{Z_1}{|Z_1|}&\dfrac{Z_2}{|Z_2|}&\dfrac{O_1}{|O_1|}&\dfrac{O_2}{|O_2|}\end{bmatrix}^{\mathrm{T}}\\&=\frac{1}{\sqrt{3}}\begin{bmatrix}1&\frac{\sqrt{3}}{2}&-\frac{1}{2}&-\frac{\sqrt{3}}{2}&-\frac{1}{2}&0\\0&\frac{1}{2}&\frac{\sqrt{3}}{2}&\frac{1}{2}&-\frac{\sqrt{3}}{2}&-1\\1&-\frac{\sqrt{3}}{2}&-\frac{1}{2}&\frac{\sqrt{3}}{2}&-\frac{1}{2}&0\\0&\frac{1}{2}&-\frac{\sqrt{3}}{2}&\frac{1}{2}&\frac{\sqrt{3}}{2}&-1\\1&0&1&0&1&0\\0&1&0&1&0&1\end{bmatrix}\end{aligned}\tag{2-37}$$

单位正交矩阵的转置等于自身的逆阵，即

$$\boldsymbol{C}_{2s/6s}=\boldsymbol{C}_{6s/2s}^{-1}=\boldsymbol{C}_{6s/2s}^{\mathrm{T}}\tag{2-38}$$

根据式(2－38)可实现六相电机的数学模型在自然坐标系下与两相静止坐标系下的互相转换。

(2) 两相静止坐标系与两相旋转坐标系之间的转换

从自然坐标系到两相静止坐标系的转换仅仅是一种相数上的变换，而从两相静止坐标系到两相旋转坐标系的转换却是一种频率上的变换。两个坐标系的转换关系如图 2－11 所示。

通过此转换，才可以将静止坐标系下的绕组变换成等效直流电动机的两个换向器绕组。也正是依靠此变换，使机电能量之间的转换关系更加清晰，控制策略得到简

化。d 轴的方向和转子永磁体产生的励磁磁链 ψ_f 方向相同，q 轴沿着 d 轴逆时针旋转 90°，d 轴与 α 轴之间的夹角为 θ。上文提到，只有 $\alpha\beta$ 子空间上的变量参与机电能量的转换，所以仅对该子空间进行旋转坐标系的转换即可；并且对于 Z_1Z_2 和 O_1O_2 两个子空间上电机的两相静止数学模型已经得到了简化，方程中并不包含转子位置角 θ 的函数。

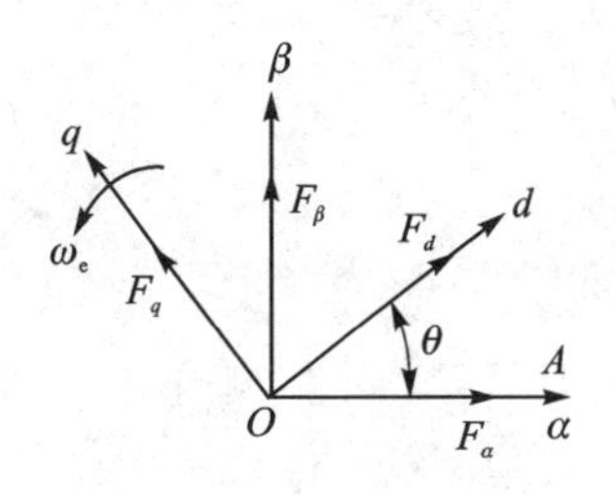

图 2-11　$\alpha\beta$ 坐标系和 dq 坐标系之间转换图

同样根据两个坐标系生成磁动势等效的原则可得

$$\left.\begin{aligned} F_d &= F_\alpha \cos\theta + F_\beta \sin\theta \\ F_q &= -F_\alpha \sin\theta + F_\beta \cos\theta \end{aligned}\right\} \tag{2-39}$$

由于两坐标系内定子的绕组匝数相同，故将式(2-39)化为

$$\left.\begin{aligned} i_d &= i_\alpha \cos\theta + i_\beta \sin\theta \\ i_q &= -i_\alpha \sin\theta + i_\beta \cos\theta \end{aligned}\right\} \tag{2-40}$$

根据式(2-40)可得两相静止坐标系至两相旋转坐标系的变换矩阵：

$$\boldsymbol{C}_{2s/2r} = \begin{bmatrix} \cos\theta & \sin\theta \\ -\sin\theta & \cos\theta \end{bmatrix} \tag{2-41}$$

同理，为了计算，将式(2-41)中的变换矩阵改写成 6 阶方阵，由于 Z_1Z_2 和 O_1O_2 子空间的电流分量与机电能量转换无关，则将变换矩阵改写为

$$\boldsymbol{C}_{2s/2r} = \begin{bmatrix} \cos\theta & \sin\theta & 0 & 0 & 0 & 0 \\ -\sin\theta & \cos\theta & 0 & 0 & 0 & 0 \\ 0 & 0 & 1 & 0 & 0 & 0 \\ 0 & 0 & 0 & 1 & 0 & 0 \\ 0 & 0 & 0 & 0 & 1 & 0 \\ 0 & 0 & 0 & 0 & 0 & 1 \end{bmatrix} \tag{2-42}$$

易知，式(2-42)为单位正交矩阵，则有

$$\boldsymbol{C}_{2r/2s} = \boldsymbol{C}_{2s/2r}^{-1} = \boldsymbol{C}_{2s/2r}^{\mathrm{T}} \tag{2-43}$$

根据式(2-43)可实现在两相静止坐标系下与两相旋转坐标系下六相电机数学模型的互相转换。

(3) 六相静止坐标系与两相旋转坐标系之间的转换

令 d 轴和 A 轴之间的夹角为 θ，且 dq 坐标系以同步角速度 ω_e 旋转，如图 2-12 所示。

根据上述推导，首先将自然坐标系下的数学模型变换为两相静止坐标系下的模型，然后再变换为两相旋转坐标系下的模型，可得变换矩阵：

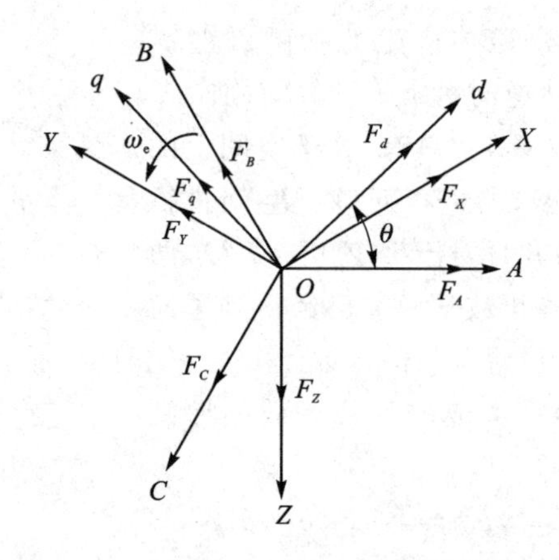

图 2-12　六相坐标系和 dq 坐标系之间的转换图

$$C_{6s/2r}=\frac{1}{\sqrt{3}}\begin{bmatrix}\cos\theta & \cos\left(\theta-\frac{\pi}{6}\right) & \cos\left(\theta-\frac{4\pi}{6}\right) & \cos\left(\theta-\frac{5\pi}{6}\right) & \cos\left(\theta-\frac{8\pi}{6}\right) & \cos\left(\theta-\frac{9\pi}{6}\right)\\ -\sin\theta & -\sin\left(\theta-\frac{\pi}{6}\right) & -\sin\left(\theta-\frac{\pi}{6}\right) & -\sin\left(\theta-\frac{5\pi}{6}\right) & -\sin\left(\theta-\frac{8\pi}{6}\right) & -\sin\left(\theta-\frac{9\pi}{6}\right)\\ 1 & -\frac{\sqrt{3}}{2} & -\frac{1}{2} & \frac{\sqrt{3}}{2} & -\frac{1}{2} & 0\\ 0 & \frac{1}{2} & -\frac{\sqrt{3}}{2} & \frac{1}{2} & \frac{\sqrt{3}}{2} & -1\\ 1 & 0 & 1 & 0 & 1 & 0\\ 0 & 1 & 0 & 1 & 0 & 1\end{bmatrix} \tag{2-44}$$

同理，由于式(2-44)为单位正交矩阵，则有

$$\boldsymbol{C}_{2r/6s}=\boldsymbol{C}_{6s/2r}^{-1}=\boldsymbol{C}_{6s/2r}^{\mathrm{T}} \tag{2-45}$$

根据式(2-45)可实现六相电机的数学模型在自然坐标系下与两相旋转坐标系下的互相转换。

2. 双 Y 移 30°六相电机在矢量空间解耦下的数学模型

按照各坐标系下的变换矩阵，就可以得出双 Y 移 30°六相永磁同步电机在基于矢量空间解耦下各变量的数学模型。

(1) 磁链方程

$$\boldsymbol{\Psi}_{6s}=\boldsymbol{L}_{6s}\boldsymbol{i}_{6s}+\psi_f\boldsymbol{F}_{6s}(\theta) \tag{2-46}$$

式中　$\boldsymbol{\Psi}_{6s}$——六相绕组的磁链矩阵，$\boldsymbol{\Psi}_{6s}=[\psi_A\quad\psi_X\quad\psi_B\quad\psi_Y\quad\psi_C\quad\psi_Z]^{\mathrm{T}}$；

$\boldsymbol{L}_{6s}$——六相定子电感矩阵，包括定子各相绕组自感和相绕组间的互感，其中自感分为励磁电感和漏电感；

$\boldsymbol{i}_{6s}$——六相定子相电流矩阵，$\boldsymbol{i}_{6s}=[i_A\quad i_X\quad i_B\quad i_Y\quad i_C\quad i_Z]^{\mathrm{T}}$；

θ——励磁磁链 ψ_f 和定子 A 相坐标轴的夹角。

在式(2-46)两端同时左乘变换矩阵 $\boldsymbol{C}_{6s/2s}$ 可得

$$\boldsymbol{\Psi}_{6s}=(\boldsymbol{C}_{6s/2s}\cdot\boldsymbol{L}_{6s}\cdot\boldsymbol{C}_{6s/2s}^{-1})\boldsymbol{i}_{6s}+\psi_f\boldsymbol{F}_{6s}(\theta) \tag{2-47}$$

将变换矩阵 $\boldsymbol{C}_{6s/2s}$ 及 $\boldsymbol{C}_{6s/2s}^{-1}$ 代入，且忽略定子相绕组的漏感可得

$$\begin{bmatrix}\psi_\alpha\\\psi_\beta\\\psi_{Z_1}\\\psi_{Z_2}\\\psi_{O_1}\\\psi_{O_2}\end{bmatrix}=\begin{bmatrix}3L_m&0&0&0&0&0\\0&3L_m&0&0&0&0\\0&0&0&0&0&0\\0&0&0&0&0&0\\0&0&0&0&0&0\\0&0&0&0&0&0\end{bmatrix}\begin{bmatrix}i_\alpha\\i_\beta\\i_{Z_1}\\i_{Z_2}\\i_{O_1}\\i_{O_2}\end{bmatrix}+\psi_f\begin{bmatrix}\sqrt{3}\cos\theta\\\sqrt{3}\sin\theta\\0\\0\\0\\0\end{bmatrix} \tag{2-48}$$

对式(2－48)$\alpha\beta$ 子空间下的变量进行旋转坐标系的转换，左乘变换矩阵可得

$$\boldsymbol{\Psi}_{6r}=(\boldsymbol{C}_{6s/2r}\cdot\boldsymbol{L}_{6s}\cdot\boldsymbol{C}_{6s/2r}^{-1})\boldsymbol{i}_{6r}+\psi_f\boldsymbol{F}_{6r}(\theta) \tag{2-49}$$

将变换矩阵 $\boldsymbol{C}_{6s/2r}$ 及 $\boldsymbol{C}_{6s/2r}^{-1}$ 代入可得

$$\begin{bmatrix}\psi_d\\\psi_q\end{bmatrix}=\begin{bmatrix}L_d&0\\0&L_q\end{bmatrix}\begin{bmatrix}i_d\\i_q\end{bmatrix}+\psi_f\begin{bmatrix}\sqrt{3}\\0\end{bmatrix} \tag{2-50}$$

式中，$L_d=L_q=3L_m$，L_d 被称为直轴同步电感，L_q 被称为交轴同步电感。

(2) 电压方程

$$\boldsymbol{u}_{6s}=\boldsymbol{R}_{6s}\boldsymbol{i}_{6s}+\frac{\mathrm{d}\boldsymbol{\Psi}_{6s}}{\mathrm{d}t} \tag{2-51}$$

将式(2－51)中自然坐标系下的电压矢量方程变换为 dq 坐标系下的电压矢量方程，由于 d 轴与 A 轴之间相差 θ 电角度，根据旋转因子 $\mathrm{e}^{\mathrm{j}\theta}$ 可得

$$\left.\begin{aligned}\boldsymbol{u}_{6s}&=\boldsymbol{u}_s^{dq}\mathrm{e}^{\mathrm{j}\theta}\\\boldsymbol{i}_{6s}&=\boldsymbol{i}_s^{dq}\mathrm{e}^{\mathrm{j}\theta}\\\boldsymbol{\Psi}_{6s}&=\boldsymbol{\Psi}_s^{dq}\mathrm{e}^{\mathrm{j}\theta}\end{aligned}\right\} \tag{2-52}$$

式中，$\boldsymbol{u}_s^{dq}$、$\boldsymbol{i}_s^{dq}$、$\boldsymbol{\Psi}_s^{dq}$ 均为 dq 坐标系下的电压、电流和磁链的合成矢量。

将矢量用实部和虚部表示，可得

$$\left.\begin{aligned}\boldsymbol{u}_s^{dq}&=u_d+\mathrm{j}u_q\\\boldsymbol{i}_s^{dq}&=i_d+\mathrm{j}i_q\\\boldsymbol{\Psi}_s^{dq}&=\psi_d+\mathrm{j}\psi_q\end{aligned}\right\} \tag{2-53}$$

将式(2－52)代入式(2－51)中，可得

$$\boldsymbol{u}_s^{dq}=R\boldsymbol{i}_s^{dq}+\mathrm{j}\omega_r\boldsymbol{\Psi}_s^{dq}+\frac{\mathrm{d}\boldsymbol{\Psi}_s^{dq}}{\mathrm{d}t} \tag{2-54}$$

将式(2－54)中的各矢量用坐标分量表示，即将式(2－53)代入式(2－54)可得 dq 坐标系下电压分量方程为

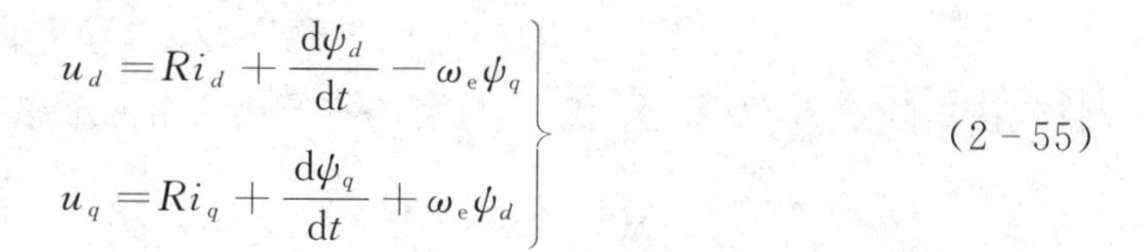

$$\left.\begin{aligned} u_d &= Ri_d + \frac{\mathrm{d}\psi_d}{\mathrm{d}t} - \omega_e \psi_q \\ u_q &= Ri_q + \frac{\mathrm{d}\psi_q}{\mathrm{d}t} + \omega_e \psi_d \end{aligned}\right\} \tag{2-55}$$

(3) 电磁转矩方程

根据机电能量转换和电机统一理论,可知电磁转矩方程为

$$T_e = -n_p \mathrm{Im}(\psi_s \cdot i_s^*) \tag{2-56}$$

式中,Im 表示取复数的虚部;i_s^* 表示取 i_s 的共轭复数。

由于仅 $\alpha\beta$ 子空间上的分量参与了机电能量转换,又仅将 $\alpha\beta$ 子空间转换为旋转坐标系 dq,故只将 dq 坐标轴系下的直轴分量和交轴分量代入即可,将式(2-54)和式(2-53)代入式(2-56)中可得

$$T_e = n_p[(L_d - L_q)i_d i_q + \sqrt{3}\psi_f i_q] \tag{2-57}$$

对于面贴式的 PMSM 而言,由于不存在凸极效应,故 $L_d - L_q$ 的值为 0。

(4) 运动方程

其中旋转坐标系下的运动方程为

$$T_e - T_L - B\omega_m = J\frac{\mathrm{d}\omega_m}{\mathrm{d}t} \tag{2-58}$$

2.3.2 控制方式比较分析

1. 滞环控制方式

滞环控制的双 Y 移 30°六相 PMSM 调速系统仿真框图如图 2-13 所示。

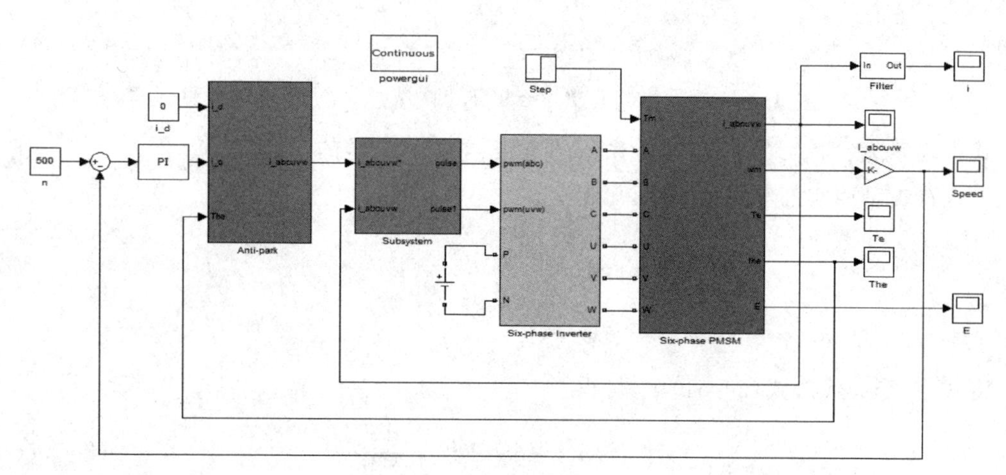

图 2-13 滞环控制的双 Y 移 30°六相 PMSM 调速系统仿真框图

选用双 Y 移 30°六相永磁同步电机的参数如表 2-1 所列。

表2-1　双Y移30°六相永磁同步电机仿真参数

参　数	R/Ω	L_d/mH	L_q/mH	ψ_f/Wb	$J/(\mathrm{kg \cdot m^2})$	$B/(\mathrm{N \cdot m \cdot s})$	p/对
数　值	1.4	8	8	0.68	0.015	0	3

给定电机的转速为500 r/min，0.15 s之前电机空载运行；在 $t=0.15$ s时，突加 $T_L=50$ N·m的负载转矩，系统仿真结果如图2-14所示。

由图2-14(a)所示的转速波形可知，电机的转速很快上升至给定转速，且达到稳态所需的调节时间短。当在0.15 s突加负载转矩时，转速波动较小，恢复至给定转速的时间短。分析图2-14(b)电磁转矩波形可得，电机空载运行时，电磁转矩约

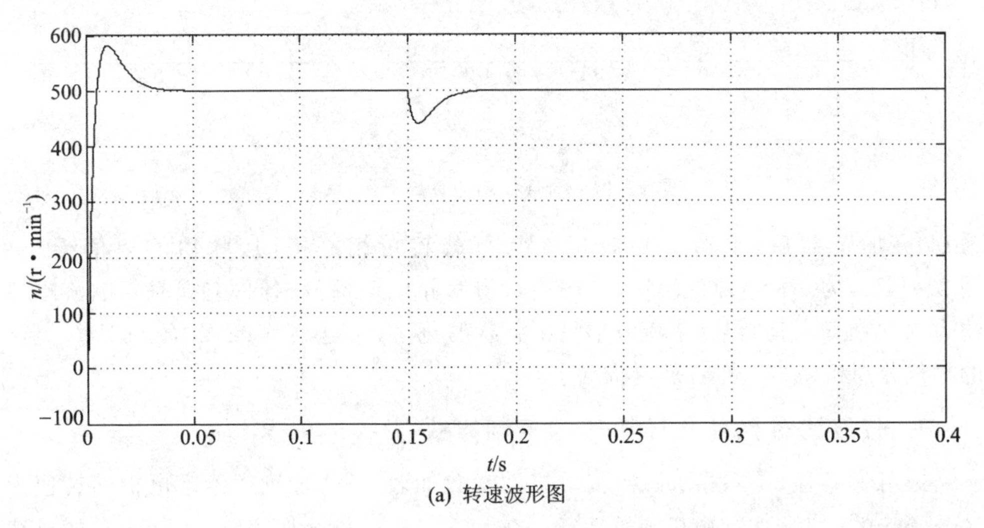

(a) 转速波形图

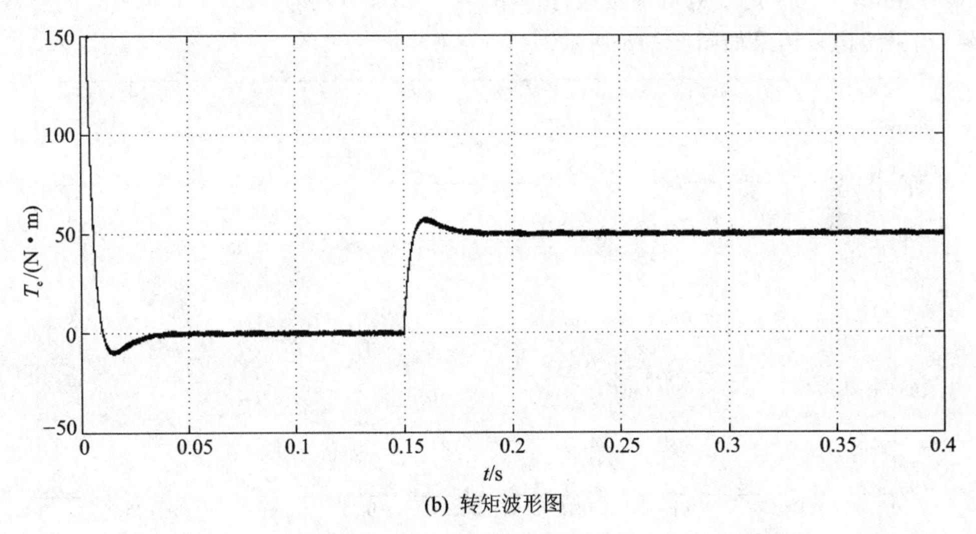

(b) 转矩波形图

图2-14　滞环控制仿真结果图

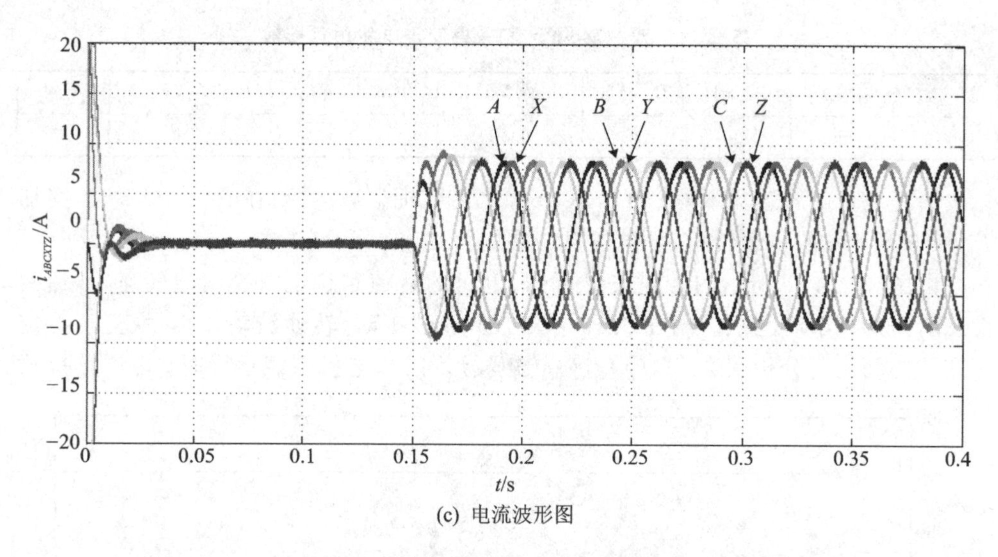

(c) 电流波形图

图 2-14 滞环控制仿真结果图(续)

为 0，突加负载后，电磁转矩较快地与负载转矩相平衡，且脉动的幅值很小。图 2-14(c)为六相电流的波形，从图中可得六相电流幅值相同，空载时相电流幅值约为 0；电机负载运行后，电流波形呈正弦状变化，六相电流 A 与 X，B 与 Y，C 与 Z 的相位分别相差 30°，符合理论推导。

2. 载波比较代替滞环比较的控制方式

选用双 Y 移 30°六相永磁同步电机的参数如表 2-1 所列。给定电机的转速为 500 r/min，0.15 s 之前电机空载运行。在 $t=0.15$ s 时，突加 $T_L=50$ N·m 的负载转矩，系统仿真结果如图 2-15 所示。

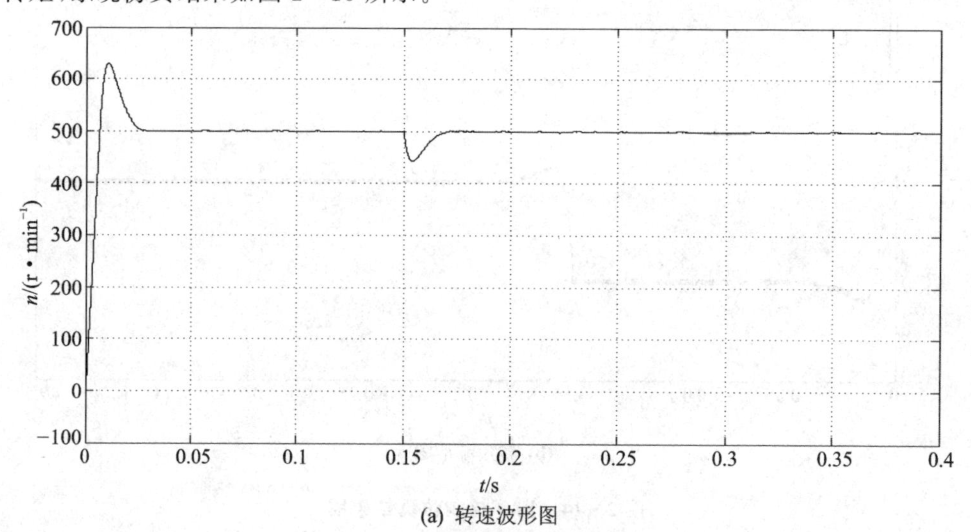

(a) 转速波形图

图 2-15 载波比较控制仿真结果图

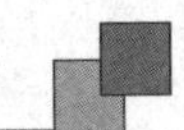

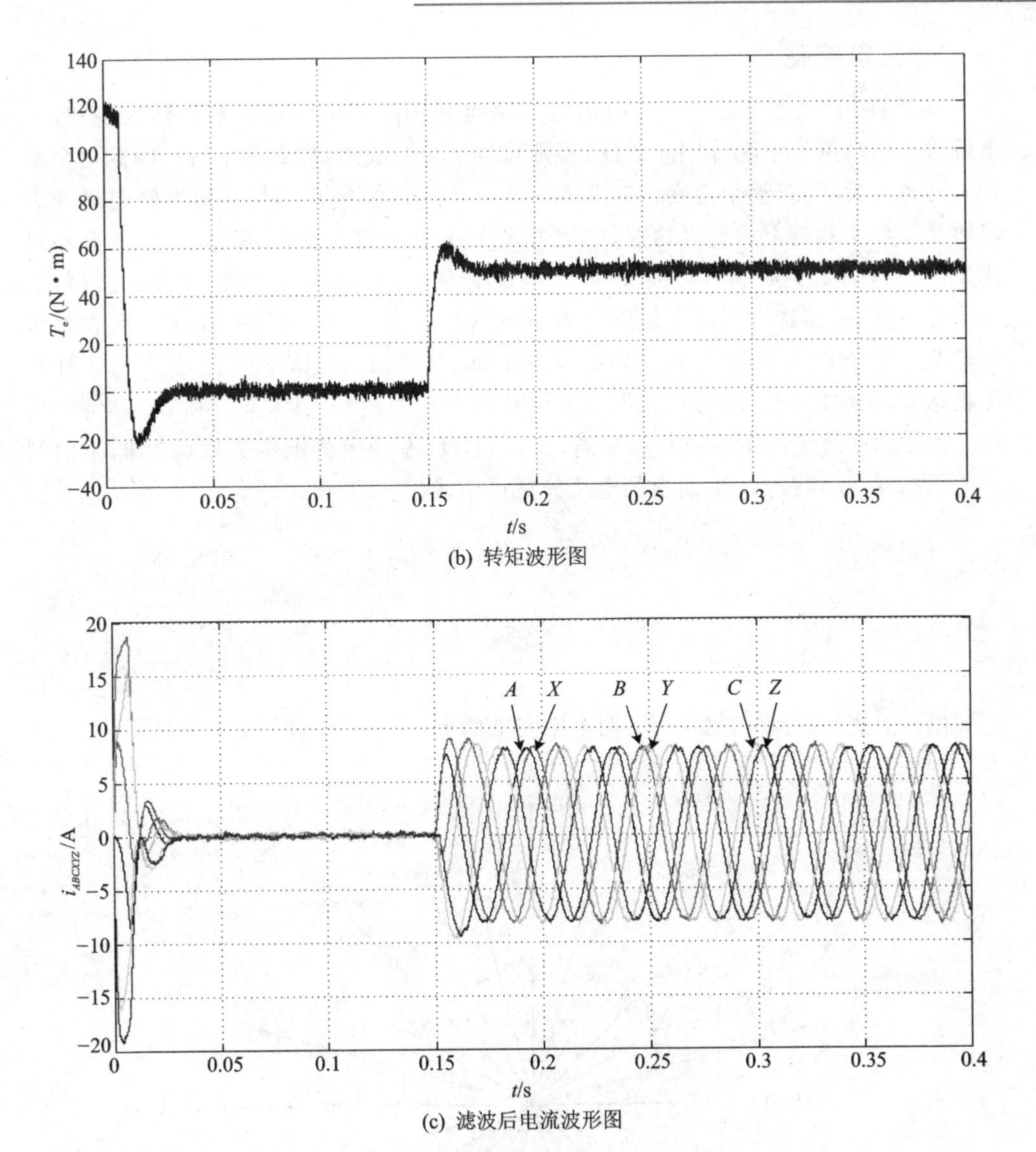

(b) 转矩波形图

(c) 滤波后电流波形图

图 2－15　载波比较控制仿真结果图(续)

根据图 2－15(a)转速波形可知，电机的转速很快上升至给定转速，且达到稳态所需的调节时间短，转速波动较大。当在 0.15 s 突加负载转矩时，恢复至给定转速的时间短。由图 2－15(b)电磁转矩波形可得，电机空载运行时，电磁转矩约为 0，突加负载后，电磁转矩较快地与负载转矩相平衡，脉动的幅值较大。图 2－15(c)为滤波后的六相电流的波形，空载时相电流幅值约为 0；电机负载运行后，电流波形呈正弦状变化，六相电流 A 与 X，B 与 Y，C 与 Z 的相位分别相差 30°。

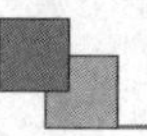

3. 矢量控制

双 Y 移 30°六相永磁同步电机的定子绕组采用隔离中性点的星形连接方式，一个桥臂中的功率管不允许同时导通，否则将发生短路故障，烧毁功率管。因此每个桥臂有两种开关状态，整个逆变器一共有 $2^6=64$ 个开关状态。以 A 相为例定义开关函数 S_k，当 A 相的上桥臂开通时，则记为 $S_A=1$；下桥臂开通时，则 $S_A=0$，其余相以此类推。64 种开关状态可转换成 64 个电压矢量，每个电压矢量均可用二进制数来表示开关状态，其高位到低位的顺序为 $ABCXYZ$。例如开关状态 011110 代表电压矢量 $\boldsymbol{V}_{36}$，用十进制表示为 30。其中在 000000、000111、111000 和 111111 的 4 种开关状态下，电机的端电压为 0，故与之相对应的电压矢量 $\boldsymbol{V}_{00}$、$\boldsymbol{V}_{07}$、$\boldsymbol{V}_{70}$ 和 $\boldsymbol{V}_{77}$ 称为零矢量。由于两套绕组的中性点互相隔离，所以 O_1O_2 平面上的电压矢量均为 **0**，不同的开关状态在 $\alpha\beta$ 和 Z_1Z_2 平面上的电压矢量可由式(2-59)得出。

$$\left.\begin{aligned}\boldsymbol{V}_{\alpha\beta}&=\frac{1}{3}U_{\mathrm{dc}}(S_A\mathrm{e}^{\mathrm{j}0^\circ}+S_B\mathrm{e}^{\mathrm{j}120^\circ}+S_C\mathrm{e}^{\mathrm{j}240^\circ}+S_X\mathrm{e}^{\mathrm{j}30^\circ}+S_Y\mathrm{e}^{\mathrm{j}150^\circ}+S_Z\mathrm{e}^{\mathrm{j}270^\circ})\\ \boldsymbol{V}_{Z_1Z_2}&=\frac{1}{3}U_{\mathrm{dc}}(S_A\mathrm{e}^{\mathrm{j}0^\circ}+S_B\mathrm{e}^{\mathrm{j}240^\circ}+S_C\mathrm{e}^{\mathrm{j}120^\circ}+S_X\mathrm{e}^{\mathrm{j}150^\circ}+S_Y\mathrm{e}^{\mathrm{j}30^\circ}+S_Z\mathrm{e}^{\mathrm{j}270^\circ})\end{aligned}\right\}\tag{2-59}$$

根据上式易得到 $\alpha\beta$ 和 Z_1Z_2 两个空间上的电压矢量图，如图 2-16 所示。

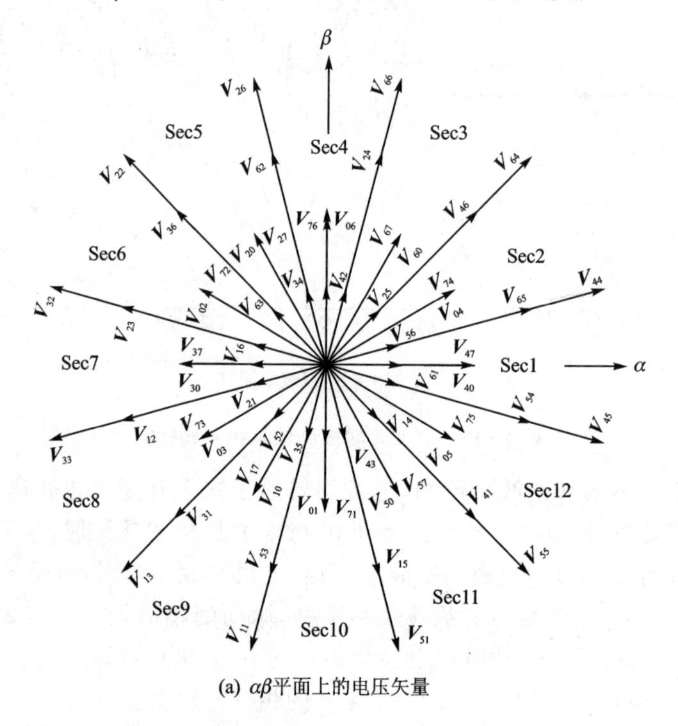

(a) $\alpha\beta$平面上的电压矢量

图 2-16　$\alpha\beta$ 与 Z_1Z_2 平面的电压矢量分布

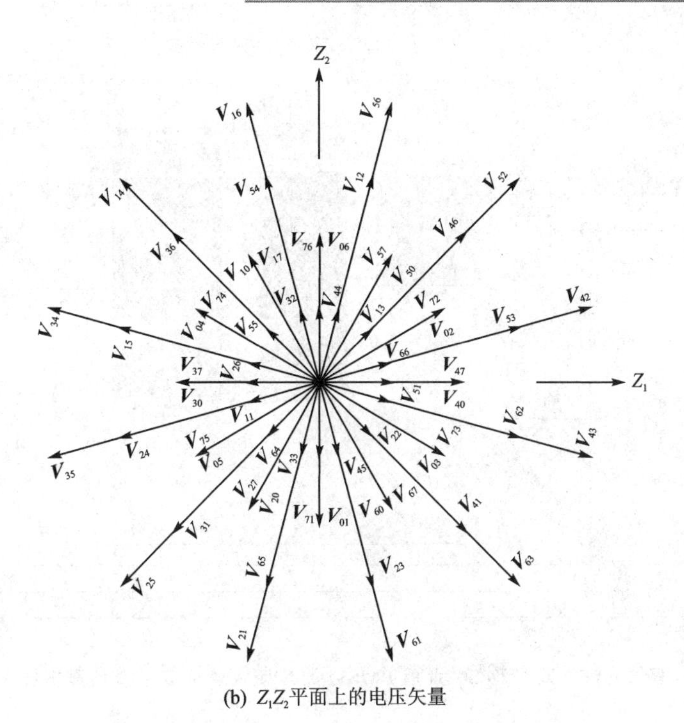

(b) Z_1Z_2平面上的电压矢量

图 2-16　$\alpha\beta$ 与 Z_1Z_2 平面的电压矢量分布(续)

如图 2-16 所示，根据幅值不同，将电压矢量分成 4 组，每组电压矢量均可围成一个正十二边形。可将幅值为 $U_{dc}/3$ 的电压矢量当做基本电压矢量，每个基本电压矢量均包含一个三相零矢量，例如 $\boldsymbol{V}_{02}$ 和 $\boldsymbol{V}_{27}$，其大小和相位将由另一组不为零的矢量决定。这导致 24 个基本电压矢量有 12 个是相同的，例如 $\boldsymbol{V}_{76}$ 和 $\boldsymbol{V}_{06}$ 代表着同一矢量。根据这 12 个基本电压矢量的分布，可合成其余的 36 个电压矢量，定义四种幅值大小分别为 $|\boldsymbol{V}_{max}|$、$|\boldsymbol{V}_{midl}|$、$|\boldsymbol{V}_{mids}|$ 和 $|\boldsymbol{V}_{min}|$，其大小可由下式得出。

$$\left.\begin{aligned}
|\boldsymbol{V}_{max}| &= \frac{\sqrt{6}+\sqrt{2}}{6}U_{dc} \\
|\boldsymbol{V}_{mid1}| &= \frac{\sqrt{2}}{3}U_{dc} \\
|\boldsymbol{V}_{mids}| &= \frac{1}{3}U_{dc} \\
|\boldsymbol{V}_{min}| &= \frac{\sqrt{6}-\sqrt{2}}{6}U_{dc}
\end{aligned}\right\} \tag{2-60}$$

仿真框图如图 2-17 所示。

(1) 七段式 SVPWM

当采用七段式 SVPWM 时，其波形如图 2-18 所示。

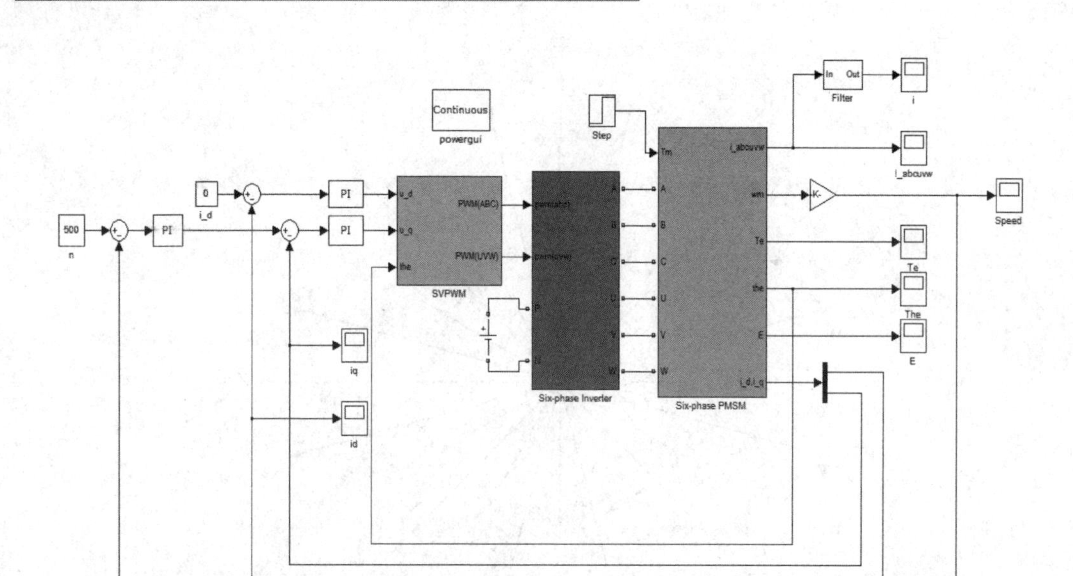

图 2-17 双 Y 移 30°六相 PMSM 的 SVPWM 调速系统仿真框图

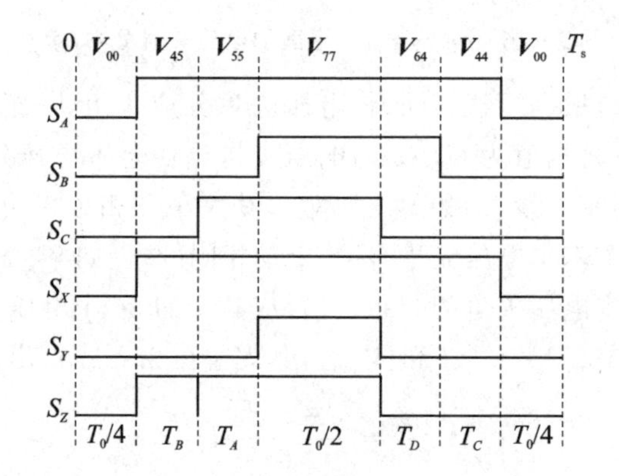

图 2-18 第一扇区内的 PWM 波形

根据图 2-18，为了减少功率器件的开关次数，选择零矢量 $\boldsymbol{V}_{00}$ 和 $\boldsymbol{V}_{77}$，基本电压矢量和零矢量的作用顺序为 $\boldsymbol{V}_{00}$—$\boldsymbol{V}_{45}$—$\boldsymbol{V}_{55}$—$\boldsymbol{V}_{77}$—$\boldsymbol{V}_{64}$—$\boldsymbol{V}_{44}$—$\boldsymbol{V}_{00}$。由于七段式 SVPWM 的波形不是中心对称的，故逆变器输出的相电压中会有较大谐波。

选用双 Y 移 30°六相永磁同步电机的参数如表 2-1 所列。给定电机的转速为 500 r/min，0.2 s 之前电机空载运行；在 $t=0.2$ s 时，突加 $T_L=50$ N·m 的负载转矩，系统仿真结果如图 2-19 所示。

根据图 2-19(a)中转速波形可知，电机的转速很快上升至给定转速，且达到稳态所需的调节时间短，但转速波动较大。当在 0.2 s 突加负载转矩时，恢复至给定转

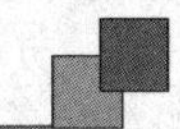

速的时间短。分析图2-19(b)电磁转矩波形可得,电机空载运行时,电磁转矩约为0;突加负载后,电磁转矩较快地与负载转矩相平衡,脉动的幅值较大。图2-19(c)为六相电流的波形,由于七段式SVPWM的PWM波形不对称,因此高次谐波含量高。空载时相电流幅值约为0;电机负载运行后,电流波形呈正弦状变化,六相电流A与X,B与Y,C与Z的相位分别相差30°。图2-19(d)为A相电流的谐波分析图,总谐波含量为8.38%,其中5次谐波含量为4.86%,7次谐波含量为2.66%。

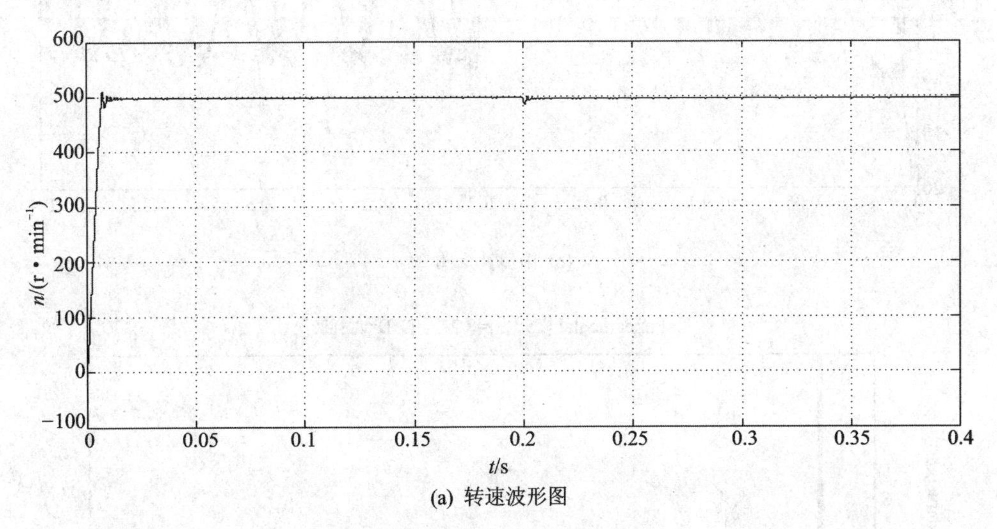

(a) 转速波形图

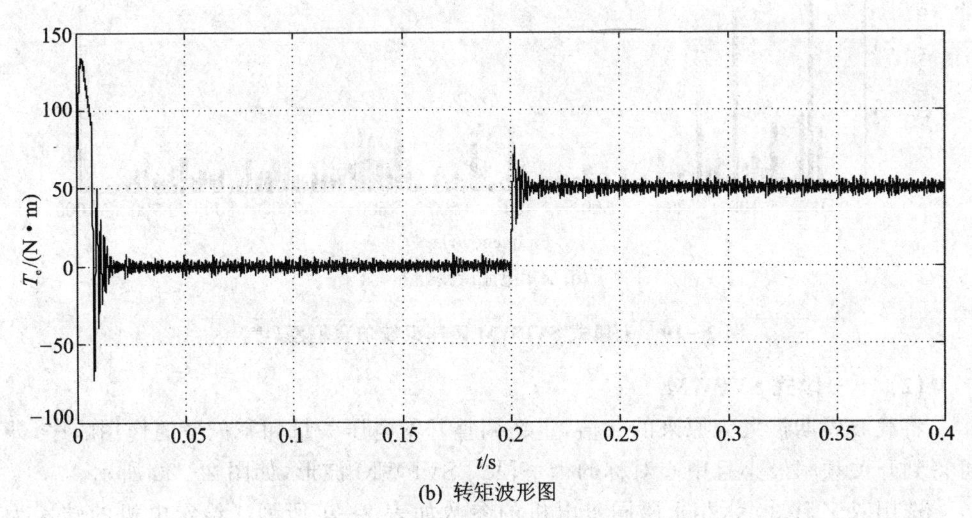

(b) 转矩波形图

图2-19 七段式SVPWM调速系统仿真框图

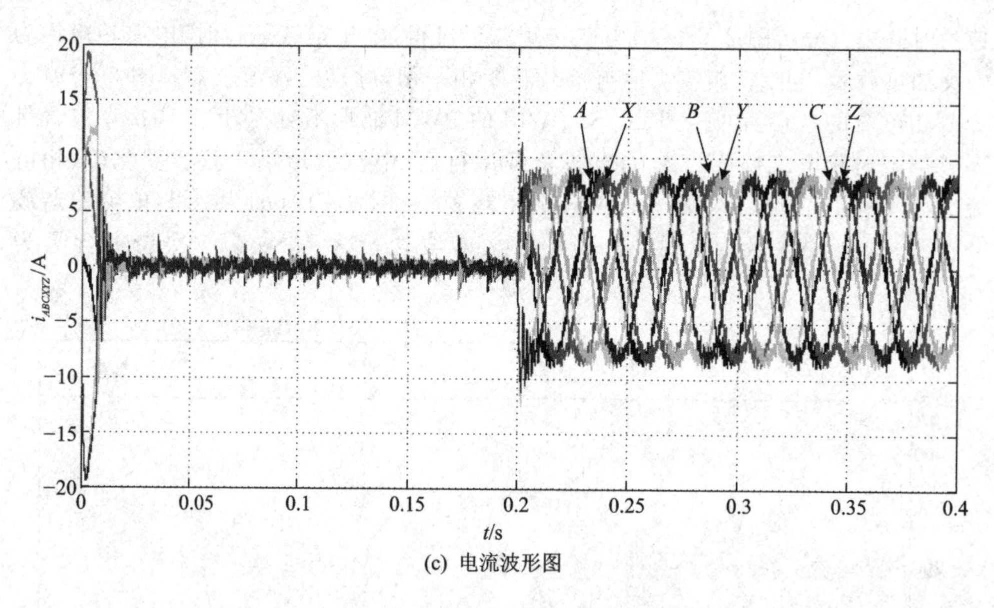

(c) 电流波形图

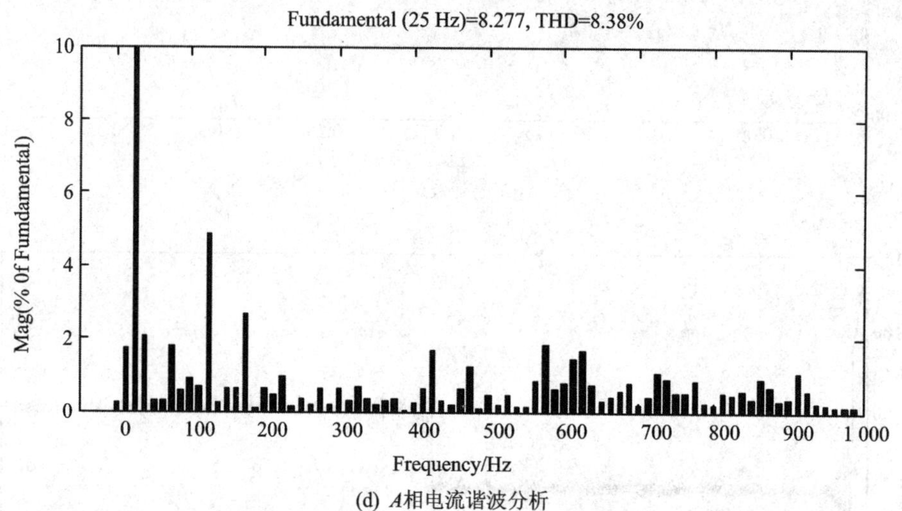

(d) A相电流谐波分析

图 2-19 七段式 SVPWM 调速系统仿真框图(续)

(2) 十一段式 SVPWM

将载波周期扩大为原来的 2 倍,重新调整基本电压矢量和零矢量的作用顺序,即可得到开关频率最小且中心对称的十一段式 SVPWM 波形,如图 2-20 所示。

选用双 Y 移 30°六相永磁同步电机的参数如表 2-1 所列。给定电机的转速为 500 r/min,0.2 s 之前电机空载运行;在 $t=0.2$ s 时,突加 $T_L=50$ N·m 的负载转矩,系统仿真结果如图 2-21 所示。

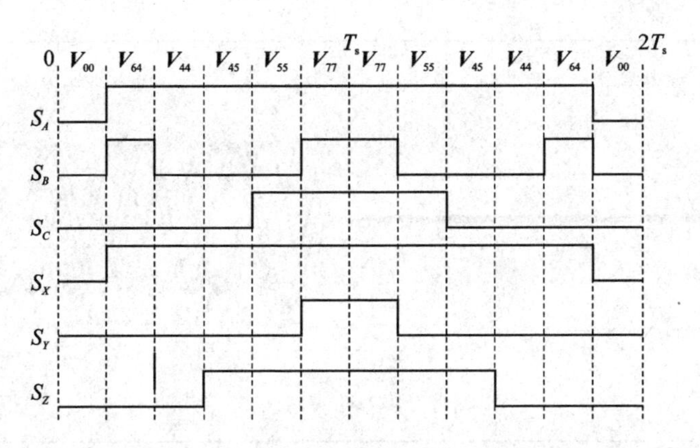

图 2-20　第一扇区内十一段式的 PWM 波形

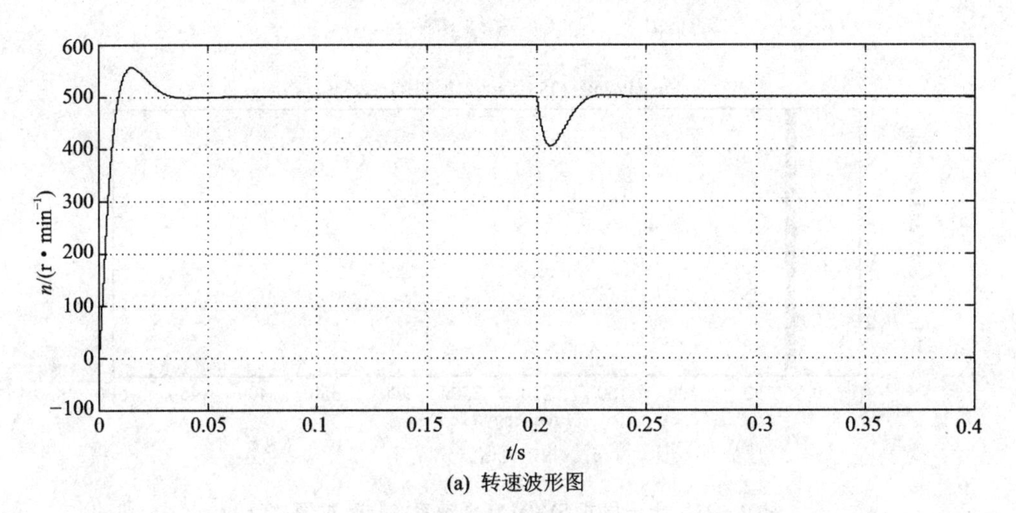

(a) 转速波形图

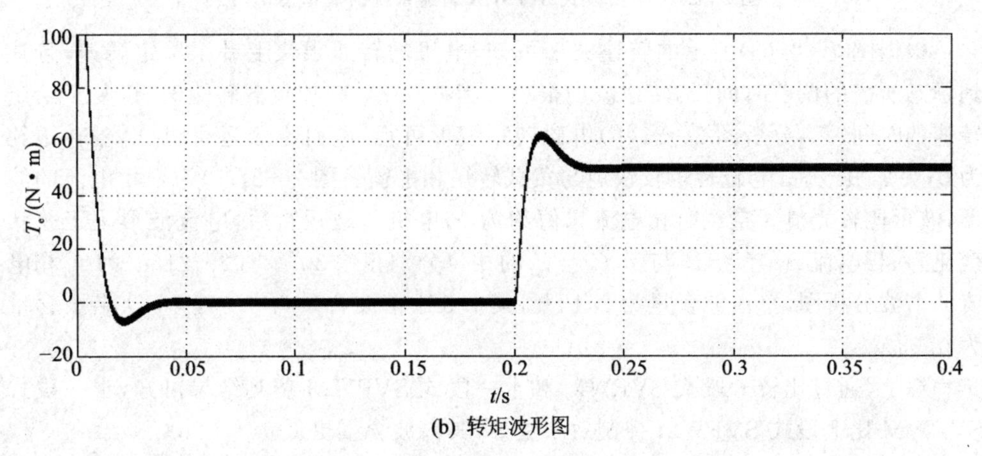

(b) 转矩波形图

图 2-21　十一段式 SVPWM 调速系统仿真框图

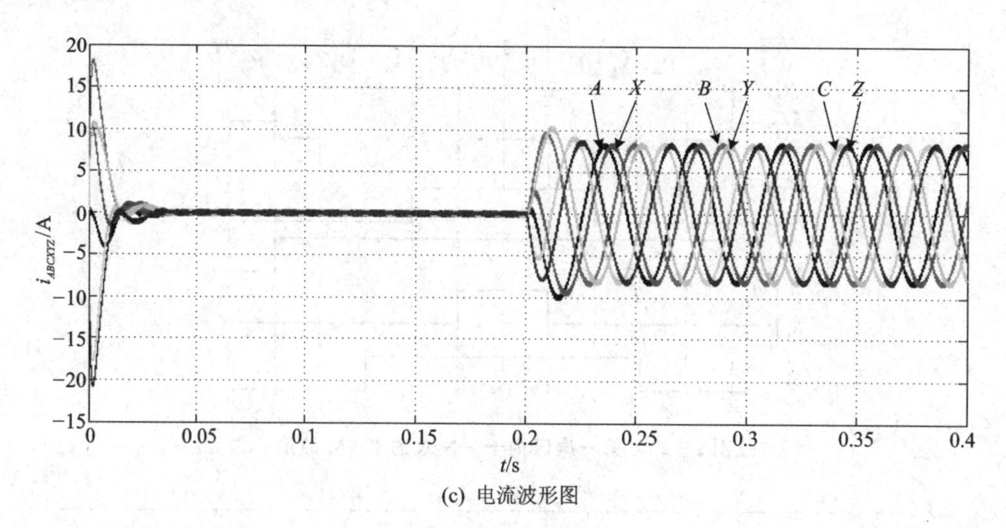

(c) 电流波形图

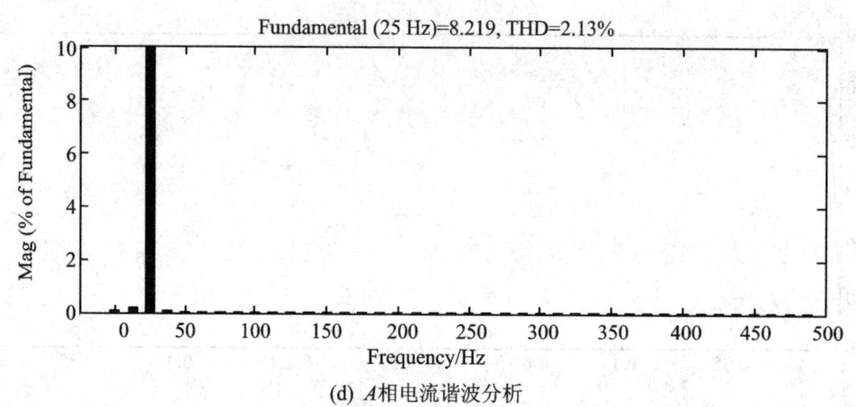

(d) A相电流谐波分析

图 2-21　十一段式 SVPWM 调速系统仿真框图(续)

根据图 2-21(a)所示的转速波形可知,电机的转速很快上升至给定转速,且达到稳态所需的调节时间短,转速波动很小。当在 0.2 s 突加负载转矩时,恢复至给定转速的时间短。分析图 2-21(b)电磁转矩波形可得,电机空载运行时,电磁转矩约为 0;突加负载后,电磁转矩较快地与负载转矩相平衡。图 2-21(c)为六相电流的波形,波形比较光滑。空载时相电流幅值约为 0;电机负载运行后,电流波形呈正弦状变化,六相电流 A 与 X,B 与 Y,C 与 Z 的相位分别相差 30°。图 2-21(d)为 A 相电流的谐波分析图,总谐波含量为 2.13%,其中 5 次谐波含量为 0.04%,7 次谐波含量为 0.03%。

综上,通过比较七段式 SVPWM 和十一段式 SVPWM 仿真结果可知,十一段式 SVPWM 比七段式 SVPWM 控制效果更好,其谐波含量更低。

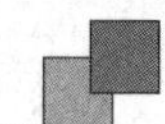

2.3.3　三电平逆变拓扑在六相电机中的应用示例

1. 载波层叠比较 PWM 控制

载波层叠比较 PWM 控制的六相 PMSM 调速系统仿真框图如图 2-22 所示。

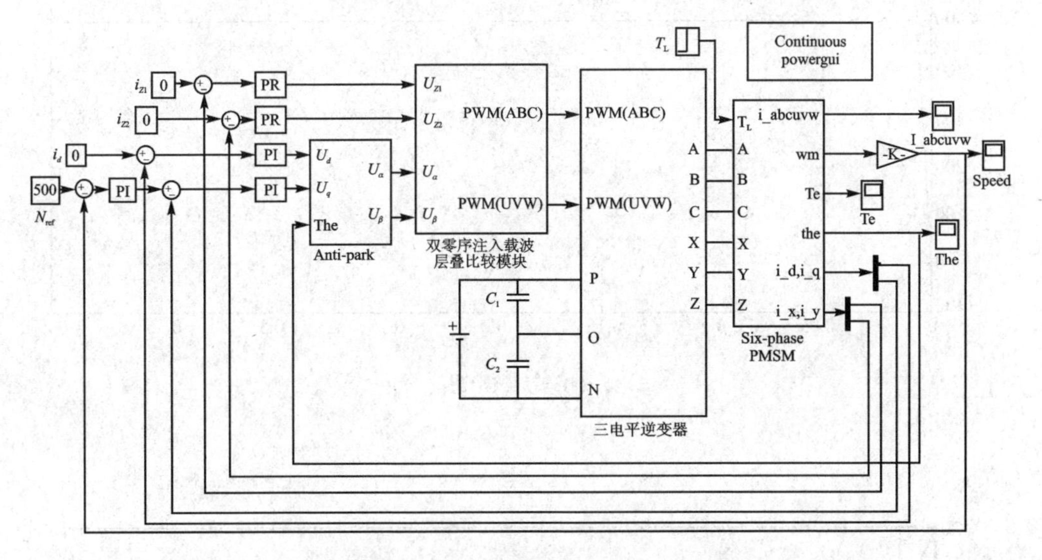

图 2-22　载波层叠比较 PWM 控制的六相 PMSM 调速系统仿真框图

选用双 Y 移 30°六相永磁同步电机的参数如表 2-1 所列。给定电机的转速为 500 r/min，0.2 s 之前电机空载运行；在 $t=0.2$ s 时，突加 $T_L=50$ N·m 的负载转矩，系统仿真结果如图 2-23 所示。

根据图 2-23(a)中转速波形可知，电机的转速很快上升至给定转速，且达到稳态所需的调节时间短。当在 0.2 s 突加负载转矩时，转速波动较小，恢复至给定转速的时间短。分析图 2-23(b)电磁转矩波形可得，电机空载运行时，电磁转矩约为 0；突加负载后，电磁转矩较快地与负载转矩相平衡。图 2-23(c)为六相电流的波形，从图中可得六相电流幅值相同，空载时相电流幅值近似为 0；电机负载运行后，电流波形呈正弦状变化，六相电流 A 与 X，B 与 Y，C 与 Z 的相位分别相差 30°。从图 2-23(d)可知，谐波总畸变率为 3.08%，其中 5 次谐波含量为 0.13%，7 次谐波含量为 0.09%。

2. 双三电平 SVPWM 控制

仿真框图如图 2-24 所示。

选用双 Y 移 30°六相永磁同步电机的参数如表 2-1 所列。给定电机的转速为 500 r/min，0.2 s 之前电机空载运行；在 $t=0.2$ s 时，突加 $T_L=50$ N·m 的负载转矩，系统仿真结果如图 2-25 所示。

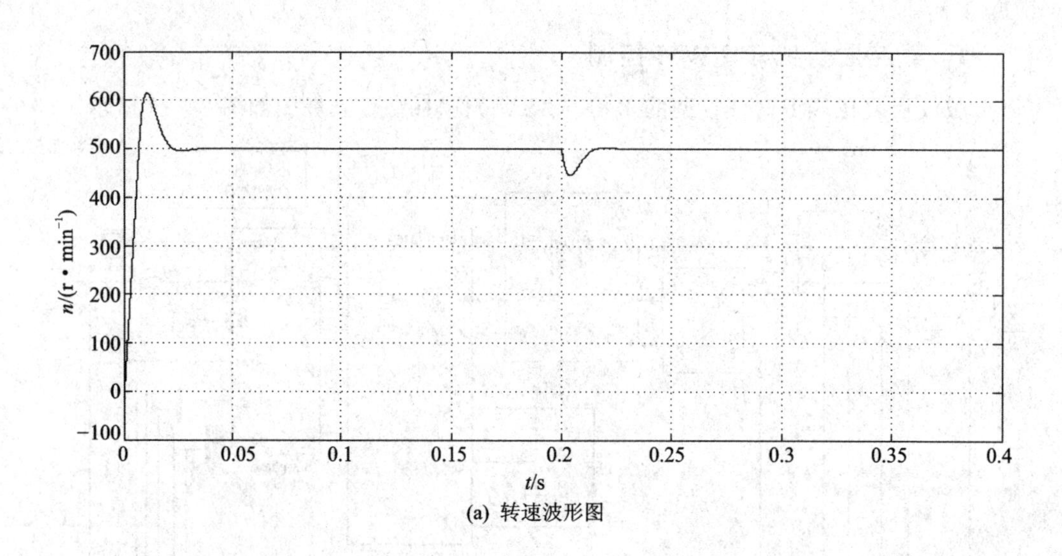

(a) 转速波形图

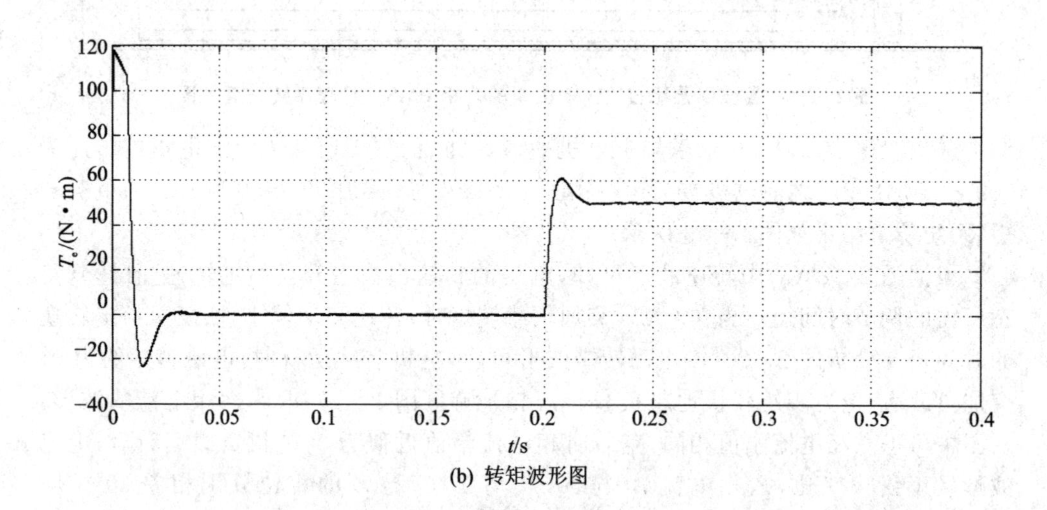

(b) 转矩波形图

图 2－23　载波层叠比较 PWM 控制仿真结果图

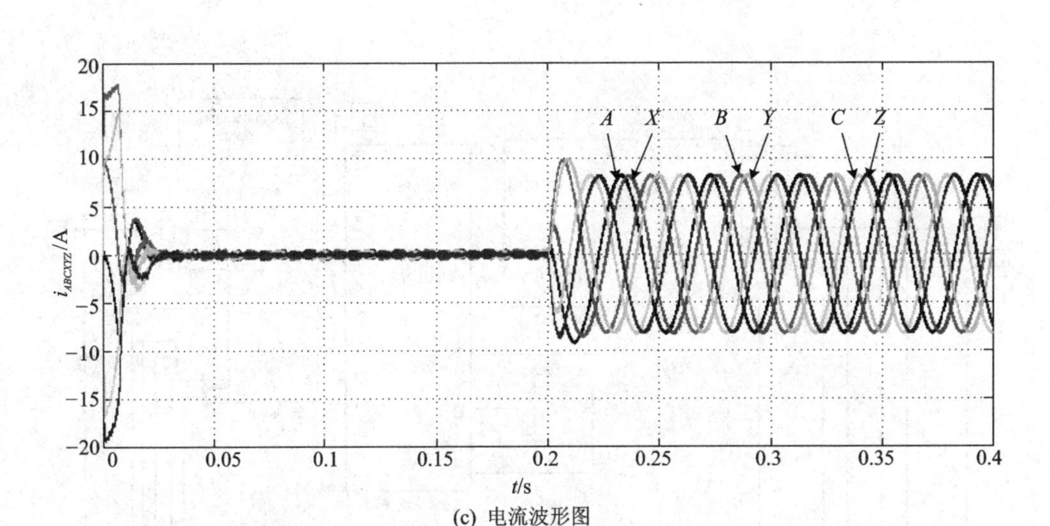

(c) 电流波形图

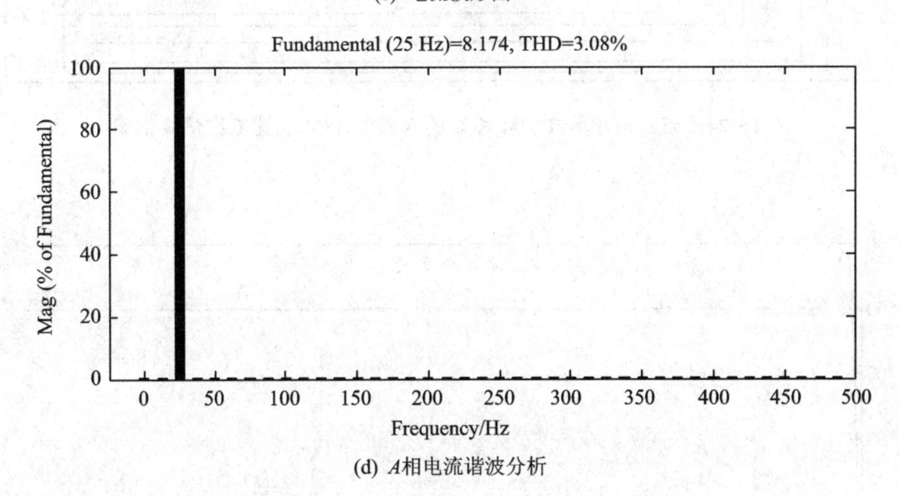

(d) *A*相电流谐波分析

图 2－23　载波层叠比较 PWM 控制仿真结果图(续)

根据图 2－25(a)转速波形可知，电机的转速很快上升至给定转速，且达到稳态所需的调节时间短。当在 0.2 s 突加负载转矩时，转速波动较小，恢复至给定转速的时间短。分析图 2－25(b)电磁转矩波形可得，电机空载运行时，电磁转矩约为 0；突加负载后，电磁转矩较快地与负载转矩相平衡。图 2－25(c)为六相电流的波形，从图中可得六相电流幅值相同，空载时相电流幅值近似为 0，电机负载运行后，电流波形呈正弦状变化，六相电流 A 与 X，B 与 Y，C 与 Z 的相位分别相差 30°。从图 2－25(d)可知，谐波总畸变率为 6.54%，其中 5 次谐波含量为 0.79%，7 次谐波含量为 0.25%。

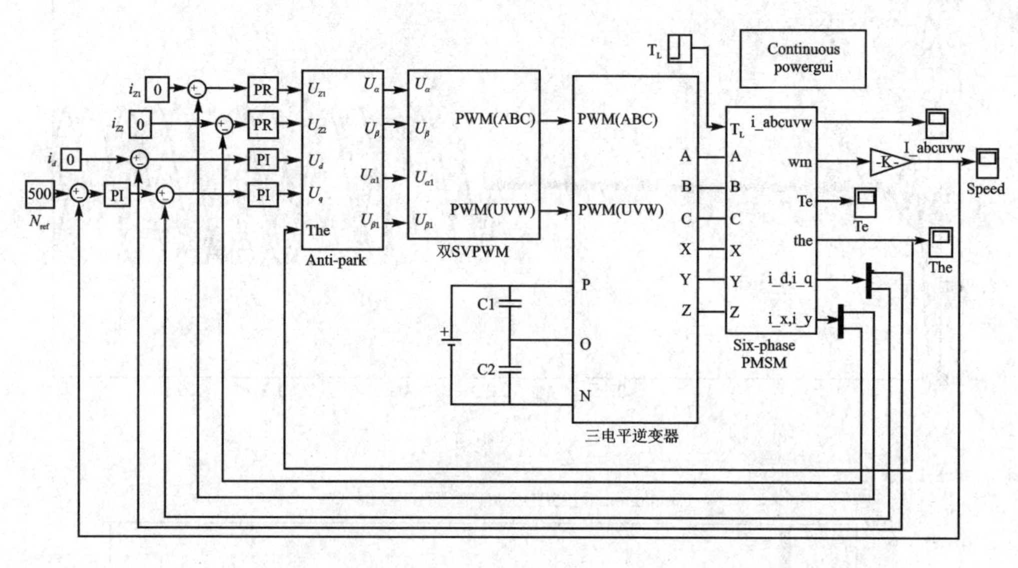

图 2-24 双三电平 SVPWM 控制的六相 PMSM 调速系统仿真框图

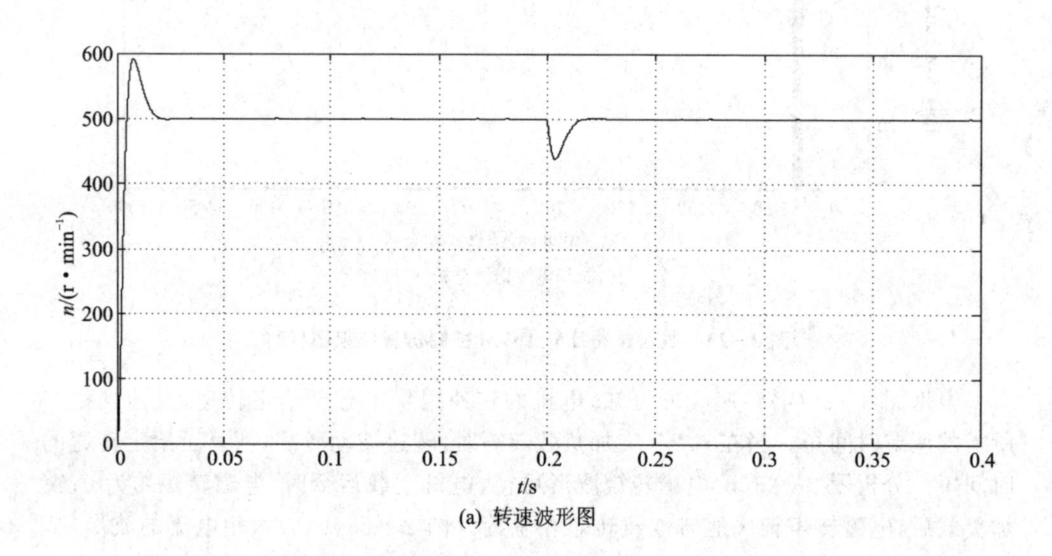

(a) 转速波形图

图 2-25 双三电平 SVPWM 控制仿真结果图

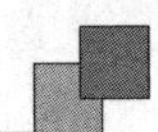

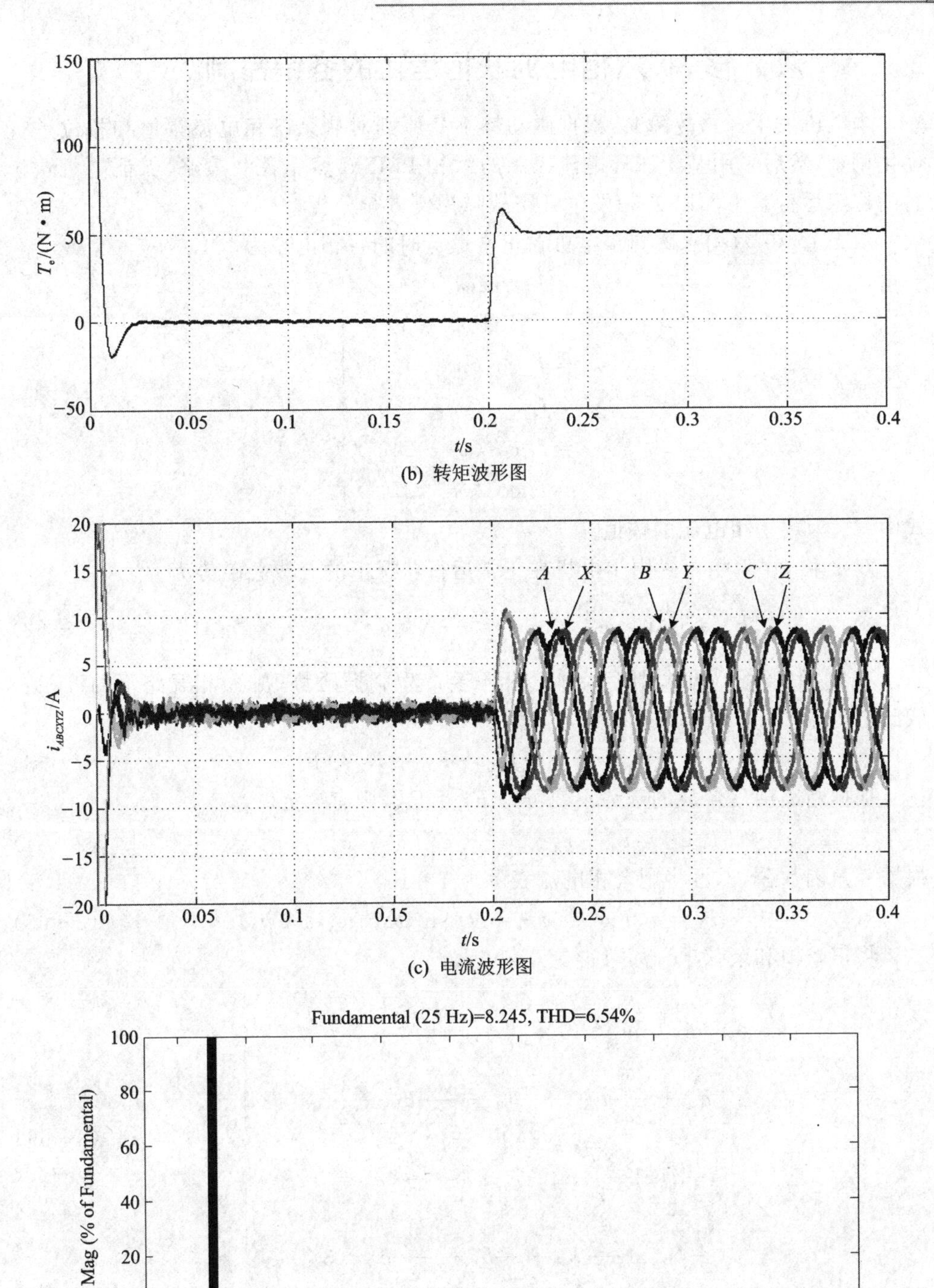

(b) 转矩波形图

(c) 电流波形图

(d) A相电流谐波分析

图 2-25　双三电平 SVPWM 控制仿真结果图(续)

2.3.4 双 Y 移 30°六相电机缺相运行的容错控制

当电机发生开路故障时，根据磁动势不变原则对剩余各相电流幅值和相位进行优化调整，然后采用基于滞环电流控制的六相 PMSM 容错控制策略，保证电机缺相后的稳定运行。下面以 Z 相发生开路故障为例进行分析。

双 Y 移 30°六相永磁同步电机在正常运行时的各相电流为

$$\left.\begin{aligned} i_A &= I_{\mathrm{m}}\cos\omega t \\ i_X &= I_{\mathrm{m}}\cos(\omega t - 30°) \\ i_B &= I_{\mathrm{m}}\cos(\omega t - 120°) \\ i_Y &= I_{\mathrm{m}}\cos(\omega t - 150°) \\ i_C &= I_{\mathrm{m}}\cos(\omega t - 240°) \\ i_Z &= I_{\mathrm{m}}\cos(\omega t - 270°) \end{aligned}\right\} \tag{2-61}$$

式中，I_{m} 为定子相电流的幅值。

双 Y 移 30°六相永磁同步电机在正常运行状况下的合成总磁势为

$$F_{6\mathrm{s}} = \frac{3}{2}I_{\mathrm{m}}\cos(\omega t - \varphi) = \frac{3}{4}NI_{\mathrm{m}}(\mathrm{e}^{\mathrm{j}\omega t}\mathrm{e}^{-\mathrm{j}\varphi} + \mathrm{e}^{-\mathrm{j}\omega t}\mathrm{e}^{\mathrm{j}\varphi}) \tag{2-62}$$

当 Z 相发生开路时，则 $i_Z=0$，该相不会产生脉振磁势，则 Z 相开路下的五相合成磁势为

$$F_{5\mathrm{s}} = F_A + F_X + F_B + F_Y + F_C \tag{2-63}$$

根据断路前后合成的磁势不变可得 $F_{6\mathrm{s}}=F_{5\mathrm{s}}$，则有

$$3I_{\mathrm{m}}\mathrm{e}^{\mathrm{j}\omega t} = i_A + i_X\mathrm{e}^{\mathrm{j}30°} + i_B\mathrm{e}^{\mathrm{j}120°} + i_Y\mathrm{e}^{\mathrm{j}150°} + i_C\mathrm{e}^{\mathrm{j}240°} \tag{2-64}$$

根据三角函数公式，可将剩余相电流表示为

$$i_X = a_X I_{\mathrm{m}}\cos\omega t + b_X I_{\mathrm{m}}\sin\omega t = a_X i_\alpha + b_X i_\beta \tag{2-65}$$

将正弦项和余弦项分离可得

$$\left.\begin{aligned} &a_A + \frac{\sqrt{3}}{2}a_X - \frac{1}{2}a_B - \frac{\sqrt{3}}{2}a_Y - \frac{1}{2}a_C = 3 \\ &b_A + \frac{\sqrt{3}}{2}b_X - \frac{1}{2}b_B - \frac{\sqrt{3}}{2}b_Y - \frac{1}{2}b_C = 3 \\ &\frac{1}{2}a_X + \frac{\sqrt{3}}{2}a_B + \frac{1}{2}a_Y - \frac{\sqrt{3}}{2}a_C = 0 \\ &\frac{1}{2}b_X + \frac{\sqrt{3}}{2}b_B + \frac{1}{2}b_Y - \frac{\sqrt{3}}{2}b_C = 3 \end{aligned}\right\} \tag{2-66}$$

电机的六相绕组采取中性点隔离的连接方式，则满足

$$\left.\begin{aligned}a_A+a_B+a_C&=0\\b_A+b_B+b_C&=0\\a_X+a_Y&=0\\b_X+b_Y&=0\end{aligned}\right\}\tag{2-67}$$

通过联立式(2-66)和式(2-67),方程的解不是唯一的。

① 若以定子铜耗最小为最优化目标,计算剩余各相电流,并构建其目标函数:

$$f=\sum_{X=1}^{5}(a_X^2+b_X^2)\tag{2-68}$$

则构建其拉格朗日函数为

$$\begin{aligned}L_1=&\sum_{X=1}^{5}(a_X^2+b_X^2)+\\&\lambda_1\left(a_A+\frac{\sqrt{3}}{2}a_X-\frac{1}{2}a_B-\frac{\sqrt{3}}{2}a_Y-\frac{1}{2}a_C-3\right)+\\&\lambda_2\left(b_A+\frac{\sqrt{3}}{2}b_X-\frac{1}{2}b_B-\frac{\sqrt{3}}{2}b_Y-\frac{1}{2}b_C\right)+\\&\lambda_3\left(\frac{1}{2}a_X+\frac{\sqrt{3}}{2}a_B+\frac{1}{2}a_Y-\frac{\sqrt{3}}{2}a_C\right)+\\&\lambda_4\left(\frac{1}{2}b_X+\frac{\sqrt{3}}{2}b_B+\frac{1}{2}b_Y-\frac{\sqrt{3}}{2}b_C-3\right)+\\&\lambda_5(a_A+a_B+a_C)+\lambda_6(b_A+b_B+b_C)+\lambda_7(a_X+a_Y)+\lambda_8(b_X+b_Y)\end{aligned}\tag{2-69}$$

依据拉格朗日乘数法,剩余各相电流可表示为

$$\left.\begin{aligned}i_A&=I_m\cos\theta\\i_X&=0.866I_m\cos\theta\\i_B&=1.803I_m\cos(\theta-106.1^\circ)\\i_Y&=0.866I_m\cos(\theta-180^\circ)\\i_C&=1.803I_m\cos(\theta+106^\circ)\end{aligned}\right\}\tag{2-70}$$

② 若将输出转矩最大作为优化目标,则应平衡剩余相电流的幅值,并使相电流的幅值尽量小,则功率器件的容量也减小,有利于逆变器的设计。将各相电流的最大幅值作为目标函数:

$$f_1=\max(a_A^2+b_A^2,a_B^2+b_B^2,a_C^2+b_C^2,a_D^2+b_D^2,a_E^2+b_E^2)\tag{2-71}$$

电流的优化目标是使 f_1 的值为最小,通过常规的解析法很难对其进行求解,可以利用 MATLAB 最优工具箱提供的极小值计算函数 fminimax 来进行求解。该函数允许以方程组或不等式组作为约束条件,并可以限定任一变量的变化范围,适用于各种场合下极值的求解。将 f_1 作为目标函数,可求解出剩余五相电流的表达式:

$$\left.\begin{aligned} i_A &= 0 \\ i_X &= 1.732 I_m \cos\theta \\ i_B &= 1.732 I_m \cos(\theta - 90°) \\ i_Y &= 1.732 I_m \cos(\theta - 180°) \\ i_C &= 1.732 I_m \cos(\theta + 90°) \end{aligned}\right\} \tag{2-72}$$

其控制系统框图如图 2-26 所示。

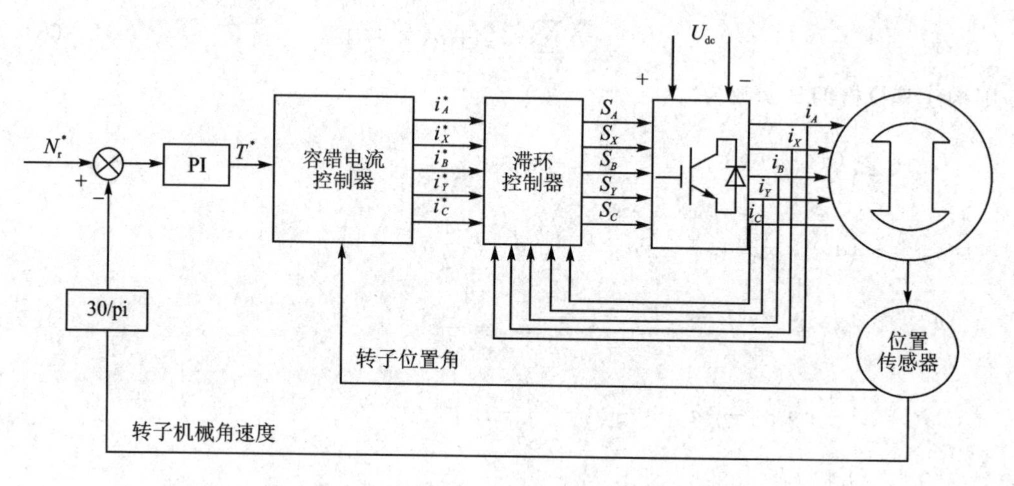

图 2-26　基于滞环电流控制的双 Y 移 30°六相 PMSM 容错控制策略

1. 基于定子铜耗最小方式控制

选用双 Y 移 30°六相永磁同步电机的参数如表 2-1 所列。给定电机的转速为 500 r/min,给定负载 $T_L = 50$ N · m,0.2 s 之前电机正常运行;在 $t = 0.2$ s 时,电机发生开路故障,电机缺相运行。

(1) A 相发生开路故障

当 A 相发生开路故障时,剩余各相相电流的表达式为

$$\left.\begin{aligned} i_A &= 0 \\ i_B &= 0.866 I_m \sin(\theta + 90°) \\ i_C &= 0.866 I_m \sin(\theta - 90°) \\ i_X &= 1.803 I_m \sin(\theta + 163.9°) \\ i_Y &= 1.803 I_m \sin(\theta + 16.1°) \\ i_Z &= I_m \sin(\theta - 90°) \end{aligned}\right\} \tag{2-73}$$

式中,I_m 为电机正常运行时的电流幅值。

系统仿真结果如图 2-27 所示。

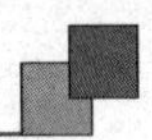

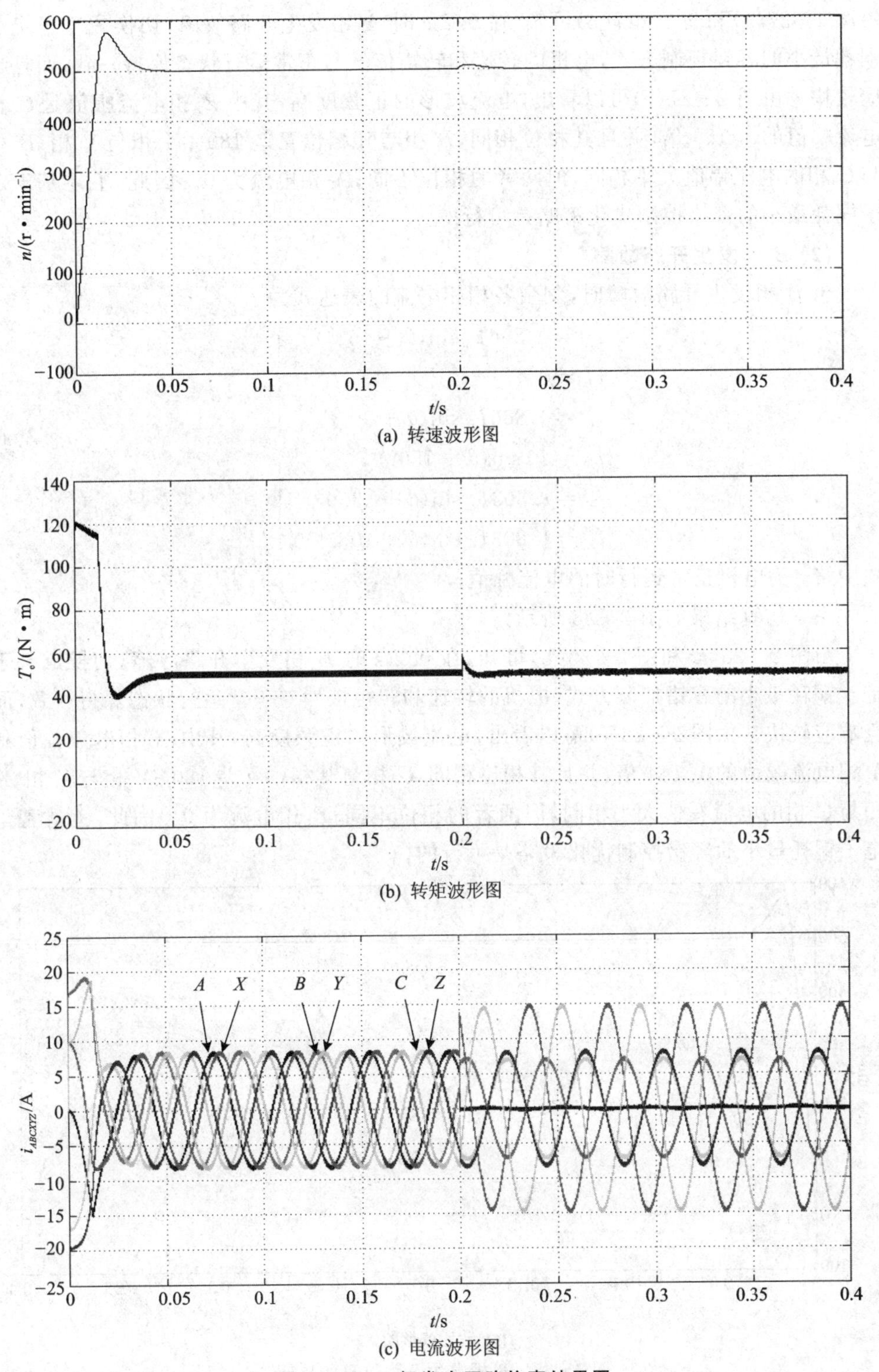

(a) 转速波形图

(b) 转矩波形图

(c) 电流波形图

图 2－27　A 相发生开路仿真结果图

由图 2-27(a)和图 2-27(b)可知,在 0.2 s 时 A 相发生开路故障,切换成基于定子铜耗最小的容错控制方式,电机的转速和转矩依然与正常运行状态保持一致,而且响应较快。由图 2-27(c)可以看出,电流波形的正弦度高,其中 Z 相电流幅值是 C 相电流幅值的 1.154 倍,并且其相位相同,B 相与其相位互差 180°;X 相与 Y 相、B 相与 C 相的电流幅值大小相同,但两者的相位不同;A 相电流为 0。因此,上述基于定子铜耗最小的容错控制优化策略是可行的。

(2) *B* 相发生开路故障

当 B 相发生开路故障时,剩余各相相电流的表达式为

$$\left.\begin{aligned} i_A &= 0.866 I_{\mathrm{m}} \sin(\theta + 150^\circ) \\ i_B &= 0 \\ i_C &= 0.866 I_{\mathrm{m}} \sin(\theta + 30^\circ) \\ i_X &= I_{\mathrm{m}} \sin(\theta + 150^\circ) \\ i_Y &= 1.803 I_{\mathrm{m}} \sin(\theta + 43.9^\circ) \\ i_Z &= 1.803 I_{\mathrm{m}} \sin(\theta - 103.9^\circ) \end{aligned}\right\} \tag{2-74}$$

式中,I_{m} 为电机正常运行时的电流幅值。

系统仿真结果如图 2-28 所示。

由图 2-28(a)和图 2-28(b)可知,在 0.2 s 时 B 相发生开路故障,切换成基于定子铜耗最小的容错控制方式,电机的转速和转矩依然与正常运行状态保持一致,而且响应较快。由图 2-28(c)可以看出,电流波形的正弦度高,其中 X 相电流幅值是 A 相电流幅值的 1.154 倍,并且其相位相同,C 相与其相位互差 180°;Y 相与 Z 相、A 相与 C 相的电流幅值大小相同,但两者的相位不同;B 相电流为 0。因此,上述基于定子铜耗最小的容错控制优化策略是可行的。

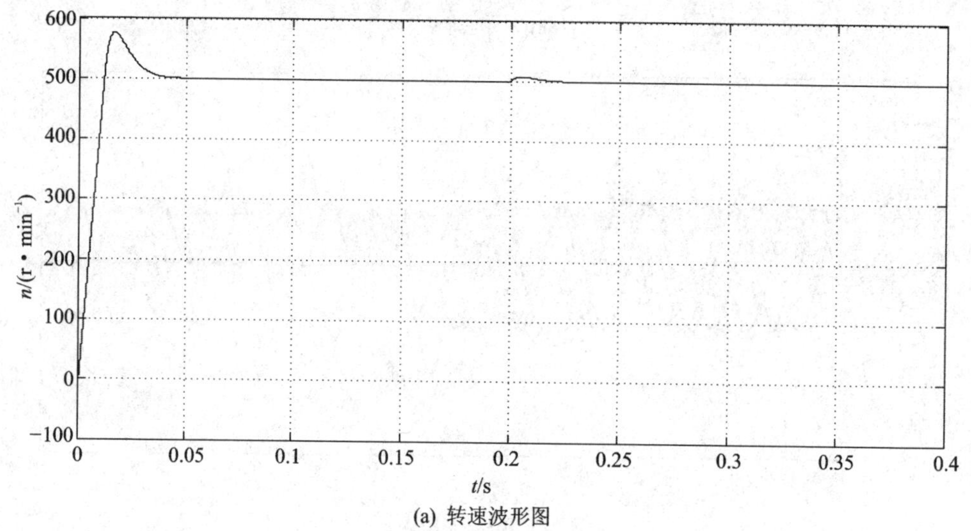

(a) 转速波形图

图 2-28　*B* 相发生开路仿真结果图

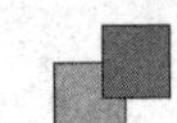

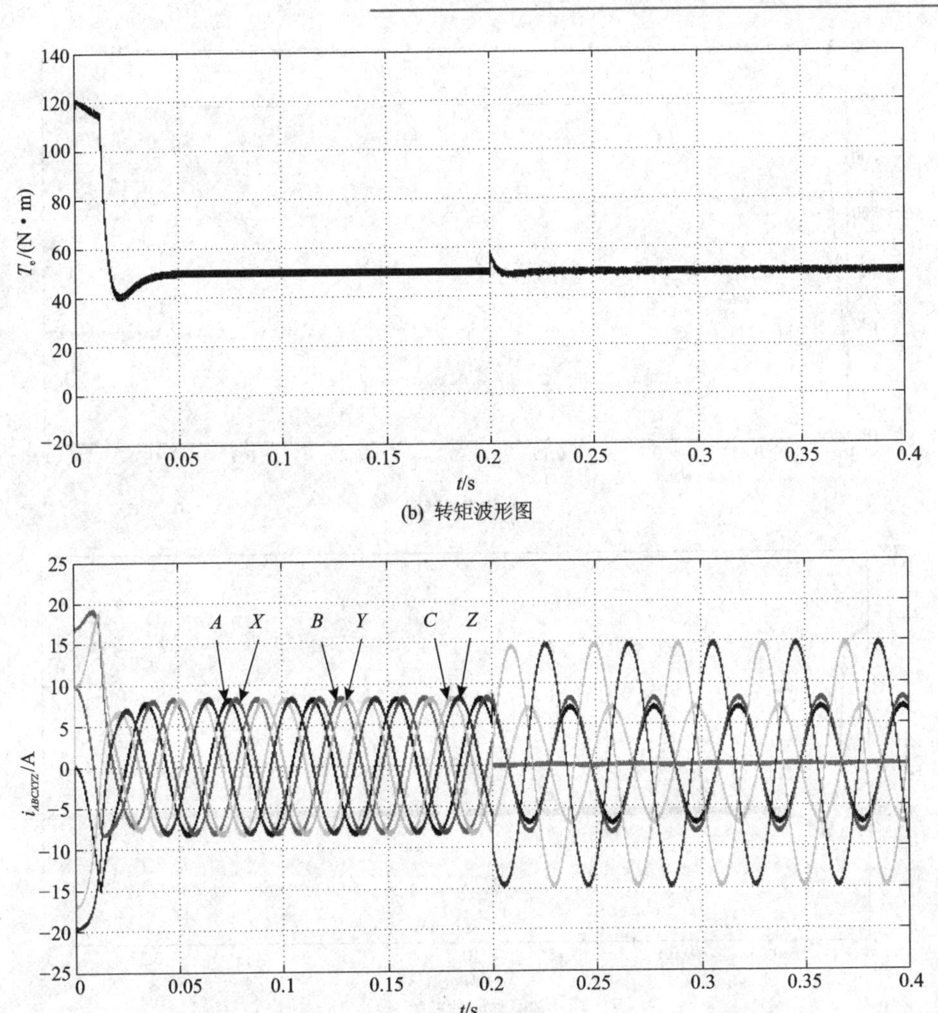

(b) 转矩波形图

(c) 电流波形图

图 2-28　B 相发生开路仿真结果图(续)

(3) C 相发生开路故障

当 C 相发生开路故障时,剩余各相相电流的表达式为

$$\left.\begin{aligned} i_A &= 0.866 I_m \sin(\theta - 150°) \\ i_B &= 0.866 I_m \sin(\theta + 30°) \\ i_C &= 0 \\ i_X &= 1.803 I_m \sin(\theta + 136.1°) \\ i_Y &= I_m \sin(\theta + 30°) \\ i_Z &= 1.803 I_m \sin(\theta - 76.1°) \end{aligned}\right\} \tag{2-75}$$

式中,I_m 为电机正常运行时的电流幅值。

系统仿真结果如图 2-29 所示。

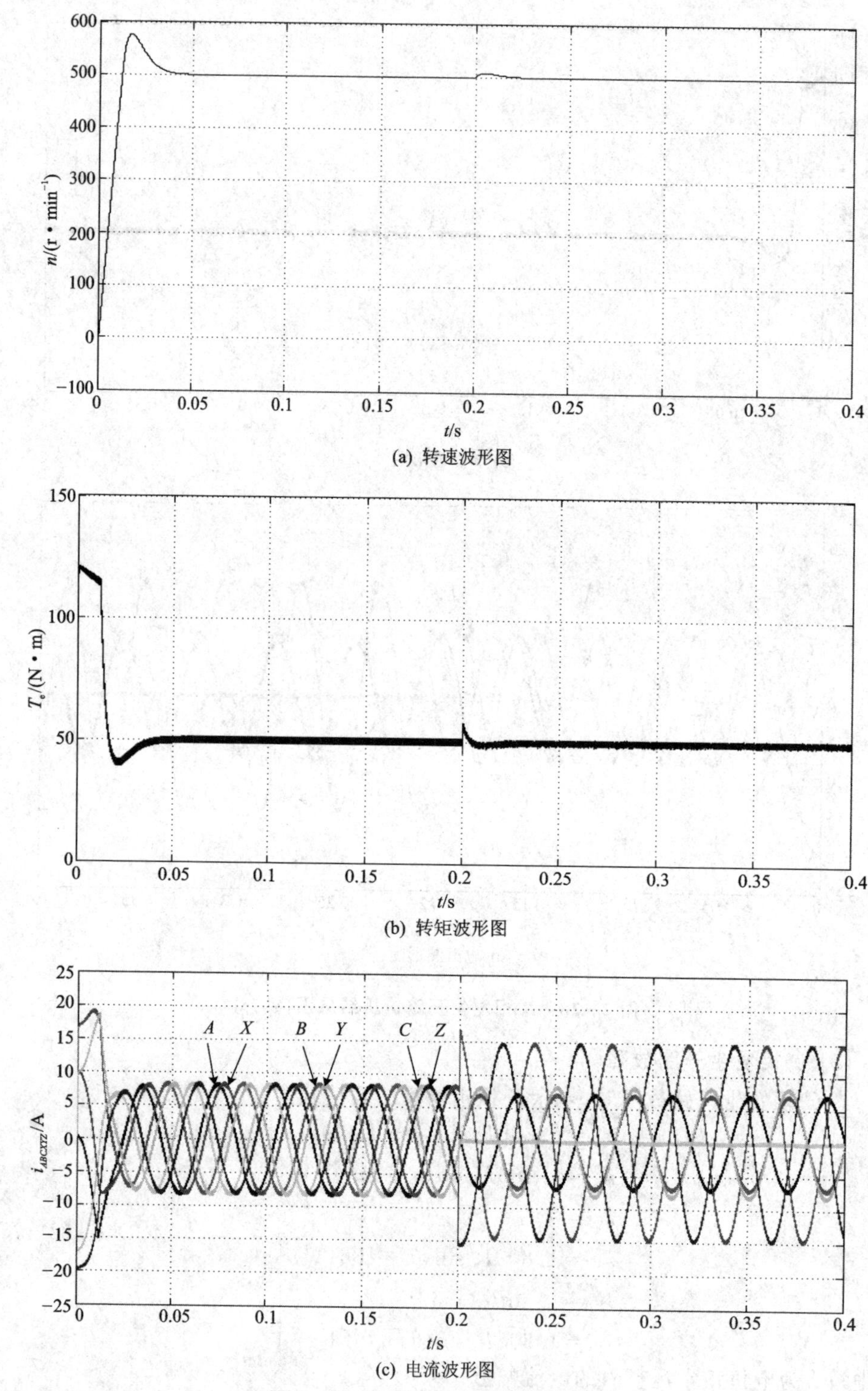

(a) 转速波形图

(b) 转矩波形图

(c) 电流波形图

图 2－29　C 相发生开路仿真结果图

由图 2-29(a)和图 2-29(b)可知，在 0.2 s 时 C 相发生开路故障，切换成基于定子铜耗最小的容错控制方式，电机的转速和转矩依然与正常运行状态保持一致，而且响应较快。由图 2-29(c)可以看出，电流波形的正弦度高，其中 Y 相电流幅值是 B 相电流幅值的 1.154 倍，并且其相位相同，A 相与其相位互差 180°；X 相与 Z 相、A 相与 B 相的电流幅值大小相同，但两者的相位不同；C 相电流为 0。因此，上述基于定子铜耗最小的容错控制优化策略是可行的。

(4) *X* 相发生开路故障

当 X 相发生开路故障时，剩余各相相电流的表达式为

$$\left.\begin{aligned} i_A &= 1.803 I_m \sin(\theta + 166.1^\circ) \\ i_B &= I_m \sin(\theta + 60^\circ) \\ i_C &= 1.803 I_m \sin(\theta - 46.1^\circ) \\ i_X &= 0 \\ i_Y &= 0.866 I_m \sin(\theta + 60^\circ) \\ i_Z &= 0.866 I_m \sin(\theta - 120^\circ) \end{aligned}\right\} \tag{2-76}$$

式中，I_m 为电机正常运行时的电流幅值。

系统仿真结果如图 2-30 所示。

由图 2-30(a)和图 2-30(b)可知，在 0.2 s 时 X 相发生开路故障，切换成基于定子铜耗最小的容错控制方式，电机的转速和转矩依然与正常运行状态保持一致，而且响应较快。由图 2-30(c)可以看出，电流波形的正弦度高，其中 B 相电流幅值是 Y 相电流幅值的 1.154 倍，并且其相位相同，Z 相与其相位互差 180°；Y 相与 Z 相、A 相与 C 相的电流幅值大小相同，但两者的相位不同；X 相电流为 0。因此，上述基于定子铜耗最小的容错控制优化策略是可行的。

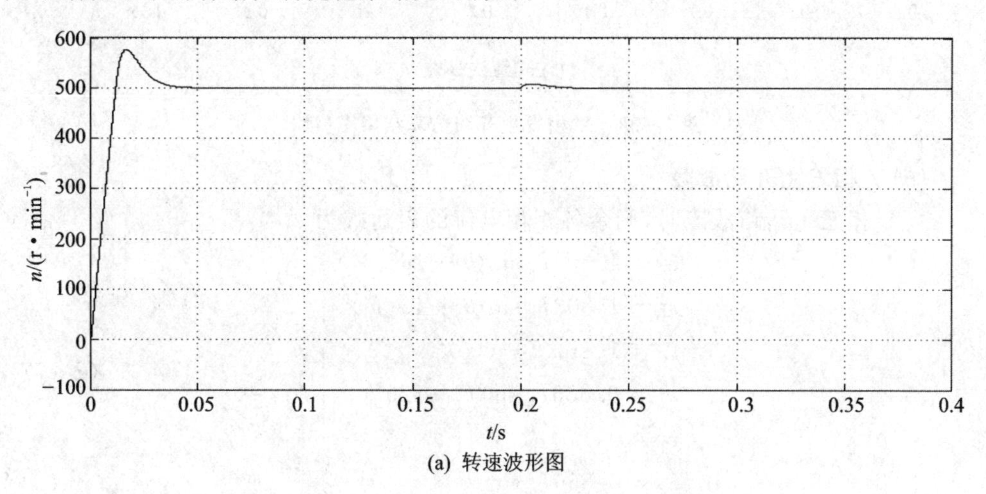

(a) 转速波形图

图 2-30　*X* 相发生开路仿真结果图

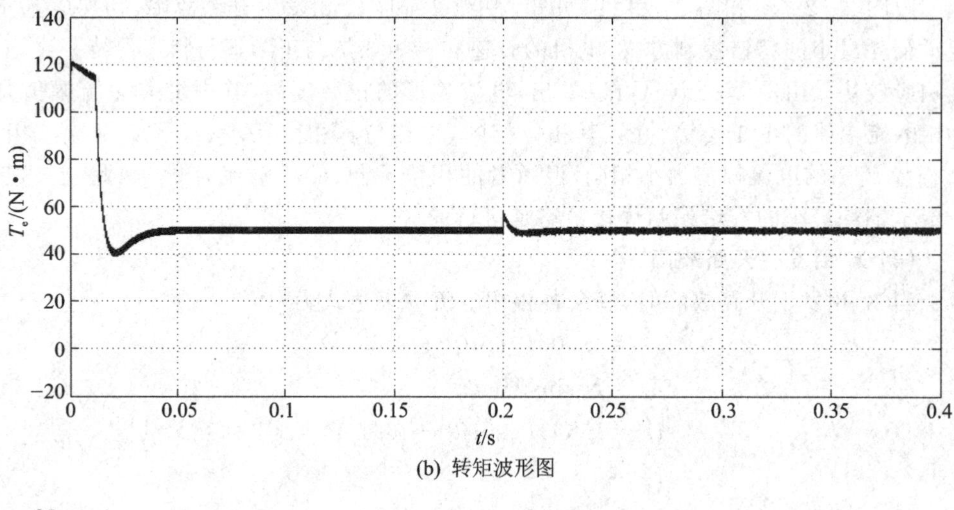

(b) 转矩波形图

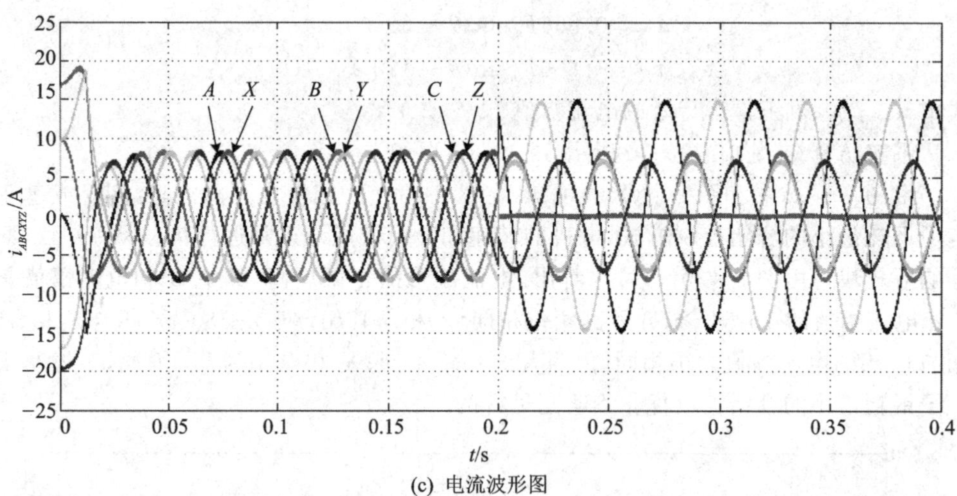

(c) 电流波形图

图 2-30　X 相发生开路仿真结果图(续)

(5) Y 相发生开路故障

当 Y 相发生开路故障时,剩余各相相电流的表达式为

$$\left.\begin{aligned}
i_A &= 1.803 I_m \sin(\theta - 166.1°) \\
i_B &= 1.803 I_m \sin(\theta + 46.1°) \\
i_C &= I_m \sin(\theta - 60°) \\
i_X &= 0.866 I_m \sin(\theta + 120°) \\
i_Y &= 0 \\
i_Z &= 0.866 I_m \sin\theta
\end{aligned}\right\} \tag{2-77}$$

式中,I_m 为电机正常运行时的电流幅值。

系统仿真结果如图 2-31 所示。

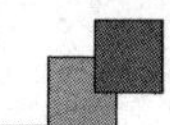

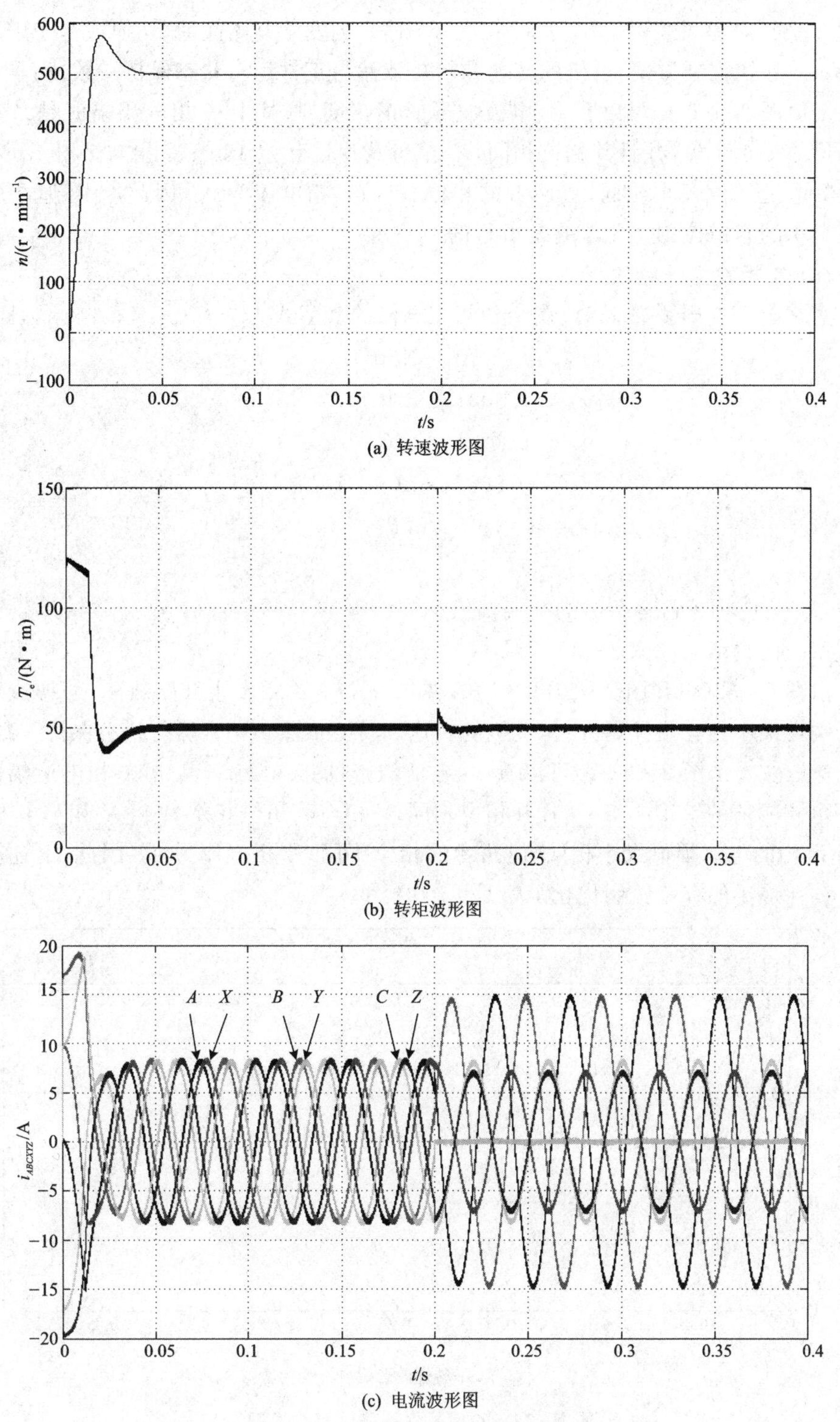

(a) 转速波形图

(b) 转矩波形图

(c) 电流波形图

图 2－31　Y 相发生开路仿真结果图

由图 2-31(a)和图 2-31(b)可知，在 0.2 s 时 Y 相发生开路故障，切换成基于定子铜耗最小的容错控制方式，电机的转速和转矩依然与正常运行状态保持一致，而且响应较快。由图 2-31(c)可以看出，电流波形的正弦度高，其中 C 相电流幅值是 Z 相电流幅值的 1.154 倍，并且其相位相同，X 相与其相位互差 180°；X 相与 Z 相、A 相与 B 相的电流幅值大小相同，但两者的相位不同；Y 相电流为 0。因此，上述基于定子铜耗最小的容错控制优化策略是可行的。

(6) Z 相发生开路故障

当 Z 相发生开路故障时，剩余各相相电流的表达式为

$$\left.\begin{aligned} i_A &= I_m \sin(\theta + 180°) \\ i_B &= 1.803 I_m \sin(\theta + 73.9°) \\ i_C &= 1.803 I_m \sin(\theta - 73.9°) \\ i_X &= 0.866 I_m \sin(\theta + 180°) \\ i_Y &= 0.866 I_m \sin\theta \\ i_Z &= 0 \end{aligned}\right\} \tag{2-78}$$

式中，I_m 为电机正常运行时的电流幅值。

系统仿真结果如图 2-32 所示。

由图 2-32(a)和图 2-32(b)可知，在 0.2 s 时 Z 相发生开路故障，切换成基于定子铜耗最小的容错控制方式，电机的转速和转矩依然与正常运行状态保持一致，而且响应较快。由图 2-32(c)可以看出，电流波形的正弦度高，其中 A 相电流幅值是 X 相电流幅值的 1.154 倍，并且其相位相同，Y 相与其相位互差 180°；X 相与 Y 相、B 相与 C 相的电流幅值大小相同，但两者的相位不同；Z 相电流为 0。因此，上述基于定子铜耗最小的容错控制优化策略是可行的。

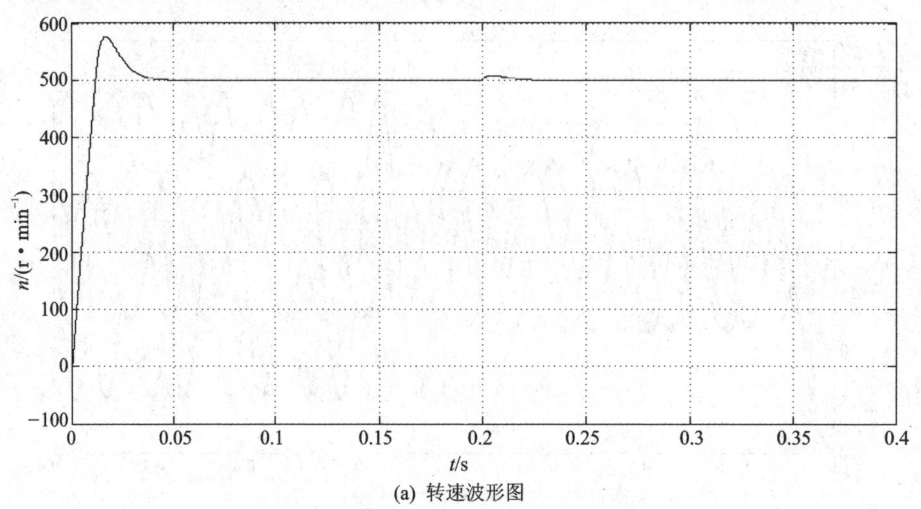

(a) 转速波形图

图 2-32　Z 相发生开路仿真结果图

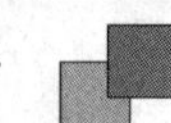

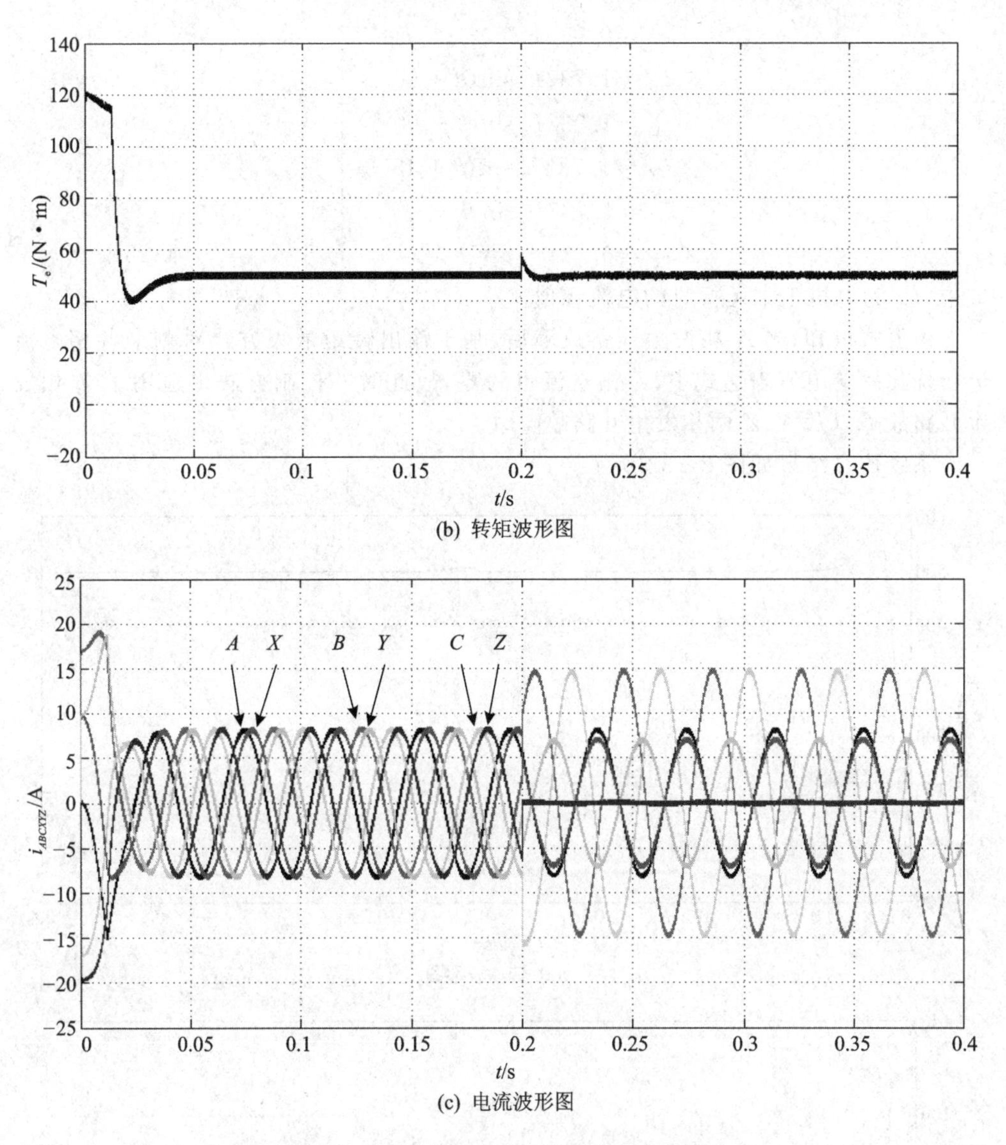

(b) 转矩波形图

(c) 电流波形图

图 2-32　Z 相发生开路仿真结果图(续)

2. 基于输出转矩最大方式控制

选用双 Y 移 30°六相永磁同步电机的参数如表 2-1 所列。给定电机的转速为 500 r/min，给定负载 $T_L=50$ N・m，0.2 s 之前电机正常运行；在 $t=0.2$ s 时，电机发生开路故障，电机缺相运行。

(1) A 相发生开路故障

当 A 相发生开路故障，剩余各相相电流的表达式为

$$\left.\begin{aligned}
i_A &= 0 \\
i_B &= 1.732 I_m \sin(\theta + 90^\circ) \\
i_C &= 1.732 I_m \sin(\theta - 90^\circ) \\
i_X &= 1.732 I_m \sin(\theta + 180^\circ) \\
i_Y &= 1.732 I_m \sin\theta \\
i_Z &= 0
\end{aligned}\right\} \tag{2-79}$$

式中，I_m 为电机正常运行时的电流幅值。

由上式可知，当 A 相发生开路故障后，基于输出转矩最大方式对剩余各相电流进行优化后的电流表达式中，Z 相电流也为零，故此时的控制方法也适用于 Z 相发生开路故障以及 A、Z 两相发生开路故障时。

系统仿真结果如图 2－33 所示。

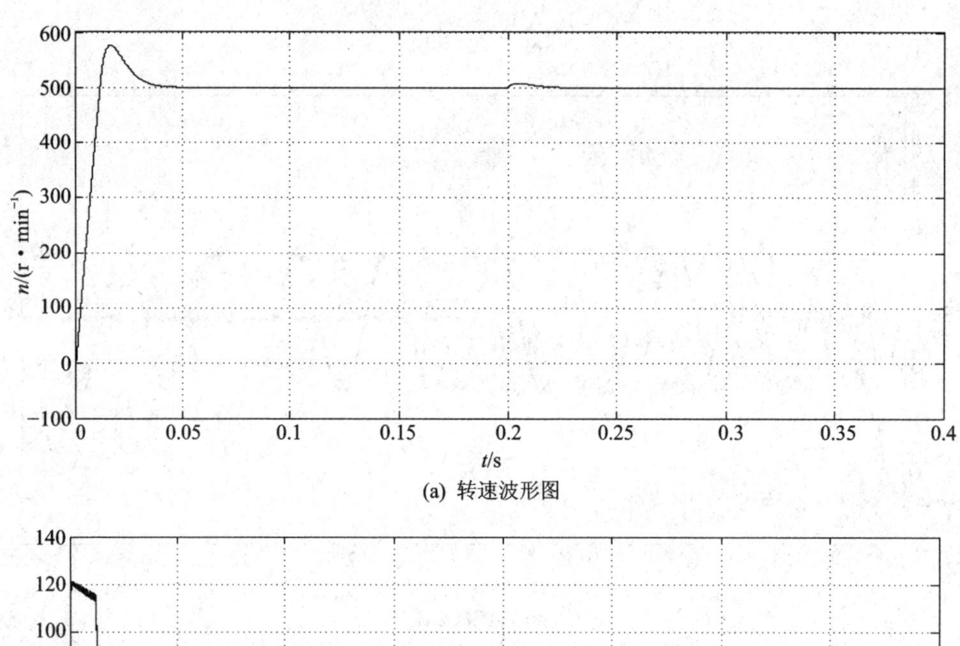

(a) 转速波形图

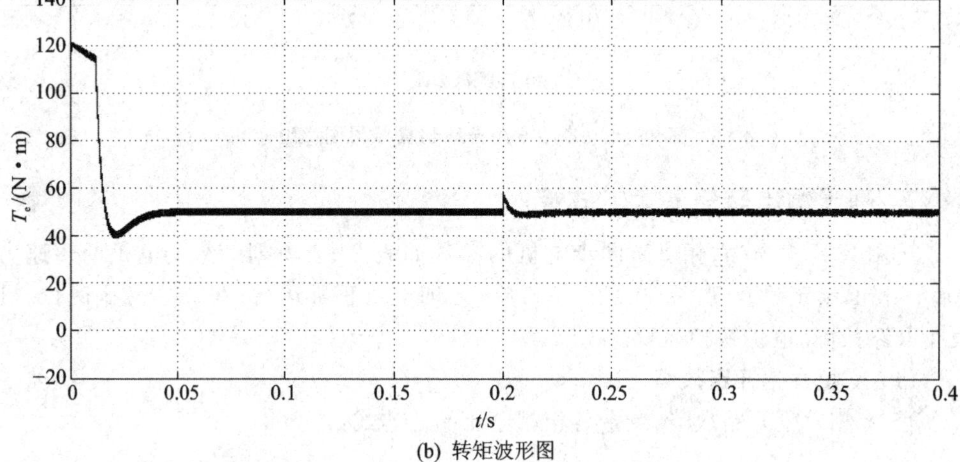

(b) 转矩波形图

图 2－33　仿真结果图

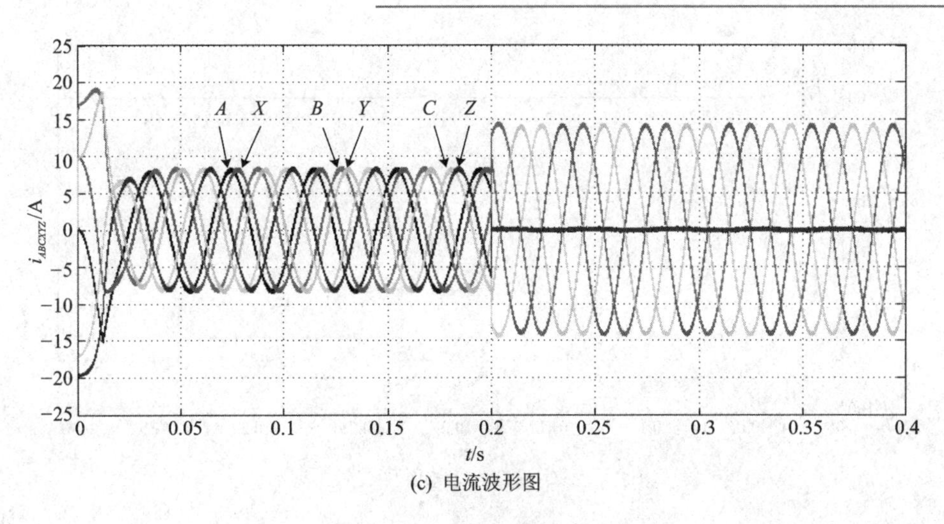

(c) 电流波形图

图 2-33　仿真结果图(续)

由图 2-33(a)和图 2-33(b)可知,在 0.2 s 时 A 相发生开路故障,切换成基于输出转矩最大的容错控制方式,电机的转速和转矩依然与正常运行状态保持一致,而且响应较快。由图 2-33(c)可知,A 相与 Z 相的电流均为 0,剩余各相的电流幅值均相等,其中 X 相电流与 Y 相电流、B 相电流与 C 相电流之间的相位相差 180°电角度。因此,上述基于输出转矩最大的容错控制优化策略是可行的。

(2) *B* 相发生开路故障

当 B 相发生开路故障时,剩余各相相电流的表达式为

$$\left.\begin{aligned} i_A &= 1.732I_m\sin(\theta+150°) \\ i_B &= 0 \\ i_C &= 1.732I_m\sin(\theta-30°) \\ i_X &= 0 \\ i_Y &= 1.732I_m\sin(\theta+60°) \\ i_Z &= 1.732I_m\sin(\theta-120°) \end{aligned}\right\} \tag{2-80}$$

式中,I_m 为电机正常运行时的电流幅值。

由上式可知,当 B 相发生开路故障后,基于输出转矩最大方式对剩余各相电流进行优化后的电流表达式中,X 相电流也为 0,故此时的控制方法也适用于 X 相发生开路故障以及 B、X 两相发生开路故障时。

系统仿真结果如图 2-34 所示。

由图 2-34(a)和图 2-34(b)可知,在 0.2 s 时 B 相发生开路故障,切换成基于输出转矩最大的容错控制方式,电机的转速和转矩依然与正常运行状态保持一致,而且响应较快。由图 2-34(c)可知,B 相与 X 相的电流均为 0,剩余各相的电流幅值均相等,其中 A 相电流与 C 相电流、Y 相电流与 Z 相电流之间的相位相差 180°电角度。因此,上述基于输出转矩最大的容错控制优化策略是可行的。

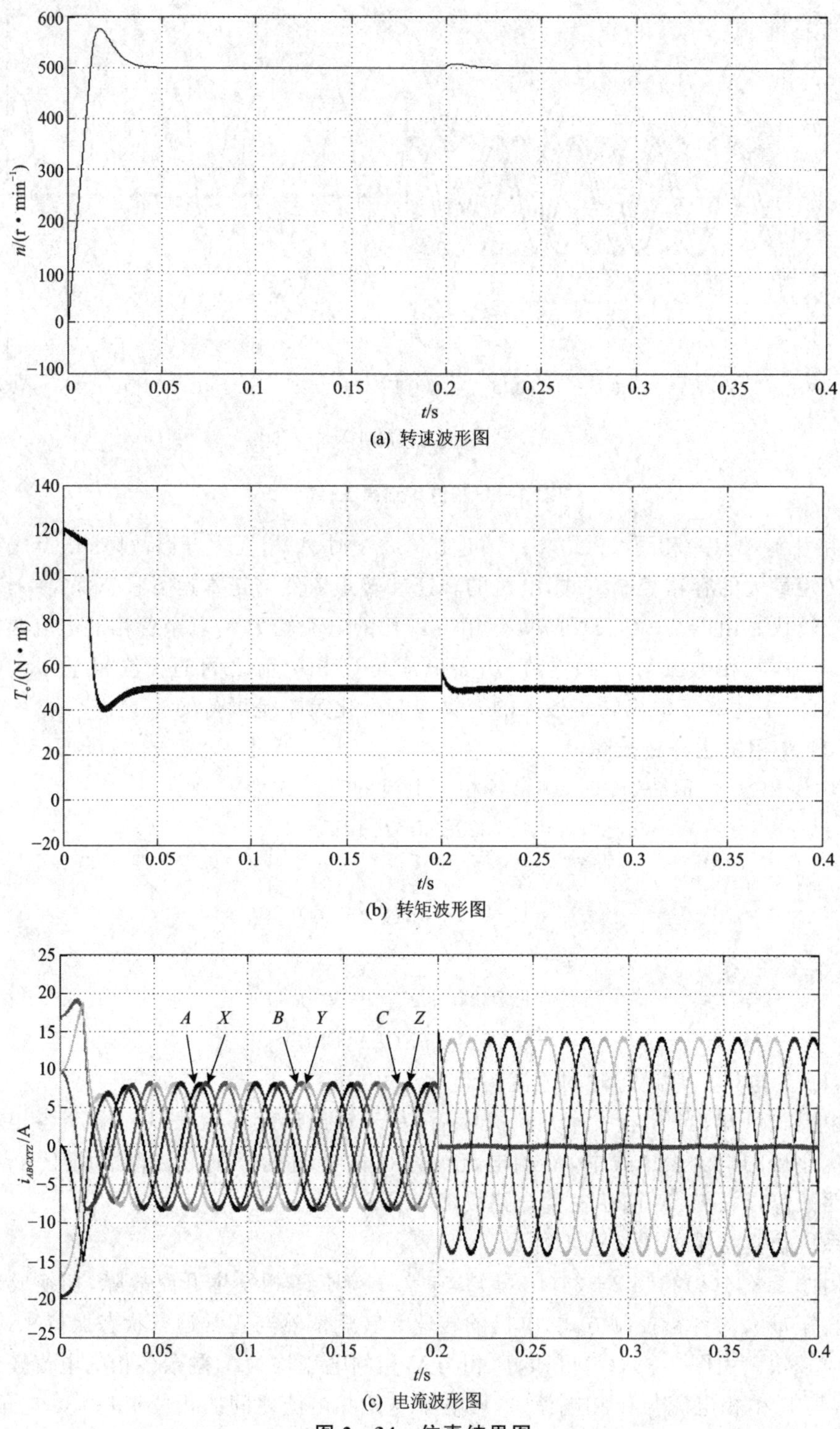

(a) 转速波形图

(b) 转矩波形图

(c) 电流波形图

图 2-34　仿真结果图

(3) C 相发生开路故障

当 C 相发生开路故障时，剩余各相相电流的表达式为

$$\left.\begin{aligned}
i_A &= 1.732 I_m \sin(\theta - 150°) \\
i_B &= 1.732 I_m \sin(\theta + 30°) \\
i_C &= 0 \\
i_X &= 1.732 I_m \sin(\theta + 120°) \\
i_Y &= 0 \\
i_Z &= 1.732 I_m \sin(\theta - 60°)
\end{aligned}\right\} \tag{2-81}$$

式中，I_m 为电机正常运行时的电流幅值。

由上式可知，当 C 相发生开路故障后，基于输出转矩最大方式对剩余各相电流进行优化后的电流表达式中，Y 相电流也为 0，故此时的控制方法也适用于 Y 相发生开路故障以及 C、Y 两相发生开路故障时。

系统仿真结果如图 2－35 所示。

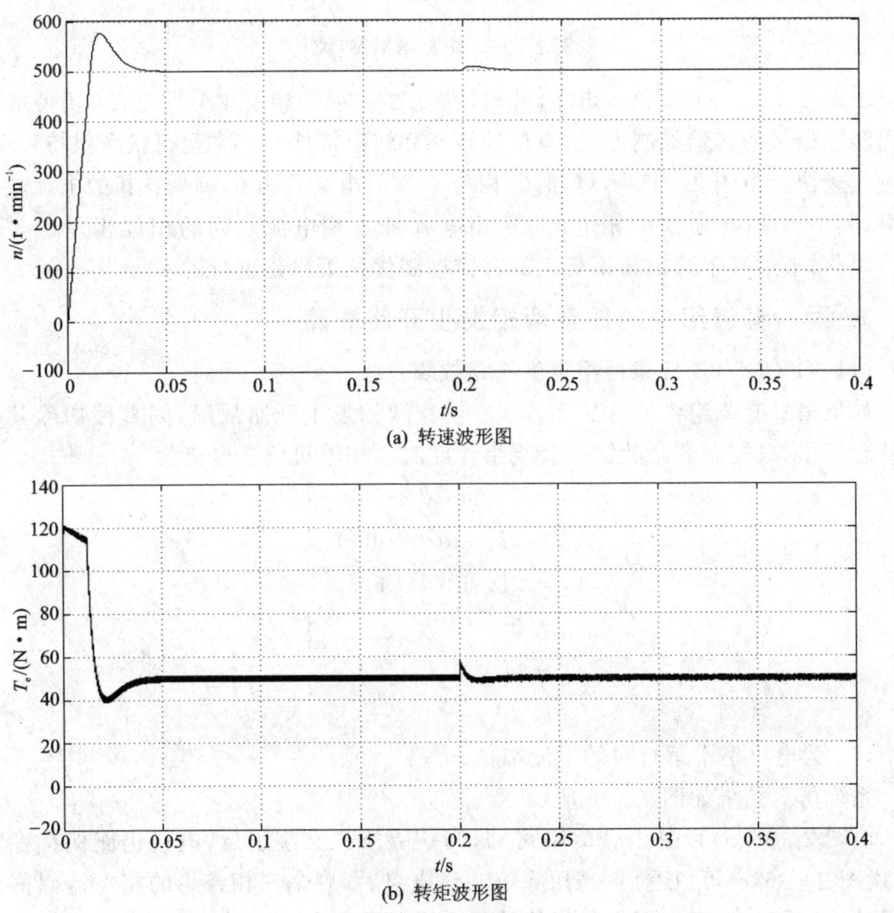

(a) 转速波形图

(b) 转矩波形图

图 2－35　仿真结果图

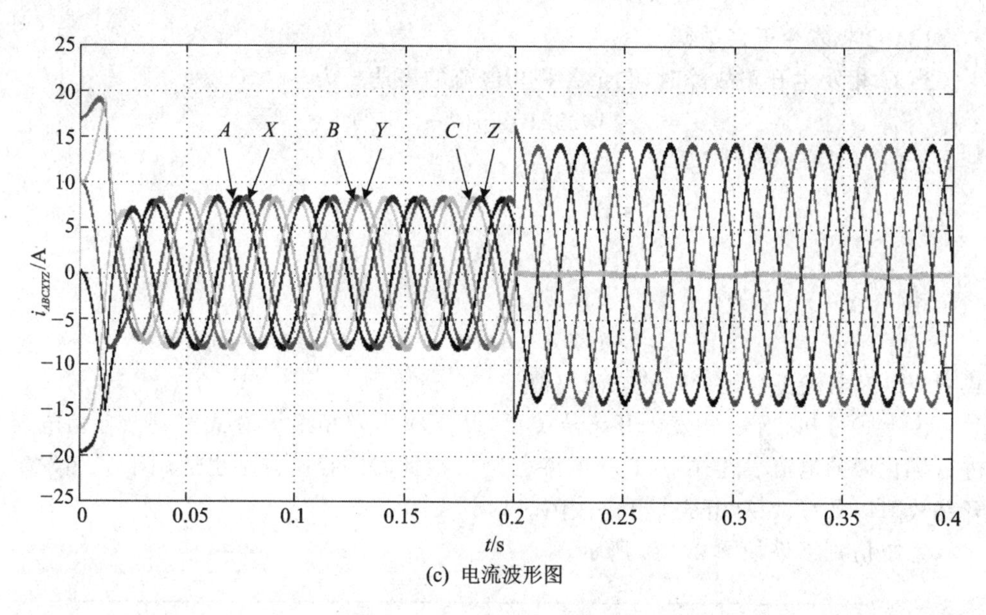

(c) 电流波形图

图 2-35 仿真结果图(续)

由图 2-35(a)和图 2-35(b)可知，在 0.2 s 时 C 相发生开路故障，切换成基于输出转矩最大的容错控制方式，电机的转速和转矩依然与正常运行状态保持一致，而且响应较快。由图 2-35(c)可知，C 相与 Y 相的电流均为 0，剩余各相的电流幅值均相等，其中 A 相电流与 B 相电流、X 相电流与 Z 相电流之间的相位相差 180°电角度。因此，上述基于输出转矩最大的容错控制优化策略是可行的。

3. 同一套绕组中的任意两相发生开路故障

(1) *XY/XZ/YZ* 任意两相发生开路故障

如果第二套绕组中的 $XY/XZ/YZ$ 任意两相发生开路故障，则直接切除其所在的整套绕组，只控制剩余的第一套绕组。此时六相电机定子电流为

$$\left.\begin{aligned} i_A &= 2I_m\sin(\theta+180^\circ) \\ i_B &= 2I_m\sin(\theta+60^\circ) \\ i_C &= 2I_m\sin(\theta-60^\circ) \\ i_X &= 0 \\ i_Y &= 0 \\ i_Z &= 0 \end{aligned}\right\} \tag{2-82}$$

式中，I_m 为电机正常运行时的电流幅值。

系统仿真结果如图 2-36 所示。

由图 2-36(a)和图 2-36(b)可知，当切除第二套绕组后，电机仍能保持稳定运行；由图 2-36(c)可以看出，当切除第二套绕组后，剩余三相绕组的相电流幅值变为原来的 2 倍，A、B、C 三相之间依然是互差 120°相位角。

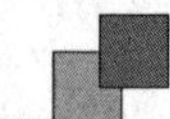

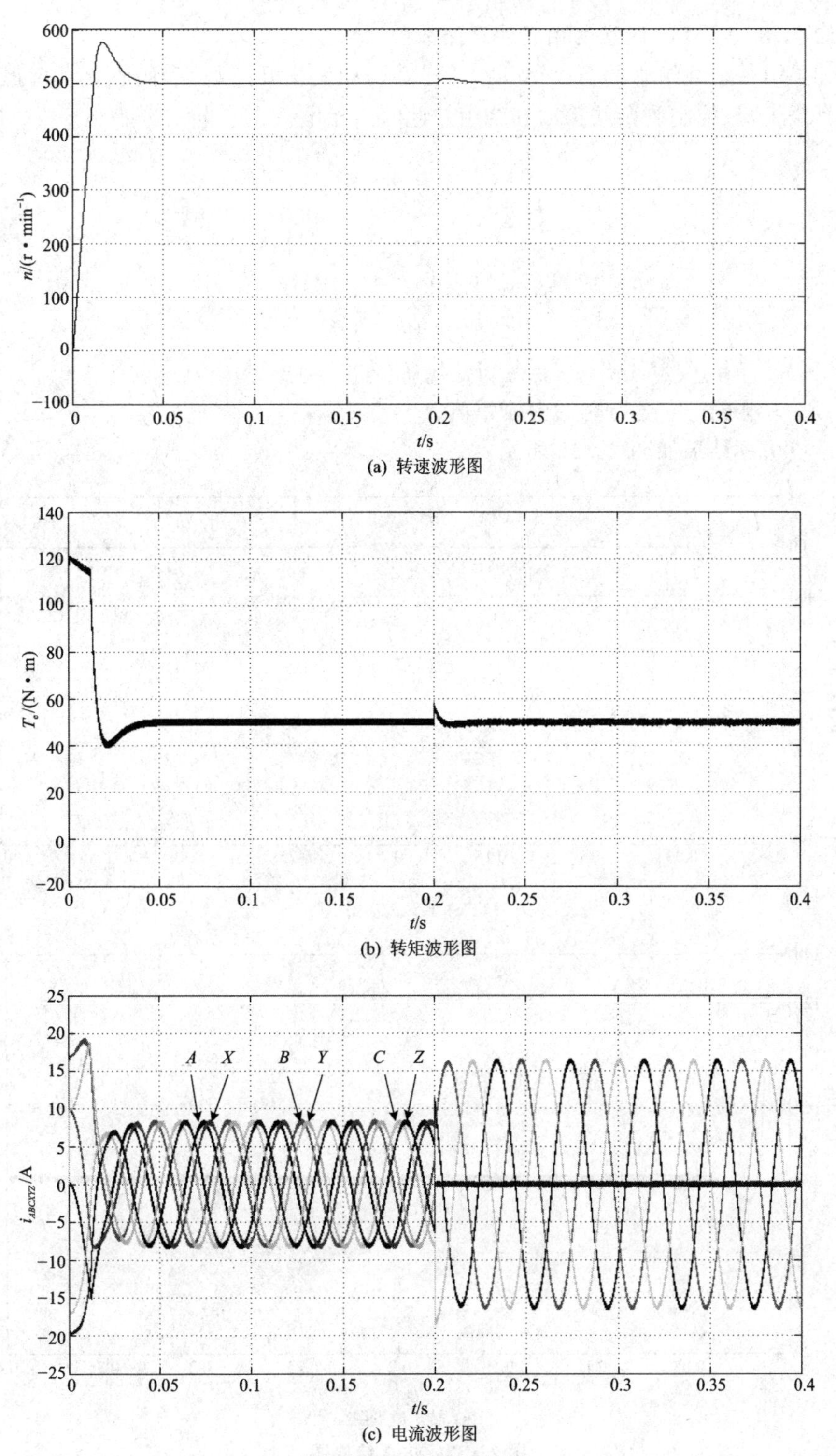

(a) 转速波形图

(b) 转矩波形图

(c) 电流波形图

图 2-36 仿真结果图

(2) AB/AC/BC 任意两相发生开路故障

如果第一套绕组中的 $AB/AC/BC$ 任意两相发生开路故障，则直接切除其所在的整套绕组，只控制剩余的第二套绕组。此时六相电机定子电流为

$$\left.\begin{aligned} i_A &= 0 \\ i_B &= 0 \\ i_C &= 0 \\ i_X &= 2I_m\sin(\theta+150°) \\ i_Y &= 2I_m\sin(\theta+30°) \\ i_Z &= 2I_m\sin(\theta-90°) \end{aligned}\right\} \tag{2-83}$$

式中，I_m 为电机正常运行时的电流幅值。

系统仿真结果如图 2-37 所示。

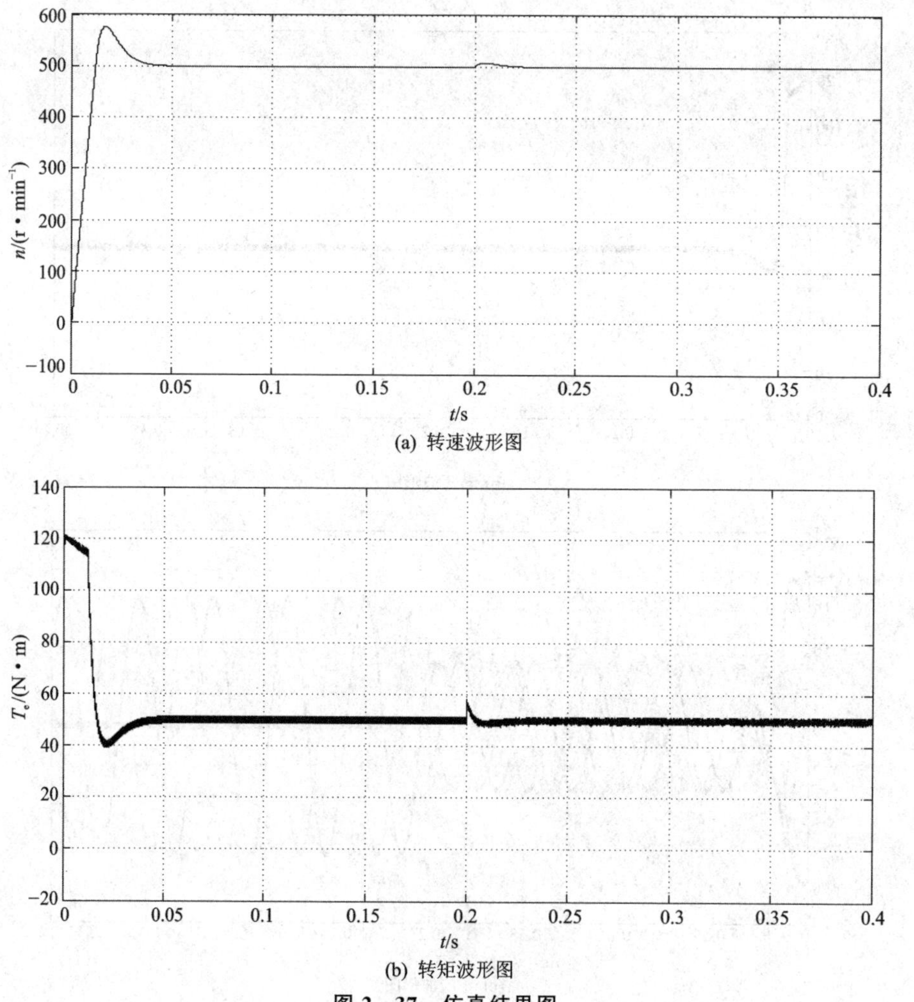

(a) 转速波形图

(b) 转矩波形图

图 2-37 仿真结果图

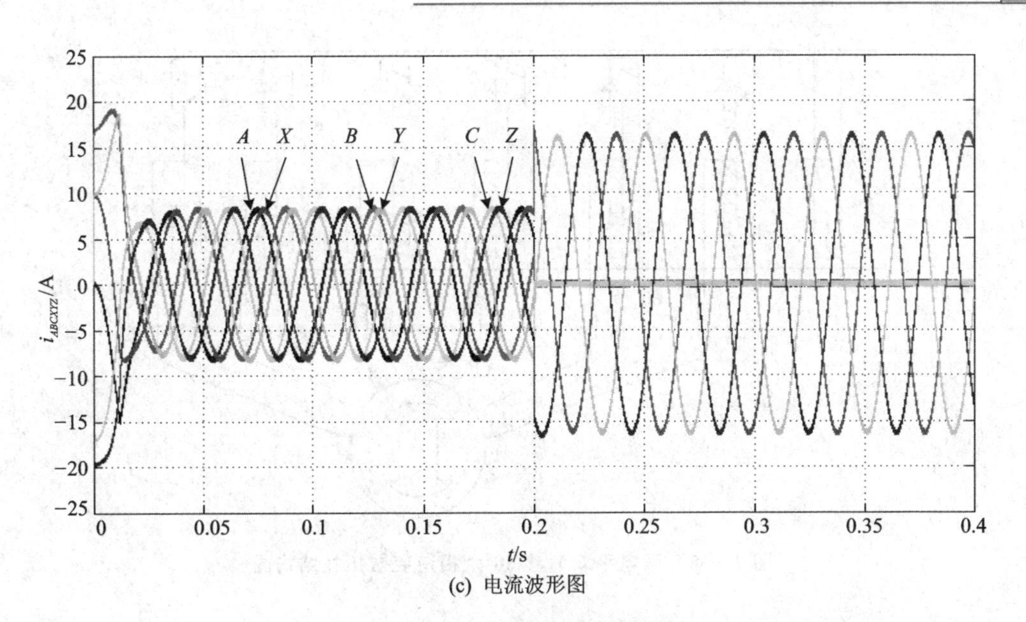

(c) 电流波形图

图 2－37　仿真结果图(续)

由图 2－37(a)和图 2－37(b)可知，当切除第一套绕组后，电机仍能保持稳定运行；由图 2－37(c)可以看出，当切除第一套绕组后，剩余三相绕组的相电流幅值变为原来的 2 倍，XYZ 三相之间依然是互差 120°相位角。

2.4　双 Y 移 60°六相永磁同步电机的运行分析

2.4.1　坐标变换与运动方程

电压型双 Y 移 60°六相永磁同步电机驱动系统的拓扑结构如图 2－38 所示。

1. 双 Y 移 60°六相电机的坐标变换与变换矩阵

(1) 六相静止坐标系与两相静止坐标系之间的转换

令 α 轴的方向和 A 轴的方向相同，β 轴沿着 α 轴逆时针旋转 90°。为了保证坐标变换前后不会影响机电能量转换和电磁转矩的生成，要遵循变换前后磁动势不变的原则，即在 $\alpha\beta$ 坐标下产生的磁势和六相绕组产生的磁势相等，如图 2－39 所示。

根据图 2－39 可推出

$$\left.\begin{aligned}F_\alpha &= F_A\cos 0^\circ + F_D\cos 60^\circ + F_B\cos 120^\circ + F_E\cos 180^\circ + F_C\cos 240^\circ + F_F\cos 300^\circ \\ F_\beta &= F_A\sin 0^\circ + F_D\sin 60^\circ + F_B\sin 120^\circ + F_E\sin 180^\circ + F_C\sin 240^\circ + F_F\sin 300^\circ\end{aligned}\right\} \tag{2-84}$$

将式(2－84)写成矩阵的形式：

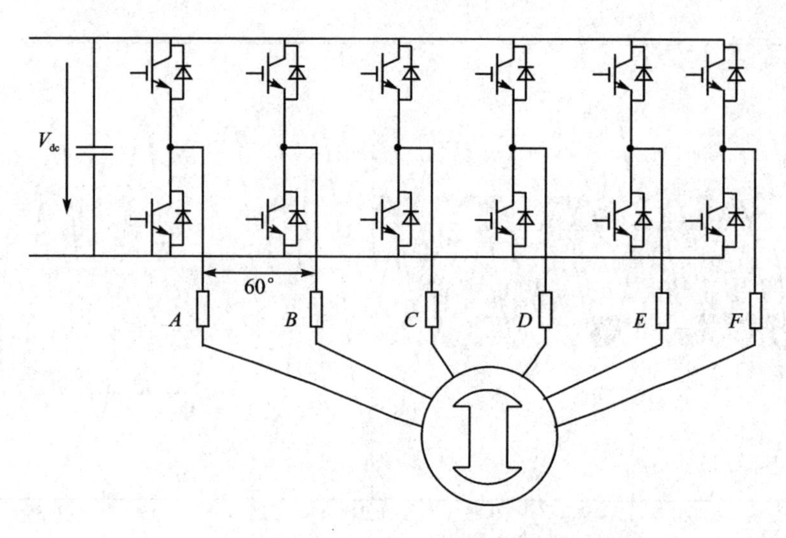

图 2-38　两电平双 Y 移 60°六相逆变器拓扑结构图

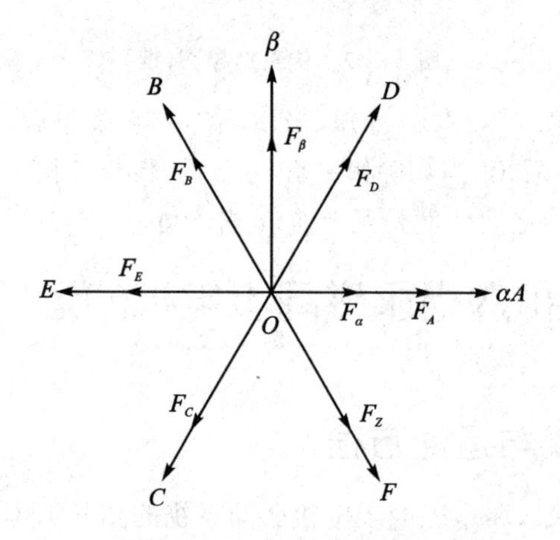

图 2-39　自然坐标系和 $\alpha\beta$ 坐标系之间的转换图

$$\begin{bmatrix} F_\alpha \\ F_\beta \end{bmatrix} = \begin{bmatrix} 1 & \frac{1}{2} & -\frac{1}{2} & -1 & -\frac{1}{2} & \frac{1}{2} \\ 0 & \frac{\sqrt{3}}{2} & \frac{\sqrt{3}}{2} & 0 & -\frac{\sqrt{3}}{2} & -\frac{\sqrt{3}}{2} \end{bmatrix} \begin{bmatrix} F_A & F_D & F_B & F_E & F_C & F_F \end{bmatrix}^{\mathrm{T}} \tag{2-85}$$

为实现六相电机数学模型从自然坐标系 $ABCDEF$ 到 $\alpha\beta Z_1Z_2Z_3Z_4$ 静止坐标系下的转换，采用恒功率变换矩阵 $\boldsymbol{T}_6$，其中 $\alpha\beta$ 为参与机电能量转换的子空间，$Z_1Z_2Z_3Z_4$ 为零序子空间。$\boldsymbol{T}_6$ 具体形式如下：

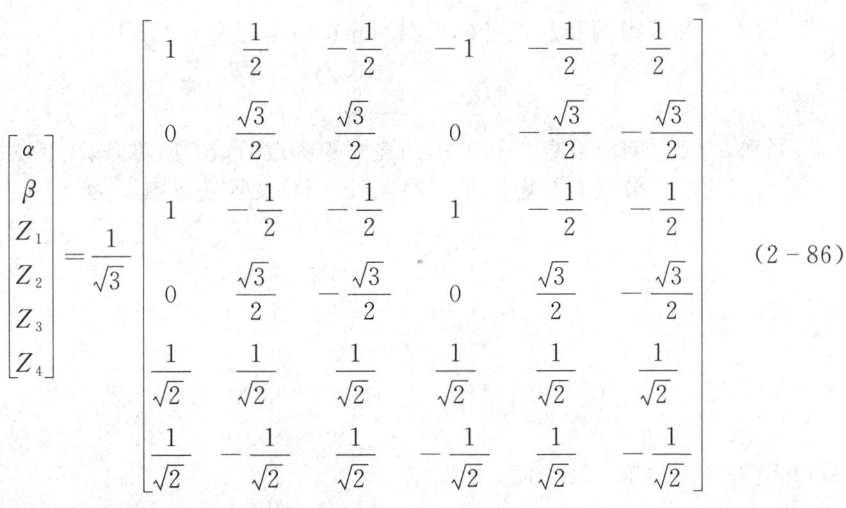

$$\begin{bmatrix} \alpha \\ \beta \\ Z_1 \\ Z_2 \\ Z_3 \\ Z_4 \end{bmatrix} = \frac{1}{\sqrt{3}} \begin{bmatrix} 1 & \frac{1}{2} & -\frac{1}{2} & -1 & -\frac{1}{2} & \frac{1}{2} \\ 0 & \frac{\sqrt{3}}{2} & \frac{\sqrt{3}}{2} & 0 & -\frac{\sqrt{3}}{2} & -\frac{\sqrt{3}}{2} \\ 1 & -\frac{1}{2} & -\frac{1}{2} & 1 & -\frac{1}{2} & -\frac{1}{2} \\ 0 & \frac{\sqrt{3}}{2} & -\frac{\sqrt{3}}{2} & 0 & \frac{\sqrt{3}}{2} & -\frac{\sqrt{3}}{2} \\ \frac{1}{\sqrt{2}} & \frac{1}{\sqrt{2}} & \frac{1}{\sqrt{2}} & \frac{1}{\sqrt{2}} & \frac{1}{\sqrt{2}} & \frac{1}{\sqrt{2}} \\ \frac{1}{\sqrt{2}} & -\frac{1}{\sqrt{2}} & \frac{1}{\sqrt{2}} & -\frac{1}{\sqrt{2}} & \frac{1}{\sqrt{2}} & -\frac{1}{\sqrt{2}} \end{bmatrix} \tag{2-86}$$

单位正交矩阵的转置等于自身的逆阵，即

$$\boldsymbol{C}_{2s/6s} = \boldsymbol{C}_{6s/2s}^{-1} = \boldsymbol{C}_{6s/2s}^{\mathrm{T}} \tag{2-87}$$

根据式(2-87)可实现六相电机的数学模型在自然坐标系下与两相静止坐标系下的互相转换。

(2) 两相静止坐标系与两相旋转坐标系之间的转换

从自然坐标系到两相静止坐标系的转换仅仅是一种相数上的变换，而从两相静止坐标系到两相旋转坐标系的转换却是一种频率上的变换。两个坐标系的转换关系如图2-40所示。

通过此转换，才可以将静止坐标系下的绕组转换成等效直流电机的两个换向器绕组。也正是依靠此转换，使机电能量之间的转换关系更加清晰，控制策略得到简化。d 轴的方向和转子永磁体产生的励磁磁链 ψ_f 方向相同，q 轴沿着 d 轴逆时针旋转 90°，d 轴和 α 轴之间的夹角为 θ。上文提到，只有 $\alpha\beta$ 子空间上的变量参与机电能量的转换，所以仅对该子空间进行旋转坐标系的转换即可，并且对于 $Z_1-Z_2-Z_3-Z_4$ 子空间上电机的两相静止数学模型已经得到了简化，方程中并不包含转子位置角 θ 的函数。

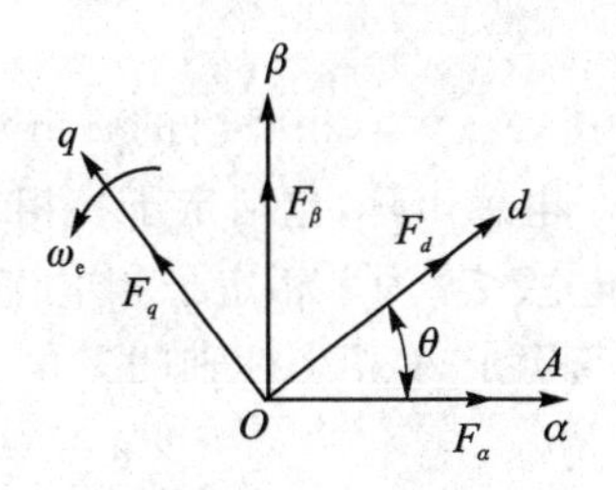

图2-40 $\alpha\beta$ 坐标系和 dq 坐标系之间转换图

同样，根据两个坐标系生成磁动势等效的原则可得

$$\left.\begin{aligned} F_d &= F_\alpha \cos\theta + F_\beta \sin\theta \\ F_q &= -F_\alpha \sin\theta + F_\beta \cos\theta \end{aligned}\right\} \tag{2-88}$$

由于两坐标系内定子的绕组匝数相同，则将式(2-88)化为

$$\left.\begin{aligned} i_d &= i_\alpha \cos\theta + i_\beta \sin\theta \\ i_q &= -i_\alpha \sin\theta + i_\beta \cos\theta \end{aligned}\right\} \tag{2-89}$$

根据式(2-89)可得两相静止坐标系至两相旋转坐标系的变换矩阵：

$$\boldsymbol{C}_{2s/2r}=\begin{bmatrix}\cos\theta & \sin\theta\\ -\sin\theta & \cos\theta\end{bmatrix} \tag{2-90}$$

同理,为了计算,将式(2-90)中的变换矩阵改写成6阶方阵,由于$Z_1-Z_2-Z_3-Z_4$子空间的电流分量与机电能量转换无关,则将变换矩阵改写为

$$\boldsymbol{C}_{2s/2r}=\begin{bmatrix}\cos\theta & \sin\theta & 0 & 0 & 0 & 0\\ -\sin\theta & \cos\theta & 0 & 0 & 0 & 0\\ 0 & 0 & 1 & 0 & 0 & 0\\ 0 & 0 & 0 & 1 & 0 & 0\\ 0 & 0 & 0 & 0 & 1 & 0\\ 0 & 0 & 0 & 0 & 0 & 1\end{bmatrix} \tag{2-91}$$

易知式(2-91)为单位正交阵,则有

$$\boldsymbol{C}_{2r/2s}=\boldsymbol{C}_{2s/2r}^{-1}=\boldsymbol{C}_{2s/2r}^{\mathrm{T}} \tag{2-92}$$

根据式(2-92)可实现在两相静止坐标系下与两相旋转坐标系下六相电机数学模型的互相转换。

2. 双Y移60°六相电机在矢量空间解耦下的数学模型

按照上节求出各坐标系下的变换矩阵,就可以得出六相电机在基于矢量空间解耦下各变量的数学模型。

(1) 磁链方程

磁链方程如下：

$$\boldsymbol{\Psi}_{6s}=\boldsymbol{L}_{6s}\boldsymbol{i}_{6s}+\boldsymbol{\psi}_{f}\boldsymbol{F}_{6s}(\theta) \tag{2-93}$$

式中,$\boldsymbol{\Psi}_{6s}$为六相绕组的磁链矩阵,$\boldsymbol{\Psi}_{6s}=[\psi_A\quad\psi_D\quad\psi_B\quad\psi_E\quad\psi_C\quad\psi_F]^{\mathrm{T}}$;$\boldsymbol{L}_{6s}$为六相定子电感矩阵,包括定子各相绕组自感和相绕组间的互感,其中自感分为励磁电感和漏电感;$\boldsymbol{i}_{6s}$为六相定子相电流矩阵,$\boldsymbol{i}_{6s}=[i_A\quad i_D\quad i_B\quad i_E\quad i_C\quad i_F]^{\mathrm{T}}$;$\theta$为励磁磁链$\psi_f$与定子$A$相坐标轴的夹角。

$$\boldsymbol{\Psi}_{2s}=(\boldsymbol{C}_{6s/2s}\cdot\boldsymbol{L}_{6s}\cdot\boldsymbol{C}_{6s/2s}^{-1})\boldsymbol{i}_{2s}+\boldsymbol{\psi}_{f}\boldsymbol{F}_{2s}(\theta) \tag{2-94}$$

由式(2-94)得出旋转坐标系下的磁链方程为

$$\begin{bmatrix}\psi_d\\ \psi_q\end{bmatrix}=\begin{bmatrix}L_d & 0\\ 0 & L_q\end{bmatrix}\begin{bmatrix}i_d\\ i_q\end{bmatrix}+\boldsymbol{\psi}_f\begin{bmatrix}\sqrt{3}\\ 0\end{bmatrix} \tag{2-95}$$

(2) 电压方程

$$\boldsymbol{u}_{6s}=\boldsymbol{R}_{6s}\boldsymbol{i}_{6s}+\frac{\mathrm{d}\boldsymbol{\Psi}_{6s}}{\mathrm{d}t} \tag{2-96}$$

由式(2-96)得出旋转坐标系下的定子电压方程为

$$\left.\begin{aligned}u_d&=Ri_d+\frac{\mathrm{d}\psi_d}{\mathrm{d}t}-\omega_e\psi_q\\ u_q&=Ri_q+\frac{\mathrm{d}\psi_q}{\mathrm{d}t}+\omega_e\psi_d\end{aligned}\right\} \tag{2-97}$$

(3) 电磁转矩方程

根据机电能量转换和电机统一理论，可知电磁转矩方程为

$$T_e = -n_p \mathrm{Im}(\psi_s \cdot i_s^*) \tag{2-98}$$

式中，Im 表示取复数的虚部；i_s^* 表示取 i_s 的共轭复数。

由于仅 $\alpha\beta$ 子空间上的分量参与了机电能量的转换，又仅将 $\alpha\beta$ 子空间转换为旋转坐标系 dq，故只将 dq 轴系下的直轴分量和交轴分量代入即可得

$$T_e = n_p \left[(L_d - L_q) i_d i_q + \sqrt{3} \psi_f i_q \right] \tag{2-99}$$

对于面贴式的 PMSM 而言，由于不存在凸极效应，故 $L_d - L_q$ 的值为 0。

(4) 运动方程

其中旋转坐标系下的运动方程为

$$T_e - T_L - B\omega_m = J \frac{d\omega_m}{dt} \tag{2-100}$$

2.4.2 滞环控制方式

滞环控制方式仿真框图如图 2-41 所示。

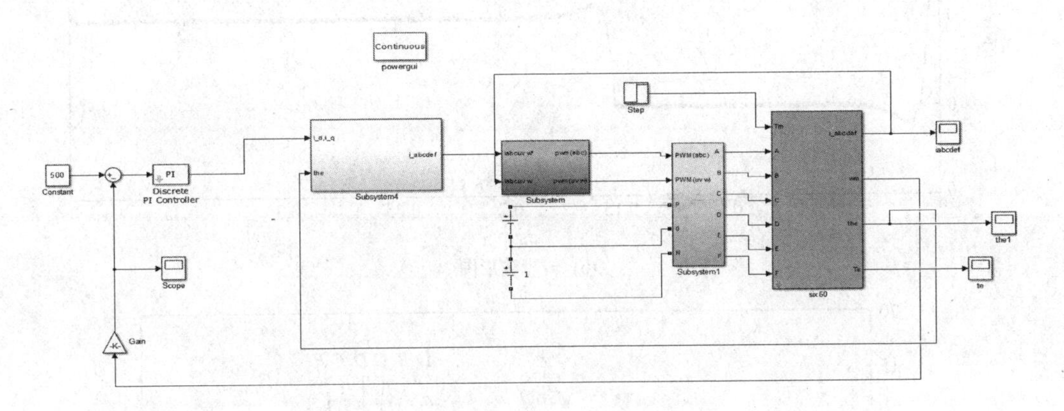

图 2-41 滞环控制的对称绕组互差 60°六相 PMSM 调速系统仿真框图

选用六相电机的参数如表 2-2 所列。给定电机的转速为 500 r/min，0.15 s 之前电机空载运行；在 $t=0.15$ s 时，突加 $T_L=50$ N·m 的负载转矩。系统仿真如图 2-42 所示。

表 2-2 六相永磁同步电机仿真参数

参 数	R/Ω	L_d/mH	L_q/mH	ψ_f/Wb	$J/(\mathrm{kg \cdot m^2})$	$B/(\mathrm{N \cdot m \cdot s})$	p/对
数 值	1.4	8	8	0.68	0.015	0	3

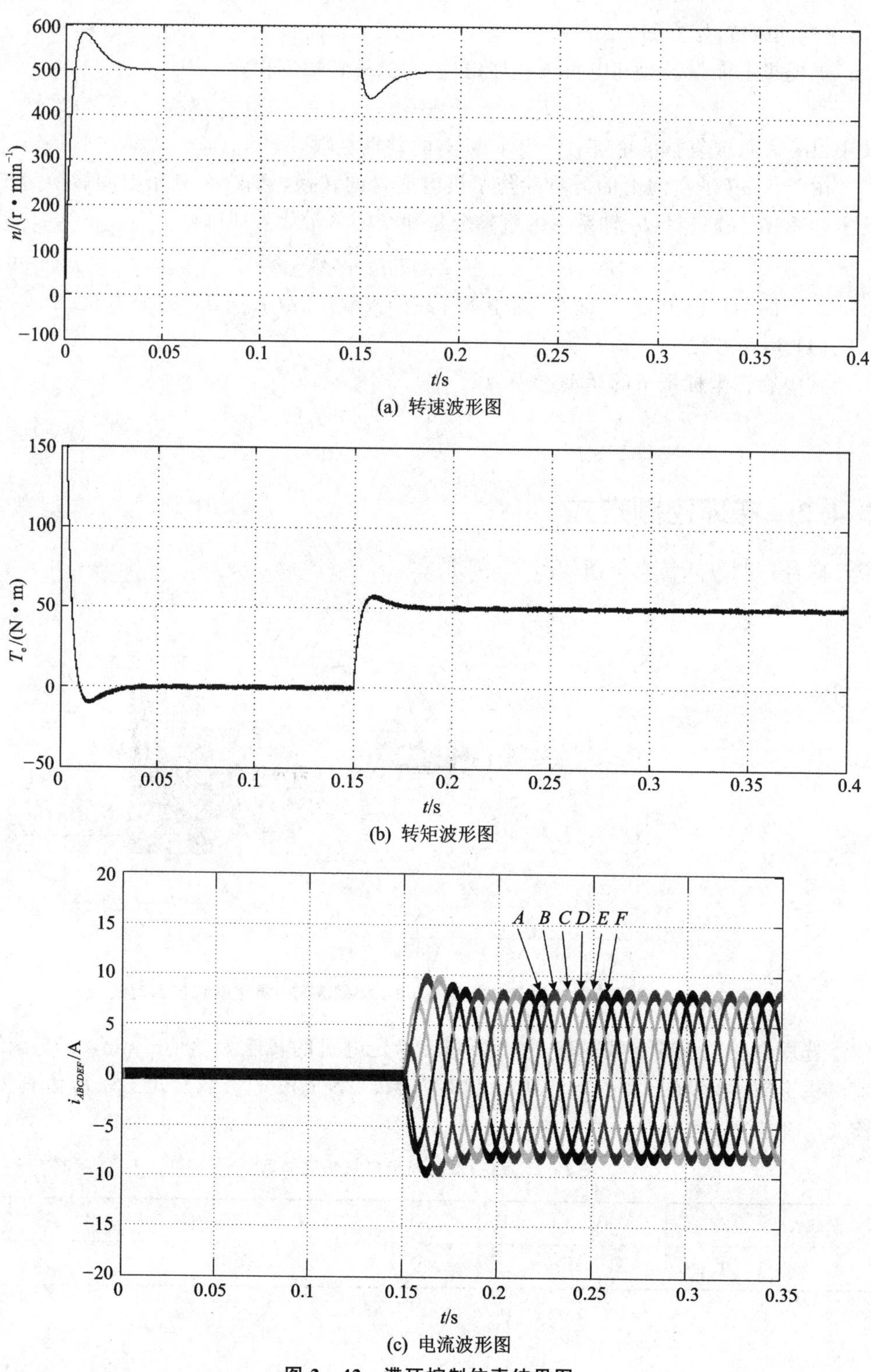

(a) 转速波形图

(b) 转矩波形图

(c) 电流波形图

图 2-42　滞环控制仿真结果图

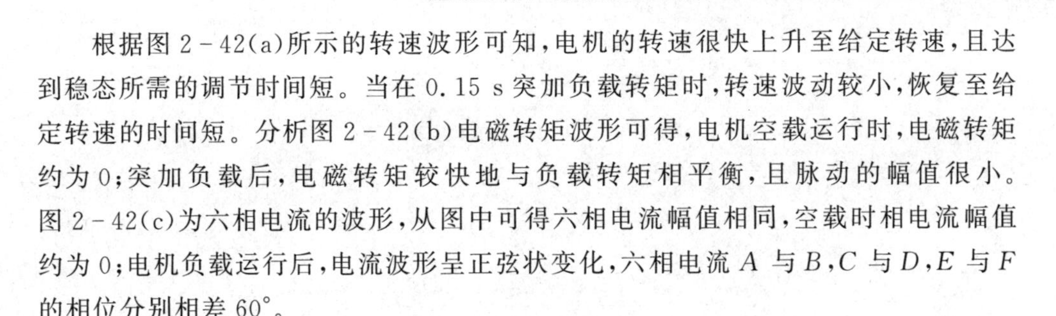

根据图 2-42(a)所示的转速波形可知，电机的转速很快上升至给定转速，且达到稳态所需的调节时间短。当在 0.15 s 突加负载转矩时，转速波动较小，恢复至给定转速的时间短。分析图 2-42(b)电磁转矩波形可得，电机空载运行时，电磁转矩约为 0；突加负载后，电磁转矩较快地与负载转矩相平衡，且脉动的幅值很小。图 2-42(c)为六相电流的波形，从图中可得六相电流幅值相同，空载时相电流幅值约为 0；电机负载运行后，电流波形呈正弦状变化，六相电流 A 与 B，C 与 D，E 与 F 的相位分别相差 60°。

2.4.3　双 Y 移 60°六相电机缺相运行的容错控制

1. 任意一相发生开路故障

当电机发生开路故障时，根据磁动势不变原则对剩余各相电流幅值和相位进行优化调整，然后采用基于滞环电流控制的六相 PMSM 容错控制策略，保证电机缺相后的稳定运行。下面以 F 相发生开路故障为例进行分析：

六相电机在正常运行时的各相电流为

$$\left.\begin{aligned} i_A &= I_m \cos \omega t \\ i_B &= I_m \cos(\omega t - 60°) \\ i_C &= I_m \cos(\omega t - 120°) \\ i_D &= I_m \cos(\omega t - 180°) \\ i_E &= I_m \cos(\omega t - 240°) \\ i_F &= I_m \cos(\omega t - 300°) \end{aligned}\right\} \tag{2-101}$$

式中，I_m 为定子相电流的幅值。

六相电机在正常运行状况下的合成总磁势为

$$F_{6s} = \frac{3}{2} I_m \cos(\omega t - \varphi) = \frac{3}{4} N I_m (e^{j\omega t} e^{-j\varphi} + e^{-j\omega t} e^{j\varphi}) \tag{2-102}$$

当 F 相发生开路时，则 $i_F=0$，该相不会产生脉振磁势，则 F 相开路下的五相合成磁势为

$$F_{5s} = F_A + F_B + F_C + F_D + F_E \tag{2-103}$$

根据三角函数公式，可将剩余相电流表示为

$$i_X = a_X I_m \cos \omega t + b_X I_m \sin \omega t = a_X i_\alpha + b_X i_\beta \tag{2-104}$$

将正弦项和余弦项分离可得

$$\left.\begin{aligned}&a_A+\frac{1}{2}a_B-\frac{1}{2}a_C-a_D-\frac{1}{2}a_E=3\\&b_A+\frac{1}{2}b_B-\frac{1}{2}b_C-b_D-\frac{1}{2}b_E=0\\&\frac{\sqrt{3}}{2}a_B+\frac{\sqrt{3}}{2}a_C-\frac{\sqrt{3}}{2}a_D-\frac{1}{2}a_E=0\\&\frac{\sqrt{3}}{2}b_B+\frac{\sqrt{3}}{2}b_C-\frac{\sqrt{3}}{2}b_D-\frac{1}{2}b_E=3\end{aligned}\right\}\tag{2-105}$$

$$\begin{cases}a_A+a_B+a_C+a_D+a_E=0\\b_A+b_B+b_C+b_D+b_E=0\end{cases}$$

将输出转矩最大作为优化目标，则应平衡剩余相电流的幅值，并使相电流的幅值尽量小，则功率器件的容量也减小，有利于逆变器的设计。将各相电流的最大幅值作为目标函数：

$$f_1=\max(a_A^2+b_A^2,a_B^2+b_B^2,a_C^2+b_C^2,a_D^2+b_D^2,a_E^2+b_E^2)\tag{2-106}$$

电流的优化目标是使 f_1 的值为最小，通过常规的解析法很难对其进行求解，可以利用 MATLAB 最优工具箱提供的极小值计算函数 fminimax 来进行求解。该函数允许以方程组或不等式组作为约束条件，并可以限定任一变量的变化范围，适用于各种场合下极值的求解。将 f_1 作为目标函数，式(2-106)为约束条件，当 F 相断相时，可求解出剩余五相电流的表达式：

$$\left.\begin{aligned}i_A&=1.297I_m\cos(\theta+35°)\\i_B&=1.297I_m\cos(\theta-54°)\\i_C&=1.297I_m\cos(\theta-120°)\\i_D&=1.297I_m\cos(\theta+174°)\\i_E&=1.297I_m\cos(\theta+85°)\end{aligned}\right\}\tag{2-107}$$

式中，I_m 为电机正常运行时的电流幅值。

其控制系统框图如图 2-43 所示。

单相故障时的系统仿真结果如图 2-44 所示。

由图 2-44(a)、图 2-44(b)可知，在 0.2 s 时 F 相发生开路故障，切换成基于磁动势不变原则最大转矩输出的容错控制方式，电机的转速和转矩依然与正常运行状态保持一致，而且响应较快。由图 2-44(c)可以看出电流波形的正弦度高，其中 $ABCDE$ 相电流幅值相同，但是其相位不相同，且 A 相与 B 相相位互差 89°，B 相与 C 相相位互差 66°，C 相与 D 相相位互差 54°，D 相与 E 相相位互差 90°。

2. 任意两相发生开路故障

① 互差 60°两相发生开路故障，以 E、F 相开路为例，剩余四相电流为

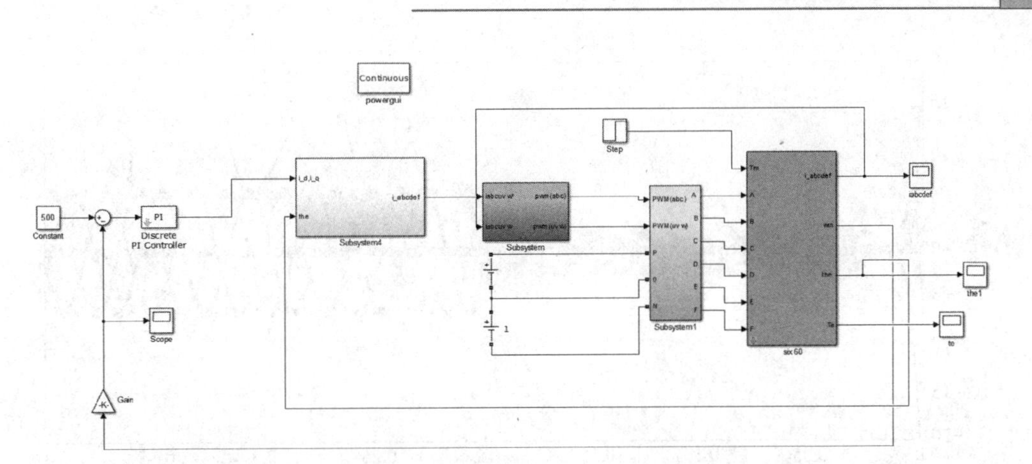

图 2 - 43　基于滞环电流控制的对称绕组互差 60°六相 PMSM 容错控制策略

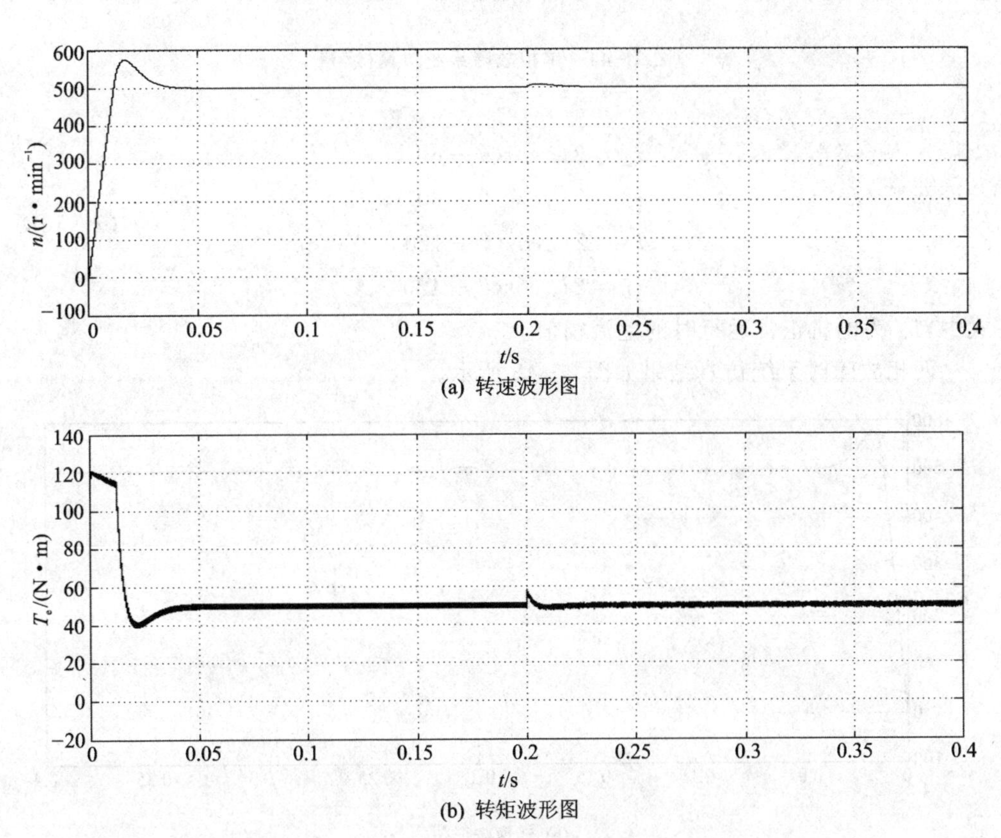

(a) 转速波形图

(b) 转矩波形图

图 2 - 44　单相故障系统仿真

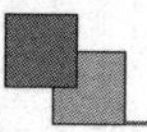

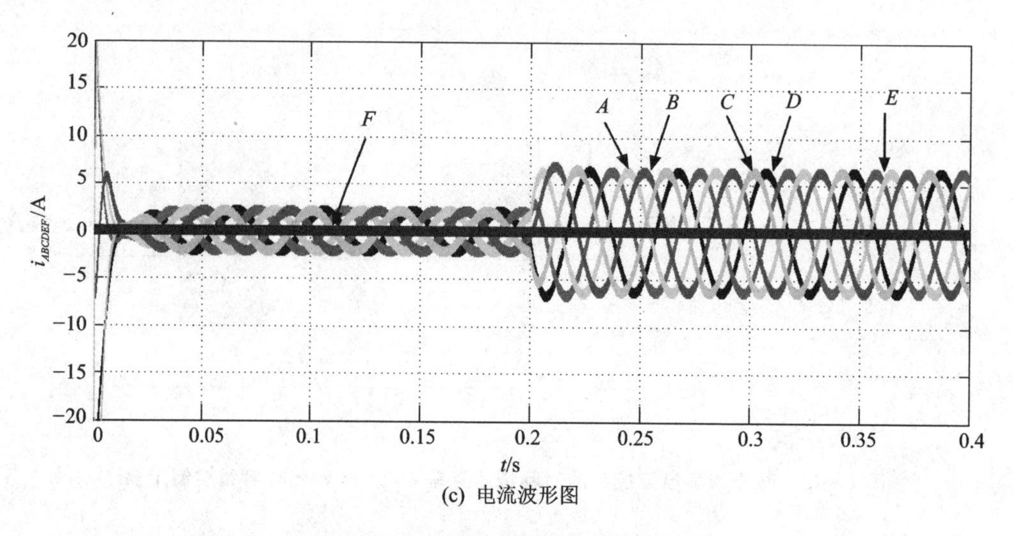

(c) 电流波形图

图 2-44　单相故障系统仿真(续)

$$
\left.\begin{aligned}
i_A &= 2I_m\cos(\theta + 60^\circ)\\
i_B &= 2I_m\cos(\theta - 60^\circ)\\
i_C &= 2I_m\cos(\theta - 120^\circ)\\
i_D &= 2I_m\cos(\theta + 120^\circ)
\end{aligned}\right\} \quad (2-108)
$$

式中,I_m 为电机正常运行时的电流幅值。

两相故障时系统仿真结果如图 2-45 所示。

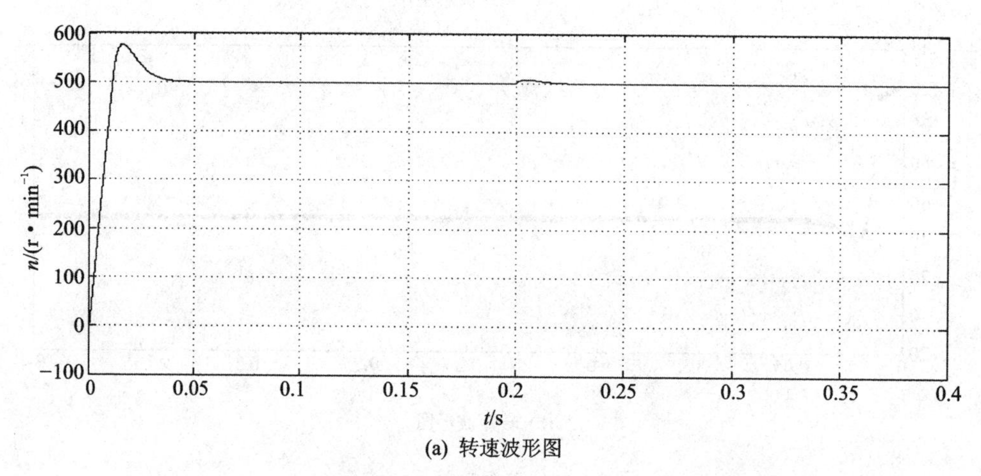

(a) 转速波形图

图 2-45　两相故障时系统仿真,互差 60°两相发生开路故障

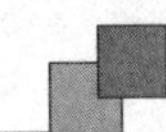

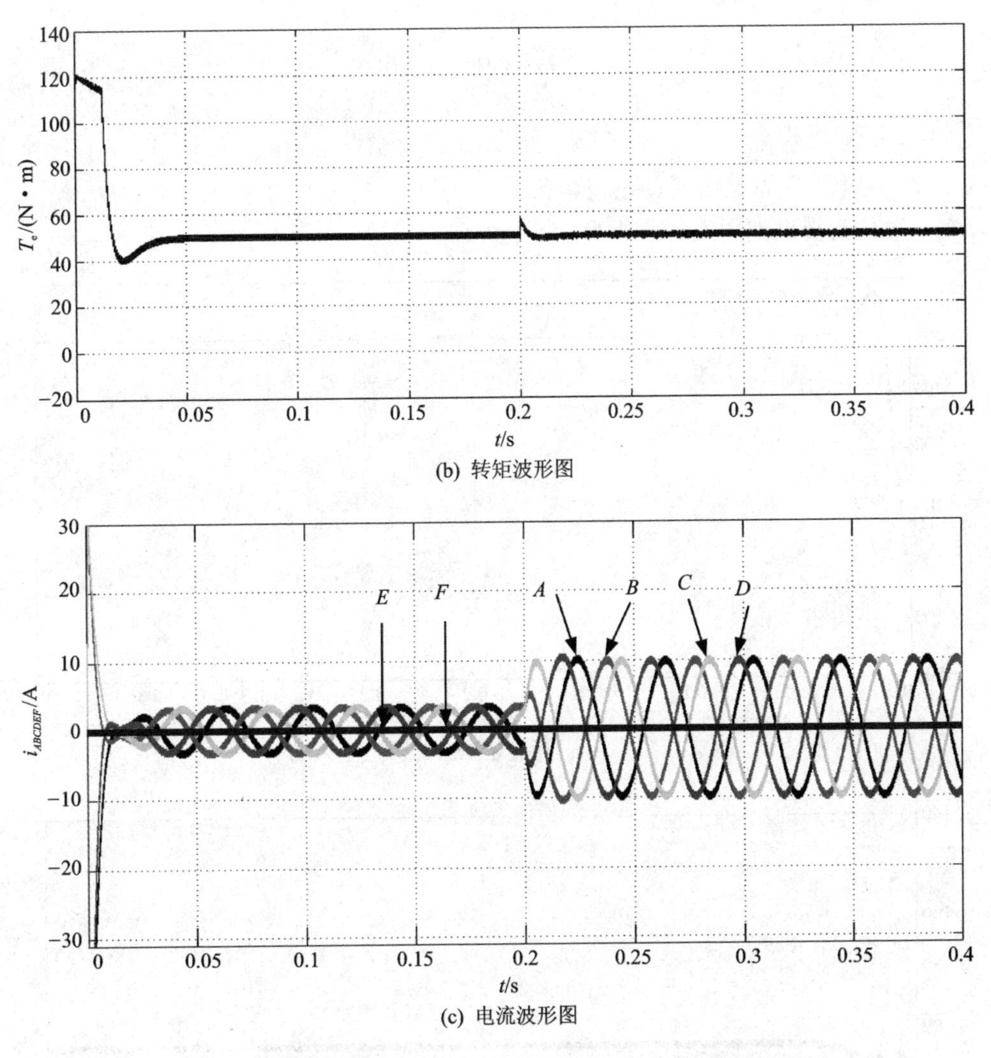

(b) 转矩波形图

(c) 电流波形图

图 2-45　两相故障时系统仿真，互差 60°两相发生开路故障(续)

由图 2-45(a)、图 2-45(b)可知，在 0.2 s 时 E、F 相发生开路故障，切换成基于磁动势不变原则最大转矩输出的容错控制方式，电机的转速和转矩依然与正常运行状态保持一致，而且响应较快。由图 2-45(c)可以看出电流波形的正弦度高，其中 $ABCD$ 相电流幅值相同，但是其相位不相同，且 A 相与 B 相相位互差 120°，B 相与 C 相相位互差 60°，C 相与 D 相相位互差 240°。

② 互差 120°两相发生开路故障，以 B、F 相开路为例，剩余四相电流为

$$\left.\begin{aligned} i_A &= 1.5 I_m \cos\theta \\ i_C &= 1.732 I_m \cos(\theta - 90°) \\ i_D &= 1.5 I_m \cos(\theta + 180°) \\ i_E &= 1.732 I_m \cos(\theta + 90°) \end{aligned}\right\} \tag{2-109}$$

式中，I_m 为电机正常运行时的电流幅值。

系统仿真结果如图 2-46 所示。

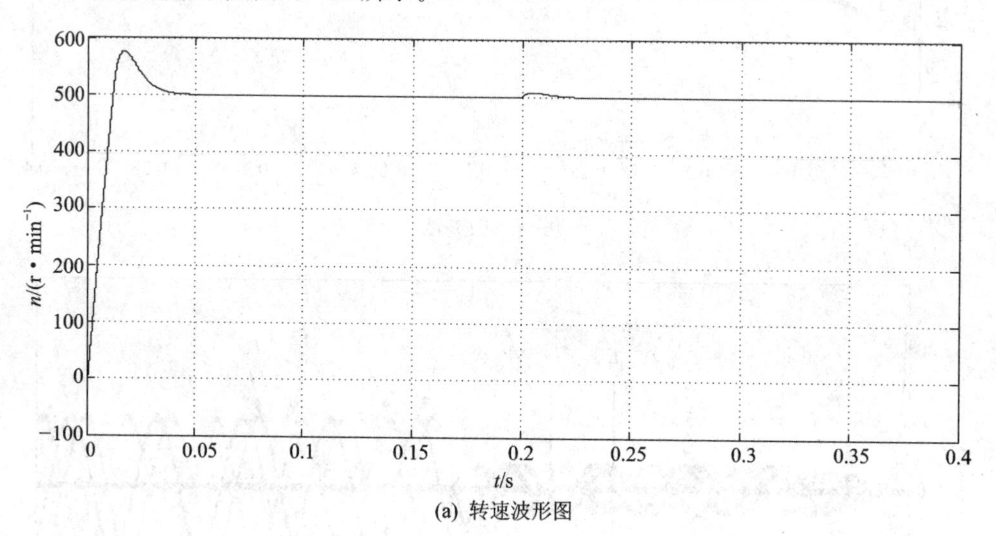

(a) 转速波形图

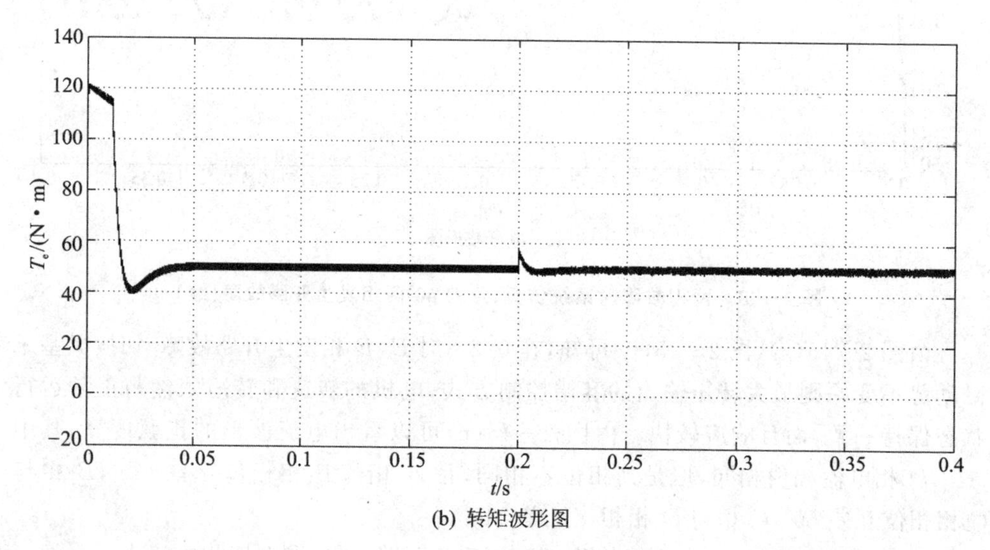

(b) 转矩波形图

图 2-46　互差 120°两相发生开路故障

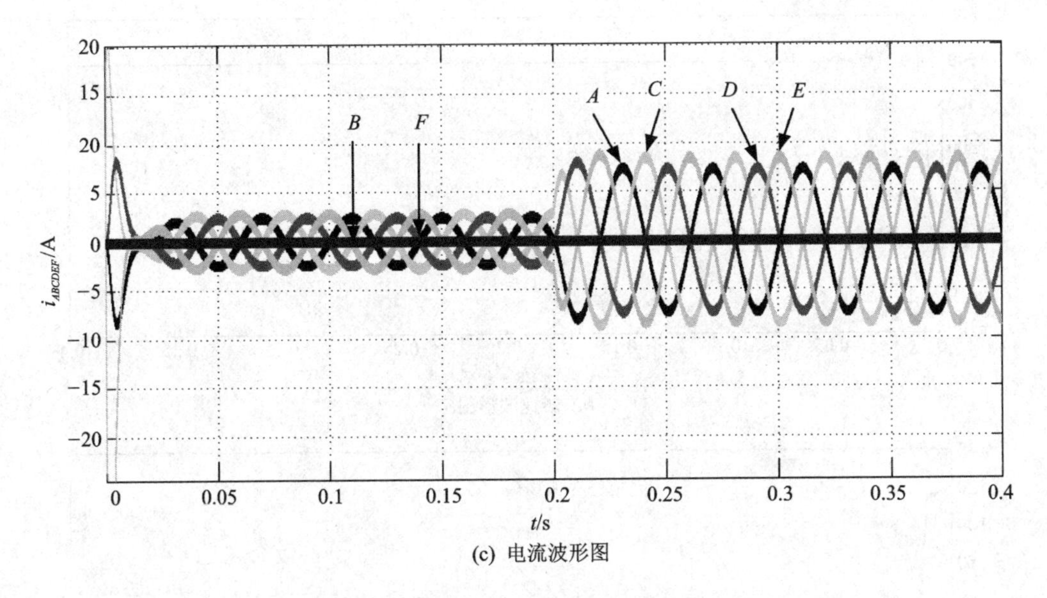

(c) 电流波形图

图 2-46　互差 120°两相发生开路故障(续)

由图 2-46(a)和图 2-46(b)可知，在 0.2 s 时 B、F 相发生开路故障，切换成基于磁动势不变原则最大转矩输出的容错控制方式，电机的转速和转矩依然与正常运行状态保持一致，而且响应较快。由图 2-46(c)可以看出电流波形的正弦度高，其中 A、C、D、E 相电流幅值相同，但是其相位不相同，且 A 相与 C 相相位互差 90°；C 相与 D 相位互差 270°、D 相与 E 相相位互差 90°。

③ 互差 180°两相发生故障，以 C、F 相为例，剩余四相电流为

$$\left.\begin{aligned}i_A&=1.732I_{\mathrm{m}}\cos(\theta+30^\circ)\\i_B&=1.732I_{\mathrm{m}}\cos(\theta-90^\circ)\\i_D&=1.732I_{\mathrm{m}}\cos(\theta-150^\circ)\\i_E&=1.732I_{\mathrm{m}}\cos(\theta+90^\circ)\end{aligned}\right\}\tag{2-110}$$

式中，I_{m} 为电机正常运行时的电流幅值。

系统仿真结果如图 2-47 所示。

由图 2-47(a)、图 2-47(b)可知，在 0.2 s 时 C、F 相发生开路故障，切换成基于磁动势不变原则最大转矩输出的容错控制方式，电机的转速和转矩依然与正常运行状态保持一致，而且响应较快。由图 2-47(c)可以看出，电流波形的正弦度高，其中 A、B、D、E 相电流幅值相同，但是其相位不相同，且 A 相与 B 相相位互差 120°，B 相与 D 相相位互差 60°，D 相与 E 相相位互差 240°。

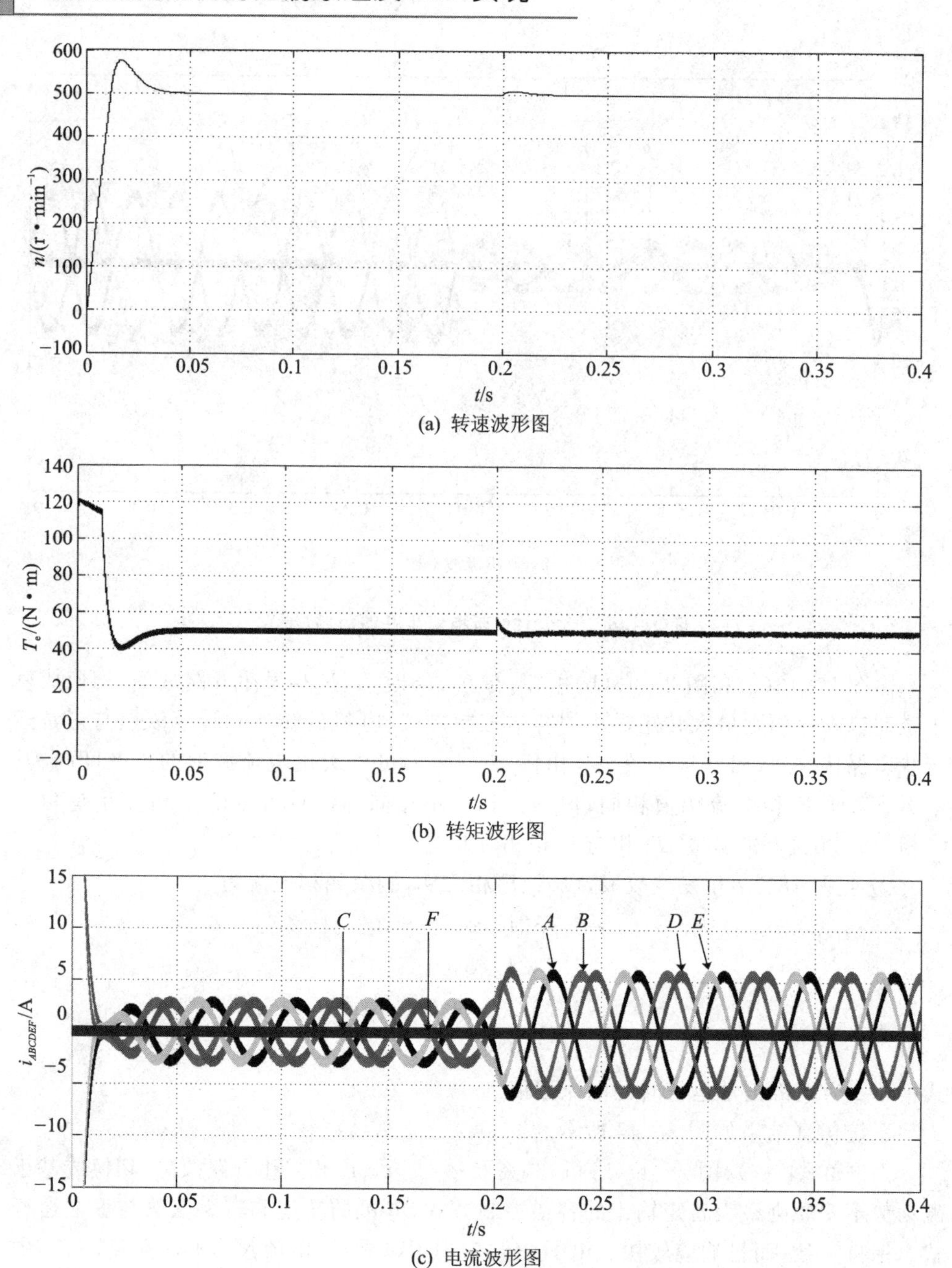

(a) 转速波形图

(b) 转矩波形图

(c) 电流波形图

图 2-47　互差 180°两相发生故障

2.5　十二相同步电机的运行分析

与三相电机类似，多相电机在自然坐标系下的数学模型中，相变量（电流、电压）之间存在强烈的耦合，无法直接进行有效控制——这在六相电机的分析中已经有了详细的介绍。因此，多相电机同样需要解耦变换。矢量空间解耦建模方法（Vector Space Decomposition，VSD）将 n 相电机看做一个整体，将电机中的各个变量分解到参与机电能量转换的 $\alpha\beta$ 平面中以及与机电能量转换无关的其他平面中，此方法更具有一般性。下式给出了 n 相对称多相电机的 Clark 变换矩阵：

$$\boldsymbol{T}=\sqrt{\frac{2}{n}}\begin{bmatrix} 1 & \cos\gamma & \cos 2\gamma & \cdots & \cos(n-1)\gamma \\ 0 & \sin\gamma & \sin 2\gamma & \cdots & \sin(n-1)\gamma \\ 1 & \cos 2\gamma & \cos(2\cdot 2\gamma) & \cdots & \cos[(n-1)\cdot 2\gamma] \\ 0 & \sin 2\gamma & \sin(2\cdot 2\gamma) & \cdots & \sin[(n-1)\cdot 2\gamma] \\ \vdots & \vdots & \vdots & \vdots & \vdots \\ 1 & \cos m\gamma & \cos(2\cdot m\gamma) & \cdots & \cos[(n-1)\cdot m\gamma] \\ 0 & \sin m\gamma & \sin(2\cdot m\gamma) & \cdots & \sin[(n-1)\cdot m\gamma] \\ \frac{1}{\sqrt{2}} & \frac{1}{\sqrt{2}} & \frac{1}{\sqrt{2}} & \cdots & \frac{1}{\sqrt{2}} \\ \frac{1}{\sqrt{2}} & \frac{1}{\sqrt{2}} & \frac{1}{\sqrt{2}} & \cdots & \frac{1}{\sqrt{2}} \end{bmatrix}\begin{matrix} \to & \alpha \\ \to & \beta \\ \to & x_1 \\ \to & y_1 \\ & \\ \to & x_{m-1} \\ \to & y_{m-1} \\ \to & o_1 \\ \to & o_2 \end{matrix} \tag{2-111}$$

式中，$\gamma=2\pi/n$，为每两套绕组之间相差的电角度；m 的取值与电机的相数有关，当 n 为偶数时，$m=(n-2)/2$；当 n 为奇数时，$m=(n-1)/2$，且如式（2-111）所示的最后一行向量将不存在。当定、转子磁势正弦分布时，前两行向量对应的是 $\alpha\beta$ 子空间，其对应的是基波磁链和转矩分量，这些分量与三相电机相同且参与电机的机电能量转换；中间行向量中的 $m-1$ 对 $x-y$ 分量对应着 $m-1$ 个 $x-y$ 子空间，其对应的是谐波分量，虽然该子空间并不参与机电能量转换，但会影响电机定子损耗的大小；最后两行对应的是零序分量，当电机的中性点隔离时，可以忽略零序分量的影响。另外，式（2-111）中的系数 $\sqrt{2/n}$ 是以功率不变作为约束条件得到的，当以幅值不变为约束条件时，只需将式（2-111）中的系数修改为 $2/n$ 即可。

特别地，当 n 相电机由 k 个相互独立的绕组结构构成，且 k 个绕组中每两个绕组之间的中性点相互隔离时，采用 VSD 变换矩阵后，由于零序分量在每两个绕组之间不能相互作用，故 n 相电机的变量个数由最初的 n 个减少为 $n-k$ 个。

2.5.1　十二相 PMSM 的运动方程

十二相 PMSM 的定子由四套 Y 形连接的三相对称绕组组成（$A_1B_1C_1$ 为第一套

绕组，$A_2B_2C_2$ 为第二套绕组，$A_3B_3C_3$ 为第三套绕组，$A_4B_4C_4$ 为第四套绕组)，且四套绕组在空间上相差 15°电角度，其绕组结构如图 2-48 所示。

为了便于分析，现做出如下假设：

① 定子绕组产生的电枢反应磁场和转子永磁体产生的励磁磁场在气隙中均为正弦分布；

② 忽略电机铁芯的磁饱和，不计涡流、磁滞损耗和定子绕组间的互漏感；

③ 转子上没有阻尼绕组；

④ 永磁材料的电导率为零，永磁内部的磁导率与空气相同，且产生的转子磁链恒定；

⑤ 电压、电流、磁链等变量的方向均按照电机惯例选取，且符合右手螺旋定则。

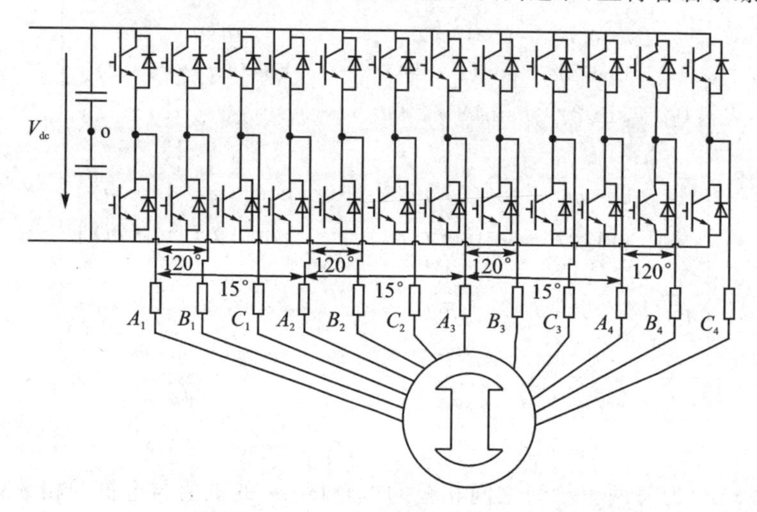

图 2-48　十二相 PMSM 的绕组结构

十二相电机的四套绕组采用隔离中性点星形连接方式，其具体连接方式如图 2-49 所示。

采取隔离中性点星形连接方式，则电流满足

$$\left.\begin{aligned} i_{A_1}+i_{B_1}+i_{C_1}=0 \\ i_{A_2}+i_{B_2}+i_{C_2}=0 \\ i_{A_3}+i_{B_3}+i_{C_3}=0 \\ i_{A_4}+i_{B_4}+i_{C_4}=0 \end{aligned}\right\} \tag{2-112}$$

1. 磁链方程

$$\boldsymbol{\Psi}_{12\mathrm{s}}=\boldsymbol{L}_{12\mathrm{s}}\boldsymbol{i}_{12\mathrm{s}}+\boldsymbol{\psi}_{\mathrm{f}}\boldsymbol{F}_{12\mathrm{s}}(\theta) \tag{2-113}$$

式中，$\boldsymbol{\Psi}_{12\mathrm{s}}=[\psi_{A_1}\quad \psi_{A_2}\quad \psi_{A_3}\quad \psi_{A_4}\quad \psi_{B_1}\quad \psi_{B_2}\quad \psi_{B_3}\quad \psi_{B_4}\quad \psi_{C_1}\quad \psi_{C_2}\quad \psi_{C_3}\quad \psi_{C_4}]^{\mathrm{T}}$，为十二相绕组的磁链矩阵；$\boldsymbol{L}_{12\mathrm{s}}$ 为十二相定子电感矩阵，包括定子各相绕组自

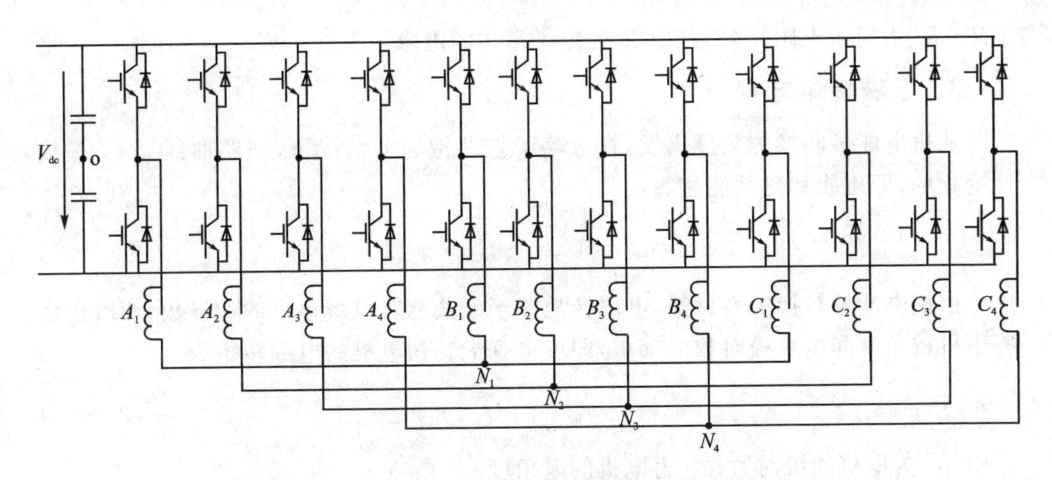

图 2-49　十二相电机定子绕组隔离中性点星形连接方式

感和相绕组间的互感，其中自感分为励磁电感和漏电感；$\boldsymbol{i}_{12s}=[i_{A_1}\quad i_{A_2}\quad i_{A_3}\quad i_{A_4}\quad i_{B_1}\quad i_{B_2}\quad i_{B_3}\quad i_{B_4}\quad i_{C_1}\quad i_{C_2}\quad i_{C_3}\quad i_{C_4}]^{\mathrm{T}}$，为十二相定子相电流矩阵；$\theta$ 为励磁磁链 ψ_{f} 和定子 A 相坐标轴的夹角。

$$\boldsymbol{L}_{12s}=\boldsymbol{L}_{\sigma}\boldsymbol{I}_{12\times12}+\begin{bmatrix} 1 & \cos\left(\frac{\pi}{12}\right) & \cos\left(\frac{\pi}{6}\right) & \cdots & \cos\left(\frac{3\pi}{12}\right) & \cos\left(\frac{19\pi}{12}\right) \\ \cos\left(\frac{\pi}{12}\right) & 1 & \cos\left(\frac{\pi}{12}\right) & \cdots & \cos\left(\frac{17\pi}{12}\right) & \cos\left(\frac{3\pi}{2}\right) \\ \cos\left(\frac{\pi}{6}\right) & \cos\left(\frac{\pi}{12}\right) & 1 & \cdots & \cos\left(\frac{4\pi}{3}\right) & \cos\left(\frac{17\pi}{12}\right) \\ \vdots & \vdots & \vdots & & \vdots & \vdots \\ \cos\left(\frac{3\pi}{2}\right) & \cos\left(\frac{17\pi}{12}\right) & \cos\left(\frac{4\pi}{3}\right) & \cdots & 1 & \cos\left(\frac{\pi}{12}\right) \\ \cos\left(\frac{19\pi}{12}\right) & \cos\left(\frac{3\pi}{2}\right) & \cos\left(\frac{17\pi}{12}\right) & \cdots & \cos\left(\frac{\pi}{12}\right) & 1 \end{bmatrix} \tag{2-114}$$

式中，$\boldsymbol{L}_{\sigma}$ 为定子漏感。

$$\boldsymbol{F}_{12s}(\theta)=[\cos\theta\quad \cos(\theta-15^{\circ})\quad \cos(\theta-30^{\circ})\quad \cos(\theta-45^{\circ})\quad \cos(\theta-120^{\circ})\quad \cos(\theta-135^{\circ})\quad \cos(\theta-150^{\circ})\quad \cos(\theta-165^{\circ})\quad \cos(\theta-240^{\circ})\quad \cos(\theta-255^{\circ})\quad \cos(\theta-270^{\circ})\quad \cos(\theta-285^{\circ})]^{\mathrm{T}} \tag{2-115}$$

2. 电压方程

$$\boldsymbol{u}_{12s}=\boldsymbol{R}_{12s}\boldsymbol{i}_{12s}+\frac{\mathrm{d}\boldsymbol{\Psi}_{12s}}{\mathrm{d}t} \tag{2-116}$$

式中，$\boldsymbol{u}_{12s}=[u_{A_1}\quad u_{A_2}\quad u_{A_3}\quad u_{A_4}\quad u_{B_1}\quad u_{B_2}\quad u_{B_3}\quad u_{B_4}\quad u_{C_1}\quad u_{C_2}\quad u_{C_3}\quad u_{C_4}]^{\mathrm{T}}$，为式中定子相电压矩阵；$\boldsymbol{R}_{12s}=\mathrm{diag}[R\quad R\quad R\quad R\quad R\quad R\quad R\quad R\quad R\quad R$

R　R]为定子电阻矩阵，其中 R 为定子每相的电阻。

3. 电磁转矩方程

从机电能量转换的角度出发，在忽略了铁芯饱和的情况下，磁路曲线 $\psi - i$ 是线性变化的，即磁能和磁共能相等：

$$W_{\mathrm{m}} = W'_{\mathrm{m}} = \frac{1}{2} \boldsymbol{i}_{12\mathrm{s}}^{\mathrm{T}} \cdot \boldsymbol{\psi}_{12\mathrm{s}} \tag{2-117}$$

由机电能量转换关系可知，电磁转矩等于磁共能对机械角度的偏导数，而电角度等于机械角度和电机极对数的乘积，即可得到十二相电机的电磁转矩为

$$T_{\mathrm{e}} = \frac{1}{2} n_{\mathrm{p}} \frac{\partial}{\partial \theta_{\mathrm{m}}} (\boldsymbol{i}_{12\mathrm{s}}^{\mathrm{T}} \cdot \boldsymbol{\psi}_{12\mathrm{s}}) \tag{2-118}$$

式中，n_{p} 为电机的极对数；θ_{m} 为电机的电角度。

4. 运动方程

$$T_{\mathrm{e}} - T_{\mathrm{L}} - B\omega_{\mathrm{m}} = J \frac{\mathrm{d}\omega_{\mathrm{m}}}{\mathrm{d}t} \tag{2-119}$$

式中，T_{L} 为负载转矩；B 为阻尼系数；ω_{m} 为机械角频率；J 为转动惯量。

2.5.2 十二相电机的解耦变换

1. 十二相静止坐标系与两相静止坐标系之间的变换

令 α 轴的方向和 A_1 轴的方向相同，β 轴沿着 α 轴逆时针旋转 90°，如图 2-50 所示。

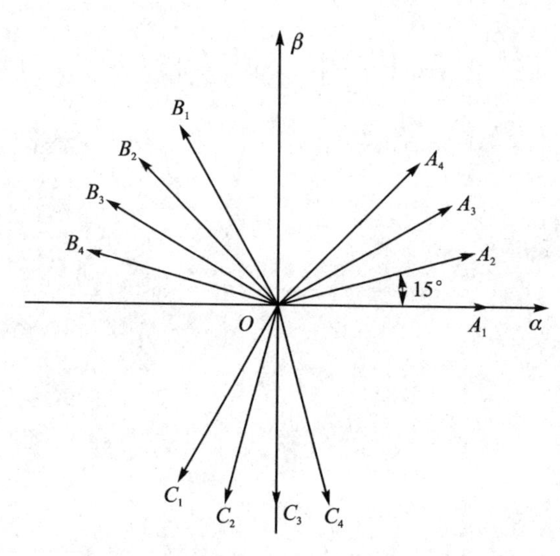

图 2-50　自然坐标系和 $\alpha\beta$ 坐标系之间变换图

$$
\boldsymbol{T}_{\alpha\beta}=\sqrt{\frac{1}{6}}\begin{bmatrix}
1 & -\frac{1}{2} & -\frac{1}{2} & \frac{\sqrt{6}+\sqrt{2}}{4} & -\frac{\sqrt{2}}{2} & -\frac{\sqrt{6}-\sqrt{2}}{4} & \frac{\sqrt{3}}{2} & -\frac{\sqrt{3}}{2} & 0 & \frac{\sqrt{2}}{2} & -\frac{\sqrt{6}+\sqrt{2}}{4} & \frac{\sqrt{6}-\sqrt{2}}{4} \\
0 & \frac{\sqrt{3}}{2} & -\frac{\sqrt{3}}{2} & \frac{\sqrt{6}-\sqrt{2}}{4} & \frac{\sqrt{2}}{2} & -\frac{\sqrt{6}+\sqrt{2}}{4} & \frac{1}{2} & \frac{1}{2} & -1 & \frac{\sqrt{2}}{2} & \frac{\sqrt{6}-\sqrt{2}}{4} & -\frac{\sqrt{6}+\sqrt{2}}{4} \\
1 & 1 & 1 & \frac{\sqrt{2}}{2} & \frac{\sqrt{2}}{2} & \frac{\sqrt{2}}{2} & 0 & 0 & 0 & -\frac{\sqrt{2}}{2} & -\frac{\sqrt{2}}{2} & -\frac{\sqrt{2}}{2} \\
0 & 0 & 0 & \frac{\sqrt{2}}{2} & \frac{\sqrt{2}}{2} & \frac{\sqrt{2}}{2} & 1 & 1 & 1 & \frac{\sqrt{2}}{2} & \frac{\sqrt{2}}{2} & \frac{\sqrt{2}}{2} \\
1 & -\frac{1}{2} & -\frac{1}{2} & \frac{\sqrt{6}-\sqrt{2}}{4} & \frac{\sqrt{2}}{2} & -\frac{\sqrt{6}+\sqrt{2}}{4} & -\frac{\sqrt{3}}{2} & \frac{\sqrt{3}}{2} & 0 & -\frac{\sqrt{2}}{2} & -\frac{\sqrt{6}-\sqrt{2}}{4} & \frac{\sqrt{6}+\sqrt{2}}{4} \\
0 & -\frac{\sqrt{3}}{2} & \frac{\sqrt{3}}{2} & \frac{\sqrt{6}+\sqrt{2}}{4} & -\frac{\sqrt{2}}{2} & -\frac{\sqrt{6}-\sqrt{2}}{4} & \frac{1}{2} & \frac{1}{2} & -1 & -\frac{\sqrt{2}}{2} & \frac{\sqrt{6}+\sqrt{2}}{4} & -\frac{\sqrt{6}-\sqrt{2}}{4} \\
1 & -\frac{1}{2} & -\frac{1}{2} & -\frac{\sqrt{6}-\sqrt{2}}{4} & -\frac{\sqrt{2}}{2} & \frac{\sqrt{6}+\sqrt{2}}{4} & -\frac{\sqrt{3}}{2} & \frac{\sqrt{3}}{2} & 0 & \frac{\sqrt{2}}{2} & \frac{\sqrt{6}-\sqrt{2}}{4} & -\frac{\sqrt{6}+\sqrt{2}}{4} \\
0 & \frac{\sqrt{3}}{2} & -\frac{\sqrt{3}}{2} & \frac{\sqrt{6}+\sqrt{2}}{4} & -\frac{\sqrt{2}}{2} & -\frac{\sqrt{6}-\sqrt{2}}{4} & -\frac{1}{2} & -\frac{1}{2} & 1 & \frac{\sqrt{2}}{2} & \frac{\sqrt{6}+\sqrt{2}}{4} & -\frac{\sqrt{6}-\sqrt{2}}{4} \\
1 & 1 & 1 & -\frac{\sqrt{2}}{2} & -\frac{\sqrt{2}}{2} & -\frac{\sqrt{2}}{2} & 0 & 0 & 0 & \frac{\sqrt{2}}{2} & \frac{\sqrt{2}}{2} & \frac{\sqrt{2}}{2} \\
0 & 0 & 0 & \frac{\sqrt{2}}{2} & \frac{\sqrt{2}}{2} & \frac{\sqrt{2}}{2} & -1 & -1 & -1 & \frac{\sqrt{2}}{2} & \frac{\sqrt{2}}{2} & \frac{\sqrt{2}}{2} \\
1 & -\frac{1}{2} & -\frac{1}{2} & -\frac{\sqrt{6}+\sqrt{2}}{4} & \frac{\sqrt{2}}{2} & \frac{\sqrt{6}-\sqrt{2}}{4} & \frac{\sqrt{3}}{2} & -\frac{\sqrt{3}}{2} & 0 & -\frac{\sqrt{2}}{2} & \frac{\sqrt{6}+\sqrt{2}}{4} & -\frac{\sqrt{6}-\sqrt{2}}{4} \\
0 & -\frac{\sqrt{3}}{2} & \frac{\sqrt{3}}{2} & \frac{\sqrt{6}-\sqrt{2}}{4} & \frac{\sqrt{2}}{2} & -\frac{\sqrt{6}+\sqrt{2}}{4} & -\frac{1}{2} & -\frac{1}{2} & 1 & \frac{\sqrt{2}}{2} & \frac{\sqrt{6}-\sqrt{2}}{4} & -\frac{\sqrt{6}+\sqrt{2}}{4}
\end{bmatrix}
\tag{2-120}
$$

其可以分为 6 个空间，分别为 $\alpha-\beta$ 基波子空间、3 次谐波子空间 $z_{x1}-z_{y1}$、5 次谐波子空间 $z_{x2}-z_{y2}$、7 次谐波子空间 $z_{x3}-z_{y3}$、9 次谐波子空间 o_1-o_2、11 次谐波子空间 o_3-o_4。其中 3 次谐波和 9 次谐波对应的行向量为零序分量，因此将其放到最后四行，最后得到的静止坐标变换矩阵为

$$
\boldsymbol{T}_{\alpha\beta}=\sqrt{\frac{1}{6}}\begin{bmatrix}
1 & -\frac{1}{2} & -\frac{1}{2} & \frac{\sqrt{6}+\sqrt{2}}{4} & -\frac{\sqrt{2}}{2} & -\frac{\sqrt{6}-\sqrt{2}}{4} & \frac{\sqrt{3}}{2} & -\frac{\sqrt{3}}{2} & 0 & \frac{\sqrt{2}}{2} & -\frac{\sqrt{6}+\sqrt{2}}{4} & \frac{\sqrt{6}-\sqrt{2}}{4} \\
0 & \frac{\sqrt{3}}{2} & -\frac{\sqrt{3}}{2} & \frac{\sqrt{6}-\sqrt{2}}{4} & \frac{\sqrt{2}}{2} & -\frac{\sqrt{6}+\sqrt{2}}{4} & \frac{1}{2} & \frac{1}{2} & -1 & \frac{\sqrt{2}}{2} & \frac{\sqrt{6}-\sqrt{2}}{4} & -\frac{\sqrt{6}+\sqrt{2}}{4} \\
1 & -\frac{1}{2} & -\frac{1}{2} & \frac{\sqrt{6}-\sqrt{2}}{4} & \frac{\sqrt{2}}{2} & -\frac{\sqrt{6}+\sqrt{2}}{4} & -\frac{\sqrt{3}}{2} & \frac{\sqrt{3}}{2} & 0 & -\frac{\sqrt{2}}{2} & -\frac{\sqrt{6}-\sqrt{2}}{4} & \frac{\sqrt{6}+\sqrt{2}}{4} \\
0 & -\frac{\sqrt{3}}{2} & \frac{\sqrt{3}}{2} & \frac{\sqrt{6}+\sqrt{2}}{4} & -\frac{\sqrt{2}}{2} & -\frac{\sqrt{6}-\sqrt{2}}{4} & \frac{1}{2} & \frac{1}{2} & -1 & -\frac{\sqrt{2}}{2} & \frac{\sqrt{6}+\sqrt{2}}{4} & -\frac{\sqrt{6}-\sqrt{2}}{4} \\
1 & -\frac{1}{2} & -\frac{1}{2} & -\frac{\sqrt{6}-\sqrt{2}}{4} & -\frac{\sqrt{2}}{2} & \frac{\sqrt{6}+\sqrt{2}}{4} & -\frac{\sqrt{3}}{2} & \frac{\sqrt{3}}{2} & 0 & \frac{\sqrt{2}}{2} & \frac{\sqrt{6}-\sqrt{2}}{4} & -\frac{\sqrt{6}+\sqrt{2}}{4} \\
0 & \frac{\sqrt{3}}{2} & -\frac{\sqrt{3}}{2} & \frac{\sqrt{6}+\sqrt{2}}{4} & -\frac{\sqrt{2}}{2} & -\frac{\sqrt{6}-\sqrt{2}}{4} & -\frac{1}{2} & -\frac{1}{2} & 1 & -\frac{\sqrt{2}}{2} & \frac{\sqrt{6}+\sqrt{2}}{4} & -\frac{\sqrt{6}-\sqrt{2}}{4} \\
1 & -\frac{1}{2} & -\frac{1}{2} & -\frac{\sqrt{6}+\sqrt{2}}{4} & \frac{\sqrt{2}}{2} & \frac{\sqrt{6}-\sqrt{2}}{4} & \frac{\sqrt{3}}{2} & -\frac{\sqrt{3}}{2} & 0 & -\frac{\sqrt{2}}{2} & \frac{\sqrt{6}+\sqrt{2}}{4} & -\frac{\sqrt{6}-\sqrt{2}}{4} \\
0 & -\frac{\sqrt{3}}{2} & \frac{\sqrt{3}}{2} & \frac{\sqrt{6}-\sqrt{2}}{4} & \frac{\sqrt{2}}{2} & -\frac{\sqrt{6}+\sqrt{2}}{4} & -\frac{1}{2} & -\frac{1}{2} & 1 & \frac{\sqrt{2}}{2} & \frac{\sqrt{6}-\sqrt{2}}{4} & -\frac{\sqrt{6}+\sqrt{2}}{4} \\
1 & 1 & 1 & \frac{\sqrt{2}}{2} & \frac{\sqrt{2}}{2} & \frac{\sqrt{2}}{2} & 0 & 0 & 0 & -\frac{\sqrt{2}}{2} & -\frac{\sqrt{2}}{2} & -\frac{\sqrt{2}}{2} \\
0 & 0 & 0 & \frac{\sqrt{2}}{2} & \frac{\sqrt{2}}{2} & \frac{\sqrt{2}}{2} & 1 & 1 & 1 & \frac{\sqrt{2}}{2} & \frac{\sqrt{2}}{2} & \frac{\sqrt{2}}{2} \\
1 & 1 & 1 & -\frac{\sqrt{2}}{2} & -\frac{\sqrt{2}}{2} & -\frac{\sqrt{2}}{2} & 0 & 0 & 0 & \frac{\sqrt{2}}{2} & \frac{\sqrt{2}}{2} & \frac{\sqrt{2}}{2} \\
0 & 0 & 0 & \frac{\sqrt{2}}{2} & \frac{\sqrt{2}}{2} & \frac{\sqrt{2}}{2} & -1 & -1 & -1 & \frac{\sqrt{2}}{2} & \frac{\sqrt{2}}{2} & \frac{\sqrt{2}}{2}
\end{bmatrix}
\begin{matrix}
\to \alpha \\ \to \beta \\ \to x_1 \\ \to y_1 \\ \to x_2 \\ \to y_2 \\ \to x_3 \\ \to y_3 \\ \to o_1 \\ \to o_2 \\ \to o_3 \\ \to o_4
\end{matrix}
\tag{2-121}
$$

$$\left.\begin{aligned}\boldsymbol{i}_k&=[i_{A_1}\quad i_{B_1}\quad i_{C_1}\quad i_{A_2}\quad i_{B_2}\quad i_{C_2}\quad i_{A_3}\quad i_{B_3}\quad i_{C_3}\quad i_{A_4}\quad i_{B_4}\quad i_{C_4}]^{\mathrm{T}}\\ \boldsymbol{i}_n&=[i_\alpha\quad i_\beta\quad i_{x1}\quad i_{y1}\quad i_{x2}\quad i_{y2}\quad i_{x3}\quad i_{y3}\quad i_{o1}\quad i_{o2}\quad i_{o3}\quad i_{o4}]^{\mathrm{T}}=\boldsymbol{T}_{\alpha\beta}\cdot\boldsymbol{i}_k\end{aligned}\right\}\tag{2-122}$$

式(2-121)为单位正交矩阵，则有

$$\left.\begin{aligned}\boldsymbol{T}_{\alpha\beta/12\mathrm{s}}&=\boldsymbol{T}_{\alpha\beta}^{-1}=\boldsymbol{T}_{\alpha\beta}^{\mathrm{T}}\\ \boldsymbol{i}_k&=\boldsymbol{T}_{\alpha\beta}^{-1}\cdot\boldsymbol{i}_n=\boldsymbol{T}_{\alpha\beta}^{\mathrm{T}}\cdot\boldsymbol{i}_n\end{aligned}\right\}\tag{2-123}$$

对六个空间进行分析可得以下结论：

① 六个子空间相互垂直正交。

② 空间矢量的基波以及 $24k\pm1(k=1,2,3,\cdots)$ 次分量，全部映射到由相量 $\alpha-\beta$ 构成的 $\alpha\beta$ 基波空间内，它是机电能量空间，参与电机能量转换，在气隙中产生旋转磁动势。

③ 空间矢量的 $12k\pm5(k=1,2,3,\cdots)$ 次谐波分量，全部映射到由 $z_{x1}-z_{y1}$ 构成的 5 次谐波子空间内，它与基波空间垂直，是非机电能量子空间，在气隙中不产生旋转磁动势，但会产生谐波损耗。

④ 空间矢量的 $12k\pm7(k=1,2,3,\cdots)$ 次谐波分量，全部映射到由 $z_{x2}-z_{y2}$ 构成的 7 次谐波子空间内，是非机电能量子空间，与基波空间垂直，在气隙中不产生旋转磁动势，但是产生谐波损耗。

⑤ 空间矢量的 $12k\pm11(k=1,2,3,\cdots)$ 次谐波部分，全部映射到由 $z_{x3}-z_{y3}$ 构成的 11 次谐波子空间内，是非机电能量子空间，此空间与基波空间垂直，在气隙中不产生旋转磁动势，但会产生谐波损耗。

⑥ 空间矢量的 $12k\pm3(k=1,2,3,\cdots)$ 次分量，全部映射到由 o_1-o_2 构成的 3 次谐波子空间内，与基波空间垂直；当采用十二相对称正弦供电时，此次谐波不在系统内流动，不产生旋转磁动势，属于非机电能量。

⑦ 空间矢量的 $12k\pm9(k=1,2,3,\cdots)$ 次分量，全部映射到由 o_3-o_4 构成的 9 次谐波子空间内，与基波空间垂直，是非机电能量空间；当采用十二相对称正弦供电时，此次谐波不在系统内流动，不产生旋转磁动势。

2. 两相静止坐标系与两相旋转坐标系之间的变换

从自然坐标系到两相静止坐标系的变换仅仅是一种相数上的变换，而从两相静止坐标系到两相旋转坐标系的变换却是一种频率上的变换。两个坐标系的变换关系如图 2-51 所示。

通过此变换，才可以将静止坐标系下的绕组变换成等效直流电动机的两个换向器绕组。也正是依靠此变换，使机电能量之间的转换关系更加清晰，控制策略得到简化。d 轴的方向和转子永磁体产生的励磁磁链 ψ_{f} 方向相同，q 轴沿着 d 轴逆时针旋转 90°，d 轴与 α 轴之间的夹角为 θ。上文提到，只有 $\alpha\beta$ 子空间上的变量参与机电能量的转换，所以仅对该子空间进行旋转坐标系的变换即可。

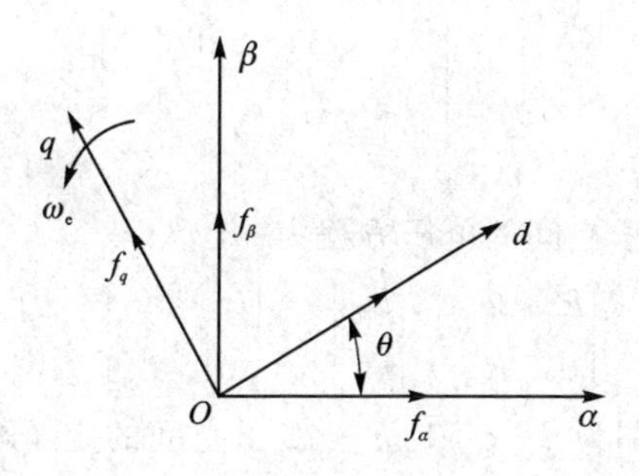

图 2-51　$\alpha\beta$ 坐标系和 dq 坐标系之间的变换图

由于两坐标系内定子的绕组匝数相同，则

$$\left.\begin{aligned} i_d &= i_\alpha \cos\theta + i_\beta \sin\theta \\ i_q &= -i_\alpha \sin\theta + i_\beta \cos\theta \end{aligned}\right\} \tag{2-124}$$

根据式(2-124)可得两相静止坐标系至两相旋转坐标系的变换矩阵

$$\boldsymbol{C}_{2s/2r} = \begin{bmatrix} \cos\theta & \sin\theta \\ -\sin\theta & \cos\theta \end{bmatrix} \tag{2-125}$$

同理，为了计算，将式(2-125)中的变换矩阵改写成12阶方阵，由于只有 $\alpha\beta$ 子空间上的变量参与机电能量的转换，其余子空间的电流分量与机电能量转换无关，则将变换矩阵改写为

$$\boldsymbol{C}_{2s/2r} = \begin{bmatrix} \cos\theta & \sin\theta & 0 & 0 & 0 & 0 & 0 & 0 & 0 & 0 & 0 & 0 \\ -\sin\theta & \cos\theta & 0 & 0 & 0 & 0 & 0 & 0 & 0 & 0 & 0 & 0 \\ 0 & 0 & 1 & 0 & 0 & 0 & 0 & 0 & 0 & 0 & 0 & 0 \\ 0 & 0 & 0 & 1 & 0 & 0 & 0 & 0 & 0 & 0 & 0 & 0 \\ 0 & 0 & 0 & 0 & 1 & 0 & 0 & 0 & 0 & 0 & 0 & 0 \\ 0 & 0 & 0 & 0 & 0 & 1 & 0 & 0 & 0 & 0 & 0 & 0 \\ 0 & 0 & 0 & 0 & 0 & 0 & 1 & 0 & 0 & 0 & 0 & 0 \\ 0 & 0 & 0 & 0 & 0 & 0 & 0 & 1 & 0 & 0 & 0 & 0 \\ 0 & 0 & 0 & 0 & 0 & 0 & 0 & 0 & 1 & 0 & 0 & 0 \\ 0 & 0 & 0 & 0 & 0 & 0 & 0 & 0 & 0 & 1 & 0 & 0 \\ 0 & 0 & 0 & 0 & 0 & 0 & 0 & 0 & 0 & 0 & 1 & 0 \\ 0 & 0 & 0 & 0 & 0 & 0 & 0 & 0 & 0 & 0 & 0 & 1 \end{bmatrix} \tag{2-126}$$

易知式(2-126)为单位正交阵，则有

$$\boldsymbol{C}_{2r/2s} = \boldsymbol{C}_{2s/2r}^{-1} = \boldsymbol{C}_{2s/2r}^{\mathrm{T}} \tag{2-127}$$

根据式(2-127)可实现在两相静止坐标系下与两相旋转坐标系下十二相电机数学模型的互相转换。

经计算可得同步旋转坐标系下 dq 子空间的电压方程为

$$\begin{bmatrix} u_d \\ u_q \end{bmatrix} = \begin{bmatrix} R & 0 \\ 0 & R \end{bmatrix} \cdot \begin{bmatrix} i_d \\ i_q \end{bmatrix} + \begin{bmatrix} L_d & 0 \\ 0 & L_q \end{bmatrix} \cdot \frac{\mathrm{d}}{\mathrm{d}t} \begin{bmatrix} i_d \\ i_q \end{bmatrix} + \begin{bmatrix} -\omega_e L_q i_q \\ \omega_e L_d i_d + \omega_e \psi_f \end{bmatrix} \tag{2-128}$$

$xk-yk$($k=1,2,3$)子空间的电压方程为

$$\begin{bmatrix} u_{xk} \\ u_{yk} \end{bmatrix} = \begin{bmatrix} R & 0 \\ 0 & R \end{bmatrix} \cdot \begin{bmatrix} i_{xk} \\ i_{yk} \end{bmatrix} + \begin{bmatrix} L_z & 0 \\ 0 & L_z \end{bmatrix} \cdot \frac{\mathrm{d}}{\mathrm{d}t} \begin{bmatrix} i_{xk} \\ i_{yk} \end{bmatrix} \tag{2-129}$$

式中,u_d、u_q、u_{xk}、u_{yk} 分别为 $d-q$ 和 $xk-yk$ 子空间的定子电压;i_d、i_q、i_{xk}、i_{yk} 分别为 $d-q$ 和 $xk-yk$ 子空间的定子电流;L_d、L_q 分别为 dq 坐标系下的电感;L_z 为漏感;ω_e 为电角速度。

2.5.3 正常运行时的仿真示例

十二相电机的参数如表 2-3 所列。

表 2-3 十二相永磁同步电机仿真参数

参 数	R/Ω	L_d/mH	L_q/mH	L_z/mH	ψ_f/Wb	J/(kg·m)	B/(N·m)	p/对
数 值	1.4	4.5	4.5	1.7	0.68	0.015	0	3

给定电机的转速为 500 r/min,在 $T=0.15$ s 之前电机转矩为 $T_L=20$ N·m;在 $t=0.15$ s 时,转矩突变为 $T_L=50$ N·m,系统仿真结果如图 2-52 所示。图 2-52(a)是十二相 PMSM 正常运行时的转速波形图,系统稳定后,转速稳定在 500 r/min,在 $t=0.15$ s 时转矩突变为 50 N·m,系统快速响应,达到稳定。图 2-52(b)是十二相 PMSM 正常运行时的十二相电流波形图,系统稳定后各相电流幅值相同,相位符合上述理论。图 2-52(c)是十二相 PMSM 正常运行时的转矩波形图,系统稳定后,转矩为 20 N·m,在 $t=0.15$ s 时突加转矩,转矩迅速稳定为 50 N·m。图 2-52(d)是十二相 PMSM 正常运行时的反电动势波形图。图 2-52(e)是十二相 PMSM 正常运行时的 A_1 相反电动势及其电流波形图(为了便于观察,反电动势大小缩小 1/10),两波形相位相同。

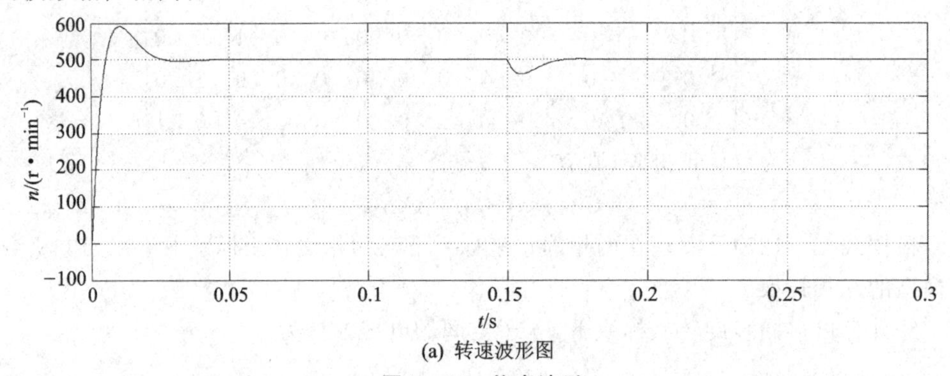

(a) 转速波形图

图 2-52 仿真波形

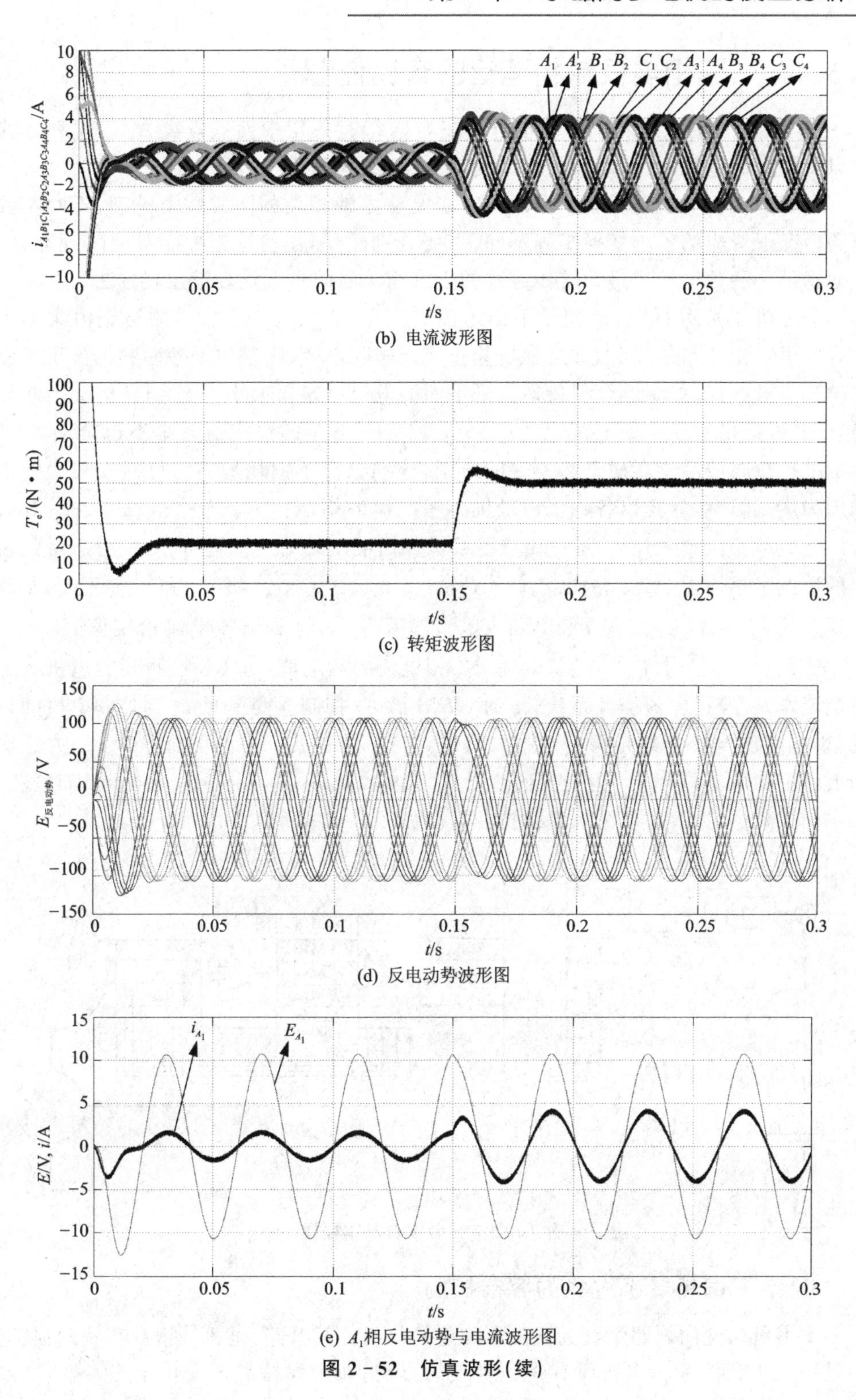

(b) 电流波形图

(c) 转矩波形图

(d) 反电动势波形图

(e) A_1相反电动势与电流波形图

图2-52　仿真波形(续)

2.5.4　十二相电机缺相运行的容错控制

四 Y 移 15°的十二相永磁同步电机正常运行时采用中性点隔离方式，这种方式可以有效抑制零序电流，简化控制结构。

常用的多相电机缺相容错控制策略需要建立缺相后的降维数学模型，不同相数开路情况下对应的解耦变换矩阵不同，需要分别建模，使得容错控制策略实现复杂。下面提供一种基于输出最大转矩方式的十二相永磁同步电机容错控制方法。

当电机正常运行时，谐波子平面电流 i_{x_1}、i_{y_1}、i_{x_2}、i_{y_2}、i_{x_3}、i_{y_3} 的给定值大小为 0；当电机发生开路故障时，如果保持静止变换矩阵不变，则基波子平面和谐波子平面的电流不再解耦，如果继续保持谐波子平面的电流给定值大小为 0，则必然会引起转矩脉动，因此谐波子平面电流 i_{x_1}、i_{y_1}、i_{x_2}、i_{y_2}、i_{x_3}、i_{y_3} 的给定值大小不再全部为 0。根据电机故障前后旋转磁动势不变的原则，分别以定子铜耗最小为目标和最大转矩输出为优化目标，计算出各相绕组最优容错电流的给定值 i_{A_1}、i_{B_1}、i_{C_1}、i_{A_2}、i_{B_2}、i_{C_3}、i_{A_3}、i_{B_3}、i_{C_3}、i_{A_4}、i_{B_4}、i_{C_4}。将各相绕组最优容错电流的给定值进行 $T_{\alpha\beta}$ 变换，得到相应的谐波子平面需要注入的电流 i_{x_1}、i_{y_1}、i_{x_2}、i_{y_2}、i_{x_3}、i_{y_3}。将 i_d^* 和转速环经 PI 调节得到的 i_q^* 进行 $\boldsymbol{C}_{2r/2s}$ 变换，得到 i_α、i_β，然后将 i_α、i_β 和谐波电流给定值 i_{x_1}、i_{y_1}、i_{x_2}、i_{y_2}、i_{x_3}、i_{y_3} 经过 $\boldsymbol{T}_{\alpha\beta}^{-1}$ 变换，得到十二相电流的给定值，与实际检测到的电机十二相电流作差，经过电流滞环系统，得到 PWM 脉冲，控制逆变单元，达到控制电机的目的，以此实现电机带故障稳定运行。其中，i_α、i_β 为基波子平面电流，i_{x_1}、i_{y_1} 为五次谐波子平面电流，i_{x_2}、i_{y_2} 为七次谐波子平面电流，i_{x_3}、i_{y_3} 为十一次谐波子平面电流，i_{o_1}、i_{o_2}、i_{o_3}、i_{o_4} 为零序电流。具体控制框图如图 2-53 所示。

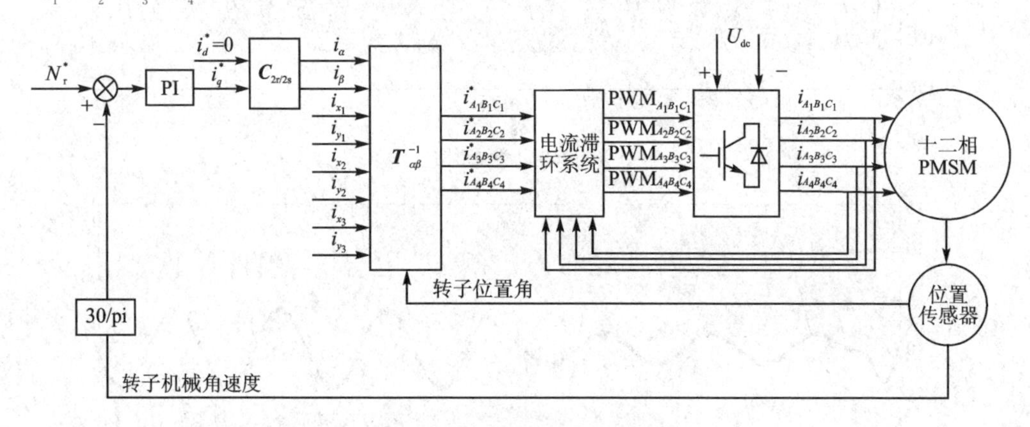

图 2-53　容错控制基本框图

1. 定子铜耗最小方式的容错控制

本书所讨论的开路情况为逆变器与电机绕组之间开路，电机绕组没有受到损害。假设 A_1 相开路，由于电机没有受到物理的影响，如果保持解耦变换矩阵不变，则电压方程、磁链方程和转矩方程不会受到影响，受到影响的只是电流。由于一相开路运行减少了一个控制自由度，因此静止坐标系下的电流之间不再相互独立，由静止变换矩阵可知，i_β、i_{y_1}、i_{y_2}、i_{y_3}、i_{o_2}、i_{o_4} 与 A_1 相电流无关，因此其电流不会受到约束，i_α、i_{x_1}、i_{x_2}、i_{x_3}、i_{o_1}、i_{o_3} 则会受到影响，需满足

$$i_{A_1}=i_\alpha+i_{x_1}+i_{x_2}+i_{x_3}+i_{o_1}+i_{o_3}=0 \tag{2-130}$$

由式(2-130)可知，在一相开路运行时，如果保持静止变换矩阵不变，则基波子平面和谐波子平面的电流不再解耦，因此如果继续将谐波子平面的电流给定为0，则必然会产生转矩脉动。

通过静止解耦变换很难直接计算出最大转矩输出方式下谐波子平面电流的大小，但是可以通过基于总磁势不变的方法，得到十二相电机缺相运行时，定子铜耗最小方式下剩余各相电流的表达式，再将各相电流表达式进行 $\boldsymbol{T}_{\alpha\beta}$ 静止坐标变换之后就可以计算出相应的谐波子平面需要注入电流的大小。

电磁转矩也可认为是绕组电流产生的旋转磁动势与永磁体磁场相互作用产生的，因此只要保证电机缺相后剩余相电流产生的磁势与缺相前保持一致，即符合磁动势不变原则，就可以维持电机正常运行。十二相电机定子总磁势可以表示为

$$\begin{aligned}
F=&N_{A_1}i_{A_1}+N_{B_1}i_{B_1}+N_{C_1}i_{C_1}+N_{A_2}i_{A_2}+N_{B_2}i_{B_2}+N_{C_2}i_{C_2}+N_{A_3}i_{A_3}+N_{B_3}i_{B_3}+\\
&N_{C_3}i_{C_3}+N_{A_4}i_{A_4}+N_{B_4}i_{B_4}+N_{C_4}i_{C_4}\\
=&\frac{1}{2}N\,[i_{A_1}\cos\varphi+i_{B_1}\cos(\varphi-120^\circ)+i_{C_1}\cos(\varphi+120^\circ)+i_{A_2}\cos(\varphi-15^\circ)+\\
&i_{B_2}\cos(\varphi-135^\circ)+i_{C_2}\cos(\varphi+105^\circ)+\\
&i_{A_3}\cos(\varphi-30^\circ)+i_{B_3}\cos(\varphi-150^\circ)+i_{C_3}\cos(\varphi+90^\circ)+i_{A_4}\cos(\varphi-45^\circ)+\\
&i_{B_4}\cos(\varphi-165^\circ)+i_{C_4}\cos(\varphi+75^\circ)]\\
=&\frac{1}{4}N\,[(i_{A_1}+i_{B_1}\mathrm{e}^{\mathrm{j}120^\circ}+i_{C_1}\mathrm{e}^{-\mathrm{j}120^\circ}+i_{A_2}\mathrm{e}^{\mathrm{j}15^\circ}+i_{B_2}\mathrm{e}^{\mathrm{j}135^\circ}+i_{C_2}\mathrm{e}^{-\mathrm{j}105^\circ}+i_{A_3}\mathrm{e}^{\mathrm{j}30^\circ}+\\
&i_{B_3}\mathrm{e}^{\mathrm{j}150^\circ}+i_{C_3}\mathrm{e}^{-\mathrm{j}90^\circ}+i_{A_4}\mathrm{e}^{\mathrm{j}45^\circ}+i_{B_4}\mathrm{e}^{\mathrm{j}165^\circ}+i_{C_4}\mathrm{e}^{-\mathrm{j}75^\circ})\,\mathrm{e}^{-\mathrm{j}\varphi}]+\\
&[(i_{A_1}+i_{B_1}\mathrm{e}^{-\mathrm{j}120^\circ}+i_{C_1}\mathrm{e}^{\mathrm{j}120^\circ}+i_{A_2}\mathrm{e}^{-\mathrm{j}15^\circ}+i_{B_2}\mathrm{e}^{-\mathrm{j}135^\circ}+i_{C_2}\mathrm{e}^{\mathrm{j}105^\circ}+i_{A_3}\mathrm{e}^{-\mathrm{j}30^\circ}+\\
&i_{B_3}\mathrm{e}^{-\mathrm{j}150^\circ}+i_{C_3}\mathrm{e}^{\mathrm{j}90^\circ}+i_{A_4}\mathrm{e}^{-\mathrm{j}45^\circ}+i_{B_4}\mathrm{e}^{-\mathrm{j}165^\circ}+i_{C_4}\mathrm{e}^{\mathrm{j}75^\circ})\,\mathrm{e}^{\mathrm{j}\varphi}]
\end{aligned} \tag{2-131}$$

式中，φ 为绕组空间电角度，N 为每相绕组匝数。

以 B_1 相为例，其绕组函数为

$$N_{B_1}=0.5N\cos(\varphi-120^\circ)$$

十二相电机正常运行时各相电流为

$$\left.\begin{aligned}
i_{A_1} &= I_m\cos\theta \\
i_{B_1} &= I_m\cos(\theta-120^\circ) \\
i_{C_1} &= I_m\cos(\theta+120^\circ) \\
i_{A_2} &= I_m\cos(\theta-15^\circ) \\
i_{B_2} &= I_m\cos(\theta-135^\circ) \\
i_{C_2} &= I_m\cos(\theta+105^\circ) \\
i_{A_3} &= I_m\cos(\theta-30^\circ) \\
i_{B_3} &= I_m\cos(\theta-150^\circ) \\
i_{C_3} &= I_m\cos(\theta+90^\circ) \\
i_{A_4} &= I_m\cos(\theta-45^\circ) \\
i_{B_4} &= I_m\cos(\theta-165^\circ) \\
i_{C_4} &= I_m\cos(\theta+75^\circ)
\end{aligned}\right\} \tag{2-132}$$

式中，I_m 为十二相电机正常运行时的电流幅值，θ 为 A_1 相电流的相角。

将式(2-132)代入到式(2-131)中可以得到十二相电机正常运行时的总磁势为

$$F = 3NI_m\cos(\theta-\varphi) = \frac{3}{2}NI_m(e^{j\theta}e^{-j\varphi}+e^{-j\theta}e^{j\varphi}) \tag{2-133}$$

以 A_1 相与 C_3 相正交两相开路时为例，$i_{A_1}=0$、$i_{C_3}=0$，对比式(2-131)和式(2-132)，为了得到相同的合成磁势，剩余十相电流必须满足：

$$\begin{aligned}
6I_m e^{j\theta} = {} & i_{B_1}e^{j120^\circ} + i_{C_1}e^{-j120^\circ} + i_{A_2}e^{j15^\circ} + i_{B_2}e^{j135^\circ} + i_{C_2}e^{-j105^\circ} + \\
& i_{A_3}e^{j30^\circ} + i_{B_3}e^{j150^\circ} + i_{A_4}e^{j45^\circ} + i_{B_4}e^{j165^\circ} + i_{C_4}e^{-j75^\circ}
\end{aligned} \tag{2-134}$$

将各相电流表示成如下形式：

$$i_X = a_X I_m\cos\theta + b_X I_m\sin\theta \tag{2-135}$$

将式(2-135)代入到式(2-134)中，将实部和虚部分离，可以得到

$$\left.\begin{aligned}
& -0.5a_{B_1} - 0.5a_{C_1} + \frac{\sqrt{6}+\sqrt{2}}{4}a_{A_2} - \frac{\sqrt{2}}{2}a_{B_2} - \frac{\sqrt{6}-\sqrt{2}}{4}a_{C_2} + \frac{\sqrt{3}}{2}a_{A_3} - \frac{\sqrt{3}}{2}a_{B_3} + \frac{\sqrt{2}}{2}a_{A_4} - \frac{\sqrt{6}+\sqrt{2}}{4}a_{B_4} + \frac{\sqrt{6}-\sqrt{2}}{4}a_{C_4} = 6 \\
& -0.5b_{B_1} - 0.5b_{C_1} + \frac{\sqrt{6}+\sqrt{2}}{4}b_{A_2} - \frac{\sqrt{2}}{2}b_{B_2} - \frac{\sqrt{6}-\sqrt{2}}{4}b_{C_2} + \frac{\sqrt{3}}{2}b_{A_3} - \frac{\sqrt{3}}{2}b_{B_3} + \frac{\sqrt{2}}{2}b_{A_4} - \frac{\sqrt{6}+\sqrt{2}}{4}b_{B_4} + \frac{\sqrt{6}-\sqrt{2}}{4}b_{C_4} = 0 \\
& \frac{\sqrt{3}}{2}a_{B_1} - \frac{\sqrt{3}}{2}a_{C_1} + \frac{\sqrt{6}-\sqrt{2}}{4}a_{A_2} + \frac{\sqrt{2}}{2}a_{B_2} - \frac{\sqrt{6}+\sqrt{2}}{4}a_{C_2} + \frac{1}{2}a_{A_3} + \frac{1}{2}a_{B_3} + \frac{\sqrt{2}}{2}a_{A_4} + \frac{\sqrt{6}-\sqrt{2}}{4}a_{B_4} - \frac{\sqrt{6}+\sqrt{2}}{4}a_{C_4} = 0 \\
& \frac{\sqrt{3}}{2}b_{B_1} - \frac{\sqrt{3}}{2}b_{C_1} + \frac{\sqrt{6}-\sqrt{2}}{4}b_{A_2} + \frac{\sqrt{2}}{2}b_{B_2} - \frac{\sqrt{6}+\sqrt{2}}{4}b_{C_2} + \frac{1}{2}b_{A_3} + \frac{1}{2}b_{B_3} + \frac{\sqrt{2}}{2}b_{A_4} + \frac{\sqrt{6}-\sqrt{2}}{4}b_{B_4} - \frac{\sqrt{6}+\sqrt{2}}{4}b_{C_4} = 6
\end{aligned}\right\} \tag{2-136}$$

除了式(2-136)外，各相电流还需要满足其他约束条件：

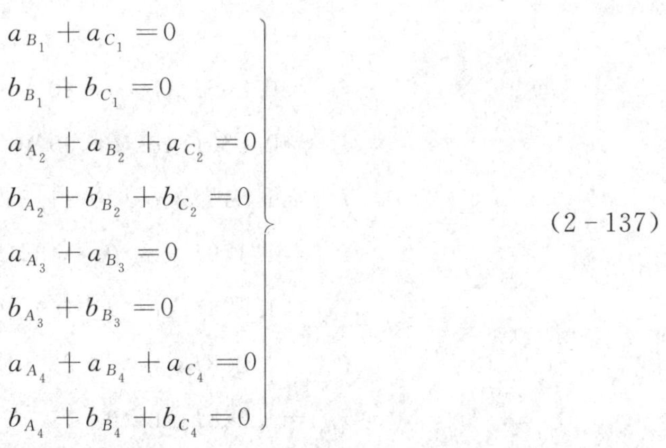

$$\left.\begin{aligned}
&a_{B_1}+a_{C_1}=0\\
&b_{B_1}+b_{C_1}=0\\
&a_{A_2}+a_{B_2}+a_{C_2}=0\\
&b_{A_2}+b_{B_2}+b_{C_2}=0\\
&a_{A_3}+a_{B_3}=0\\
&b_{A_3}+b_{B_3}=0\\
&a_{A_4}+a_{B_4}+a_{C_4}=0\\
&b_{A_4}+b_{B_4}+b_{C_4}=0
\end{aligned}\right\} \tag{2-137}$$

以定子铜耗最小为优化目标，则需要尽量减小相电流的最大幅值。其目标函数可表示为

$$\begin{aligned}F_1=&(a_{B_1}^2+b_{B_1}^2)+(a_{C_1}^2+b_{C_1}^2)+(a_{A_2}^2+b_{A_2}^2)+(a_{B_2}^2+b_{B_2}^2)+(a_{C_2}^2+b_{C_2}^2)+\\&(a_{A_3}^2+b_{A_3}^2)+(a_{B_3}^2+b_{B_3}^2)+(a_{A_4}^2+b_{A_4}^2)+(a_{B_4}^2+b_{B_4}^2)+(a_{C_4}^2+b_{C_4}^2)\end{aligned} \tag{2-138}$$

优化的最终目标就是找到使 F_1 最小的一组解，采用解析法对其求解比较困难，利用 MATLAB 最优化工具箱中的极小值计算函数 fmincon 计算，得到满足式(2-138)的数值解。fmincon 用于求解非线性多元函数最小值的优化问题，其表示的是选取符合目标函数最小的数值，相当于求解下面的优化问题：

优化问题的函数

$$\min_{x} F_i(x),\text{s. t.}\quad \begin{cases}c(x)\leqslant 0\\ \text{ceq}(x)=0\\ Ax\leqslant b\\ \text{Aeq}\cdot x=\text{beq}\\ \text{lb}\leqslant x\leqslant \text{ub}\end{cases}$$

对每个定义域中的向量 $\boldsymbol{x}$，向量函数 $\boldsymbol{F}(\boldsymbol{x})$ 都存在一个值的分量，但是随着向量 $\boldsymbol{x}$ 取值的不同，值的分量也会发生变化，把分量的值记录下来，找到最小值，就是 fmincon 的任务。

该函数的完整调用格式如下：

[x,fval,exitflag]=fmincon(fun,x0,A,b,Aeq,beq,lb,ub,options)

fun 表示的是优化目标函数，x0 表示的是优化的初始值，参数 A、b 表示的是满足线性关系式 $Ax\leqslant b$ 的系数矩阵和结果矩阵；参数 Aeq、beq 表示的是满足线性等式 $\text{Aeq}\cdot x=\text{beq}$ 的矩阵；参数 lb、ub 则表示满足参数取值范围 $\text{lb}\leqslant x\leqslant \text{ub}$ 的下限和上限；参数 options 就是进行优化的属性设置。由此方法可以得到最优解，即各相电流的表达式为

$$\left.\begin{aligned}
i_{A_1} &= 0 \\
i_{B_1} &= 0.866 I_m \cos(\theta - 90°) \\
i_{C_1} &= 0.866 I_m \cos(\theta + 90°) \\
i_{A_2} &= 1.314 I_m \cos(\theta - 11.36°) \\
i_{B_2} &= 1.179 I_m \cos(\theta - 143.13°) \\
i_{C_2} &= 1.026 I_m \cos(\theta + 109.66°) \\
i_{A_3} &= 1.258 I_m \cos(\theta - 23.41°) \\
i_{B_3} &= 1.258 I_m \cos(\theta - 156.59°) \\
i_{C_3} &= I_m \cos(\theta + 90°) \\
i_{A_4} &= 1.179 I_m \cos(\theta - 36.87°) \\
i_{B_4} &= 1.314 I_m \cos(\theta - 168.64°) \\
i_{C_4} &= 1.026 I_m \cos(\theta + 70.34°)
\end{aligned}\right\} \tag{2-139}$$

式中，I_m 为十二相电机正常运行时的电流幅值，θ 为 A_1 相电流的相角。

对静止坐标系下的电流进行矢量空间变换，就可以计算出相应的谐波子平面需要注入电流的大小。其应该满足的条件如下：

$$\left.\begin{aligned}
i_{x_1} &= -\frac{1}{3} i_\alpha \\
i_{x_2} &= -\frac{1}{3} i_\alpha \\
i_{x_3} &= -\frac{1}{3} i_\alpha
\end{aligned}\right\} \tag{2-140}$$

式中，i_α、i_{x_1}、i_{x_2}、i_{x_3} 分别是静止坐标系下 $\alpha-\beta$ 基波子空间的电流以及 $x_k - y_k (k=1,2,3)$谐波子空间的电流。

对此种情况进行仿真分析，给定电机的转速为 500 r/min，转矩为 $T_L = 50$ N·m，系统仿真结果如图 2-54 所示。图 2-54(a)是十二相 PMSM 在 A_1 相开路时采用定子铜耗最小方式容错控制策略的转速波形图，系统稳定后，转速稳定在 500 r/min。图 2-54(b)为十二相 PMSM 在 A_1 相开路时采用定子铜耗最小方式容错控制策略的十二相电流波形图，A_1 相电流为零，各非故障相电流相位及其大小符合上述理论推导。图 2-54(c)是十二相 PMSM 在 A_1 相开路时采用定子铜耗最小方式容错控制策略的转矩波形图，系统稳定后，转矩为 50 N·m。

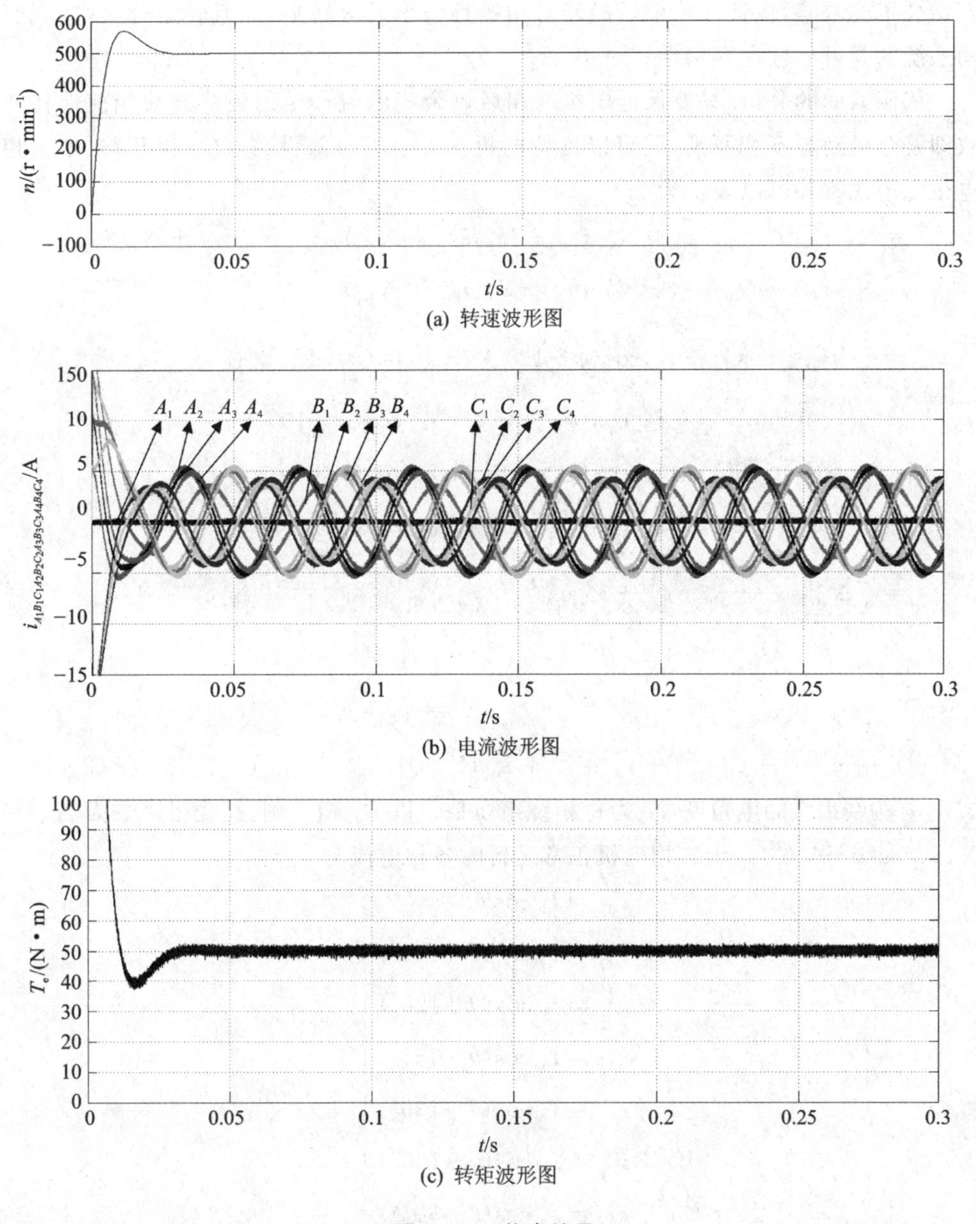

(a) 转速波形图

(b) 电流波形图

(c) 转矩波形图

图2-54　仿真结果

2. 输出转矩最大方式的容错控制

在保证电机某一相或两相开路故障后，在电机剩余相电流产生的磁动势与缺相前保持一致的前提下，保持系统解耦变换矩阵不变，基于输出最大转矩原理，计算出非故障相的电流，得出相应的谐波子平面需要注入电流的大小，实现十二相永磁同步电机带故障运行，解决在定子铜耗最小方式下电流幅值严重不平衡问题及克服现有容错技术的缺陷，保证故障前后磁动势相等且输出最大转矩，降低转矩脉动，实现驱动系统的高可靠性和容错性。

依照前面的分析，只要保证电机缺相后剩余相电流产生的磁势与缺相前保持一致即符合磁动势不变原则，就可以维持电机正常运行。假设 A_1、C_3 相开路，十二相电机定子总磁势可以表示为

$$\begin{aligned}F &= N_{A_1}i_{A_1}+N_{B_1}i_{B_1}+N_{C_1}i_{C_1}+N_{A_2}i_{A_2}+N_{B_2}i_{B_2}+N_{C_2}i_{C_2}+N_{A_3}i_{A_3}+\\&\quad N_{B_3}i_{B_3}+N_{C_3}i_{C_3}+N_{A_4}i_{A_4}+N_{B_4}i_{B_4}+N_{C_4}i_{C_4}\\&=\frac{1}{2}N\,[i_{A_1}\cos\varphi+i_{B_1}\cos(\varphi-120^\circ)+i_{C_1}\cos(\varphi+120^\circ)+\\&\quad i_{A_2}\cos(\varphi-15^\circ)+i_{B_2}\cos(\varphi-135^\circ)+i_{C_2}\cos(\varphi+105^\circ)+\\&\quad i_{A_3}\cos(\varphi-30^\circ)+i_{B_3}\cos(\varphi-150^\circ)+i_{C_3}\cos(\varphi+90^\circ)+\\&\quad i_{A_4}\cos(\varphi-45^\circ)+i_{B_4}\cos(\varphi-165^\circ)+i_{C_4}\cos(\varphi+75^\circ)]\\&=\frac{1}{4}N\,[(i_{A_1}+i_{B_1}e^{j120^\circ}+i_{C_1}e^{-j120^\circ}+i_{A_2}e^{j15^\circ}+i_{B_2}e^{j135^\circ}+i_{C_2}e^{-j105^\circ}+\\&\quad i_{A_3}e^{j30^\circ}+i_{B_3}e^{j150^\circ}+i_{C_3}e^{-j90^\circ}+i_{A_4}e^{j45^\circ}+i_{B_4}e^{j165^\circ}+i_{C_4}e^{-j75^\circ})]\,e^{-j\varphi}+\\&\quad [(i_{A_1}+i_{B_1}e^{-j120^\circ}+i_{C_1}e^{j120^\circ}+i_{A_2}e^{-j15^\circ}+i_{B_2}e^{-j135^\circ}+i_{C_2}e^{j105^\circ}+i_{A_3}e^{-j30^\circ}+\\&\quad i_{B_3}e^{-j150^\circ}+i_{C_3}e^{j90^\circ}+i_{A_4}e^{-j45^\circ}+i_{B_4}e^{-j165^\circ}+i_{C_4}e^{j75^\circ})\,e^{j\varphi}]\end{aligned}\tag{2-141}$$

式中，φ 为绕组空间电角度，N 为每相绕组匝数。以 B_1 相为例，其绕组函数为 $N_{B_1}=0.5N\cos(\varphi-120^\circ)$。十二相电机正常运行时各相电流为

$$\left.\begin{aligned}i_{A_1}&=I_m\cos\theta\\i_{B_1}&=I_m\cos(\theta-120^\circ)\\i_{C_1}&=I_m\cos(\theta+120^\circ)\\i_{A_2}&=I_m\cos(\theta-15^\circ)\\i_{B_2}&=I_m\cos(\theta-135^\circ)\\i_{C_2}&=I_m\cos(\theta+105^\circ)\\i_{A_3}&=I_m\cos(\theta-30^\circ)\\i_{B_3}&=I_m\cos(\theta-150^\circ)\\i_{C_3}&=I_m\cos(\theta+90^\circ)\\i_{A_4}&=I_m\cos(\theta-45^\circ)\\i_{B_4}&=I_m\cos(\theta-165^\circ)\\i_{C_4}&=I_m\cos(\theta+75^\circ)\end{aligned}\right\}\tag{2-142}$$

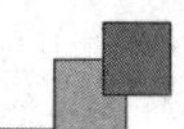

式中，I_m 为十二相电机正常运行时的电流幅值，θ 为 A_1 相电流的相角。将式(2-142)代入到式(2-141)中可以得到十二相电机正常运行时的总磁势为

$$F=3NI_m\cos(\theta-\varphi)=\frac{3}{2}NI_m(e^{j\theta}e^{-j\varphi}+e^{-j\theta}e^{j\varphi}) \tag{2-143}$$

以 A_1 相与 C_3 相正交两相开路时为例，$i_{A_1}=0$、$i_{C_3}=0$，对比式(2-141)和式(2-142)，为了得到相同的合成磁势，剩余十相电流必须满足：

$$\begin{aligned}6I_m e^{j\theta}=&i_{B_1}e^{j120^\circ}+i_{C_1}e^{-j120^\circ}+i_{A_2}e^{j15^\circ}+i_{B_2}e^{j135^\circ}+i_{C_2}e^{-j105^\circ}+\\&i_{A_3}e^{j30^\circ}+i_{B_3}e^{j150^\circ}+i_{A_4}e^{j45^\circ}+i_{B_4}e^{j165^\circ}+i_{C_4}e^{-j75^\circ}\end{aligned} \tag{2-144}$$

将各相电流表示成如下形式：

$$i_X=a_X I_m\cos\theta+b_X I_m\sin\theta \tag{2-145}$$

将式(2-144)代入式(2-145)，并将实部和虚部分离，可以得到

$$\left.\begin{aligned}&-0.5a_{B_1}-0.5a_{C_1}+\frac{\sqrt{6}+\sqrt{2}}{4}a_{A_2}-\frac{\sqrt{2}}{2}a_{B_2}-\frac{\sqrt{6}-\sqrt{2}}{4}a_{C_2}+\frac{\sqrt{3}}{2}a_{A_3}-\frac{\sqrt{3}}{2}a_{B_3}+\frac{\sqrt{2}}{2}a_{A_4}-\frac{\sqrt{6}+\sqrt{2}}{4}a_{B_4}+\frac{\sqrt{6}-\sqrt{2}}{4}a_{C_4}=6\\&-0.5b_{B_1}-0.5b_{C_1}+\frac{\sqrt{6}+\sqrt{2}}{4}b_{A_2}-\frac{\sqrt{2}}{2}b_{B_2}-\frac{\sqrt{6}-\sqrt{2}}{4}b_{C_2}+\frac{\sqrt{3}}{2}b_{A_3}-\frac{\sqrt{3}}{2}b_{B_3}+\frac{\sqrt{2}}{2}b_{A_4}-\frac{\sqrt{6}+\sqrt{2}}{4}b_{B_4}+\frac{\sqrt{6}-\sqrt{2}}{4}b_{C_4}=0\\&\frac{\sqrt{3}}{2}a_{B_1}-\frac{\sqrt{3}}{2}a_{C_1}+\frac{\sqrt{6}-\sqrt{2}}{4}a_{A_2}+\frac{\sqrt{2}}{2}a_{B_2}-\frac{\sqrt{6}+\sqrt{2}}{4}a_{C_2}+\frac{1}{2}a_{A_3}+\frac{1}{2}a_{B_3}+\frac{\sqrt{2}}{2}a_{A_4}+\frac{\sqrt{6}-\sqrt{2}}{4}a_{B_4}-\frac{\sqrt{6}+\sqrt{2}}{4}a_{C_4}=0\\&\frac{\sqrt{3}}{2}b_{B_1}-\frac{\sqrt{3}}{2}b_{C_1}+\frac{\sqrt{6}-\sqrt{2}}{4}b_{A_2}+\frac{\sqrt{2}}{2}b_{B_2}-\frac{\sqrt{6}+\sqrt{2}}{4}b_{C_2}+\frac{1}{2}b_{A_3}+\frac{1}{2}b_{B_3}+\frac{\sqrt{2}}{2}b_{A_4}+\frac{\sqrt{6}-\sqrt{2}}{4}b_{B_4}-\frac{\sqrt{6}+\sqrt{2}}{4}b_{C_4}=6\end{aligned}\right\} \tag{2-146}$$

除了式(2-146)外，各相电流还需要满足其他约束条件：

$$\left.\begin{aligned}&a_{B_1}+a_{C_1}=0\\&b_{B_1}+b_{C_1}=0\\&a_{A_2}+a_{B_2}+a_{C_2}=0\\&b_{A_2}+b_{B_2}+b_{C_2}=0\\&a_{A_3}+a_{B_3}=0\\&b_{A_3}+b_{B_3}=0\\&a_{A_4}+a_{B_4}+a_{C_4}=0\\&b_{A_4}+b_{B_4}+b_{C_4}=0\end{aligned}\right\} \tag{2-147}$$

定子铜耗最小方式无法保证最大转矩输出。将各相电流表达式转换到 $\alpha\beta$ 静止坐标系之后就可以计算出相应的谐波子平面需要注入电流的大小，即以输出最大转矩为优化目标，则需要尽量减小相电流的最大幅值。其目标函数可表示为

$$\begin{aligned}F_1=\max(&a_{B_1}^2+b_{B_1}^2,a_{C_1}^2+b_{C_1}^2,a_{A_2}^2+b_{A_2}^2,a_{B_2}^2+b_{B_2}^2,a_{C_2}^2+b_{C_2}^2,\\&a_{A_3}^2+b_{A_3}^2,a_{B_3}^2+b_{B_3}^2,a_{A_4}^2+b_{A_4}^2,a_{B_4}^2+b_{B_4}^2,a_{C_4}^2+b_{C_4}^2)\end{aligned} \tag{2-148}$$

优化的最终目标就是找到满足 F_1 最小的一组解，采用解析的方法对其求解比

较困难,可以采用 MATLAB 最优化工具箱中的最小最大值计算函数 fminimax 来得到满足条件的数值解。fminimax 可解决最小最大值的优化问题,其表达的是从一系列最大值中选取最小的数值,相当于求解下面的优化问题,优化问题的函数表达为

$$\min_{x}\max_{i} F_i(x), \text{s.t.} \begin{cases} c(x) \leqslant 0 \\ \mathrm{ceq}(x) = 0 \\ Ax \leqslant b \\ \mathrm{Aeq} \cdot x = \mathrm{beq} \\ \mathrm{lb} \leqslant x \leqslant \mathrm{ub} \end{cases} \tag{2-149}$$

每个定义域中的向量 $\boldsymbol{x}$、向量函数 $\boldsymbol{F}(\boldsymbol{x})$都存在一个最大值的分量,但是随着向量 $\boldsymbol{x}$ 取值的不同,值最大的分量也会发生变化,把分量的值记录下来,找到最小值,就是 fminimax 的任务。

fun 表示的是优化目标函数,x0 表示的是优化的初始值,参数 A、b 表示的是满足线性关系式 $Ax \leqslant b$ 的系数矩阵和结果矩阵;参数 Aeq、beq 表示的是满足线性等式 $\mathrm{Aeq} \cdot x = \mathrm{beq}$ 的矩阵;参数 lb、ub 则表示满足参数取值范围 $\mathrm{lb} \leqslant x \leqslant \mathrm{ub}$ 的下限和上限;参数 options 就是进行优化的属性设置。由此方法可以得到最优解。采用 MATLAB 最优化工具箱中的最小最大值计算函数 fminimax 来得到满足条件的数值解,即各相电流的表达式为

$$\left.\begin{aligned} i_{A_1} &= 0 \\ i_{B_1} &= 1.268 I_{\mathrm{m}} \cos(\theta - 90^\circ) \\ i_{C_1} &= 1.268 I_{\mathrm{m}} \cos(\theta + 90^\circ) \\ i_{A_2} &= 1.268 I_{\mathrm{m}} \cos(\theta - 15^\circ) \\ i_{B_2} &= 1.268 I_{\mathrm{m}} \cos(\theta - 135^\circ) \\ i_{C_2} &= 1.268 I_{\mathrm{m}} \cos(\theta + 105^\circ) \\ i_{A_3} &= 1.268 I_{\mathrm{m}} \cos \theta \\ i_{B_3} &= 1.268 I_{\mathrm{m}} \cos(\theta - 180^\circ) \\ i_{C_3} &= 0 \\ i_{A_4} &= 1.268 I_{\mathrm{m}} \cos(\theta - 45^\circ) \\ i_{B_4} &= 1.268 I_{\mathrm{m}} \cos(\theta - 165^\circ) \\ i_{C_4} &= 1.268 I_{\mathrm{m}} \cos(\theta + 75^\circ) \end{aligned}\right\} \tag{2-150}$$

式中,I_{m} 为十二相电机正常运行时的电流幅值,θ 为 A_1 相电流的相角。对静止坐标系下的电流进行矢量空间变换,就可以计算出相应的谐波子平面需要注入电流的大小。其应该满足的条件为

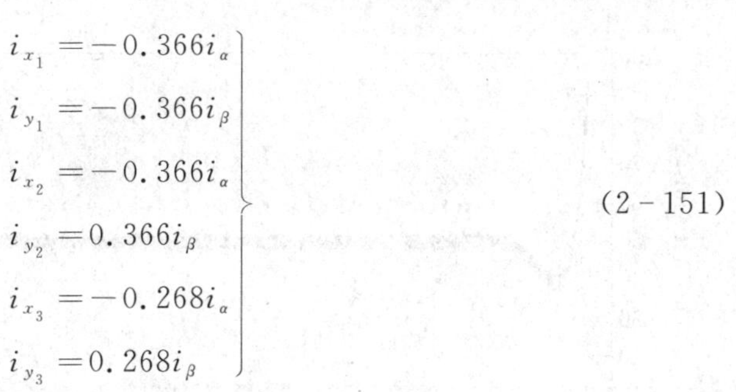

$$
\left.\begin{aligned}
i_{x_1} &= -0.366 i_\alpha \\
i_{y_1} &= -0.366 i_\beta \\
i_{x_2} &= -0.366 i_\alpha \\
i_{y_2} &= 0.366 i_\beta \\
i_{x_3} &= -0.268 i_\alpha \\
i_{y_3} &= 0.268 i_\beta
\end{aligned}\right\} \tag{2-151}
$$

式中，i_α、i_β 为基波子平面电流，i_{x_1}、i_{y_1} 为五次谐波子平面电流，i_{x_2}、i_{y_2} 为七次谐波子平面电流，i_{x_3}、i_{y_3} 为十一次谐波子平面电流。

依照上面的条件进行仿真。给定电机的转速为 500 r/min，负载转矩为 $T_L=50\ \text{N}\cdot\text{m}$，系统仿真结果如图 2-55 所示。

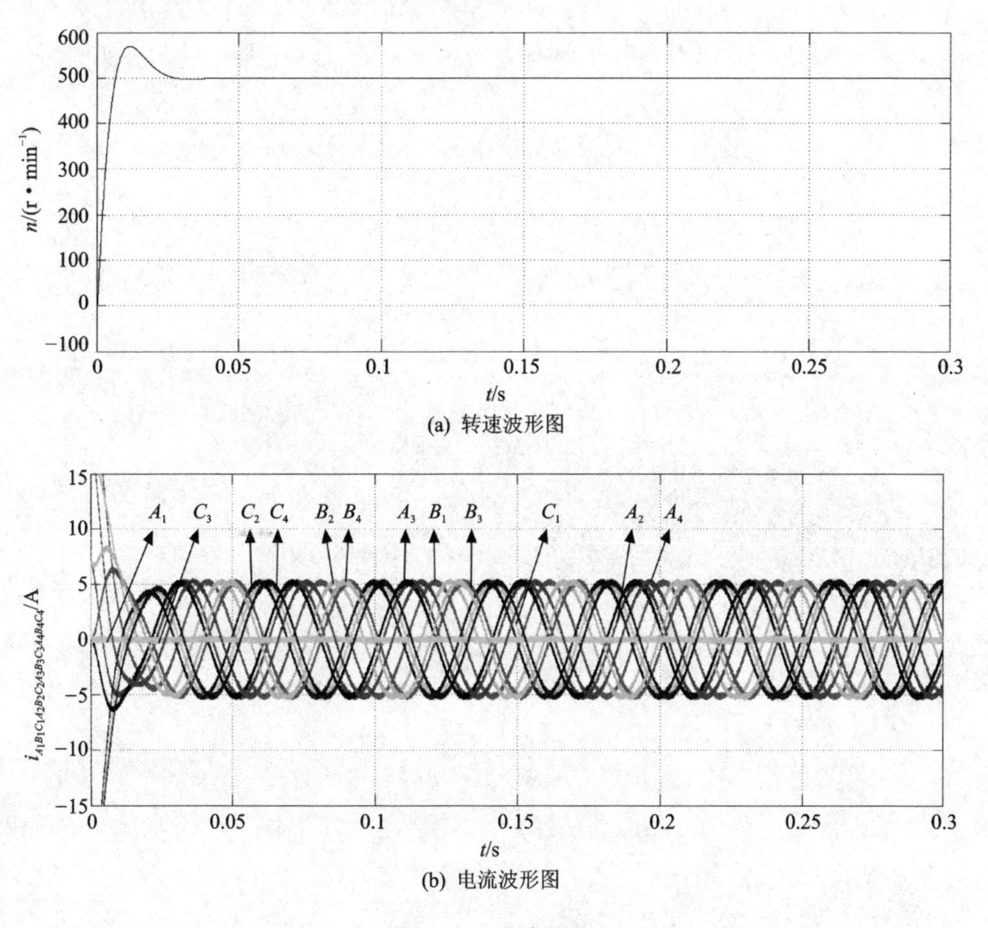

(a) 转速波形图

(b) 电流波形图

图 2-55 仿真结果

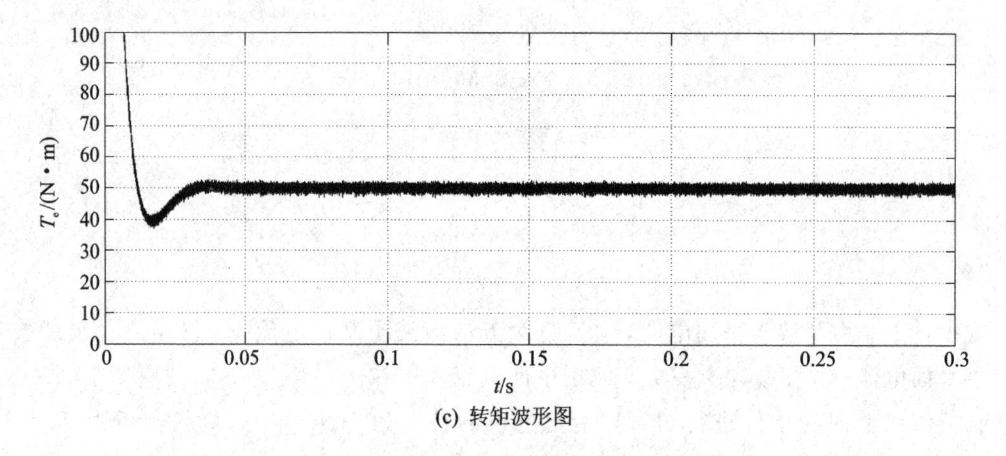

(c) 转矩波形图

图 2-55 仿真结果(续)

第 3 章

应用示例——永磁同步电机的矢量控制

3.1 矢量控制的基本思想

在传动系统中，被控对象对电力传动装置提出的要求较高：

① 电力传动系统定位及跟随误差小；

② 电力传动系统恢复时间短，系统响应无超调且无振荡；

③ 电力传动系统电机调速范围宽；

④ 低速时可输出额定转矩甚至超过额定转矩，动态过程中能承受大于额定转矩几倍的冲击负荷。

这些要求在使用交流永磁同步电机时需配以适当的控制方法方可实现。也有的对象系统对电力传动装置要求不是很高，只需要能够实现一定范围内的速度调整，实现对象在该速度范围内的机械传动即可。若使用永磁同步电机进行传动，其控制方法、控制策略的要求显然和前述装置的要求有很大的差别。为此，在探讨永磁同步电机调速系统的控制时，需要探讨永磁同步传动控制系统的控制策略与控制方法的确定问题。

永磁同步电机矢量控制的基本思想是建立在旋转坐标变换及电机电磁转矩方程上的。内永磁同步电机的电磁转矩为

$$T_{e}=p_{n}[\psi_{f}i_{q}+(L_{d}-L_{q})i_{d}i_{q}] \tag{3-1}$$

表面式永磁同步电机的电磁转矩为

$$T_{e}=p_{n}\psi_{f}i_{q}=p_{n}\psi_{f}i_{s}\sin\beta \tag{3-2}$$

从式(3-1)、式(3-2)可以看出，永磁同步电机与直流电机具有相似的电磁转矩表达式，尤其是表面式永磁同步电机，其电磁转矩方程与直流电机完全相同。由于

ψ_f 为永磁体产生的，故 ψ_f 恒定。因此，对永磁同步电机而言，可以用类似于直流电机转矩的控制方法来控制永磁同步电机的转矩，以获得与直流电机相当的性能。然而，直流电机的励磁磁场与电枢磁场正交，其控制实现起来比较简单，可对电枢磁场和励磁磁场分别进行控制。在永磁同步电机中，电机通入的是三相交流电流，三相绕组间强耦合，同时又与转子磁场耦合，流入电机的电流并不全部用于产生电机的电磁转矩。电机电枢电流中，一部分电流用于产生电磁转矩，一部分电流用于与转子永磁体形成合成磁场。因此，永磁同步电机的控制显然比直流电机的控制要复杂得多。

若在实施永磁同步电机控制时，能够独立控制电机定子电流幅值与相位，保证同步电机定子三相电流所形成的正弦波磁动势与永磁体基波励磁磁场保持正交，则此时的控制方式即为磁场定向的矢量控制，转子参考坐标中 d、q 轴解耦，可以实现交流永磁同步电机对直流电机的严格模拟。若使 $\beta=90°$，则电机每安培定子电流产生的转矩最大，输出转矩和电机电枢电流成正比，可以获得最高的转矩电流比，电机的铜耗最小。此时，永磁同步电机的电枢电流中只有交轴分量，即 $i_s=i_q$。

在内永磁同步电机中，电磁转矩还有一项与直轴、交轴电感差值有关的磁阻转矩，充分利用该磁阻转矩可以充分挖掘电机出力，在矢量控制过程中，可以适当地加以应用。

在实际控制过程中，设法使电机电流的直轴分量、交轴分量与设定值相等，即 $i_d=i_d^*$，$i_q=i_q^*$，即可实现对两个电流分量的单独控制，从而实现矢量控制。设定的交、直轴电流经过式(3-3)反变换成三相给定电流，通过快速电流控制环，使电机实际电流等于给定电流，自然保证 $i_d=i_d^*$，$i_q=i_q^*$。因此，永磁同步电机矢量控制是通过控制 d、q 轴电流，经过矢量变换或坐标变换而实现的。对 i_d 和 i_q 各自独立地控制，可以实现对电机转矩和气隙磁通独立控制，而转矩和交轴电流具有线性关系，作为控制对象，从外面看进去，此时的 PMSM 已经等效为他励直流电机。

$$\begin{pmatrix} i_A^* \\ i_B^* \\ i_C^* \end{pmatrix}=\sqrt{\frac{2}{3}}\begin{bmatrix} \cos\theta & -\sin\theta \\ \cos(\theta-2\pi/3) & -\sin(\theta-2\pi/3) \\ \cos(\theta+2\pi/3) & -\sin(\theta+2\pi/3) \end{bmatrix}\begin{pmatrix} i_d^* \\ i_q^* \end{pmatrix} \tag{3-3}$$

3.1.1 永磁同步电机的电流控制方法

高性能交流永磁同步电机调速控制系统的关键是实现电机瞬时力矩的高性能控制。对永磁同步电机的力矩控制要求可归纳为响应快、精度高、脉动小、效率高、功率因数高等。从永磁同步电机的数学模型可看出，对电机输出转矩的控制最终归结为对电机交轴、直轴电流的控制。对给定电磁转矩，直轴和交轴电流有许多组合。不同组合方式，其控制效率、功率因数、转矩输出能力等特性都不同，需要讨论永磁同步电机电流的控制方法。

永磁同步电机矢量控制系统的电流控制方法有：$i_d=0$ 控制；力矩电流比最大控制；功率因数等于1控制；恒磁链控制。

1. $i_d=0$ 控制

$i_d=0$ 控制称为磁场定向控制。该控制方法简单，计算量小，没有直轴电枢反应对电机的去磁问题，使用比较广泛。

由下式可见，$i_d=0$ 控制时，电磁转矩和交轴电流成线性关系，如图3-1所示。

$$T_e = p_n[\psi_f i_q + (L_d - L_q) i_d i_q] \tag{3-4}$$

图中各参量均化为标幺值，实施该控制方法时，随着电机负载的增加，电机端电压增加，系统所需逆变器容量增大，功角增大，电机功率因数(PF)减小，如图3-1所示。图中凸极系数 ρ 为1.5，$\rho=L_q/L_d$。电机端电压、功角及功率因数见下式。

$$U_s = \sqrt{(E_0 + i_q R_s)^2 + (\omega L_q i_q)^2} \tag{3-5}$$

$$\delta = \arctan\frac{\omega L_q i_q}{E_0 + i_q R_s} \approx \arctan\frac{\omega L_q i_q}{E_0} \tag{3-6}$$

$$\cos\varphi = \cos\delta = \cos(\arctan \omega L_q i_q / E_0) \tag{3-7}$$

该控制方法因没有直轴电流，因此电机没有直轴电枢反应，从而不会使永磁体退磁。电机所有电流均用来产生电磁力矩，电流控制效率高。对表面式电机，$i_d=0$ 时电机电流所产生的电磁力矩最大，此时，从电机端口看，电机相当于一台他励直流电机，定子电流所形成的空间磁势与永磁体励磁磁场正交，所有电流都用来产生电磁力矩。但对有凸极效应的永磁同步电机而言，电机磁阻转矩没有得到充分利用，不能充分发挥永磁同步电机的转矩输出能力。

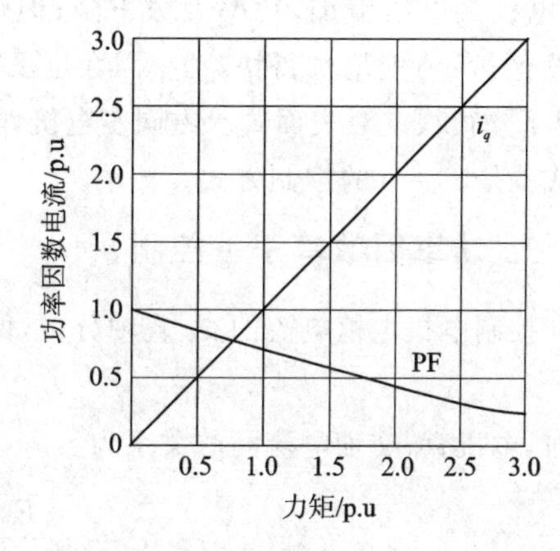

图3-1　电磁力矩与电机交轴电流及功率因数之间的关系

2. 力矩电流比最大控制

力矩电流比最大控制是在电机输出给定力矩的条件下，使电机定子电流最小的控制方法。在 dq 同步旋转坐标系下，电机定子电流为

$$i_s = \sqrt{i_d^2 + i_q^2} \tag{3-8}$$

借助于式(3-8)构造拉格朗日辅助函数

$$\Psi = \sqrt{i_d^2 + i_q^2} + \zeta\{T_e - p_n[\psi_f i_q + (L_d - L_q) i_d i_q]\} \tag{3-9}$$

式中,ζ 为拉格朗日算子。分别对上式 i_d、i_q、ξ 求偏导,并令各式等于 0,求得

$$i_q=\sqrt{\frac{\psi_f i_d}{L_d-L_q}+i_d^2} \tag{3-10}$$

$$T_e=p_n\left[0.5\psi_f i_q+i_q\sqrt{\psi_f^2+4i_q^2(L_d-L_q)^2}\right] \tag{3-11}$$

电磁力矩与电机交轴、直轴电流及功率因数之间的关系如图 3-2 所示,图中 ρ 为 1.5,可得电机输入功率因数

$$\cos\varphi=\cos(\beta-\pi/2-\delta)=\sin(\beta-\delta) \tag{3-12}$$

式(3-12)中,$\delta=\arctan\dfrac{\omega L_q I_q}{E_0-\omega L_d I_d}$,$\beta=\pi-\arctan\dfrac{i_q}{i_d}=\pi-\arctan\sqrt{\dfrac{\psi_f}{i_d(L_d-L_q)}+1}$。

随着输出力矩的增加,电机直、交轴电流按所求解析关系而变化,电机特性便按转矩电流比最大的曲线变化。电机输出同样力矩时电流最小,铜耗也最小,效率最高,对逆变器容量要求最小。在此控制方式下,随着输出力矩的增加,电机端电压增加,功率因数下降;但输出电压没有 $i_d=0$ 时增加得快,功率因数也没有 $i_d=0$ 时下降得快。对表面式永磁同步电机,本控制方式就是 $i_d=0$ 的控制方式。

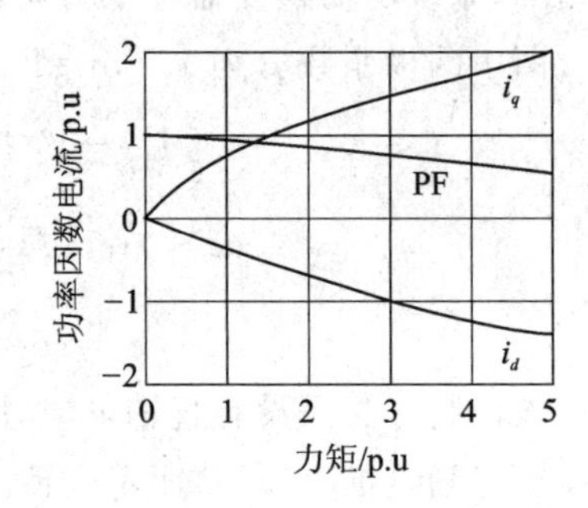

图 3-2　电磁力矩与电机交轴、直轴电流及功率因数之间的关系

3. 功率因数等于 1 控制

控制电机电枢电流的交、直轴分量,保持功率因数恒为 1 的控制方法,有

$$\cos(\beta-\delta-\pi/2)=1,\quad \delta=\beta-\pi/2$$

此时,电机直、交轴电流间的关系为

$$i_q=\sqrt{\frac{E_0 i_d}{\omega L_q}-\frac{L_d}{L_q}i_d^2} \tag{3-13}$$

电机定子电流、直轴和交轴电流与电磁转矩间的关系如下式所示,变化规律如图 3-3 所示。

$$i_s=\sqrt{\frac{L_q-L_d}{L_q}i_d^2+\frac{E_0 i_d}{\omega L_q}} \tag{3-14}$$

$$T_e=p_n\left[\psi_f\sqrt{\frac{E_0 i_d}{\omega L_q}-\frac{L_d}{L_q}i_d^2}+i_d(L_d-L_q)\sqrt{\frac{E_0 i_d}{\omega L_q}-\frac{L_d}{L_q}i_d^2}\right] \tag{3-15}$$

在控制电机电枢电流使其功率因数等于 1 时,电机电磁转矩存在极大值。当定子电流从 0 开始增大时,输出电磁转矩随之增大。当电磁转矩达到最大值时,对应定子电流 i_{snmax}。过了转矩最大值点之后,电磁转矩将随定子电流的增大而减小。当

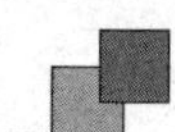

$i_s \leqslant i_{snmax}$ 时，电机工作在转矩随电流增大的区间。对给定电磁转矩，总有两个电流值与之对应。为保证系统正常工作，一般工作点都选在电枢电流小于 i_{snmax} 的区间，此时，电机定子电流较小，铜耗也较小，有利于逆变器工作。当电机速度较高，而逆变器输出电压能力不够时，也可以使电机电枢电流大于 i_{snmax}。

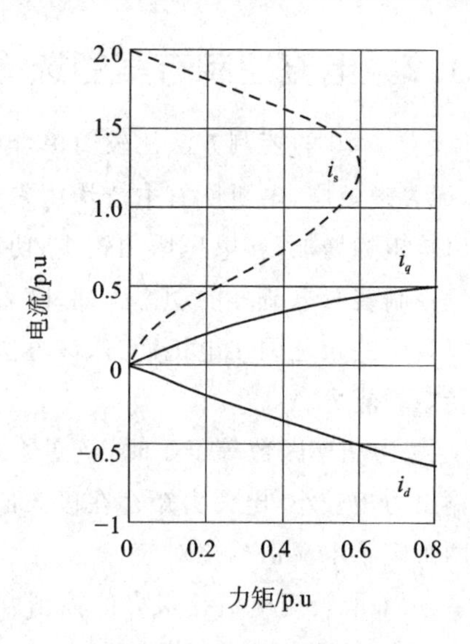

图 3-3 定子电流、直轴电流及交轴电流与电磁转矩的关系

4. 恒磁链控制

恒磁链控制就是控制电机定子电流，使电机全磁链 ψ。与转子永磁体产生的定子交链的磁链 ψ_f 相等，即

$$\sqrt{(\psi_f + L_d i_d)^2 + (L_q i_q)^2} = \psi_f \tag{3-16}$$

由式(3-16)可得

$$i_s = \frac{-2L_d \psi_f \cos\beta}{L_d^2 \cos^2\beta + L_q^2 \sin^2\beta} \tag{3-17}$$

$$i_q = \sqrt{-2\psi_f L_d i_d - L_d^2 i_d^2} / L_q \tag{3-18}$$

$$T_e = p_n \left[\psi_f \sqrt{-2\psi_f L_d i_d - L_d^2 i_d^2} + i_d (L_d - L_q) \sqrt{-2\psi_f L_d i_d - L_d^2 i_d^2}\right] / L_q \tag{3-19}$$

对式(3-17)求解，可得电机电磁力矩与定子电流之间的关系。与功率因数为1的控制方法类似，恒磁链控制方式输出力矩也存在极大值。这可通过对式(3-19)求导，令其等于零，得到电磁力矩取得极值时的直轴电流 i_d，代入原式得到恒磁链控制时电磁力矩的最大值。同样，在功率因数等于1时，对式(3-15)求导，亦可求得电磁力矩的最大值。比较这两种情况下最大电磁力矩的数值，恒磁链下输出最大电磁力矩约为功率因数为1时最大电磁力矩的1倍。恒磁链控制时，电机输入功率因数为

$$\cos\varphi = \cos(\beta - \pi/2 - \delta) = \sin(\beta - \delta) \tag{3-20}$$

式中，$\delta = \arctan\dfrac{\omega L_q i_q}{E_0 - \omega L_d i_d}$，$\beta = \pi - \arctan\dfrac{i_q}{i_d}$。

根据式(3-18)、式(3-20)可得，电机输入功率因数随定子电流的增大而减小，电机功率因数随输出力矩的增大而减小。

3.1.2 电流控制方案的选择与确定

① $i_d=0$ 的控制方法比较简单，电磁力矩与电枢电流呈线性关系，无直轴电枢反应，无去磁效应，电机所有电流均用来产生电磁力矩，电流控制效率高。缺点是随着输出转矩的增加，端电压增加较快，功率因数下降，对逆变器容量要求提高。为保证电机控制装置电流环的动态跟随，随着电机转速的升高，外加电压应相应提高。对有凸极效应的永磁同步电机而言，该方法没有充分利用磁阻转矩，没有充分发挥电机输出转矩的能力。

② 当功率因数等于 1 时，逆变器的容量得到充分利用。但该方法在同等电流下的输出力矩较小，电磁力矩存在极大值，该极值较小，除极值点外，对应某一电磁力矩有两个定子电流值与之对应。

③ 采取转矩电流比最大的控制方式时，电机在输出力矩满足要求的情况下定子电流最小，这种控制方式可以减小电机定子铜耗，提高效率，有利于逆变器开关器件的工作。在该方法的基础上，如加弱磁控制，则可以改善电机恒功率运行区电机输出转矩的性能，因而这是一种比较优异的电流控制方法。但是，该控制方法运算复杂，实时控制时运算量比较大，只有高性能的 DSP 控制器方可胜任。

④ 恒磁链控制方法可以获得比较高的功率因数，虽在一定程度上提高了电机的最大输出转矩，也存在最大输出力矩限制的问题，但比起功率因数等于 1 的控制方式，其最大输出转矩要大一些。

对比上述四种电流控制方法，针对大功率交流同步电机的调速系统，比较适合使用功率因数等于 1 及恒磁链控制方法，这两种控制方法可以获得比较高的功率因数，能够充分利用逆变器的容量。

对于中小功率交流永磁同步电机调速系统而言，由于传动装置功率一般不大，故对装置的过载能力、调速范围及转矩响应性能有比较高的要求，因此，比较适合使用 $i_d=0$ 及转矩电流比最大的电流控制方法。由于表面式永磁同步电机的交、直轴电感相等，故电机电磁转矩公式中的磁阻转矩不存在。因此，针对表面式永磁同步电机，功率因数等于 1 及恒磁链控制这两种控制方法是一致的。

另外，由于表面式永磁同步电机的气隙较大，凸极效应很小，要对其实现弱磁控制，需要电机定子电流很大的直轴电流，控制较难实现，故小功率表面式永磁同步电机调速系统的电流控制一般不采用弱磁控制方案。只有具有凸极效应的内永磁同步电机调速系统，在实施控制时，才可以使用弱磁控制获得比较明显的弱磁效果。

3.1.3 $i_d=0$ 控制方法的实现

在前面所述及的四种电流控制方法中，使用比较普遍的控制方法是 $i_d=0$ 的控

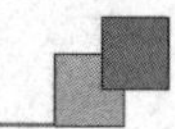

制方法，其他电流控制方法实现的基本思想类似，以下拟按 $i_d=0$ 的控制方法说明电机电流控制方法的实现原理。

1. 电压前馈解耦控制

如果引入 i_d、i_q 和 ω 的状态反馈，则电压 u_d、u_q 可以写成

$$u_d=u_d'-\omega L_q i_q \tag{3-21}$$

$$u_q=u_q'+\omega L_q i_q \tag{3-22}$$

式中，u_d'、u_q' 分别表示 d、q 轴非耦合部分电压。将其代入电机数学模型方程可得

$$u_d'=R_s i_d+L_d\frac{\mathrm{d}i_d}{\mathrm{d}t} \tag{3-23}$$

$$u_q'=R_s i_q+L_q\frac{\mathrm{d}i_q}{\mathrm{d}t}+\omega\psi_f \tag{3-24}$$

如按式(3-23)、式(3-24)选取电压指令，由于该线性方程不包含状态变量乘积项(耦合项)，故控制是解耦的。对方程(3-23)令 $u_d'=0$，可得 $i_d=0$ 的解耦控制。

该方法是一种完全线性化解耦控制方案，可使得 i_d、i_q 完全解耦。但为获得该控制结果，必须实时检测电机速度 ω 与 i_q，并作 ω 和 i_q 的乘法运算。由于存在测量精度和微处理器运算速度问题，其电流控制方案的实时性很难保证，要做到完全解耦很困难。

2. 电流反馈解耦控制

从电机数学模型可见，实际控制过程中，只要使电机的直轴电流等于零，就可以实现永磁同步电机线性化解耦控制。假定给永磁同步电机提供三相对称电流

$$\left.\begin{aligned}i_a&=\sqrt{2/3}\,I_s\sin(\theta+\varphi)\\ i_b&=\sqrt{2/3}\,I_s\sin(\theta+\varphi-120^\circ)\\ i_c&=\sqrt{2/3}\,I_s\sin(\theta+\varphi-240^\circ)\end{aligned}\right\} \tag{3-25}$$

式中，θ、φ 分别为 d 轴和 A 相轴线的夹角及当 A 相定子绕组轴线和 d 轴方向一致时 A 相电流的初始相位。由式(3-25)可得

$$\left.\begin{aligned}i_d&=I_s\sin\varphi\\ i_q&=-I_s\cos\varphi\end{aligned}\right\} \tag{3-26}$$

如果使转子磁极轴线和所定义的 d 轴轴线重合，即通过磁场定向控制，使电机电流初始相位角为 180°，则由式(3-26)可得 $i_d=0$，$i_q=I_s$。

当采用电压型逆变器控制时，将给定电流 i_d^*、i_q^* 与电流反馈 i_d、i_q 进行比较，其差值经过电流调节器输出定子电压，有

$$\left.\begin{aligned}u_d&=K(i_d^*-i_d)\\ u_q&=K(i_q^*-i_q)\end{aligned}\right\} \tag{3-27}$$

在控制中，一直保持 $i_d^*=0$，由于永磁同步电机调速系统中电流环响应速度很快，在电流调节过程中，可以认为电机转速不变，只要适当选择电流调节器，就可以得到 $i_d^*=i_d=0$，$i_q^*=i_q$，从而获得 $i_d=0$ 的控制，实现电机直轴和交轴间的解耦。

电流反馈解耦控制是一种近似的解耦控制，只要适当控制，就可以使永磁同步电机在动态、静态过程中获得近似控制，能够得到快速、高精度的转矩控制，且控制电路简单，实现方便。它是目前普遍采用的电流解耦控制方法。

本章介绍最常用的永磁同步电机的控制结构，即三相三桥臂矢量控制方式。传统三相三桥臂永磁同步电动机 SVPWM 矢量控制系统如图 3-4 所示。此种控制方法的控制流程为：通过坐标变换（三相/两相静止变换和同步旋转变换），将定子电流分解成产生磁链的励磁分量和产生转矩的转矩分量，并使两分量正交，彼此独立，然后分别控制，进而实现对磁链和电磁转矩的独立控制。给定 $i_d^*=0$，并将速度控制器的输出作为 i_q 的给定，控制器的输出为 u_d^*、u_q^*；SVPWM 调制模块最后输出给逆变桥 6 路驱动信号，驱动信号经功率放大后控制开关管驱动永磁同步电机，从而可在整体上实现永磁同步电机的转速电流双闭环。

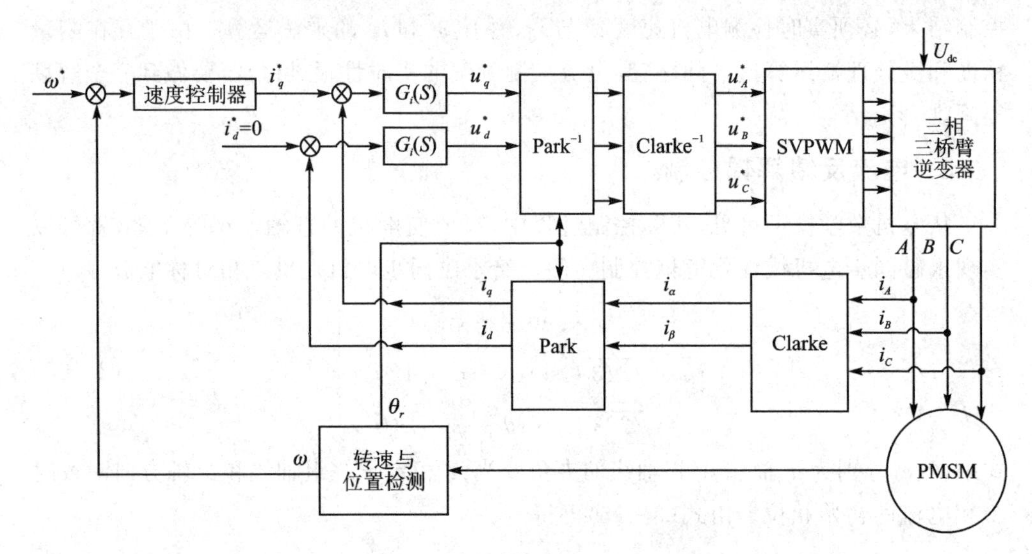

图 3-4　三相三桥臂控制原理框图

3.2　系统硬件设计

永磁同步电机三相三桥臂的拓扑结构如图 3-5 所示，将电机的三相分别接至逆变桥的三桥臂上。直流母线上的电压经过逆变器，通过永磁同步电机的三相引线，转换为频率一定的交流电压，供永磁同步电机使用。

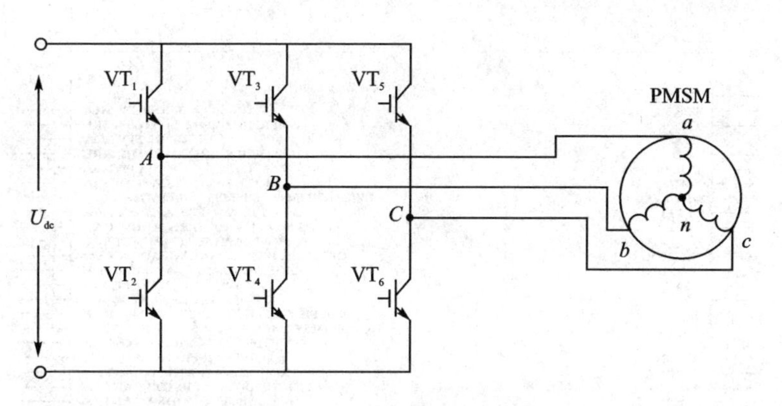

图 3-5 三相三桥臂拓扑结构

3.2.1 控制电路设计

控制电路的核心控制单元是美国 TI 公司的 DSP，其中 DSP 的型号为 TMS320F28335，主要用于对电压、电流信号进行 A/D 转换，以及转速和位置信息的读取；建立与上位机的通信，实现外围电路的控制，并控制生成调制波。其核心引脚如图 3-6 所示。

与前代相比，平均性能提升 50%，并与定点 C28x 控制器软件兼容，从而可简化软件开发，缩短开发周期，降低开发成本。TMS320F28335 的主频最高为 150 MHz，同时具有外部存储扩展接口、看门狗、3 个定时器、18 个 PWM 输出、16 通道的 12 位 A/D 转换器，增加了单精度浮点运算单元(FPU)和高精度 PWM，且 Flash 增加了 1 倍，达到 256k×16 bit，同时增加了 DMA 功能，可将 ADC 转换结果直接存入 DSP 的任一存储空间。以 TMS320F28335 为核心的最小系统的硬件电路及 PCB 详见附录。

3.2.2 旋转变压器解码芯片电路设计

在运动控制系统中，不仅仅需要获取实时的速度信息，有时候为了精确控制，也需要位置以及运动方向信息，TMS320F28335 中的 eQEP 模块通过应用正交编码器不仅仅可以获得速度信息，也可以获得方向信息以及位置信息。通过 AD2S1205 芯片的解码功能，将旋转变压器输出的位置信号解码，输出可供 TMS320F28335 的 eQEP 模块使用的 ABZ 信号，从而计算出准确的速度和方向。

AD2S1205 是一款 12 位分辨率旋变数字转换器，集成片上可编程正弦波振荡器，可以将激励频率设置为 10 kHz、12 kHz、15 kHz 或者 20 kHz，为旋变器提供正弦波激励。采用 Type Ⅱ跟踪环路跟踪输入信号，并将正弦和余弦输入端的信息转换为与输入角度和速度对应的数字量。支持增量式编码器仿真输出，增量式编码器

U1

TMS320F28335

引脚	名称
78	/TRST
87	TCK
79	TMS
76	TDI
77	TDO
85	EMU0
86	EMU1
84	VDD3VFL
81	TEST1
82	TEST2
138	XCLKOUT
105	XCLKIN
104	X1
102	X2
80	/XRS
35	ADCINA7
36	ADCINA6
37	ADCINA5
38	ADCINA4
39	ADCINA3
40	ADCINA2
41	ADCINA1
42	ADCINA0
53	ADCINB7
52	ADCINB6
51	ADCINB5
50	ADCINB4
49	ADCINB3
48	ADCINB2
47	ADCINB1
46	ADCINB0
43	ADCLO
57	ADCRESEXT
54	ADCREFIN
56	ADCREFP
55	ADCREFM
34	VDDA2
45	VDDAIO
31	VDD1A18
59	VDD2A18
33	VSSA2
44	VSSAIO
32	VSS1AGND
58	VSS2AGND
4	VDD
15	VDD
23	VDD
29	VDD
61	VDD
101	VDD
109	VDD
117	VDD
126	VDD
139	VDD
146	VDD
154	VDD
167	VDD
9	VDDIO
71	VDDIO
93	VDDIO
107	VDDIO
121	VDDIO
143	VDDIO
159	VDDIO
170	VDDIO
3	VSS
8	VSS
14	VSS
22	VSS
30	VSS
60	VSS
70	VSS
83	VSS
92	VSS
103	VSS
106	VSS
108	VSS
118	VSS
120	VSS
125	VSS
140	VSS
144	VSS
147	VSS
155	VSS
160	VSS
166	VSS
171	VSS

名称	引脚
GPIO0/EPWM1A	5
GPIO1/EPWM1B/ECAP6/MFSRB	6
GPIO2/EPWM2A	7
GPIO3/EPWM2B/ECAP5/MCLKRB	10
GPIO4/EPWM3A	11
GPIO5/EPWM3B/ECAP1/MFSRA	12
GPIO6/EPWM4B/EPWMSYNCI/EPWMSYNCO	13
GPIO7/EPWM4B/ECAP2/MCLKRA	16
GPIO8/EPWM5A/CANTXB//ADCSOCAO	17
GPIO9/EPWM5B/ECAP3/SCITXDB	18
GPIO10/EPWM6A/CANRXB//ADCSOCBO	19
GPIO11/EPWM6B/ECAP4/SCIRXDB	20
GPIO12//TZ1/CANTXB/MDXB	21
GPIO13//TZ2/CANRXB/MDRB	24
GPIO14//TZ3//XHOLD/SCITXDB/MCLKXB	25
GPIO15//TZ4//XHOLDA/SCIRXDB/MFSXB	26
GPIO16/SPISIMOA/CANTXB//TZ5	27
GPIO17//SPISIMIA/CANRXB//TZ6	28
GPIO18/SPICLKA/SCITXDB/CANRXA	62
GPIO19/SPISTEA/SCIRXDB/CANTXA	63
GPIO20/EQEP1A/MDXA/CANTXB	64
GPIO21/EQEP1B/MDRA/CANRXB	65
GPIO22/EQEP1S/MCLKXA/SCITXDB	66
GPIO23/EQEP1I/MFSXA/SCIRXDB	67
GPIO24/ECAP1/EQEP2A/MDXB	68
GPIO25/ECAP2/EQEP2B/MDRB	69
GPIO26/ECAP3/EQEP2I/MCLKXB	72
GPIO27/ECAP4/EQEP2S/MFSXB	73
GPIO28/SCIRXDA//XZCS6	141
GPIO29/SCITXDA/SA19	2
GPIO30/CANRXA/XA18	1
GPIO31/CANTXA/XA17	176
GPIO32/SDAA/EPWMSYNCI//ADCSOCAO	74
GPIO33/SCLA/EPWMSYNCO//ADCSOCBO	75
GPIO34/ECAP1/XREADY	142
GPIO35/SCITXDA/XR//W	148
GPIO36/SCIRXDA//XZCSO	145
GPIO37/ECAP2//XZCS7	150
GPIO38//XWEO	137
GPIO39/XA16	175
GPIO40/XA0//XWEI	151
GPIO41/XA1	152
GPIO42/XA2	153
GPIO43/XA3	156
GPIO44/XA4	157
GPIO45/XA5	158
GPIO46/XA6	161
GPIO47/XA7	162
GPIO48/ECAP5/XD31	88
GPIO49/ECAP6/XD30	89
GPIO50/EQEP1A/XD29	90
GPIO51/EQEP1B/XD28	91
GPIO52/EQEP1S/XD27	94
GPIO53/EQEP1I/XD26	95
GPIO54/SPISIMOA/XD25	96
GPIO55/SPISIMIA/XD24	97
GPIO56/SPICLKA/XD23	98
GPIO57//SPISTEA/XD22	99
GPIO58//MCLKRA/XD21	100
GPIO59/MFSRA/XD20	110
GPIO60/MCLKRB/XD19	111
GPIO61/MFSRB/XD18	112
GPIO62/SCIRXDC/XD17	113
GPIO63/SCITXDC/XD16	114
GPIO64/XD15	115
GPIO65/XD14	116
GPIO66/XD13	119
GPIO67/XD12	122
GPIO68/XD11	123
GPIO69/XD10	124
GPIO70/XD9	127
GPIO71/XD8	128
GPIO72/XD7	129
GPIO73/XD6	130
GPIO74/XD5	131
GPIO75/XD4	132
GPIO76/XD3	133
GPIO77/XD2	134
GPIO78/XD1	135
GPIO79/XD0	136
GPIO80/XA8	163
GPIO81/XA9	164
GPIO82/XA10	165
GPIO83/XA11	168
GPIO84/XA12	169
GPIO85/XA13	172
GPIO86/XA14	173
GPIO87/XA15	174
/XRD	149
thermal pad	177

图 3-6 TMS320F28335 核心芯片引脚图

仿真采用标准 A－quad－B 格式，并提供方向输出。

AD2S1205 外围电路、Sin 信号处理电路、Cos 信号处理电路、旋变信号功率放大电路如图 3－7 所示。

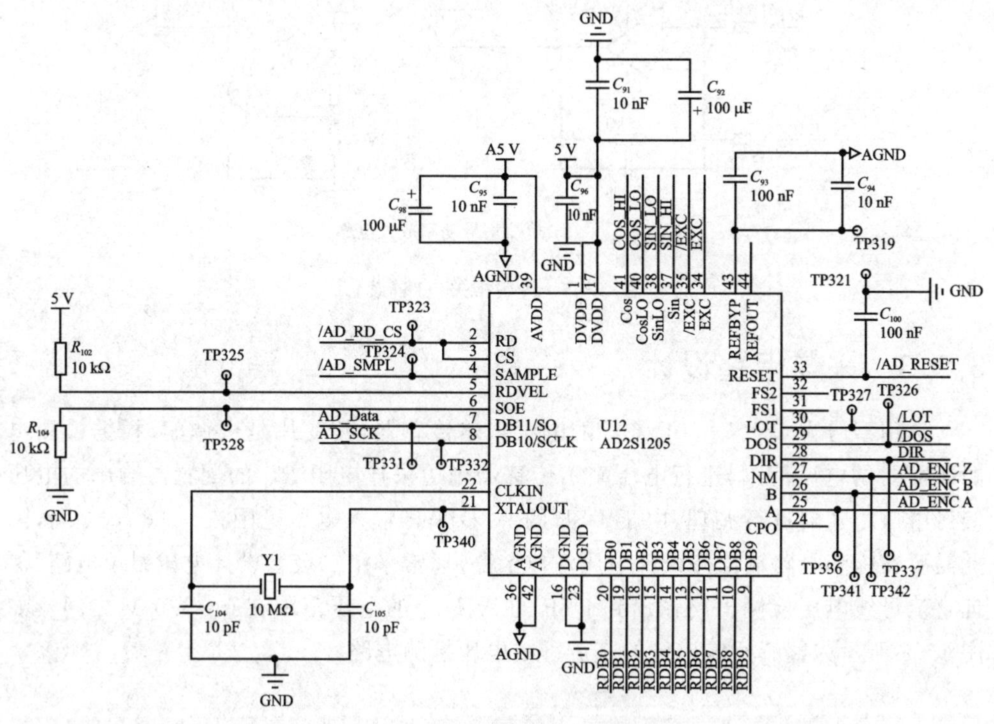

(a) AD2S1205外围电路

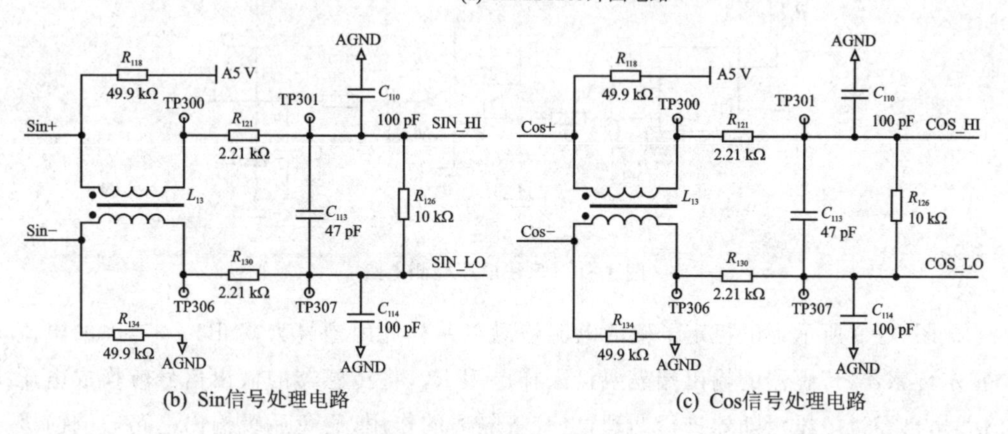

(b) Sin信号处理电路　　　　(c) Cos信号处理电路

图 3－7　解码相关电路

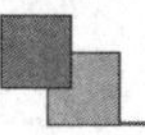

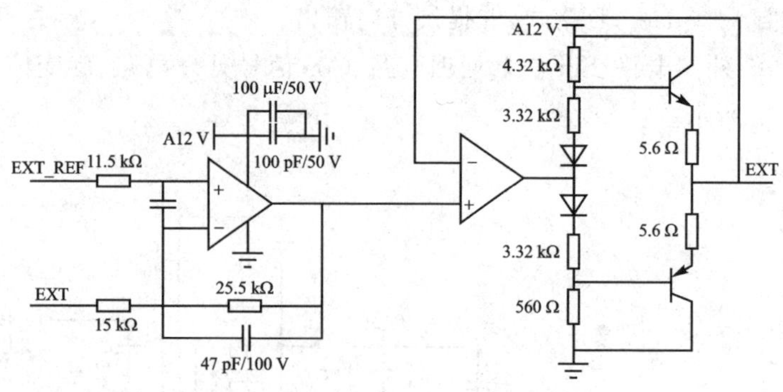

(d) 旋变信号功率放大电路

图 3-7 解码相关电路(续)

3.2.3 采样电路设计

选用型号为 CHV-50P/600 的电压霍尔传感器,其变比是可调的,根据检测电路所需要的电压范围,进行电压霍尔传感器副边采样电阻 R_M 的配置。输出的电压经过电压跟随器进行调理,由于 DSP 的 A/D 采样输入电压范围在 0~3 V 之间,因此需要在检测电路输出侧设计电压钳位电路,通常采用二极管设计电压钳位电路,保证直流母线电压检测电路输出到 DSP 的 A/D 中的电压范围在 0~3.3 V 之间。如图 3-8 所示为整流桥输出侧的直流母线电压检测电路。

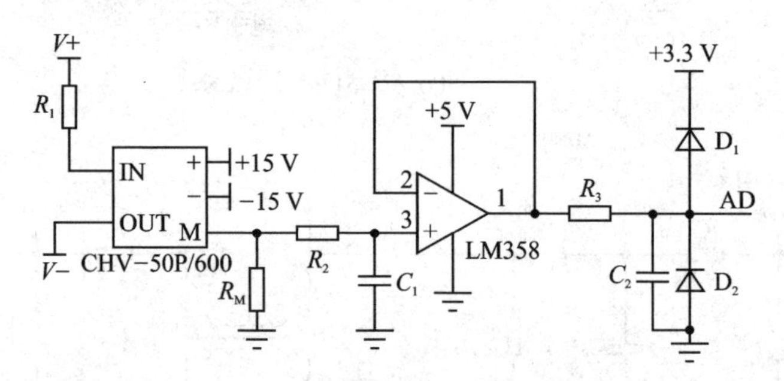

图 3-8 母线电压检测电路

图 3-9 所示为电机定子侧的电流检测电路。选用型号为 CSB3-300A 的电流霍尔传感器,传感器的输出端需要接采样电阻 R_1,将传感器的输出信号转换成电压信号,再经过电压跟随器进行调理,也有着隔离的作用,避免后级输出电路影响前级输入。由于电流值有正负之分,并且 DSP 的 A/D 采样功能不允许有负值输入,所以需要对其幅值进行调理,使其满足采样功能需求。此时需要引入直流偏置电路,如图 3-10 所示,通过设计的偏置电路输出一个稳定不变的直流电压,将其与电压跟随器输出的电压相加,使得检测到的交流电流转换为一个最小值也大于零的交流电压。

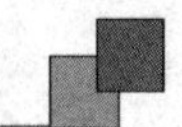

之后通过运放电路进行调理，对电压进行放大或缩小。最后通过二极管钳位电路，输入到 DSP 的 A/D 输入端口。

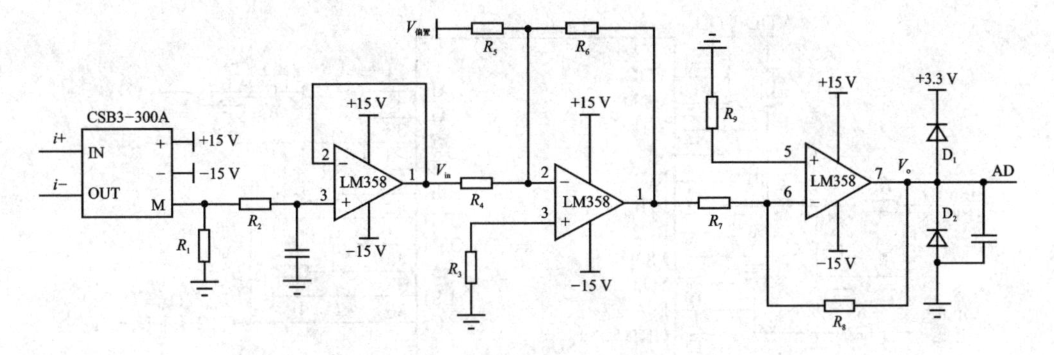

图 3-9 电流检测电路

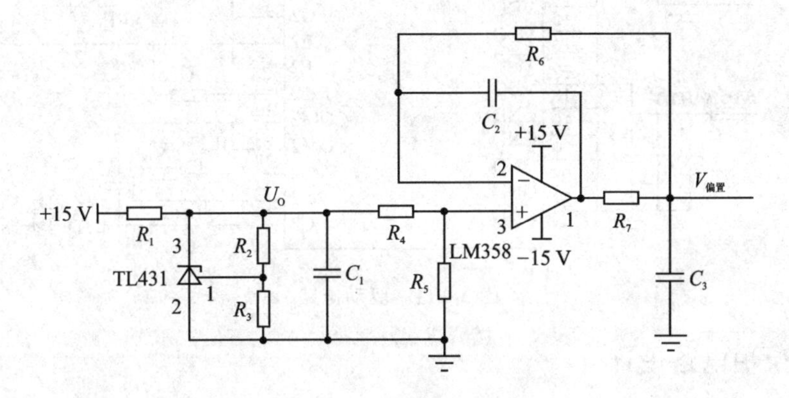

图 3-10 直流偏置电路

图 3-10 中的 TL431 为三端可调分流稳压器，输出端通过两个电阻可配置成为可控精密稳压源，其输出电压可任意设置的范围为 2.5～36 V，其最大工作电流为 150 mA。TL431 与电阻 R_2 以及 R_3 构成了一个电压可调的基准源，输出电压关系为 $U_O=2.5\ V\times(1+R_2/R_3)$，再通过电阻 R_4 和 R_5 对其输出电压进行分压，来获取所检测电路所需求的偏置电压值大小，最后通过电压跟随器与滤波电路进行调理输出作为直流偏置电压。

3.2.4 驱动及保护电路设计

1. 驱动电路设计

IGBT 不允许长时间工作在线性区，否则导通损耗非常大；而门极电压越低时，IGBT 越容易进入线性区，通常选取＋15 V 作为门极开通电压；可以看到 IGBT 在正常的开通和关断过程中，会在线性区停留一会儿，但时间很短，这是正常的。当 IG-

BT 瞬间短路时，采用 V_{ce} 电压检测，设计电压阈值，一旦超过会关闭 IGBT，启动报警信号。参考电路如图 3－11 所示。

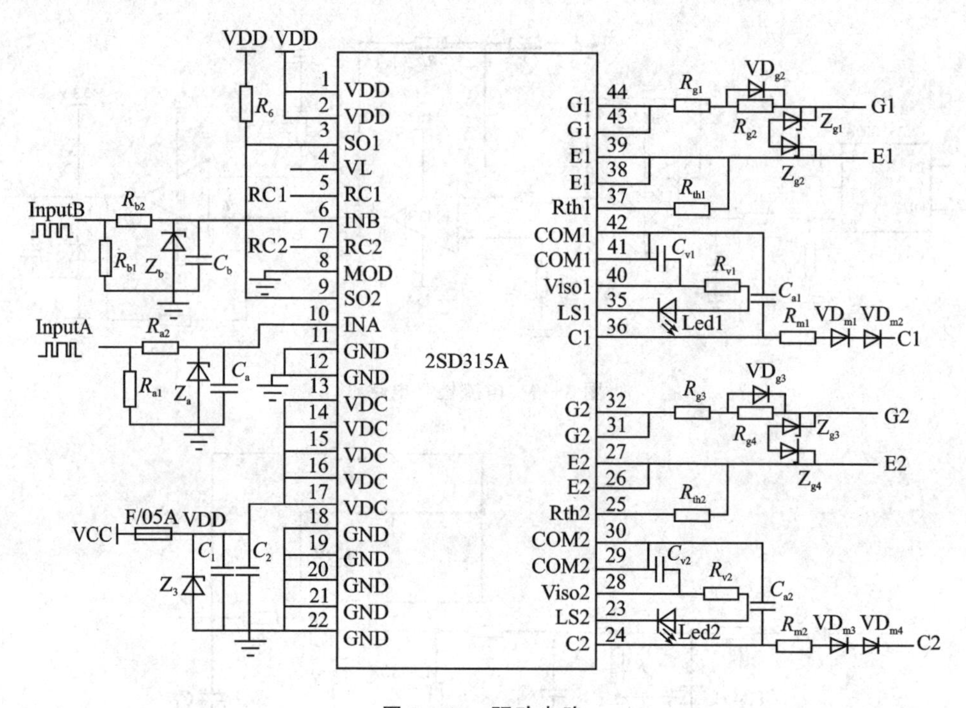

图 3－11　驱动电路

2. 保护电路设计

在控制系统准备启动时，为确保驱动系统能提供电机运行时所需要的电压，首先需要对三相不控整流桥前端的三相交流电进行缺相检测，其次检测整流桥输出的直流母线电压的大小。图 3－12 为整流桥前端的缺相检测电路。此缺相检测电路并联到变频器的三相不控整流桥前端，正常状态下，光耦内部的发光二极管是点亮的，因

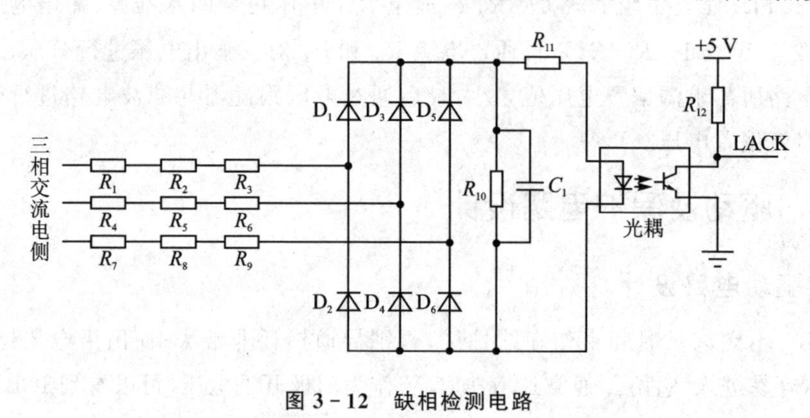

图 3－12　缺相检测电路

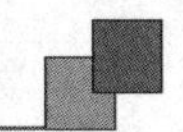

此其内部的三极管受光导通，LACK 输出低电平；当三相交流电输入源发生断相故障时，光耦内部的发光二极管是不亮的，因此其内部的三极管不导通，LACK 输出高电平。当主控芯片 DSP 检测到 LACK 为高电平时，发出缺相故障警报。

在电机控制中常用到过流保护功能，如图 3－13 所示。这需要对电流进行采样，同时，如果用 DSP 实现检测电流进行保护的话需要消耗大量 CPU 时间，因此用硬件电路设计了一种带自锁功能的过流保护模块，这对于过流保护可以实现模块化，方便使用。该模块输入信号加入 2.5 V 直流电压偏置，分别接入两个 LM393 比较器的正负输入引脚。配置外围电阻，计算 LM393 比较器的正负电压参考值，一旦输入信号超过电压信号参考值范围，则会出现报警信号。

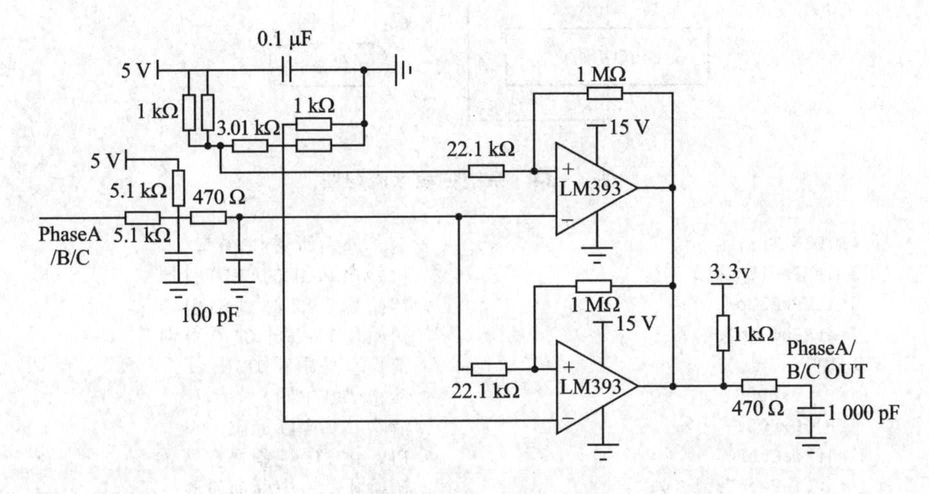

图 3－13　过流保护电路

3.3　系统软件设计

3.3.1　主程序流程图及 DSP 代码示例

在主程序中首先对寄存器初始化，系统主程序流程图如图 3－14 所示，然后进入循环等待中断。

主循环中主要包括通信、显示程序等。初始化程序包括：系统时钟、寄存器、通用输入/输出 GPIO、中断向量表初始化、PWM 模块、A/D 采样模块等的配置。

主程序如下：

```
void main()
{
    InitSysCtrl();                          // 系统控制初始化
```

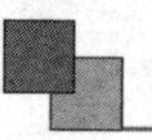

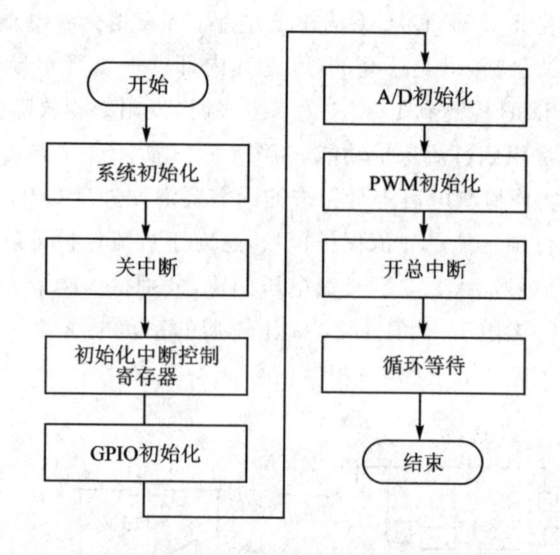

图 3-14　系统主程序流程图

```
GPIOINIT();                              // 定义外设所需 GPIO 口
InitEPwm1Gpio();                         // 初始化 PWM1 的 GPIO 引脚
InitEPwm2Gpio();                         // 初始化 PWM2 的 GPIO 引脚
InitEPwm3Gpio();                         // 初始化 PWM3 的 GPIO 引脚
DINT;                                    // 禁止全局中断 INTM = 1
IER = 0x0000;                            // 禁止 CPU 中断
IFR = 0x0000;                            // 清除 CPU 中断标志
InitPieCtrl();                           // 初始化 PIE 控制寄存器
InitPieVectTable();                      // 初始化 PIE 中断向量表
EALLOW;                                  // 解除寄存器保护
// PWM 中断函数 PWM1 入口地址装入中断向量表
PieVectTable.EPWM1_INT = &epwm1_isr;
// PWM 中断函数 PWM1 入口地址装入中断向量表
PieVectTable.EPWM2_INT = &epwm2_isr;
EDIS;                                    // 使能寄存器保护
InitAdc();                               // ad 模块初始化
design_Adc();                            // ad 采样模块配置
InitEpwm1();                             // pwm1 模块寄存器配置
InitEpwm2();                             // pwm2 模块寄存器配置
InitEpwm3();                             // pwm3 模块寄存器配置
InitQEP1();                              // QEP 模块配置
PieCtrlRegs.PIEIER3.bit.INTx1 = 1;       // PIE 级 PWM1 中断使能
PieCtrlRegs.PIEIER3.bit.INTx2 = 1;       // PIE 级 PWM2 中断使能
PieCtrlRegs.PIECTRL.bit.ENPIE = 1;       // PIE 总中断使能
IER| = M_INT1;                           // 使能 CPU 第一组中断
IER| = M_INT2;
IER| = M_INT3;
IER| = M_INT4;
EINT;                                    // 打开全局中断
```

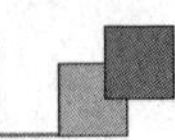

```
    while(1);
    {}
}
```

在TMS320F28335的ROM中，约3 KB的空间用于存放数学公式表。它主要应用于高速度和高精度的实时计算，比同等程度的ANSIC C语言效率更高，同时可以节省用户更多的设计和调试时间。为了提高DSP运算的精度和速度，我们引入了IQmath库，并使用了其中_iq24的Q格式，即2^24。程序中出现的是_IQ(1)＝2^24＝16777216。

为了应用IQmath，首先要从TI官方网站下载IQmath库，文档名称为SPRC087。我们主要应用库里面的IQmath.cmd、IQmathLib.h及IQmath.lib。新建一个工程，将IQmath.lib、IQmath.cmd添加到工程，同时在main()函数之前增加语句：# include"IQmathLib.h"。注意：rts2800.lib和DSP281x_Headers_nonBIOS.cmd也要加到工程中。

3.3.2　中断程序流程图及DSP代码示例

1. PWM中断流程图及程序

中断是程序编写的关键，控制系统中应用的中断很多，其中最关键的中断是与载波同步同频的PWM中断。本实验采用的PWM中断频率为10 kHz，中断流程图如图3-15所示，当电机运行时，读取A、B、C三相电流进行dq变换，控制电机运行。

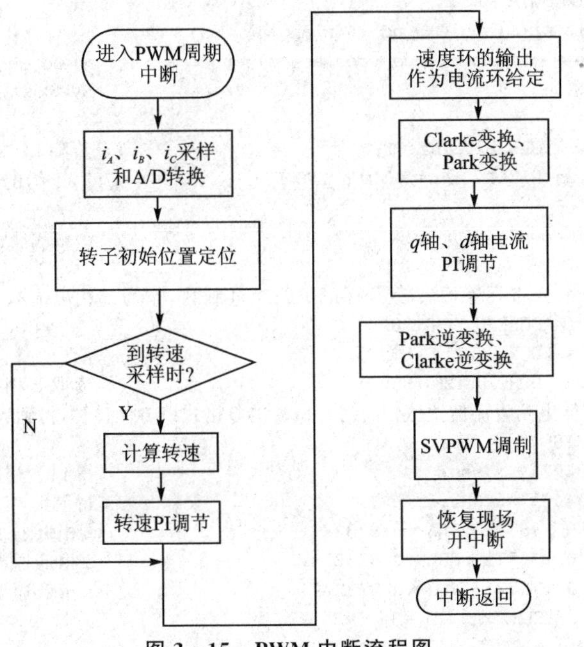

图3-15　PWM中断流程图

转速外环、dq 电流内环的程序也编写在 PWM 周期中断中，其中转速环的计算周期是 10 倍的电流环计算周期。电流环分为三部分，i_d、i_q 分别对应着两个电流环，它们的输出对应着 SVPWM 平面矢量调制的输入。

PWM 中断服务子程序代码如下：

```
interrupt void epwm1_isr(void)                                // pwm1 中断服务子程序
{
    Alpha = RRA;
    Beta = ( - RRA - 2 * RRC) * 0.57735026918963;              // Clarke 变换
    PWM_enable();                                              // PWM 动作位使能
    if((LockRotorFlag = = 1)&&(kaiguan1 = = 1))                // 检测到启动信号
    {
        DatQ19 = EQep1Regs.QPOSCNT;                            // 读取电机位置信号
        diff1 = DatQ19 * 2 * 3.1415926/4096 - 2.058602;        // 初始电角度 = 118°
        angle = 2 * diff1;                                     // 电机为 2 对极，得到电角度值
        if(countjishi1 = = 10)                                 // 每 10 次进行一次速度环 PI
        {
            cesu();                                            // 测量电机转速
            PI_SPEED();                                        // 速度环 PI
            countjishi1 = 0;                                   // 速度环计数位清零
        }
        ID = cos(angle) * Alpha + sin(angle) * Beta;
        IQ = ( - sin(angle)) * Alpha + cos(angle) * Beta;      // Park 变换
        PI_ID();                                               // ID 电流环 PI
        PI_IQ();                                               // IQ 电流环 PI
        uq = out_IQ;
        ud = out_ID;
        iAlpha = cos(angle) * ud - sin(angle) * uq;
        iBeta = sin(angle) * ud + cos(angle) * uq;             // 对 ud、uq 进行反 Park 变换
        SVPWM();                                               // SVPWM 算法
    }
    EPwm1Regs.ETCLR.bit.INT = 1;                               // 清除 ePWM1 中断标志位
    PieCtrlRegs.PIEACK.all = PIEACK_GROUP3;                    // 第三组的中断可以重新响应
}
interrupt void epwm2_isr(void)                                 // pwm2 中断服务子程序
{
    // 将 A/D 采样寄存器值转换为有正负的二进制数，作为 a 相电流采样值
    a = AdcRegs.ADCRESULT0^0x8000;
    b = AdcRegs.ADCRESULT1^0x8000;                             // 读取 b 相电流采样值
    c = AdcRegs.ADCRESULT2^0x8000;                             // 读取 c 相电流采样值
    // 减去采样电路直流偏置值，并转为_iq24 的 Q 格式以方便计算，得到当前 a 相电流计算值
    aa = (a - 3189) * xishu;
    bb = (b - 3402) * xishu;                                   // 得到 b 相电流计算值
    cc = (c - 3440) * xishu;                                   // 得到 c 相电流计算值
    RRA = aa * 0.176771 + RRA * 0.823229;                      // a 相低通滤波函数
    RRB = bb * 0.176771 + RRB * 0.823229;                      // b 相低通滤波函数
    RRC = cc * 0.176771 + RRC * 0.823229;                      // c 相低通滤波函数
    EPwm2Regs.ETCLR.bit.INT = 1;                               // 清除 ePWM2 中断标志位
    PieCtrlRegs.PIEACK.all = PIEACK_GROUP3;                    // 第三组的中断可以重新响应
}
```

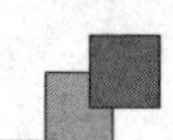

2. PI 控制器流程图及程序

PI 控制器流程图如图 3-16 所示。

PI 调节器是一种线性控制器，它根据给定值与实际输出值构成控制偏差，将偏差的比例和积分通过线性组合构成控制量，对被控对象进行控制。其中的比例部分可以在有偏差的情况下立即产生调节作用以减小偏差。比例作用大，可以加快调节，减小误差；但是过大的比例，会使系统的稳定性下降，甚至造成系统的不稳定。积分环节使系统消除稳态误差，提高无误差度。因为有误差，积分调节就进行，直至无误差，积分调节停止，积分调节输出一常值。积分作用的强弱取决于积分时间常数 T_i。T_i 越小，积分作用越强；反之，T_i 越大，则积分作用越弱，加入积分调节可使系统稳定性下降，动态响应变慢。

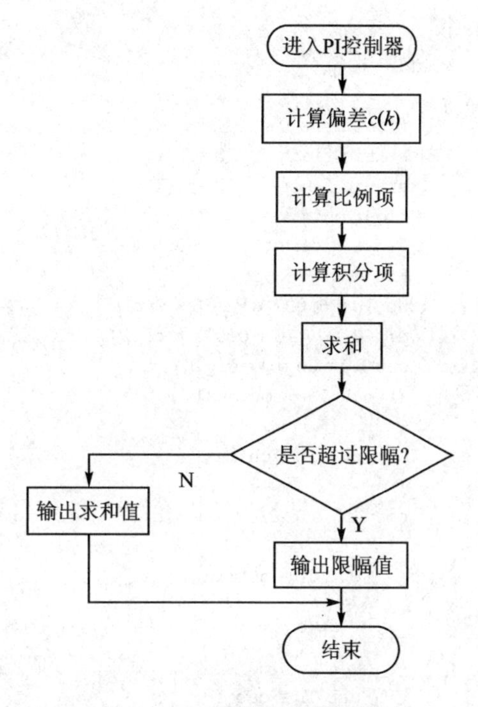

图 3-16　PI 控制器流程图

速度、电流环 PI 控制器子程序如下：

```
void PI_ID()                                    // ID 电流环 PI 控制器
{
    float Err = 0;                              // 定义误差变量
    static float Up_ID = 0;                     // 定义静态变量 Up_ID 比例输出
    static float Ui_ID = 0;                     // 定义静态变量 Ui_ID 积分输出
    float outmax = _IQ(0.2);                    // 限定 PI 控制器正向最大输出量
    float outmin = _IQ(-0.2);                   // 限定 PI 控制器负向最大输出量
    Err = IdGIVE - ID;                          // 误差 = 给定 - 反馈
    Up_ID = 0.001 * kp_ID * Err;                // 比例输出
    Ui_ID = Ui_ID + 0.001 * ki_ID * Err;        // 积分输出
    out_ID = Up_ID + Ui_ID;                     // 得到 PI 结果值
    if(out_ID > outmax)
    {
        out_ID = outmax;
    }
    else if(out_ID < outmin)
    {
        out_ID = outmin;
    }
```

```
    else
    {
        out_ID = out_ID;                          // 输出限幅
    }
}
void PI_IQ()                                      // IQ 电流环 PI 控制器
{
    float Err = 0;                                // 定义误差变量
    static float Up_IQ = 0;                       // 定义静态变量 Up_IQ 比例输出
    static float Ui_IQ = 0;                       // 定义静态变量 Ui_IQ 积分输出
    float outmax = _IQ(0.8);                      // 限定 PI 控制器正向最大输出量
    float outmin = _IQ( - 0.8);                   // 限定 PI 控制器负向最大输出量
    Err = IqGIVE - IQ;                            // 误差 = 给定 - 反馈
    Up_IQ = 0.001 * kp_IQ * Err;                  // 比例输出
    Ui_IQ = Ui_IQ + 0.001 * ki_IQ * Err;          // 积分输出
    out_IQ = Up_IQ + Ui_IQ;                       // 得到 PI 结果值
    if(out_ID > outmax)
    {
        out_ID = outmax;
    }
    else if(out_ID < outmin)
    {
        out_ID = outmin;
    }
    else
    {
        out_ID = out_ID;                          // 输出限幅
    }
}
void PI_SPEED()                                   // 速度环 PI 控制器
{
    static float Up = 0;                          // 定义静态变量 Up 比例输出
    static float Ui = 0;                          // 定义静态变量 Ui 积分输出
    float outmax = 16777216 * 0.99;               // 限定 PI 控制器正向最大输出量
    float outmin = - 16777216 * 0.99;             // 限定 PI 控制器负向最大输出量
    SPEED_Err = speedref - speedrpm;              // 误差 = 给定 - 反馈
    if(SPEED_Err > = _IQ(0.00333))
    {
        // 定标_IQ(1)的转速为 9 000 r/min,则_IQ(0.00333)为 30 r/min
        SPEED_Err = _IQ(0.00333);
    }
    else if(SPEED_Err < = _IQ( - 0.00333))
    {
        SPEED_Err = _IQ( - 0.00333);
    }
    else
    {
        SPEED_Err = SPEED_Err;                    // 将速度误差值限制在 30 r/min 内
    }
    Up = 0.001 * kp_SPEED * SPEED_Err;            // 比例输出
```

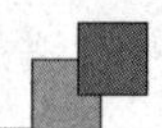

```
    Ui = Ui + 0.001 * ki_SPEED * SPEED_Err;        // 积分输出
    out_SPEED = Up + Ui;                           // 得到 PI 结果值
    if(out_ID > outmax)
    {
        out_ID = outmax;
    }
    else if(out_ID < outmin)
    {
        out_ID = outmin;
    }
    else
    {
        out_ID = out_ID;                           // 输出限幅
    }
}
```

3.3.3　SVPWM 控制算法流程图及 DSP 代码示例

经过电流环 PI 调节器输出的 U_d、U_q，需要经过 SVPWM 算法得出 DSPePWM 模块中比较寄存器的值，继而控制功率器件的开通与关断。SVPWM 控制算法流程图如图 3－17 所示。

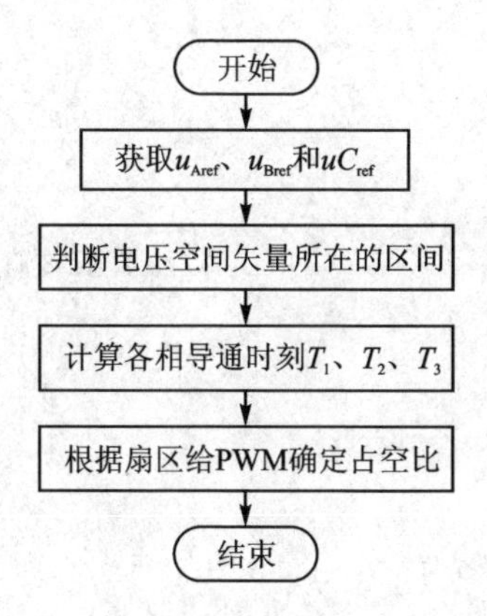

图 3－17　SVPWM 控制算法流程图

SVPWM 模块子程序如下：

```
void SVPWM()                                       // SVPWM 调制函数
{
    va = iBeta;
    vb = (-0.5) * iBeta + 0.8660254 * iAlpha;
    vc = (-0.5) * iBeta - 0.8660254 * iAlpha;// Clarke 反变换
    int sector = 0;
    if(va > 0)
    {
        sector = 1;
    }
```

```
if(vb > 0)
{
    sector = sector + 2;
}

if(vc > 0)
{
    sector = sector + 4;                        // 判断扇区
}
VA = iBeta;
VB = 0.5 * iBeta + 0.8660254 * iAlpha;
VC = 0.5 * iBeta - 0.8660254 * iAlpha;        // Clarke 反变换
if(sector = = 1)                               // 扇区 1 计算时间 vga,vgb,vgc
{
    t1 = VC;
    t2 = VB;
    vgb = 0.5 * (_IQ(1) - t1 - t2);
    vga = vgb + t1;
    vgc = vga + t2;
}
if(sector = = 2)                               // 扇区 2 计算时间 vga,vgb,vgc
{
    t1 = VB;
    t2 = - VA;
    vga = 0.5 * (_IQ(1) - t1 - t2);
    vgc = vga + t1;
    vgb = vgc + t2;
}
if(sector = = 3)                               // 扇区 3 计算时间 vga,vgb,vgc
{
    t1 = - VC;
    t2 = VA;
    vga = 0.5 * (_IQ(1) - t1 - t2);
    vgb = vga + t1;
    vgc = vgb + t2;
}
if(sector = = 4)                               // 扇区 4 计算时间 vga,vgb,vgc
{
    t1 = - VA;
    t2 = VC;
    vgc = 0.5 * (_IQ(1) - t1 - t2);
    vgb = vgc + t1;
    vga = vgb + t2;
}
if(sector = = 5)                               // 扇区 5 计算时间 vga,vgb,vgc
{
    t1 = VA;
    t2 = - VB;
    vgb = 0.5 * (_IQ(1) - t1 - t2);
    vgc = vgb + t1;
```

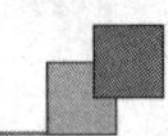

```
        vga = vgc + t2;
    }
    if(sector = = 6)                              // 扇区 6 计算时间 vga,vgb,vgc
    {
        t1 = - VB;
        t2 = - VC;
        vgc = 0.5 * (_IQ(1) - t1 - t2);
        vga = vgc + t1;
        vgb = vga + t2;
        }
    }
}
```

PWM 占空比计算子程序：

```
void pwm_ratio()// 占空比计算函数
{
    // 7500 表示 PWM 开通频率为 10 kHz 时的周期寄存器值
    cmpa = vga * 0.0000000596 * 7500;             // 将得到_iq 格式的数据处理
    cmpb = vgb * 0.0000000596 * 7500;             // 0.0000000596 = 1/(2^24)
    cmpc = vgc * 0.0000000596 * 7500;
    EPwm1Regs.CMPA.half.CMPA = cmpa;
    EPwm2Regs.CMPA.half.CMPA = cmpb;
    EPwm3Regs.CMPA.half.CMPA = cmpc;              // 对 PWM 比较寄存器赋值
}
```

3.3.4　电机测速子程序代码示例

为使电机正常运行，需要计算出电机的实际速度以进行速度环闭环调节。以下为电机测速子程序：

```
void cesu()
{
    DatQ14 = EQep1Regs.QEPSTS.bit.QDF;            // 读取正交方向标志寄存器
    if(DatQ14 = = 1)                              // 判断顺时针转
    {
        DatQ18 = EQep1Regs.QPOSCNT;               // 读取位置计数寄存器
        DatQ17 = DatQ16;                          // 获得上次位置计数寄存器
        DatQ16 = DatQ18;                          // 获得当次位置计数寄存器
        diff = DatQ16 - DatQ17;                   // 前后两次寄存器误差
        if(diff < 0)
        diff = diff + 4096;                       // 保证误差值为正
    }
    if(DatQ14 = = 0)                              // 判断逆时针旋转
    {
        DatQ18 = EQep1Regs.QPOSCNT;               // 读取位置计数寄存器
        DatQ17 = DatQ16;                          // 获得上次位置计数寄存器
        DatQ16 = DatQ18;                          // 获得当次位置计数寄存器
        diff = DatQ16 - DatQ17;                   // 前后两次寄存器误差
        if(diff > 0)
```

```
        diff = diff - 4096;                                   // 保证误差值为负
    }
    diff2 = diff * 2 * 3.1415926/4096;                        // 将速度单位转换为 rad/次
    TMP1 = (1000) * diff2;                                    // 将速度单位转换为 rad/s
    TMP2 = 0.981499176 * TMP2 + 0.018500823 * TMP1;           // 数字滤波
    speed = TMP2;
    speedrpm = speed/(2 * 3.1415926) * 0.00667 * 16777216;  // 标定速度为 r/min
}
```

3.3.5 永磁同步电机初始位置定位

在电机上电启动时,系统无法获知电机转子的精确位置。而得知电机转子的精确位置是实现永磁同步电机控制的前提。通过位置信号只能判断出电机转子所在的扇区,若假设转子位于相邻两个基本势磁向量的角平分线上,则转子位置角有 0°～30°电角度的误差。电机出厂时一般会给出光电编码霍尔信号与电机转子位置角的关系,如表 3-1 所列。因此要获得转子位置角,需要进行进一步的处理。

表 3-1 Status 的状态及其对应的区间

状　态	101	100	110	010	011	001
角度/(°)	0～60	60～120	120～180	180～240	240～300	300～360

具体实现如下:假定电动机转子所在扇区的两基本磁势矢量为 $\boldsymbol{S}_1$、$\boldsymbol{S}_2$,逆时针旋转时 DSP 正交编码计数器增加,并计 HA、HB、HC 信号值变量为 Status,如图 3-18 所示。

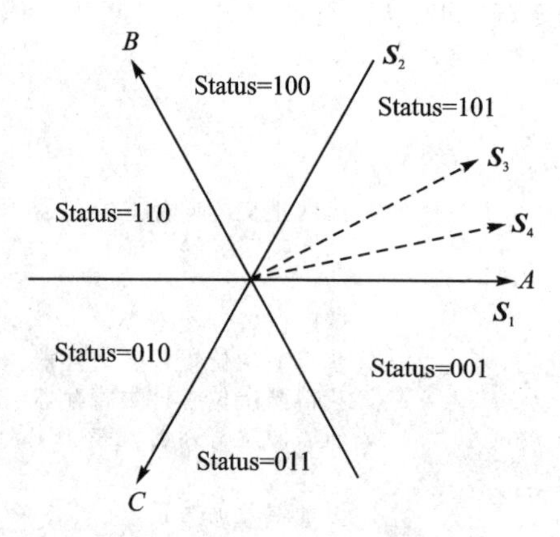

图 3-18 转子位置信号状态与转子位置分区

为了确定转子的具体位置,先向电机三相绕组通以一定的电流,使合成电流矢量 $\boldsymbol{S}_3$ 位于两基本矢量的角平线上。如果电机转子正好位于 $\boldsymbol{S}_3$ 上,则转子将静止不动;如果电机位于 $\boldsymbol{S}_1$、$\boldsymbol{S}_3$ 之间,则电机转子会有逆时针旋转的趋势,DSP 正交编码计数器值将有所增加;如果电机位于 $\boldsymbol{S}_2$、$\boldsymbol{S}_3$ 之间,则电机转子会有顺时针旋转的趋势,DSP 正交编码计数器值将有所减小。由此可缩小电机转子所在的分区,假设转子位于 $\boldsymbol{S}_1$、$\boldsymbol{S}_3$ 之间,再通以 $\boldsymbol{S}_1$、$\boldsymbol{S}_3$ 一定的电流使合成电流矢量 $\boldsymbol{S}_4$ 位于 $\boldsymbol{S}_1$、$\boldsymbol{S}_3$ 的角平分线上,然后以同样的判断方式进一步缩小电机转子所在的分区。

以此类推,经过多次试探后,电机转子处于微振状态下完成定位,系统对转子位

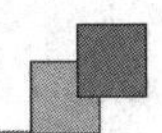

置初始角度的误差值可缩小在极小的范围内。为防止电机旋转，探测电流不宜过大，判断时间不宜过长，这需根据电机的型号反复测试调整。电机初始定位子程序流程图如图3-19所示。

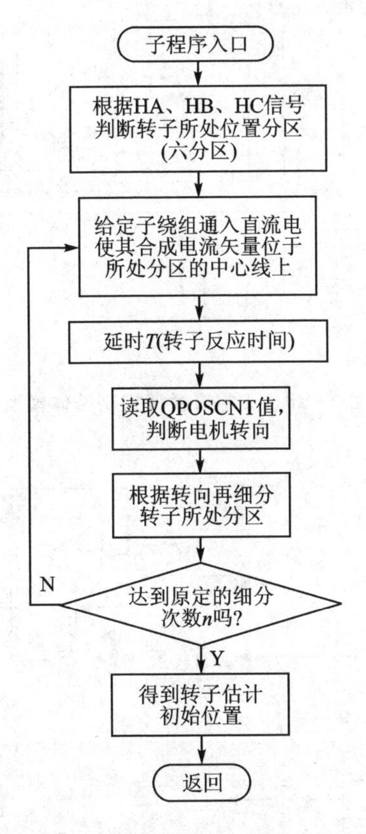

图3-19 电机初始定位子程序流程图

3.4 仿真及实验结果分析

3.4.1 Simulink 仿真模型

1. 整体模型

在建立电机本体和SVPWM空间矢量模块之后，加入 $i_d=0$ 的控制策略，三相三桥臂系统仿真模型如图3-20所示。

2. 坐标变换模型

图3-21为Clarke变换、Clarke逆变换、Park变换、Park逆变换的仿真模型。

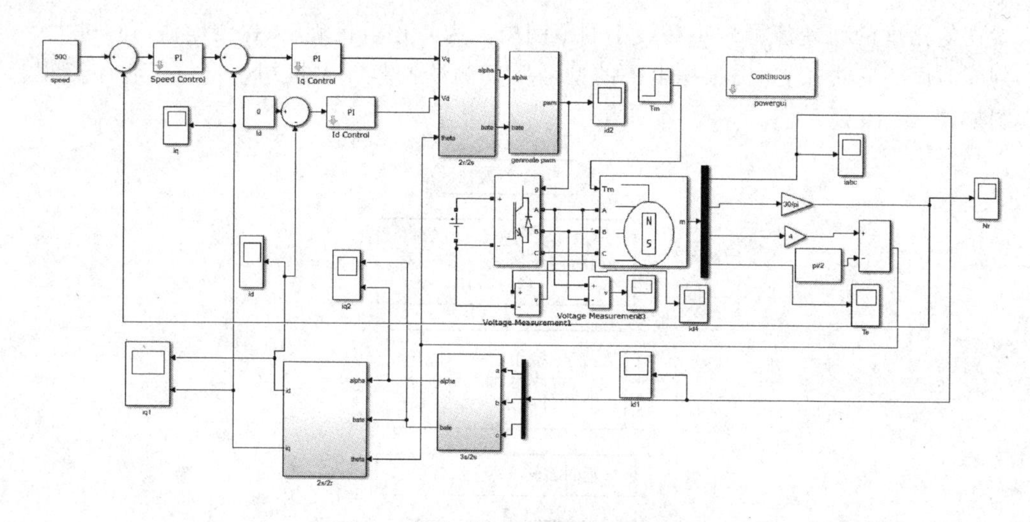

图 3－20　三相三桥臂控制整体模型

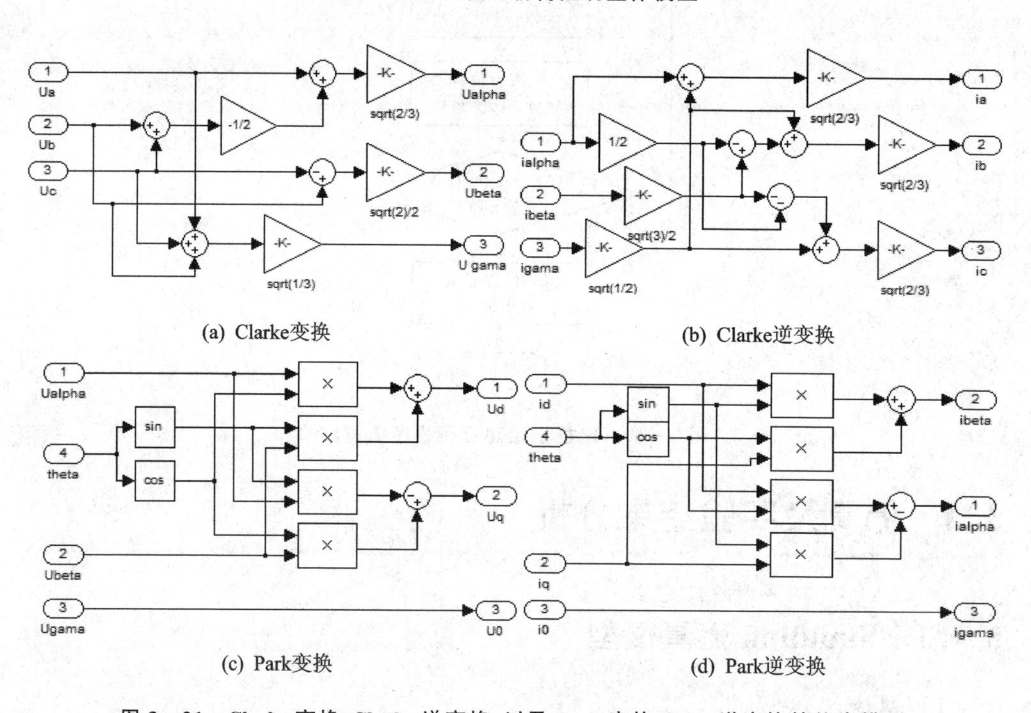

(a) Clarke变换　　(b) Clarke逆变换

(c) Park变换　　(d) Park逆变换

图 3－21　Clarke 变换、Clarke 逆变换，以及 Park 变换、Park 逆变换的仿真模型

3. SVPWM 矢量调制模块

对于功率侧，交流 220 V 经整流输出后变为 310 V 的直流母线电压。SVPWM 矢量控制系统模型如图 3－22 所示，其中包括合成扇区的基础矢量作用时间计算模块、转子实际位置检测模块、SVPWM 波形调制模块等。

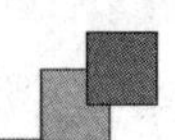

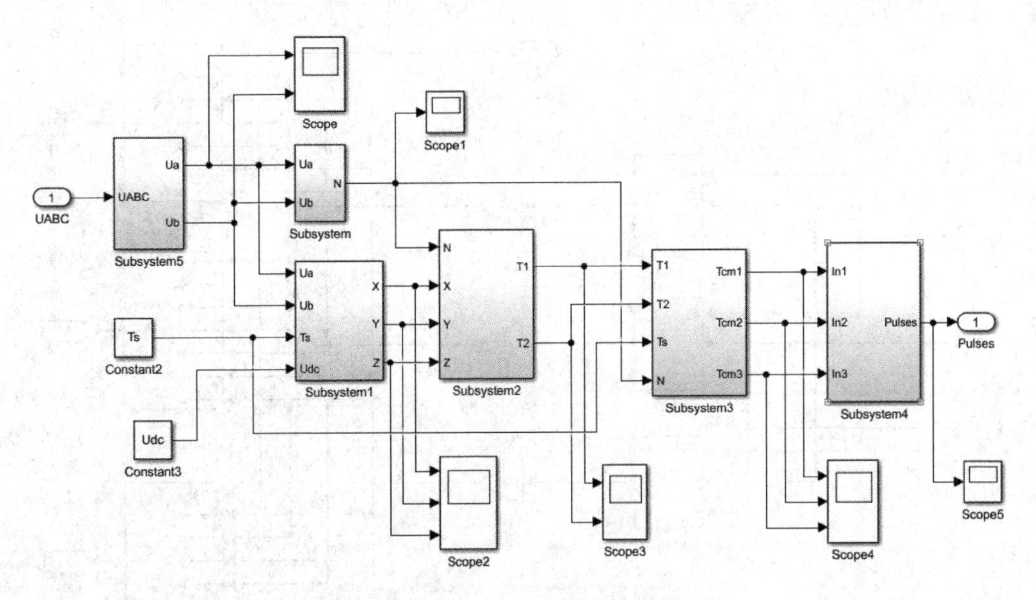

图 3-22　SVPWM 矢量控制系统模型

(1) 指针变量 *N* 计算模块

6 个指针变量对应着圆形磁场的具体位置，首先确定目标矢量的具体位置，即它的指针变量是多少，得到指针变量的具体值就得到了开关电压矢量的具体值，从而控制相应的开关管形成相应角度的磁场。图 3-23 为扇区计算模块。

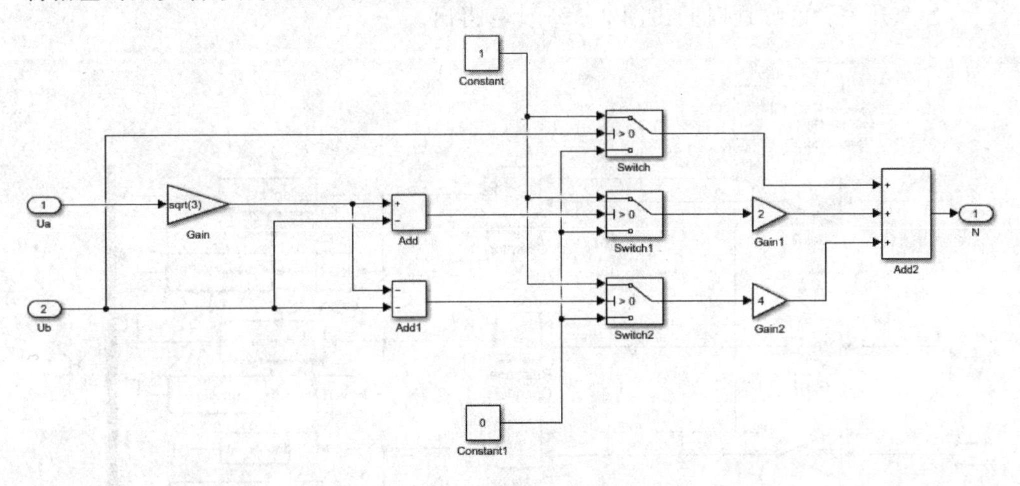

图 3-23　扇区计算模块

(2) 开关量作用时间计算模块

合成扇区的基础矢量作用时间的计算方法如图 3-24 所示，计算方式为 PWM 周期乘以占空比。

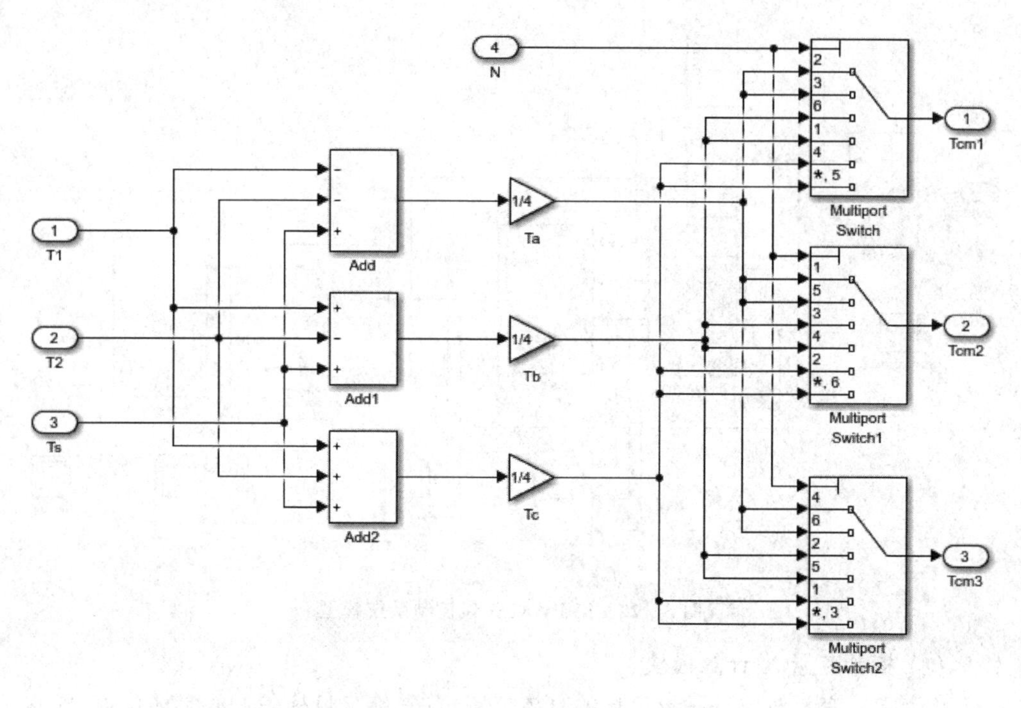

图 3-24 占空比转换作用时间计算模块

(3) SVPWM 波形的合成

各个开关管的导通时间由图 3-25 计算得出。

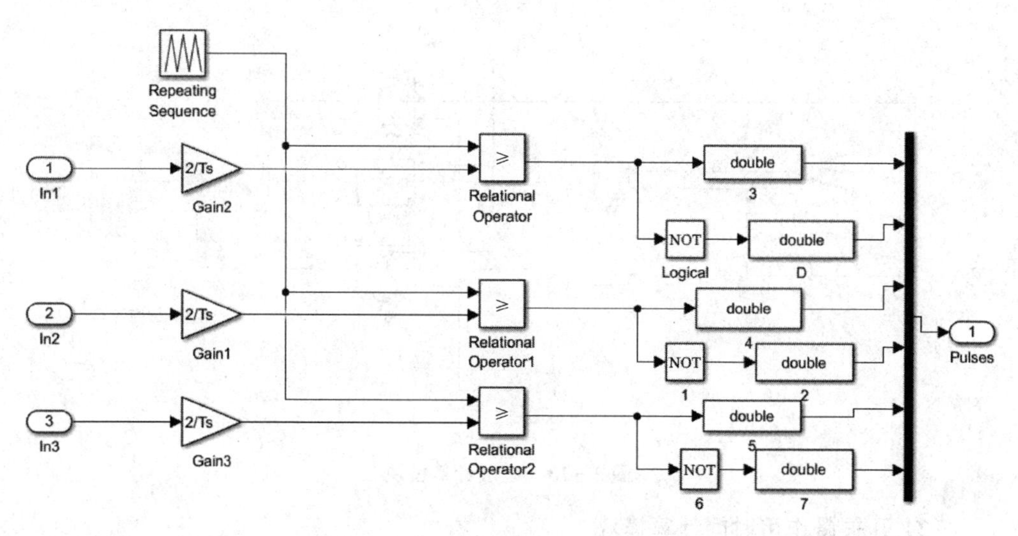

图 3-25 开关管导通时间计算模块

3.4.2　仿真验证及结果分析

永磁同步电机本体的寄生参数设置为 $R_s=2.18\ \Omega$；$L_d=L_q=7.94\ \text{mH}$，$L_0=2.15\ \text{mH}$；$\psi_f=0.194\ \text{Wb}$；转动惯量为 $J=3.3\times10^{-4}\ \text{kg/m}^2$；极对数为 $P_n=4$。

测试方法与测试要点是在给定负载与给定转速的前提下，观察启动过程中转速与转矩的响应，测试中电机拖动的转矩负载为5 N·m、转速的稳态给定为500 r/min，在以上条件下测试控制系统的启动性能。仿真波形如图3－26所示。

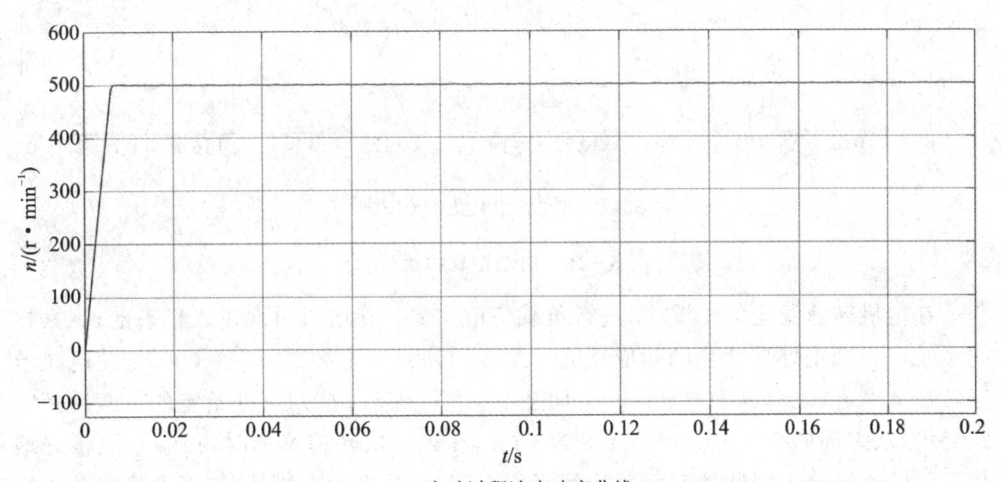

(a) 启动过程速度响应曲线

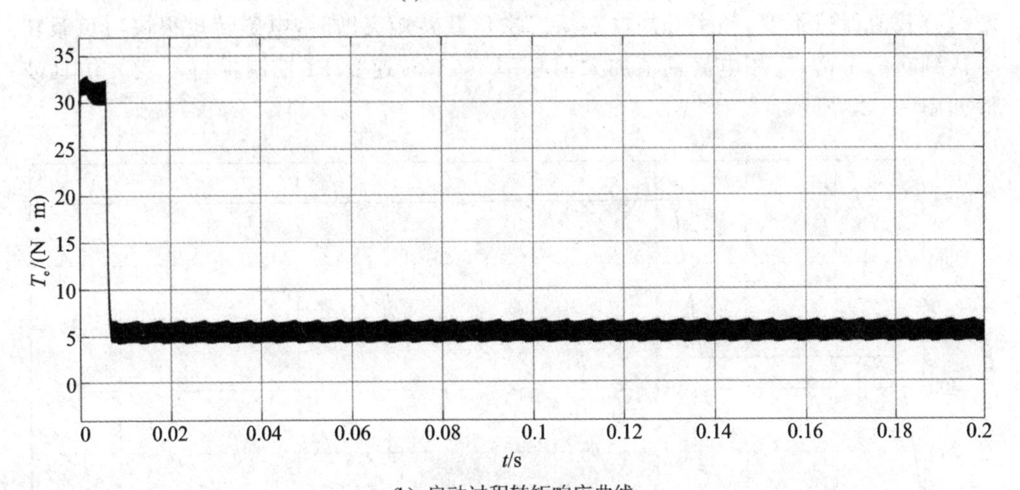

(b) 启动过程转矩响应曲线

图3－26　启动仿真曲线

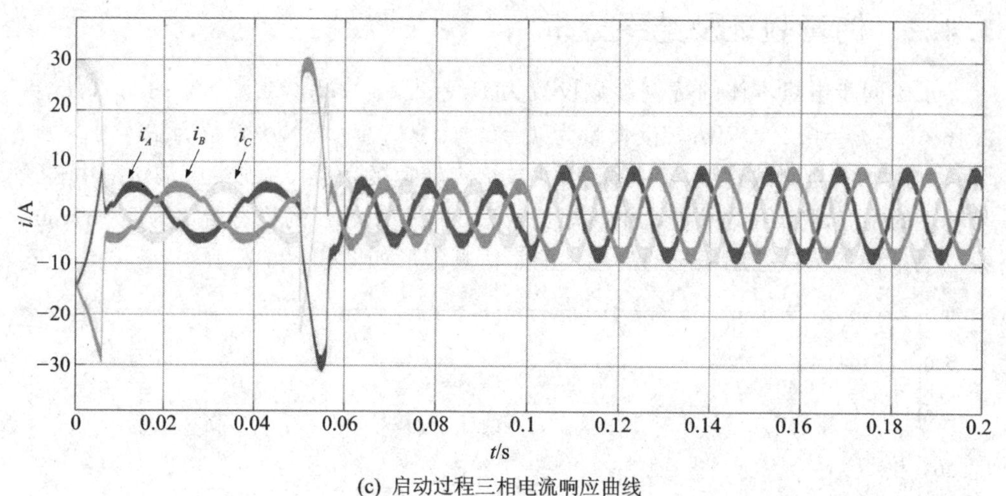

(c) 启动过程三相电流响应曲线

图 3－26　启动仿真曲线(续)

在电机转速稳定的情况下，进行负载突增实验。在电机再次进入稳态前，观察控制系统应对既定外界变化的响应性能。给定的外界变化参数为：在 0.05 s 使电机给定转速突增，从之前的 500 r/min 增加至 1 000 r/min；在 0.1 s 使给定的负载转矩阶跃突增，从之前的 5 N·m 增加至 8 N·m。在第一次转速突增时，控制系统很好地将实际转速经过了短暂的时间就达到了稳态，并且几乎没有抖动，转矩电流在转矩突增时有效值保持不变，频率升高。在第二次负载转矩突增时，电磁转矩很快与负载转矩达到新的平衡，三相电流幅值加大但频率不变，转速受 PI 控制保持不变。仿真波形如图 3－27 所示。

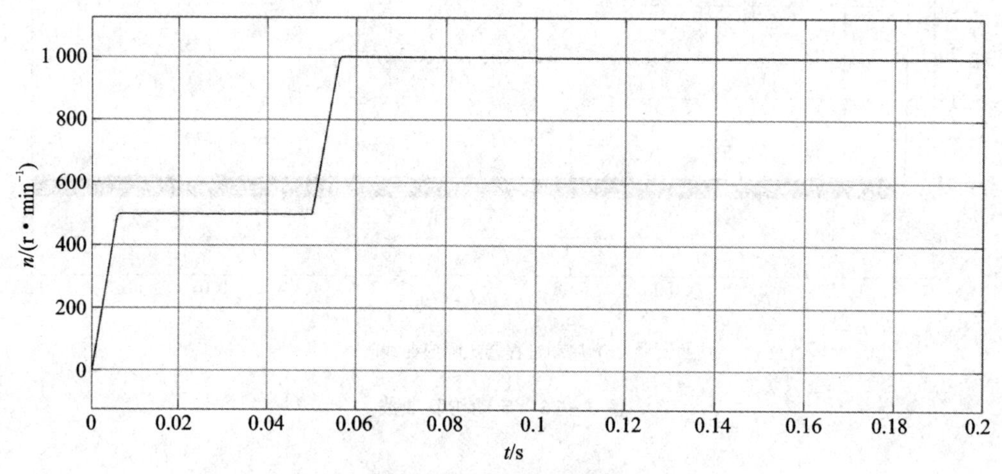

(a) 转速突增与转矩突增过程转速响应曲线

图 3－27　暂态响应曲线

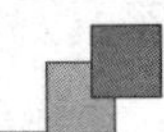

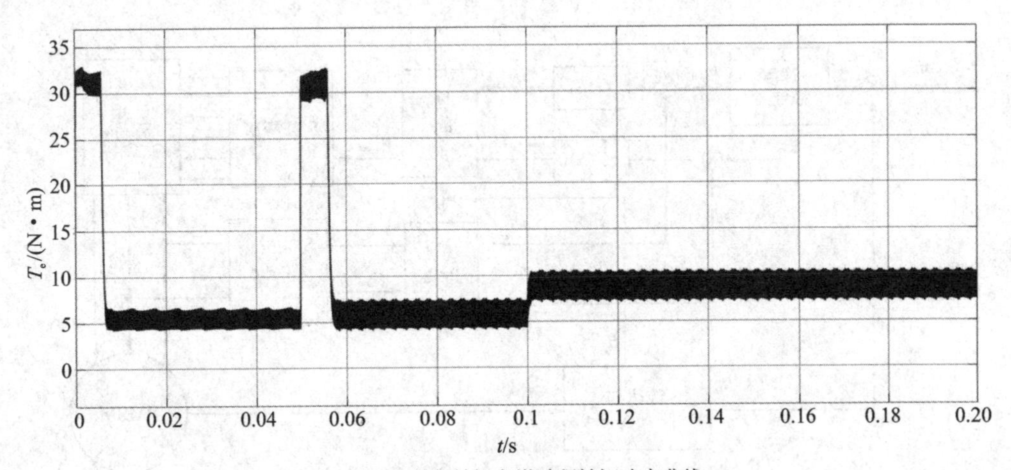

(b) 转速突增与转矩突增过程转矩响应曲线

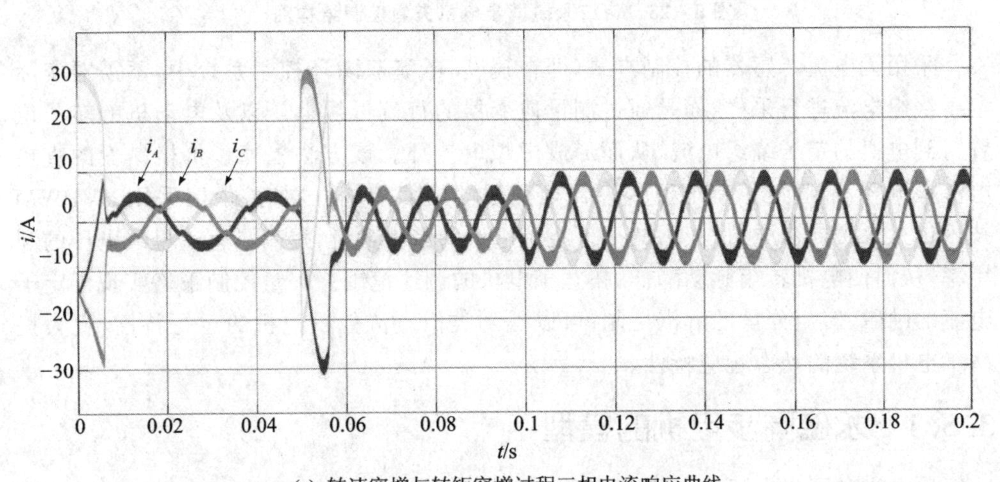

(c) 转速突增与转矩突增过程三相电流响应曲线

图 3－27　暂态响应曲线(续)

3.5　无电流传感器控制

如图 3－28 所示的常规永磁电机伺服控制，通常要采用电流霍尔传感器进行相绕组电流检测，以实现转速、电流双闭环控制。但是，有电流传感器检测法存在诸多问题，主要表现在以下几点：

① 在强噪声环境下测量精度下降；

② 在电流传感器出现故障时电机不可控，系统可靠性降低；

③ 电流传感器和外围电路器件的参数漂移，大大限制了系统的控制特性；

④ 系统成本增加。

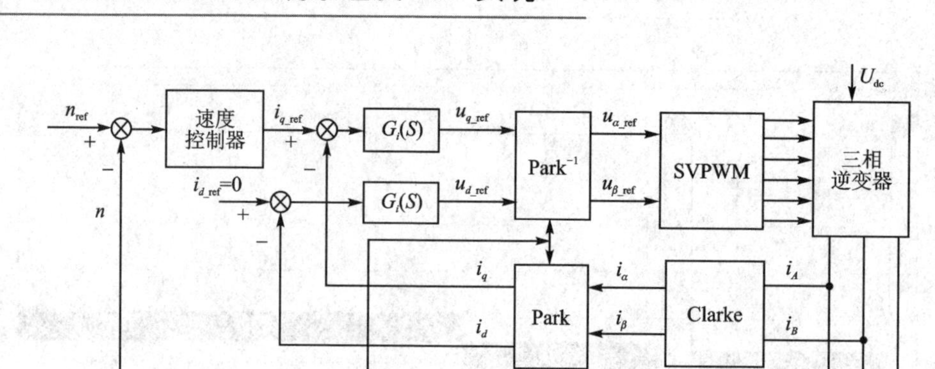

图 3-28　传统永磁同步电机矢量控制结构图

采用无电流传感器的控制方式，即在速度、电流双闭环控制系统中，不需对实际定子绕组电流进行采样，而是通过测量逆变器的直流母线电压以及电动机的转子位置得到电机的定子绕组电流，从而形成虚拟电流环。该方法去掉了价格昂贵的直接电流检测环节，避免了有电流传感器检测法的诸多缺陷。同时，依旧采用 SVPWM 技术进行永磁同步电机驱动，减小了绕组电流的谐波含量，提高了直流母线电压的利用率，从而使电机转矩脉动降低，拓宽了电机的调速范围。矢量控制策略实现了定子电流的励磁、转矩分量的解耦控制，可以得到类似直流他励电机的运行特性，大大提高了电机系统的动态响应特性。

3.5.1　永磁同步电机的模型

假设永磁同步电机转子无阻尼绕组，忽略涡流、磁滞损耗以及温度对电机的影响，则有旋转坐标系下永磁同步电机的数学模型为

磁链方程：

$$\left.\begin{aligned}\psi_d &= L_d i_d + \psi_M \\ \psi_q &= L_q i_q\end{aligned}\right\} \tag{3-28}$$

电压方程：

$$\left.\begin{aligned}u_d &= Ri_d + \frac{d\psi_d}{dt} - \omega\psi_q \\ u_q &= Ri_q + \frac{d\psi_q}{dt} + \omega\psi_d\end{aligned}\right\} \tag{3-29}$$

转矩方程：

$$T_e = \frac{3}{2}p_m(\psi_d i_q - \psi_q i_d) = \frac{3}{2}p_m[\psi_m i_q + (L_d - L_q)i_d i_q] \tag{3-30}$$

式中　ψ_d、ψ_q——定子 d、q 轴磁链分量；

i_d、i_q——定子 d、q 轴电流分量；

L_d、L_q——定子 d、q 轴电感；

ψ_m——永磁体磁链；

u_d、u_q——定子 d、q 轴电压分量；

R——电机定子绕组电阻；

ω——电机转子转速；

p_m——电机的极对数。

对于隐极式 PMSM，有 $L_d = L_q$，故其电磁转矩大小只与交轴电流 i_q 有关，控制这类电机时一般采用 $i_d = 0$ 的方式。

PMSM 的机械运动方程为

$$T_e = T_L + J\frac{d\omega_r}{dt} + B\omega \tag{3-31}$$

式中，T_L 为负载转矩，J 为转子和负载总的转动惯量，B 为粘滞摩擦系数。

3.5.2　基于虚拟电流环的 SVPWM 控制

在没有电流传感器的情况下，系统无法对实际电流进行采集进而形成电流闭环控制。虚拟电流环控制理论的关键就在于如何获取反馈电流。由永磁同步电机磁链方程(3-28)和电压方程(3-29)，可得

$$\left.\begin{aligned} u_d &= Ri_d + L_d\frac{di_d}{dt} - \omega L_q i_q \\ u_q &= Ri_q + L_q\frac{di_q}{dt} + \omega L_d i_d + \omega\psi_M \end{aligned}\right\} \tag{3-32}$$

由式(3-32)可知，永磁电机的直交轴电流 i_d、i_q 可由角速度 ω 及直交轴电压 u_d、u_q 进行估算。电机的驱动电压是由逆变桥提供的，其电压波形为 PWM 波形，电机电压不易直接测取。考虑到测量成本及电机三相平衡问题，一般不对电机的线电压进行直接测量，而是通过测量直流母线电压并根据 SVPWM 控制模块的输入直交轴电压给定值推算出实际电机的电压。

对式(3-32)进行拉普拉斯变换，可得

$$\left.\begin{aligned} i_d &= \frac{1}{L_d s + R}(u_d + \omega L_q i_q) \\ i_q &= \frac{1}{L_q s + R}(u_q - \omega L_d i_d - \omega\psi_M) \end{aligned}\right\} \tag{3-33}$$

由于式(3-32)、式(3-33)涉及到一阶微分方程问题，计算量大，不易操作，为便于系统仿真和数字化实现，需对电流估算方程进行离散化处理，有

$$\left.\begin{aligned} i_{d\_sim}(k+1) &= i_{d\_sim}(k) + \frac{u_{d\_sim}(k) + \omega(k)L_q i_{q\_sim}(k) - Ri_{d\_sim}(k)}{L_d/T_s} \\ i_{q\_sim}(k+1) &= i_{q\_sim}(k) + \frac{u_{q\_sim}(k) - \omega(k)\psi_{PM} - \omega(k)L_d i_{d\_sim}(k) - Ri_{q\_sim}(k)}{L_q/T_s} \end{aligned}\right\} \tag{3-34}$$

根据常规矢量控制方案及电流估算公式，可以建立虚拟电流环结构框架，如图 3-29 所示。

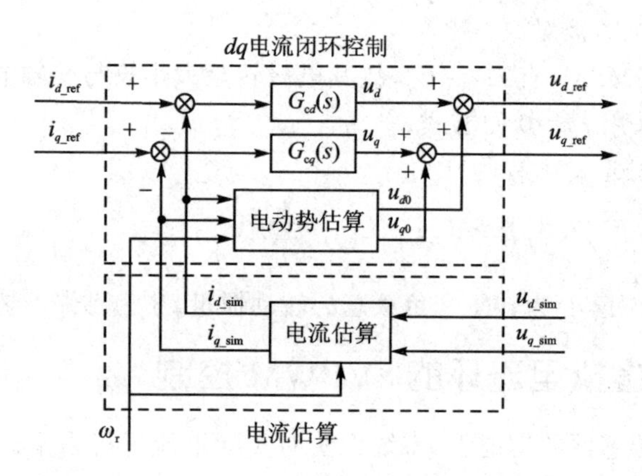

图 3-29　虚拟电流环控制结构图

直交轴电流可由电压、转速依据电流估算公式得到，估算出电流与给定电流形成闭环控制。由电流估算式(3-34)可以看出，其控制性能受电机参数的影响较大。由式(3-29)电机的电压方程可知，电流 PI 控制器的输出只是考虑了交轴电流对交轴电压的影响、直轴电流对直轴电压的影响，而未考虑到其相互间的耦合。为提高控制性能，进行电动势补偿，即

$$\left.\begin{aligned} u_{d0} &= -\omega L_q i_q \\ u_{q0} &= \omega L_d i_d + \omega\psi_M \end{aligned}\right\} \tag{3-35}$$

基于虚拟电流环的空间电压矢量控制单元如图 3-28 所示，由位置传感器准确检测电机转子位置角，并计算得到转子实际转速；给定转速与实际转速的偏差输入速度控制器进行闭环调节，其输出值作为定子 q 轴分量的参考值 i_q_ref；由虚拟电流环解算出 d、q 轴电流分量 i_d、i_q，与 d、q 轴电流参考量 i_d_ref(值为零)、i_q_ref 形成电流闭环控制；电流控制器的输出作为施加电压矢量的 d、q 轴分量 u_d_ref、u_q_ref，输入至 SVPWM 控制模块，形成 6 路 PWM 驱动信号，改变加在电机绕组上的电压，从而实现永磁同步电机转速、虚拟电流双闭环控制。

无电流传感器的系统整体框图如图 3-30 所示。

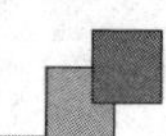

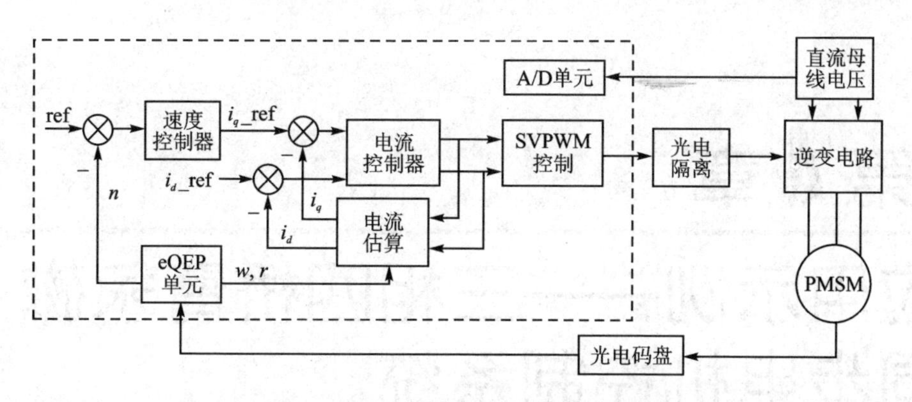

图 3-30　无电流传感器的系统整体框图

3.5.3　实验验证

如图 3-31 所示为实际 AD 采样电流与估算电流的对比波形，可以看出估算电流已经比较接近于实际电流值。图 3-32 为 400 r/min 给定转速时的空载估算电流波形，其中估算相电流由估算的直交轴电流经 Park 逆变换后获得。可以看出，估算相电流已经初步实现正弦化。图 3-33 为 A 相给定电压和估算电流波形，可以看出电机的相电压波形呈马鞍波状。

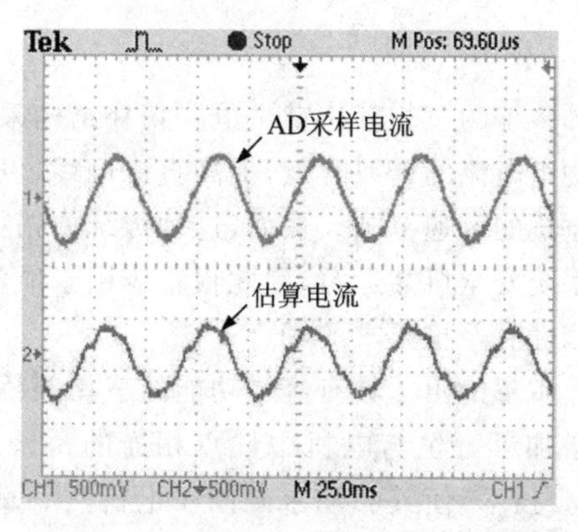

图 3-31　300 r/min 转速和 5 N · m 负载转矩下的 A 相电流对比波形

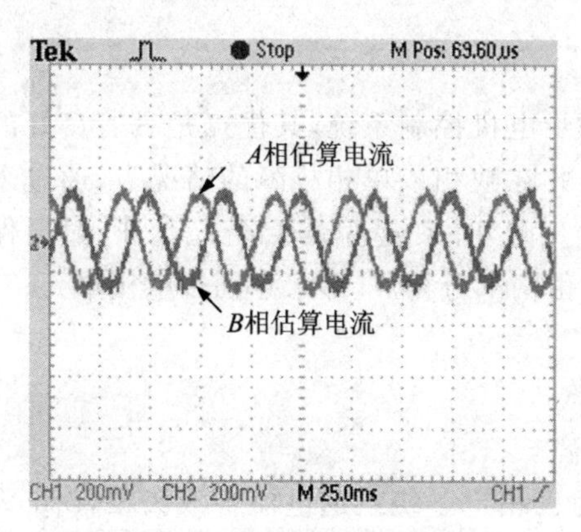

图 3-32　400 r/min 转速下的 A、B 相空载估算电流响应波形

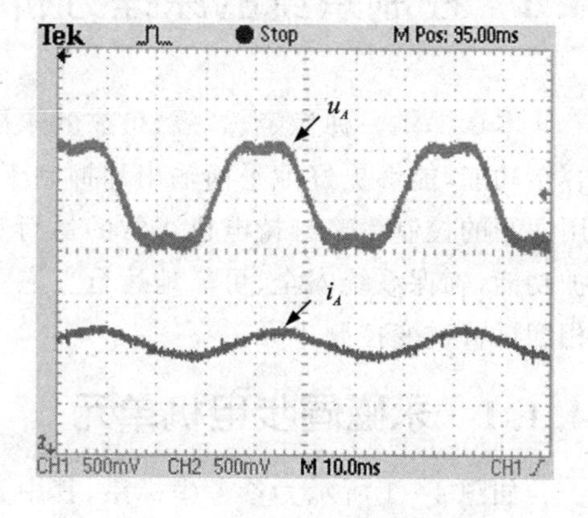

图 3-33　400 r/min 转速空载时 A 相电压、电流波形

第 4 章

应用示例——三相四桥臂永磁同步电机控制系统

传统的三相三桥臂主电路拓扑结构采用电压空间矢量调制(SVPWM)技术可减小绕组电流的谐波含量,提高直流母线电压的利用率,从而使电机转矩脉动降低,拓宽电机的调速范围。然而,这种传统的拓扑结构在缺相或单相断路故障时,将难以维持系统安全可靠运行,因此很难应用于航空、航天、航海、防爆等对控制系统冗余性、可靠性有严格要求的场合。

本章给出了具有容错功能的三相四桥臂控制系统,即在传统三相三桥臂的基础上增加了一个与电机中性点相连的桥臂,采用三维电压空间矢量调制(3D-SVPWM)技术,使其驱动永磁同步电机具有良好的运行特性,并在缺相或单相断路故障的情况下仍能保证电机安全、可靠地运行。

4.1 控制系统的原理分析

本章提供一种稳定、高效、可靠的永磁同步电机控制系统,其优点是具有良好的容错功能,能够更好地平衡输出和抑制干扰,并在缺相或单相故障的情况下,通过采用适当的控制策略维持电机正常的运行特性。此外,系统还具有过压、欠压、过温保护功能,确保系统安全、可靠地运行。它主要由两部分构成,即永磁同步电机单元、三相四桥臂逆变控制单元。

4.1.1 永磁同步电机单元

如图 4-1 所示为参考坐标系,其中 $\boldsymbol{i}_s$ 为三相定子绕组通电流合成矢量,ψ_{PM} 为永磁体磁链,δ 为 $\boldsymbol{i}_s$ 与 d 轴的夹角,θ_r 为 d 轴与 A 相轴的夹角。

ABC 坐标系到 $\alpha\beta O$ 坐标系的转换(Clarke 变换)为

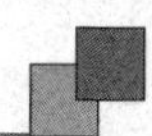

$$\begin{bmatrix} i_\alpha \\ i_\beta \\ i_0 \end{bmatrix} = \sqrt{\frac{2}{3}} \begin{bmatrix} 1 & -\frac{1}{2} & -\frac{1}{2} \\ 0 & \frac{\sqrt{3}}{2} & -\frac{\sqrt{3}}{2} \\ \sqrt{\frac{1}{2}} & \sqrt{\frac{1}{2}} & \sqrt{\frac{1}{2}} \end{bmatrix} \begin{bmatrix} i_A \\ i_B \\ i_C \end{bmatrix} \tag{4-1}$$

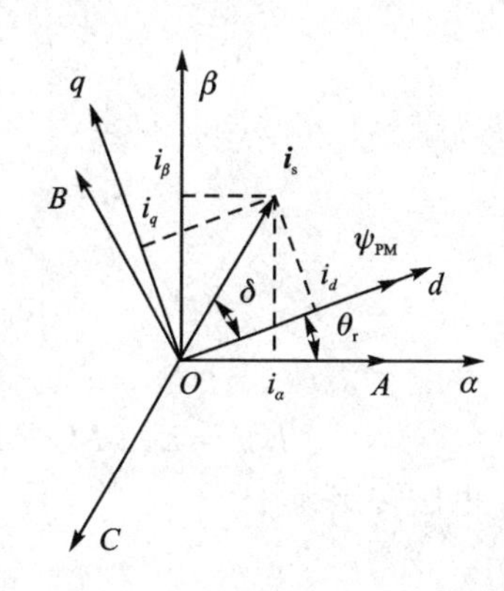

图 4-1　参考坐标系

对应的 Clarke 逆变换为

$$\begin{bmatrix} i_A \\ i_B \\ i_C \end{bmatrix} = \sqrt{\frac{2}{3}} \begin{bmatrix} 1 & 0 & \sqrt{\frac{1}{2}} \\ -\frac{1}{2} & \frac{\sqrt{3}}{2} & \sqrt{\frac{1}{2}} \\ -\frac{1}{2} & -\frac{\sqrt{3}}{2} & \sqrt{\frac{1}{2}} \end{bmatrix} \begin{bmatrix} i_\alpha \\ i_\beta \\ i_0 \end{bmatrix} \tag{4-2}$$

$\alpha\beta O$ 坐标系到 dqO 坐标系的转换(Park 变换)为

$$\begin{bmatrix} i_d \\ i_q \\ i_0 \end{bmatrix} = \begin{bmatrix} \cos\theta_r & \sin\theta_r & 0 \\ -\sin\theta_r & \cos\theta_r & 0 \\ 0 & 0 & 1 \end{bmatrix} \begin{bmatrix} i_\alpha \\ i_\beta \\ i_0 \end{bmatrix} \tag{4-3}$$

对应的 Park 逆变换为

$$\begin{bmatrix} i_\alpha \\ i_\beta \\ i_0 \end{bmatrix} = \begin{bmatrix} \cos\theta_r & -\sin\theta_r & 0 \\ \sin\theta_r & \cos\theta_r & 0 \\ 0 & 0 & 1 \end{bmatrix} \begin{bmatrix} i_d \\ i_q \\ i_0 \end{bmatrix} \tag{4-4}$$

式中,θ_r 为电角度。

系统采用凸装式永磁同步电动机,可认为交直轴等效电感相等,即 $L_q = L_d$。这样 PMSM 的电压方程为

$$\begin{bmatrix} u_A - u_N \\ u_B - u_N \\ u_C - u_N \end{bmatrix} = r \begin{bmatrix} i_A \\ i_B \\ i_C \end{bmatrix} + \begin{bmatrix} L & M & M \\ M & L & M \\ M & M & L \end{bmatrix} \frac{\mathrm{d}}{\mathrm{d}t} \begin{bmatrix} i_A \\ i_B \\ i_C \end{bmatrix} + \begin{bmatrix} e_A \\ e_B \\ e_C \end{bmatrix} \tag{4-5}$$

式中,i_X、u_X、e_X 分别为相电流、相对直流侧中点的电压、相感应电动势(X 可以是 A、B、C 中的一个);u_N 为电动机中性点对第四桥臂中点的电压;r 为定子电阻,L 和 M 为定子绕组自感和互感。中线电流 i_N 为

$$i_N = -(i_A + i_B + i_C) \tag{4-6}$$

利用坐标转换,将 PMSM 的电压方程(4-5)转换到 dqO 坐标系中,有

$$\begin{bmatrix} u_d \\ u_q \\ u_0 \end{bmatrix} = r \begin{bmatrix} i_d \\ i_q \\ i_0 \end{bmatrix} + \begin{bmatrix} L_{dq} & 0 & 0 \\ 0 & L_{dq} & 0 \\ 0 & 0 & L_0 \end{bmatrix} \frac{\mathrm{d}}{\mathrm{d}t} \begin{bmatrix} i_d \\ i_q \\ i_0 \end{bmatrix} + \begin{bmatrix} e_d \\ e_q \\ e_0 \end{bmatrix} \tag{4-7}$$

$$\begin{bmatrix} e_d \\ e_q \\ e_0 \end{bmatrix} = \omega_r \begin{bmatrix} -L_{dq} i_q \\ L_{dq} i_d + \psi_{PM} \\ 0 \end{bmatrix} \tag{4-8}$$

$$L_{dq} = L - M, \quad L_0 = L + 2M \quad (-L/2 \leqslant M \leqslant 0) \tag{4-9}$$

电磁转矩为

$$T_e = 3 p_n \psi_{PM} i_q / 2 \tag{4-10}$$

运动方程为

$$T_e - T_L = J(\mathrm{d}\omega_r/\mathrm{d}t)/p_n \tag{4-11}$$

式(4-7)～式(4-11)中，L_{dq} 为 d、q 轴的等效电感；ω_r 为电角速度；ψ_{PM} 为转子永磁体磁链；L_0 为零轴电感；J 为转动惯量；p_n 为极对数。

4.1.2 三相四桥臂逆变控制单元

选用 $i_d=0$ 的矢量控制方案，如图 4-2 所示。

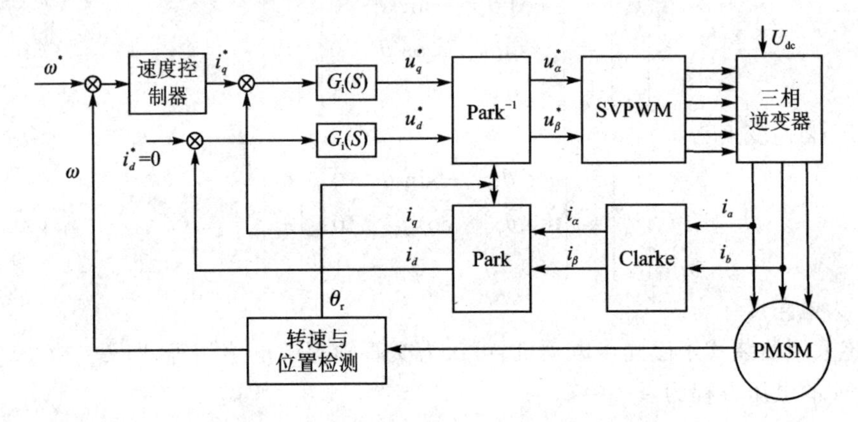

图 4-2 永磁同步电动机 $i_d=0$ 矢量控制原理图

其具体实现过程如下：首先，检测电机转子位置和定子绕组电流；利用转子位置计算电机转速，经速度控制器输出电流转矩分量的参考值 i_q^*，同时给定电流励磁分量 $i_d^*=0$；并对定子绕组电流进行坐标转换得到反馈分量 i_q 和 i_d，经电流控制器输出参考电压空间矢量 d、q 轴分量 u_d^* 和 u_q^*；最后通过 SVPWM 模块产生 6 路 PWM 输出信号，经三相三桥臂逆变器功率放大后驱动永磁同步电机，最终实现转速、电流双闭环控制。

三相四桥臂逆变器是在三相三桥臂的基础上增加了一个与电机中性点相连的桥臂，从而多了一个可以控制的中线电流 i_N，而由式(4-1)、式(4-6)可以得到零轴电流 i_0 与 i_N 之间的关系为

$$i_N = -\sqrt{3}\, i_0 \tag{4-12}$$

所以，只要控制零轴电流 i_0 就可以对中线电流 i_N 进行间接控制。

由式(4-2)、式(4-4)可知

$$\begin{bmatrix} i_A \\ i_B \\ i_C \end{bmatrix} = \sqrt{\frac{2}{3}} \begin{bmatrix} \cos\theta_r & -\sin\theta_r & \sqrt{\frac{1}{2}} \\ \cos\left(\theta_r - \frac{2}{3}\pi\right) & -\sin\left(\theta_r - \frac{2}{3}\pi\right) & \sqrt{\frac{1}{2}} \\ \cos\left(\theta_r + \frac{2}{3}\pi\right) & -\sin\left(\theta_r + \frac{2}{3}\pi\right) & \sqrt{\frac{1}{2}} \end{bmatrix} \begin{bmatrix} i_d \\ i_q \\ i_0 \end{bmatrix} \tag{4-13}$$

在正常运行情况下，中线电流 i_N 为 0，只需要控制零轴电流 i_0 为 0 即可，即

$$i_A = \sqrt{\frac{2}{3}}\left(i_d \cos\theta_r - i_q \sin\theta_r\right) \tag{4-14}$$

$$i_B = \sqrt{\frac{2}{3}}\left[i_d \cos\left(\theta_r - \frac{2}{3}\pi\right) - i_q \sin\left(\theta_r - \frac{2}{3}\pi\right)\right] \tag{4-15}$$

$$i_C = \sqrt{\frac{2}{3}}\left[i_d \cos\left(\theta_r + \frac{2}{3}\pi\right) - i_q \sin\left(\theta_r + \frac{2}{3}\pi\right)\right] \tag{4-16}$$

当某相发生缺相故障时，这里假设 A 相发生断路故障(B、C 相发生断路故障时情况与之相同)，有 $i_A=0$。由于永磁同步电机的电磁转矩取决于 i_d、i_q 的大小，此时，为保证与正常运行时有着相同的驱动特性，必须产生与故障前一致的 i_d、i_q，这里需要 i_0 作补偿，因此其不再等于 0。

把 $i_A=0$ 代入式(4-13)，可以得到

$$i_0^* = \sqrt{2}\left(i_q \sin\theta_r - i_d \cos\theta_r\right) \tag{4-17}$$

$$i_B^* = \sqrt{2}\left[i_q \sin(\theta_r + \pi/6) - i_d \cos(\theta_r + \pi/6)\right] \tag{4-18}$$

$$i_C^* = \sqrt{2}\left[i_q \sin(\theta_r - \pi/6) - i_d \cos(\theta_r - \pi/6)\right] \tag{4-19}$$

通过式(4-7)和式(4-17)得到

$$u_0 = \sqrt{2}\left(L_0 \omega_r i_q - R_s i_d\right)\cos\theta_r + \sqrt{2}\left(L_0 \omega_r i_d + R_s i_q\right)\sin\theta_r \tag{4-20}$$

依据式(4-17)或式(4-20)，可以采用两种方式配置达到转矩补偿的目的，即采用零轴电流补偿闭环控制方式，满足式(4-17)的要求；或采用式(4-20)，采用零轴电压开环控制方式，实现零轴电压 u_0 的输出。这样就可以达到故障容错的目的，并且无需修改任何硬件电路。

本例采用零轴电流补偿闭环控制方式，由于采用的是 $i_d=0$ 控制，其特征在于应用 $i_d=0$ 控制模式，即转矩、电流比最大控制(MTPA)，该方法以最小的定子电流获

取所需的电机输出转矩，从而提高系统效率。可以简化式(4-17)，得到

$$i_0^* = \sqrt{2} i_q \sin \theta_r \tag{4-21}$$

所以，故障状态下只需要依照式(4-21)进行零轴电流的补偿即可。

图 4-3 给出了系统的控制原理图。给定转速与反馈转速，通过速度控制器得到电流转矩分量的给定值 i_q^*，采样的相电流 i_A、i_B、i_C 经过 Clarke、Park 变换，得到 dqO 旋转坐标系中的 i_d、i_q、i_0，与电流给定 i_q^*、i_d^*、i_0^* 进行比较，其中 i_d^*、i_0^* 的给定值都为 0，而在单相故障的情况下 i_0^* 需要加入补偿值$\sqrt{2} i_q \sin \theta_r$。然后经过 PI 控制器获得 u_d^*、u_q^*、u_0^*，再经过 Park 逆变换、Clarke 逆变换、3D-SVPWM 的调制、功率放大驱动四桥臂逆变器的 8 个功率开关管，最终构成三相四桥臂永磁同步电机速度、电流双闭环控制系统。

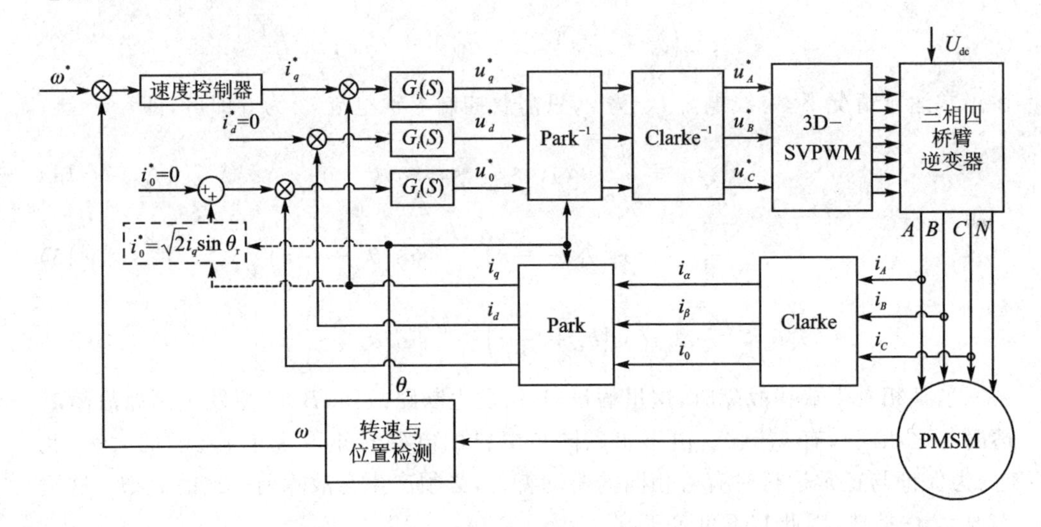

图 4-3 系统控制结构图

4.2 系统硬件设计

4.2.1 三相四桥臂硬件拓扑结构

如图 4-4 所示，与多数控制器使用的三相逆变桥主拓扑相比，三相四桥臂增加了一个与中性点相连的第四桥臂。

与之前控制的最大不同在于三相三桥臂理想情况下是三相对称电路，中线电流为 0，而三相四桥臂的第四桥臂与中性点相连，故障时对算法进行改变实际上是两相电机控制，会产生中线电流。第四桥臂的添加具有补偿与平衡的作用，在容错控制系统中为故障后电机维持正常运行提供了可能。

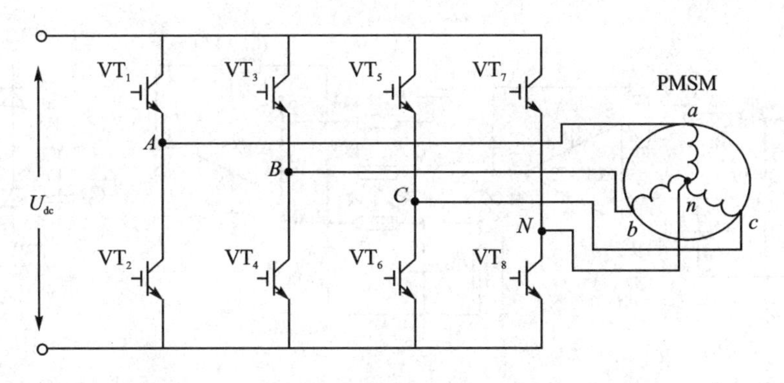

图 4－4　三相四桥臂控制系统主电路拓扑

在四桥臂逆变桥的基础上，中线一般还会串接电感，中线电感会起到抑制作用，充当滤波器，也会滤除开关纹波，改善逆变器的总谐波失真。

以 DSP 为核心的控制电路在第 3 章有了详细介绍，请读者参考这部分内容进行设计。

4.2.2　信号采集及驱动电路

永磁同步电机的转子检测传感器不仅要检测转子的位置，还要测量电机的转速，本书给出了霍尔信号差分输入和光电编码信号差分输入两种情况的参考电路设计，如图 4－5 所示。系统采用混合式编码器，为了消除共模干扰、提高抗干扰能力，电机位置检测信号采用差分形式进行传输，然后采用差分芯片 DS3486 来接收差分信号，并经整形处理后输入至 DSP 相应引脚。

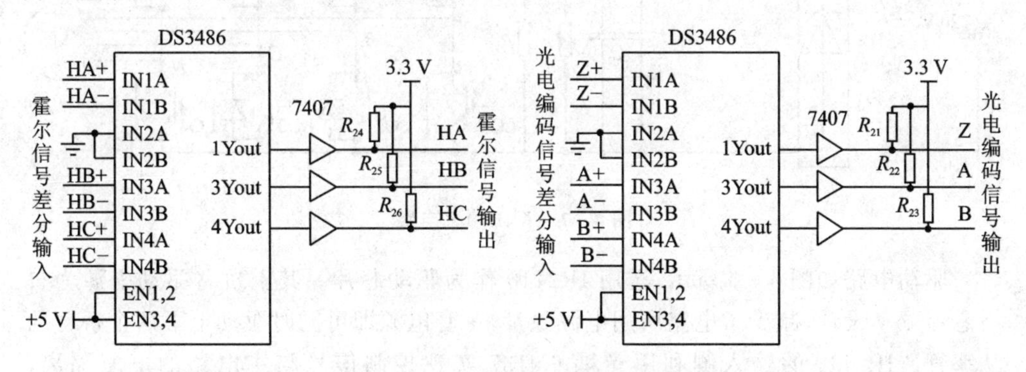

图 4－5　位置信号差分接收电路

永磁同步电机相电流频率范围从 0 到上百赫兹，在此采用电流霍尔模块 CHB－25NP 实现定子相电流检测。以 A 相电流采样为例，霍尔传感器副边电流由电阻 R_{12} 进行采样得到 $U_{R_{12}}$，经过偏置、低通滤波和钳位处理后输入到 DSP 的 A/D 转换口进行处理，如图 4－6 所示。

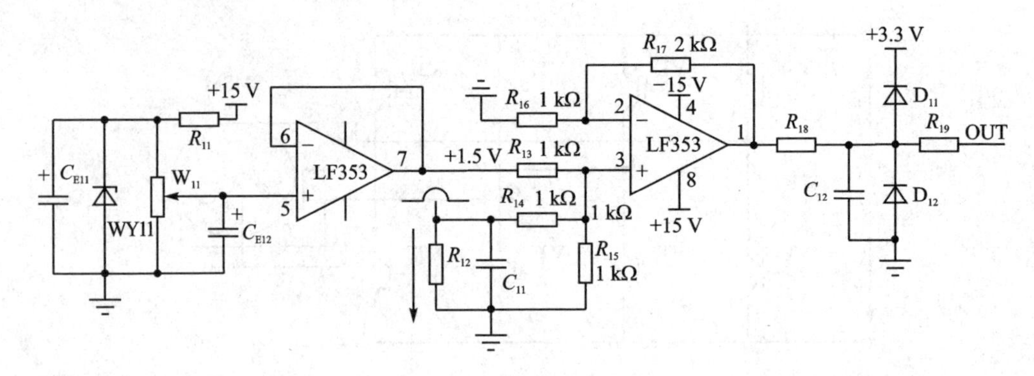

图 4-6　电流采样电路

如图 4-7 所示,本系统主电路采用的是典型的交-直-交变换电路。输入单相 220 V 电压,经整流稳压滤波后输出 310 V 左右的直流电。整流桥选用 KBPC3510,其反相峰值电压为 1 000 V,正常工作电流可达 35 A,最大浪涌电流为 400 A。对于容值较小的 C_2,一般选取耐压值较高的 CBB 电容,用于滤除直流电压中的高次谐波。C_3 这里选用两个 450 V、470 μF 的电容并联来滤除电压中的高次谐波,起到稳压的作用;同时 C_3 也作为储能电容为电机绕组提供续流回路,存储回馈能量。逆变器部分的功率器件采用的是 FUJI 公司 50 A/600 V 的 IGBT 模块 2MBI50-060。

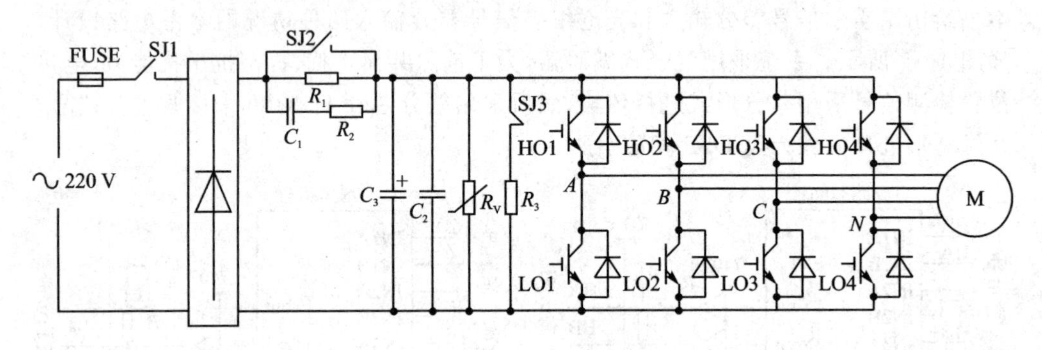

图 4-7　系统功率电路

驱动电路如图 4-8 所示,选用 IR2110 作为驱动芯片。其上桥臂驱动电源为自举悬浮驱动设计,减少了电路所用电源数量,一套电源即可同时驱动上下两个桥臂的功率管。IR2110 的输入侧利用光耦 6N137 实现控制信号与主电路的电气隔离,6N137 为快速光耦,其转换速率高达 10 Mbit/s,对输入控制信号的延迟时间非常小。PWM 驱动信号经光耦隔离后需要经反相器 74LS06 反向并把电压上拉到 20 V,使之与 IR2110 的输入电压匹配。为了增强功率器件关断的可靠性,这里外加了稳压管 ZD2、ZD3 和电容 C_{11}、C_{12},且在驱动信号上设计了−5 V 的关断电压。

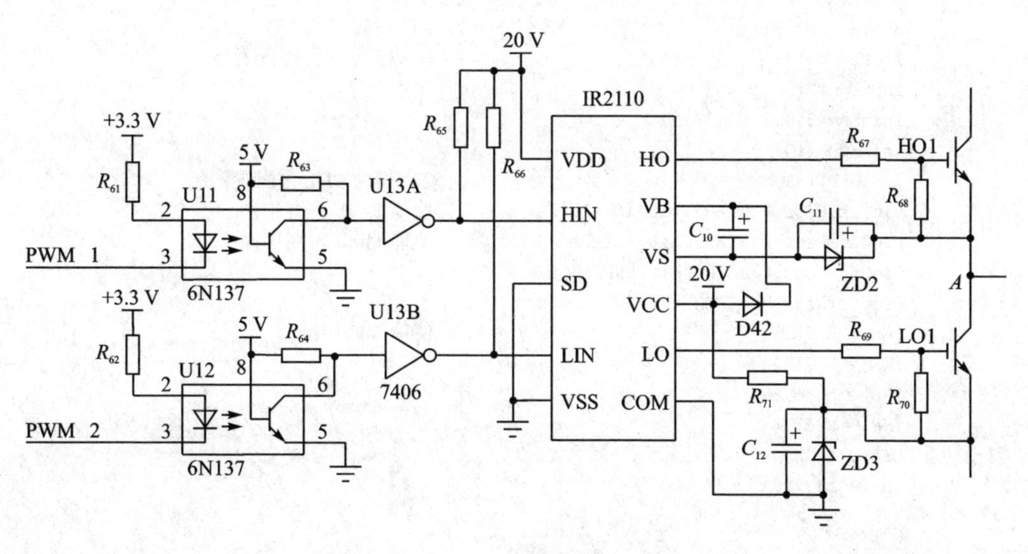

图 4-8　隔离驱动电路

4.3　系统软件设计

软件的基本任务，包括对电机采集的定子电流利用转子的实际位置进行解耦、令解耦后的实际电流在 PI 控制中跟随给定电流、PI 输出控制连接的执行环节（包括三维空间矢量调制）等。

4.3.1　主程序示例

与第 3 章的程序相似，但需增加一组 EPWM 模块。参考主程序如下：

```
void main()
{
    InitSysCtrl();                              // 系统初始化
    InitEPwm1Gpio();                            // 初始化 PWM 的 GPIO 引脚
    InitEPwm2Gpio();
    InitEPwm3Gpio();
    InitEPwm4Gpio();
    DINT;                                       // 关闭全局中断
    IER = 0x0000;                               // 关闭 CPU 中断
    IFR = 0x0000;                               // 关闭 CPU 中断
    InitPieCtrl();                              // 初始化 PIE
    InitPieVectTable();                         // 初始化中断向量表
    EALLOW;                                     // 解除寄存器保护
    PieVectTable.EPWM1_INT = &epwm1_isr;        // PWM1 下溢中断
    PieVectTable.EPWM2_INT = &epwm2_isr;        // PWM2 周期中断
    EDIS;                                       // 使能寄存器保护
    InitAdc();                                  // Adc 初始化
```

```
    design_Adc();                              // Adc 配置
    InitEpwm1();                               // PWM 模块寄存器配置
    InitEpwm2();
    InitEpwm3();
    InitEpwm4();
    InitQEP1();                                // QEP 模块初始化配置
    PieCtrlRegs.PIEIER3.bit.INTx1 = 1;         // 使能 PWM1 下溢中断
    PieCtrlRegs.PIEIER3.bit.INTx2 = 1;         // 使能 PWM2 周期中断
    PieCtrlRegs.PIECTRL.bit.ENPIE = 1;
    PieCtrlRegs.PIEIER2.bit.INTx1 = 1;
    IER| = M_INT1;                             // 使能 CPU 中断
    IER| = M_INT2;
    IER| = M_INT3;
    IER| = M_INT4;
    EINT;
    while(1);
}
```

4.3.2 中断相关子程序代码示例

1. 中断服务子程序

PWM 中断服务程序流程图如图 4-9 所示，其中主要分为电机正常运行程序与电机故障运行程序。当电机正常运行时，读取 A、B 两相电流进行 d、q 变换，控制电

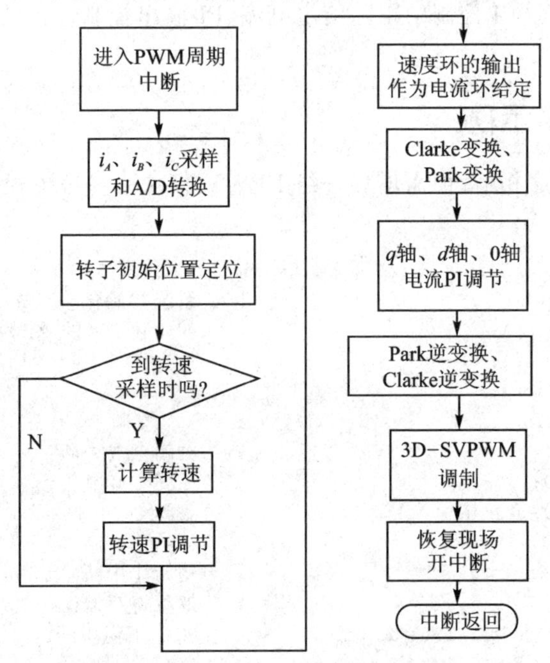

图 4-9　PWM 中断服务程序流程图

机正常运行；当电机发生故障时，在中断中判断为发生故障，改为读取 B、C 两相电流进行在 dqO 坐标轴的变换，其中 0 轴电流的给定更新为电机故障后的计算方式。此外，转速外环以及 d、q 电流内环的程序也编写在 PWM 周期中断中，其中转速环的计算周期是 10 倍的电流环计算周期。电流环分为三部分：i_d、i_q、i_0，分别对应着三个电流环，其输出对应三维空间矢量调制的输入。

同样，为了提高 DSP 运算的精度和速度，我们引入了 IQmath 库，并使用了其中_iq24 的 Q 格式，即 2^24。程序中出现的_IQ(1)＝2^24＝16777216。

为了应用 IQmath，首先要从 TI 官方网站下载 IQmath 库，文档名称为 SPRC087。我们主要应用库里面的 IQmath. cmd、IQmathLib. h、IQmath. lib。新建一个工程，将 IQmath. lib、IQmath. cmd 添加到工程，同时在 main()函数之前增加语句：#include "IQmathLib. h"。注意：rts2800. lib 和 DSP281x_Headers_nonBIOS. cmd 也要加到工程里面。

参考程序代码如下：

```
interrupt void epwm1_isr(void)                              // pwm1 中断服务子程序
{
    Alpha = RRA;                                            // Clarke 变换
    Beta = ( - RRA - 2 * RRC) * 0.57735026918963;
    PWM_enable();                                           // PWM 使能
    if((LockRotorFlag = = 1)&&(kaiguan1 = = 1))             // 正常启动
    {
        DatQ19 = EQep1Regs.QPOSCNT;                         // 读取电机位置信号
        diff1 = DatQ19 * 2 * 3.1415926/4096 - 2.058602;     // 初始角度 = 118°
        angle = 2 * diff1;                                  // 电角度
        if(countjishi1 = = 10)                              // 每 10 次进行一次速度环 PI
        {
            cesu();                                         // 计算电机转速
            PI_SPEED();                                     // 速度环 PI
            countjishi1 = 0;                                // 速度环计数位清零
        }
        ID = cos(angle) * Alpha + sin(angle) * Beta;        // Park 变换
        IQ = ( - sin(angle)) * Alpha + cos(angle) * Beta;
        PI_ID();                                            // ID 电流环 PI
        PI_IQ();                                            // IQ 电流环 PI
        PI_I0();                                            // I0 电流环 PI
        uq = out_IQ;
        ud = out_ID;
        u0 = out_I0;
        iAlpha = cos(angle) * ud - sin(angle) * uq;         // Park 逆变换
        iBeta = sin(angle) * ud + cos(angle) * uq;
        iI0_JING = u0;
        i16VrefA_SCALE = iAlpha + iI0_JING;                 // Clarke 逆变换
        i16VrefB_SCALE = - 0.5 * iAlpha + 0.86602540378444 * iBeta + iI0_JING;
        i16VrefC_SCALE = - 0.5 * iAlpha - 0.86602540378444 * iBeta + iI0_JING;
        3D - SVPWM();                                       // 3D - SVPWM 调制
```

```
    }
    EPwm1Regs.ETCLR.bit.INT = 1;                        // 清除 epwm1 中断标志位
    PieCtrlRegs.PIEACK.all = PIEACK_GROUP3;             // 第三组的中断可以重新响应
}

interrupt void epwm2_isr(void)                          // pwm2 中断服务子程序
{
    a = AdcRegs.ADCRESULT0^0x8000;                      // 读取 ADC 采样值
    b = AdcRegs.ADCRESULT1^0x8000;
    c = AdcRegs.ADCRESULT2^0x8000;
    aa = (a - 3189) * xishu;            // 减去零点偏移,转换为_IQ24 的 Q 格式以便计算
    bb = (b - 3402) * xishu;
    cc = (c - 3440) * xishu;
    RRA = aa * 0.176771 + RRA * 0.823229;               // 低通滤波函数
    RRB = bb * 0.176771 + RRB * 0.823229;
    RRC = cc * 0.176771 + RRC * 0.823229;
    EPwm2Regs.ETCLR.bit.INT = 1;                        // 清除 epwm2 中断标志位
    PieCtrlRegs.PIEACK.all = PIEACK_GROUP3;             // 第三组的中断可以重新响应
}
```

2. PI 调节子程序

这部分内容包括：ID 电流环 PI 控制器、IQ 电流环 PI 控制器、速度环 PI 控制器、测速程序。

```
void PI_ID()                                    // ID 电流环 PI 控制器
{
    float Err = 0;                              // 定义误差变量
    static float Up_ID = 0;                     // 定义静态变量 Up_ID 比例输出
    static float Ui_ID = 0;                     // 定义静态变量 Ui_ID 积分输出
    float outmax = _IQ(0.2);                    // 限定 PI 控制器正向最大输出量
    float outmin = _IQ( - 0.2);                 // 限定 PI 控制器负向最大输出量
    Err = IdGIVE - ID;                          // 误差 = 给定 - 反馈
    Up_ID = 0.001 * kp_ID * Err;                // 比例输出
    Ui_ID = Ui_ID + 0.001 * ki_ID * Err;        // 积分输出
    out_ID = Up_ID + Ui_ID;                     // 得到 PI 结果值
    if(out_ID > outmax)
    {
        out_ID = outmax;
    }
    else if(out_ID < outmin)
    {
        out_ID = outmin;
    }
    else
    {
        out_ID = out_ID;                        // 输出限幅
    }

}
```

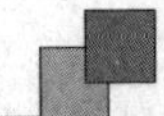

```
void PI_IQ()                                    // IQ 电流环 PI 控制器
{
    float Err = 0;                              // 定义误差变量
    static float Up_IQ = 0;                     // 定义静态变量 Up_IQ 比例输出
    static float Ui_IQ = 0;                     // 定义静态变量 Ui_IQ 积分输出
    float outmax = _IQ(0.8);                    // 限定 PI 控制器正向最大输出量
    float outmin = _IQ( - 0.8);                 // 限定 PI 控制器负向最大输出量
    Err = IqGIVE - IQ;                          // 误差 = 给定 - 反馈
    Up_IQ = 0.001 * kp_IQ * Err;                // 比例输出
    Ui_IQ = Ui_IQ + 0.001 * ki_IQ * Err;        // 积分输出
    out_IQ = Up_IQ + Ui_IQ;                     // 得到 PI 结果值
    if(out_IQ > outmax)
    {
        out_IQ = outmax;
    }
    else if(out_IQ < outmin)
    {
        out_IQ = outmin;
    }
    else
    {
        out_IQ = out_IQ;                        // 输出限幅
    }
}

void PI_I0()                                    // I0 电流环 PI 控制器
{
    float Err = 0;                              // 定义误差变量
    static float Up_I0 = 0;                     // 定义静态变量 Up_I0 比例输出
    static float Ui_I0 = 0;                     // 定义静态变量 Ui_I0 积分输出
    float outmax = _IQ(0.2);                    // 限定 PI 控制器正向最大输出量
    float outmin = _IQ( - 0.2);                 // 限定 PI 控制器负向最大输出量
    Err = I0GIVE - I0;                          // 误差 = 给定 - 反馈
    Up_I0 = 0.001 * kp_I0 * Err;                // 比例输出
    Ui_I0 = Ui_I0 + 0.001 * ki_I0 * Err;        // 积分输出
    out_I0 = Up_I0 + Ui_I0;                     // 得到 PI 结果值
    if(out_I0 > outmax)
    {
        out_I0 = outmax;
    }
    else if(out_I0 < outmin)
    {
        out_I0 = outmin;
    }
    else
    {
        out_I0 = out_I0;                        // 输出限幅
    }
}
void PI_SPEED()                                 // 速度环 PI 控制器
```

```
{
    static float Up = 0;                          // 定义静态变量 Up 比例输出
    static float Ui = 0;                          // 定义静态变量 Ui 积分输出
    float outmax = 16777216 * 0.99;               // 限定 PI 控制器正向最大输出量
    float outmin = - 16777216 * 0.99;             // 限定 PI 控制器负向最大输出量
    SPEED_Err = speedref - speedrpm;              // 误差 = 给定 - 反馈
    if(SPEED_Err > = _IQ(0.00333))
    {
        // 定标_IQ(1)的转速为 9 000 r/min,则_IQ(0.003 33)为 30 r/min
        SPEED_Err = _IQ(0.00333);
    }
    else if(SPEED_Err < = _IQ( - 0.00333))
    {
        SPEED_Err = _IQ( - 0.00333);
    }
    else
    {
    SPEED_Err = SPEED_Err;                        // 将速度误差值限制在 30 r/min
    }
    Up = 0.001 * kp_SPEED * SPEED_Err;            // 比例输出
    Ui = Ui + 0.001 * ki_SPEED * SPEED_Err;       // 积分输出
    out_SPEED = Up + Ui;                          // 得到 PI 结果值
    if(out_SPEED > outmax)
    {
        out_SPEED = outmax;
    }
    else if(out_SPEED < outmin)
    {
        out_SPEED = outmin;
    }
    else
    {
        out_SPEED = out_SPEED;                    // 输出限幅
    }
}
void cesu()  // 测速程序
{
    DatQ14 = EQep1Regs.QEPSTS.bit.QDF;            // 读取正交方向标志寄存器
    if(DatQ14 = = 1)                              // 判断顺时针转
    {
        DatQ18 = EQep1Regs.QPOSCNT;               // 读取位置计数寄存器
        DatQ17 = DatQ16;                          // 获得上次位置计数寄存器
        DatQ16 = DatQ18;                          // 获得当次位置计数寄存器
        diff = DatQ16 - DatQ17;                   // 前后两次寄存器误差
        if(diff < 0)
        {
            diff = diff + 4096;                   // 保证误差值为正
        }

    }
```

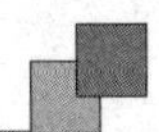

```
    if(DatQ14 = = 0)                                  // 判断逆时针旋转
    {
        DatQ18 = EQep1Regs.QPOSCNT;                   // 读取位置计数寄存器
        DatQ17 = DatQ16;                              // 获得上次位置计数寄存器
        DatQ16 = DatQ18;                              // 获得当次位置计数寄存器
        diff = DatQ16 - DatQ17;                       // 前后两次寄存器误差
        if(diff > 0)
        {
            diff = diff - 4096;                       // 保证误差值为负
        }

    }
    diff2 = diff * 2 * 3.1415926/4096;                // 将速度单位转换为 rad/次
    TMP1 = (1000) * diff2;                            // 将速度单位转换为 rad/s
    TMP2 = 0.981499176 * TMP2 + 0.018500823 * TMP1;           // 数字滤波
    speed = TMP2;
    speedrpm = speed/(2 * 3.1415926) * 0.00667 * 16777216; // 标定速度为 r/min
}
```

3. 3D－SVPWM 发波子程序

这部分内容在第 2 章已经进行了详细分析并给出了参考代码，请读者参考这部分内容。

4.4　系统仿真研究

4.4.1　Simulink 仿真模块示例

三相四桥臂容错控制整体模型如图 4－10 所示。它主要由三相四线制电机模块和 3D－SVPWM 发波模块构成。

1. 三相四线电机模块搭建

MATLAB/Simulink 中没有三相四线的永磁同步电机模块（带有中线的），所以首先搭建带有中性点的永磁同步电机的数学模型对应的三相四线电机模块，如图 4－11 所示，其子模型含有坐标转换、电磁转矩公式、机械运动方程等。

（1）坐标转换模型

Clarke 变换及其逆变换、Park 变换及其逆变换的模块，分别如图 4－12(a)、(b)、(c)、(d)所示。

（2）电机方程运算模块

$dq0$ 轴电压转换为电流，进行仿真模块搭建，如图 4－13 所示；电磁转矩和运动方程进行仿真模块搭建，如图 4－14 所示。

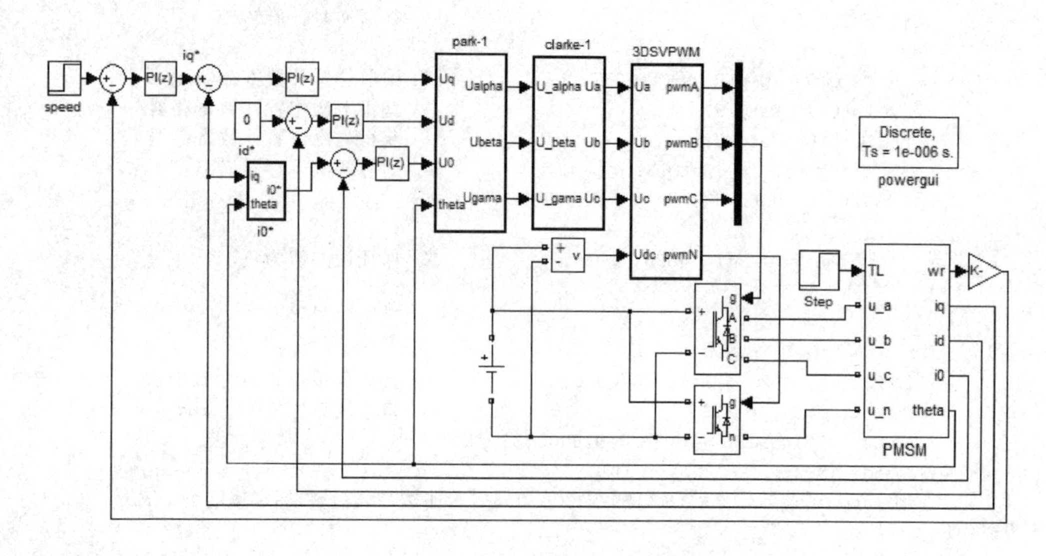

图 4-10　三相四桥臂容错控制整体模块

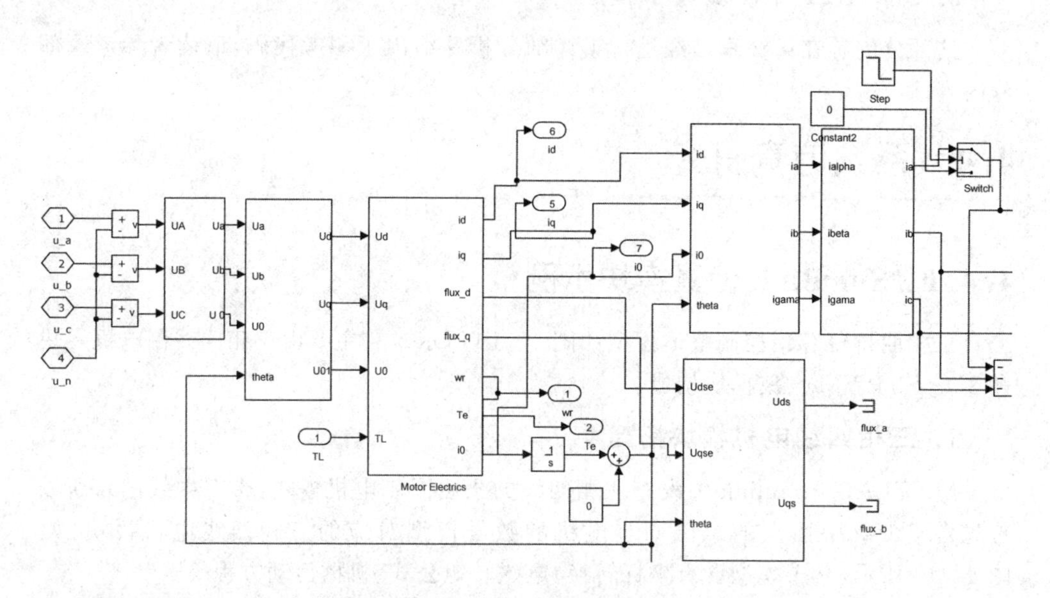

图 4-11　三相四线电机本体模块

2. 3D-SVPWM算法模块搭建

对于功率侧，交流220 V经整流输出后为310 V直流母线电压。三维空间矢量控制系统的模块如图4-15所示，其中包括合成扇区的基础矢量作用时间计算模块、转子实际位置检测模块、三维空间矢量波形调制模块等。

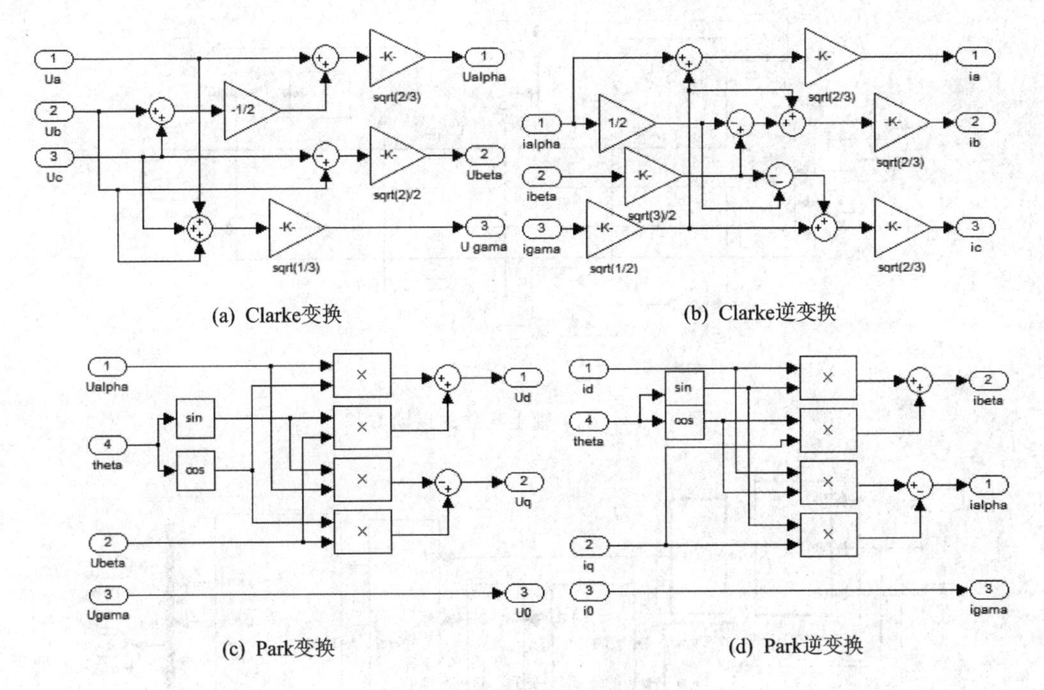

(a) Clarke变换　　(b) Clarke逆变换

(c) Park变换　　(d) Park逆变换

图 4-12　正变换与反变换模块

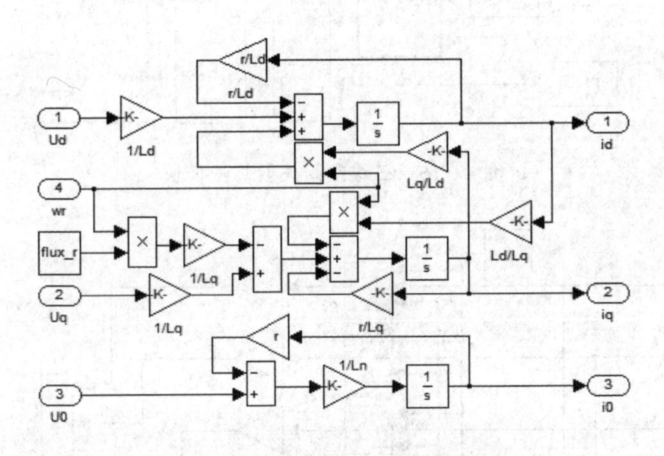

图 4-13　电压与电流转换模块

(1) 指针变量 N 计算模块

24 个指针变量对应着圆形磁场的具体位置，首先确定目标矢量的具体位置，即它的指针变量是多少，得到指针变量的具体值就得到了开关电压矢量的具体值，从而控制对应的开关管形成相应角度的磁场。根据推导算法进行搭建，如图 4-16 所示，得出指针变量的 24 个具体值，在 Simulink 中重新定义一个容量为 24 的变量 N'来代替指针变量 N，两者数值一一对应，这样既方便了搭建，又方便了建立数学模型与搭建模块。

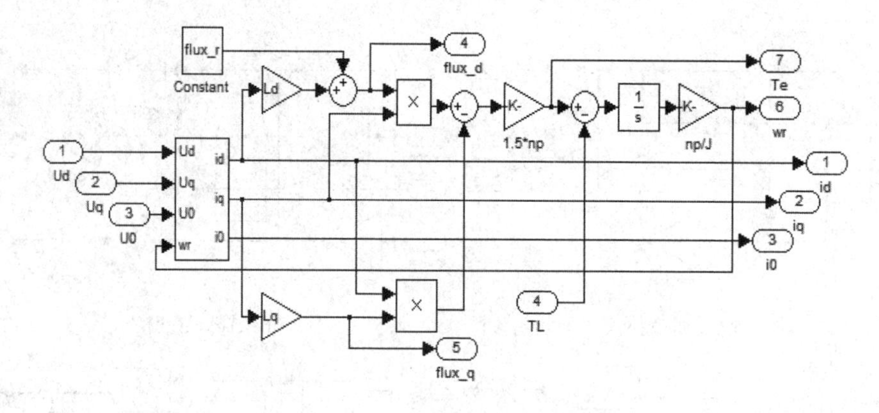

图 4-14 d、q 轴上建立的运动方程

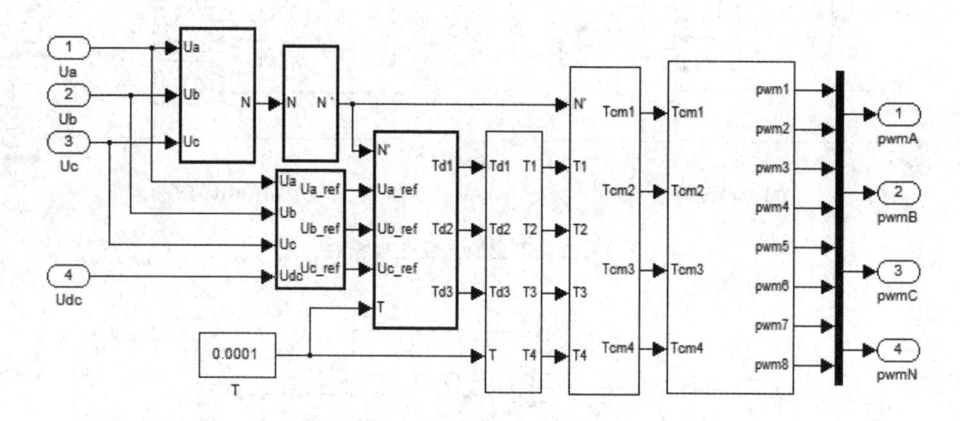

图 4-15 三维空间矢量算法模块

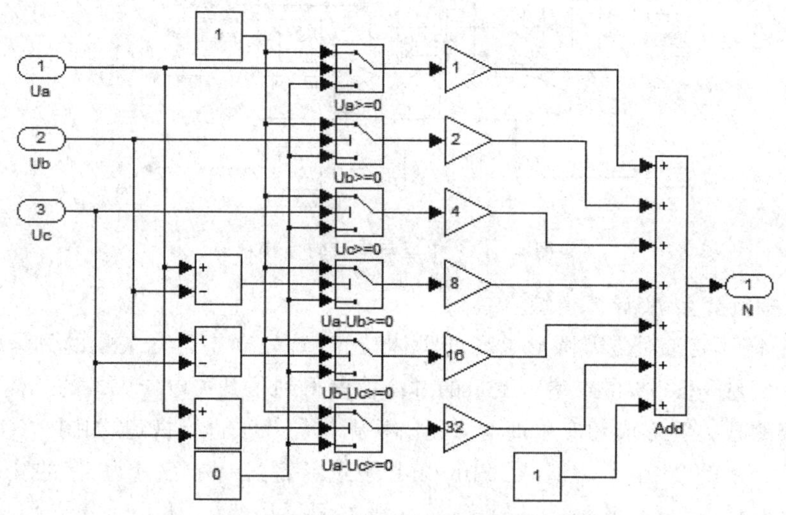

图 4-16 指针变量的推导算法扇区计算模块

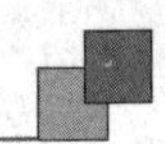

(2) 开关量作用时间计算模块

合成扇区的基础矢量作用时间的计算方法如图 4-17 所示，作用时间的计算方式为 PWM 周期乘以占空比。

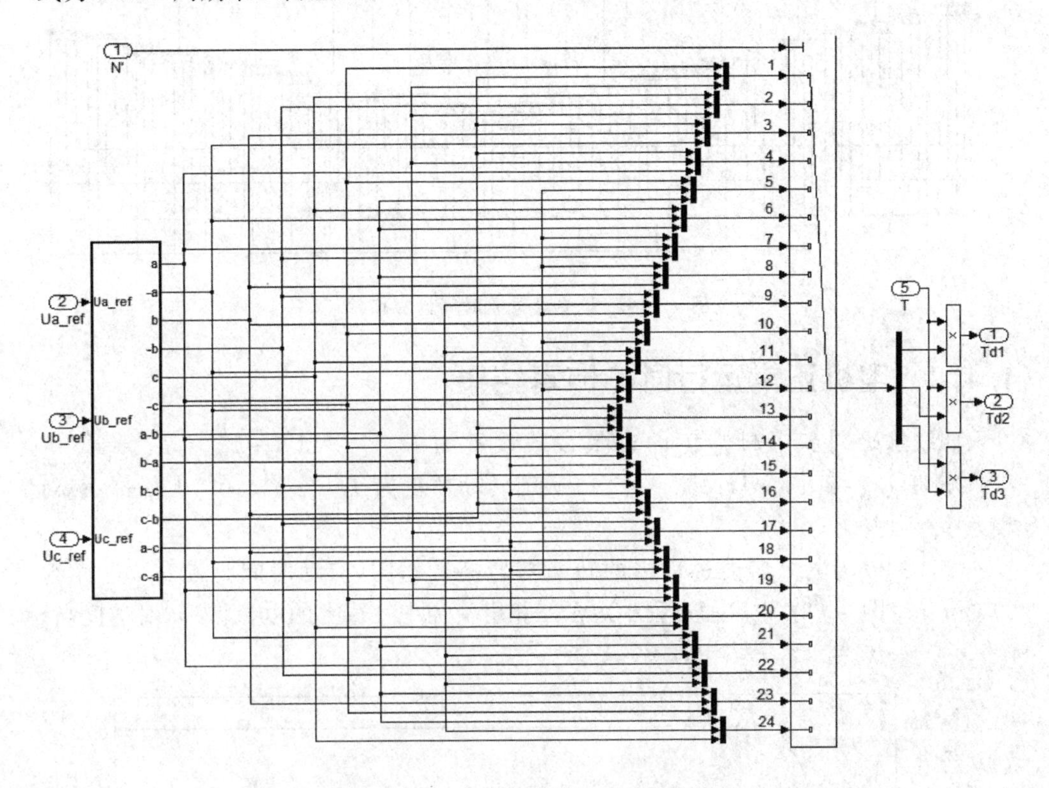

图 4-17　占空比转换作用时间模块

(3) 3D-SVPWM 波形的合成

各个开关管的导通时间由图 4-18、图 4-19 计算得出。

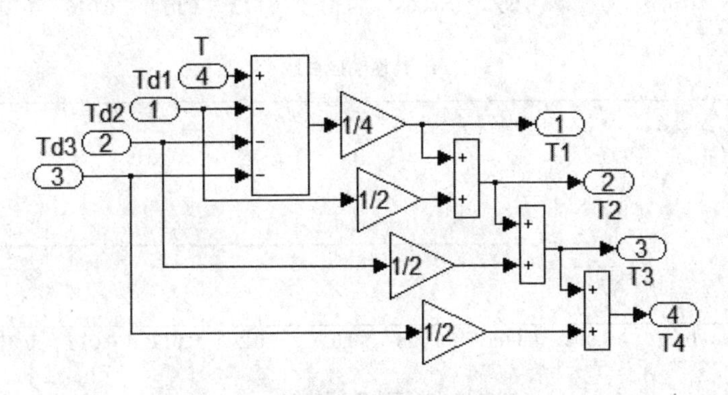

图 4-18　作用时间与开关时间模块

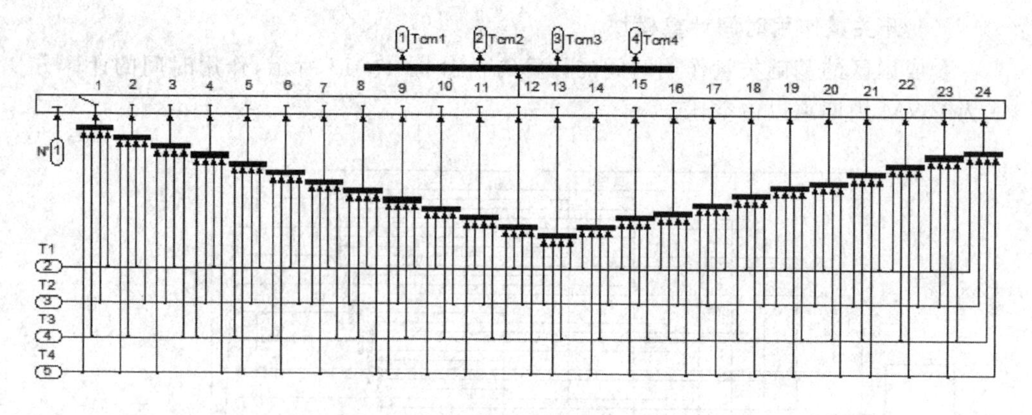

图 4-19　开关管导通时间计算模块

4.4.2　电机正常运行时的仿真结果

四线永磁同步电机本体的寄生参数设置为 $R_s = 2.18\ \Omega$；$L_{dq} = L_d = L_q = 7.94\ \mathrm{mH}$，$L_0 = 2.15\ \mathrm{mH}$；$\psi_{PM} = 0.194\ \mathrm{Wb}$；转动惯量为 $J = 3.3 \times 10^{-4}\ \mathrm{kg/m^2}$；极对数为 $p_n = 4$。

图 4-20 为电机启动过程中的转速与转矩暂态图，启动时间为 5 ms，过冲约 20 r/min。图 4-21 为启动过程中定子三相电流与中性线上的电流波形，对称度高，

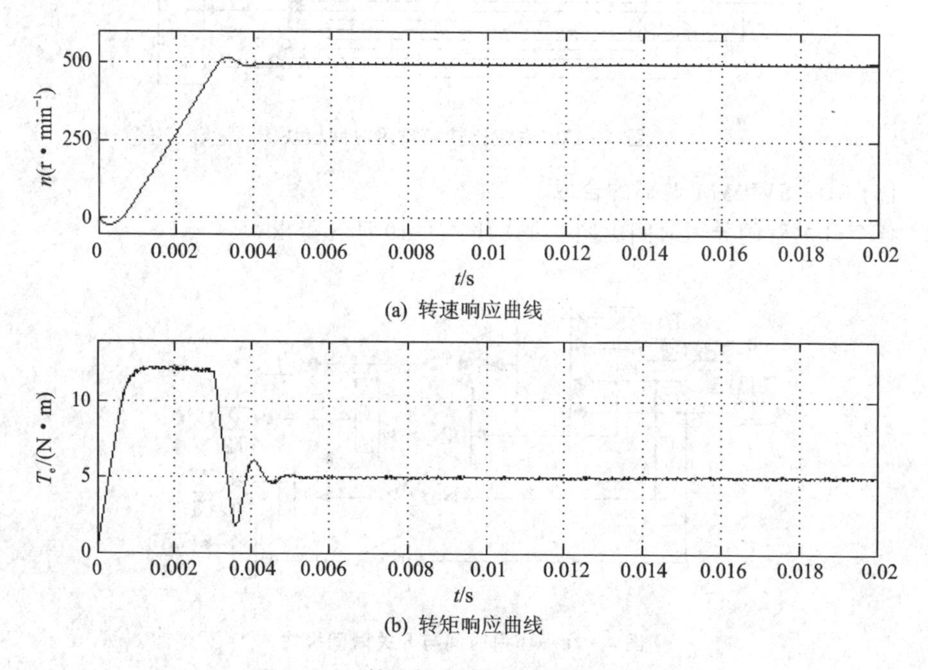

(a) 转速响应曲线

(b) 转矩响应曲线

图 4-20　转速暂态波形及转矩暂态波形

脉动小。在稳态时定子电流畸变小，第四桥臂所连接的中线电流在稳态等于零。

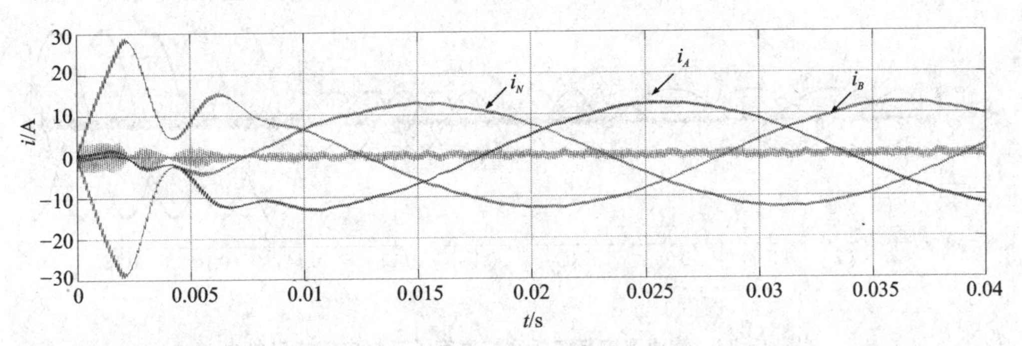

图4-21 启动时定子电流暂态响应波形

在电机转速稳定的情况下，进行负载突增、突减实验，在电机再次进入稳态之前的时间内，观察控制系统应对既定外界变化的响应性能。

给定的外界变化参数为：在0.03 s时使电机给定转速阶跃突增，从之前的稳定值500 r/min增加至1 000 r/min；在下一时刻0.06 s时使给定的负载转矩阶跃突增，从之前的稳定值5 N·m增加至8 N·m，仿真波形分别如图4-22和图4-23所示。在第一次转速突增时，控制系统很好地将实际转速经过短暂的调节就达到了稳态，并且几乎没有抖动，转矩电流在转矩突增时有效值保持不变，频率升高，暂态时间为4 ms。在第二次负载转矩突增时，电磁转矩很快与负载转矩达到新平衡，三相电流幅值加大但频率不变，转速受控制保持不变，暂态时间为1 ms。

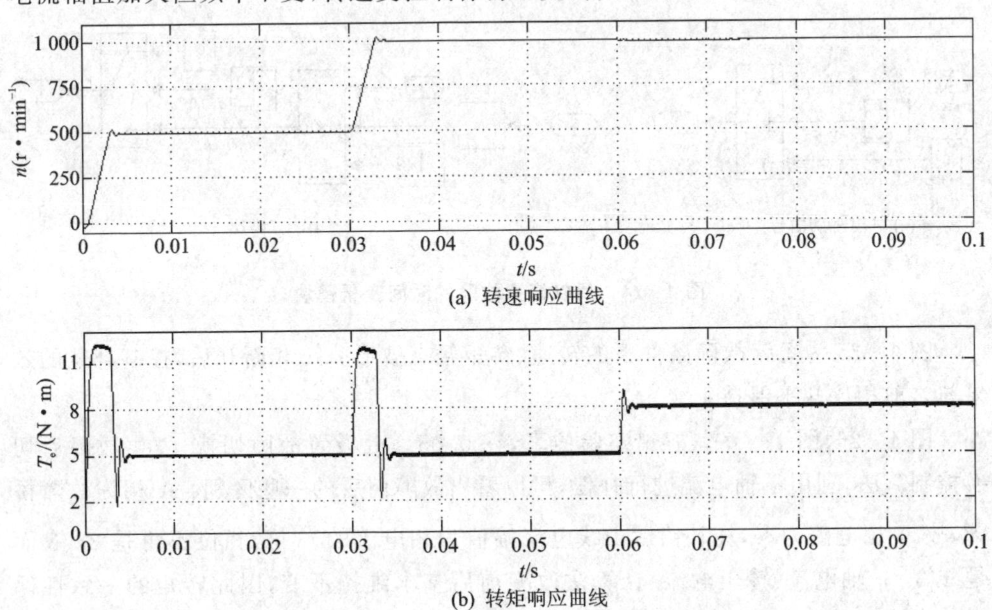

图4-22 转速突增与转矩突增的暂态响应曲线

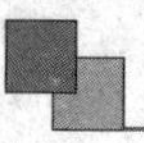

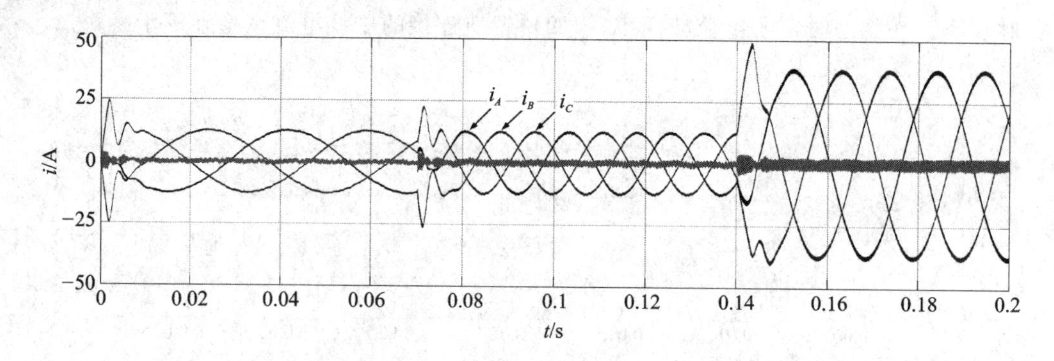

图 4－23 转速突增与转矩突增时定子三相电流响应曲线

4.4.3 容错运行仿真结果

当三相桥臂中有一相桥臂发生故障时，第四桥臂通过中线对矢量控制系统进行补偿，从而验证系统的容错性能。此处选择 A 相为故障桥臂，控制 i_0^* 模块中的时间变量来模拟某一时刻 A 相的故障。

在 0.05 s 时刻将 A 相桥臂断开，同时修改 i_0^* 的给定值，使之等于计算得到的故障补偿值，如图 4－24 所示。负载转矩与给定转速与之前一样，分别为 5 N · m 和 500 r/min。

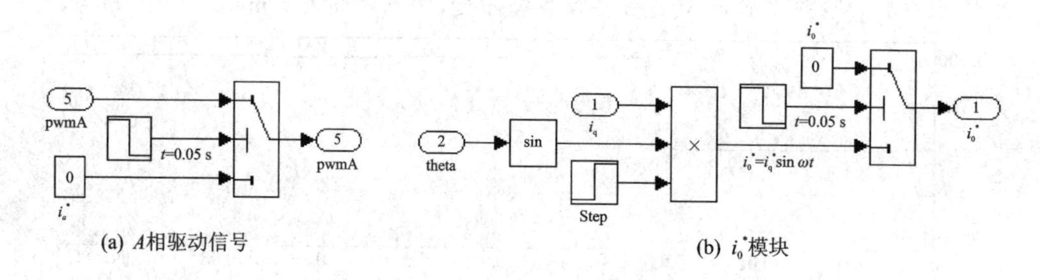

图 4－24 用以模拟故障的时间变量模块

图 4－25 为短路故障条件下的转速、转矩暂态波形。A 相断开后，控制补偿的效果与之前相比几乎保持不变。

图 4－26、图 4－27 是容错实验仿真，在 0.05 s 处设置故障切换，发生故障后切换控制算法，利用零轴电流进行补偿，可以看出故障前后的一些区别：A 相为故障桥臂，故 A 相电流为零，在补偿后中线电流幅值为相电流的$\sqrt{3}$倍，相位不再是 $2\pi/3$ 而是 $\pi/3$。q 轴电流（转矩电流）在算法改变前后基本维持不变，因此转矩的一致性保证了系统的容错能力，电机还能保证运行。

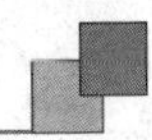

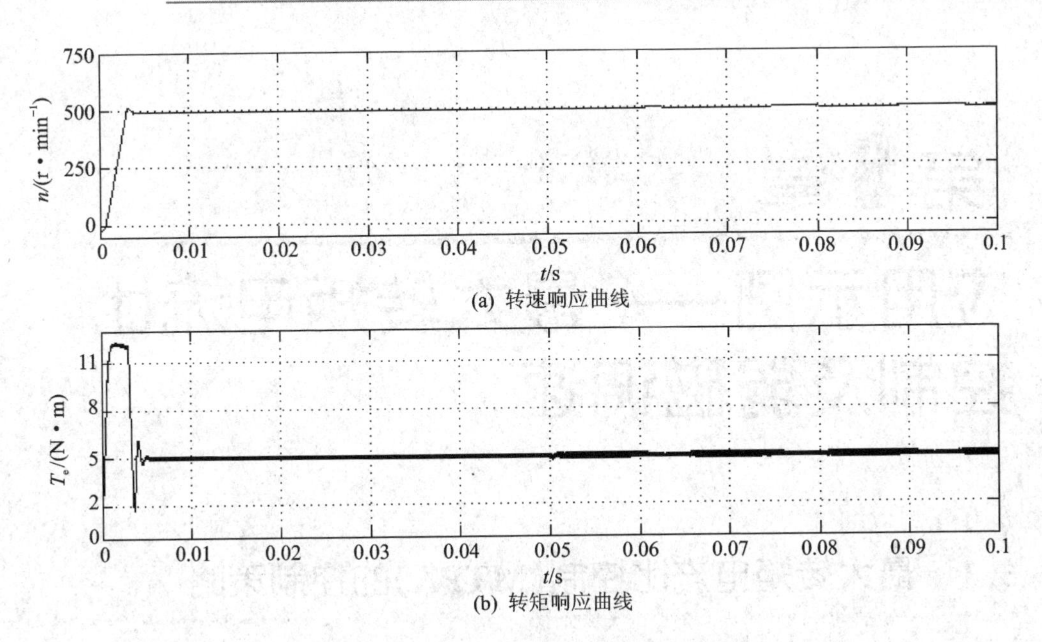

(a) 转速响应曲线

(b) 转矩响应曲线

图 4－25　故障下转速、转矩的暂态曲线

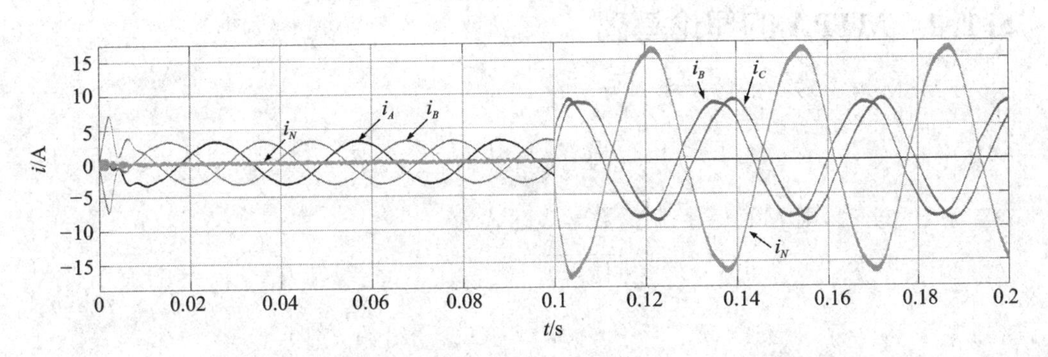

图 4－26　故障后在容错控制下的四相电流暂态响应(0.1 s A 相断路故障)

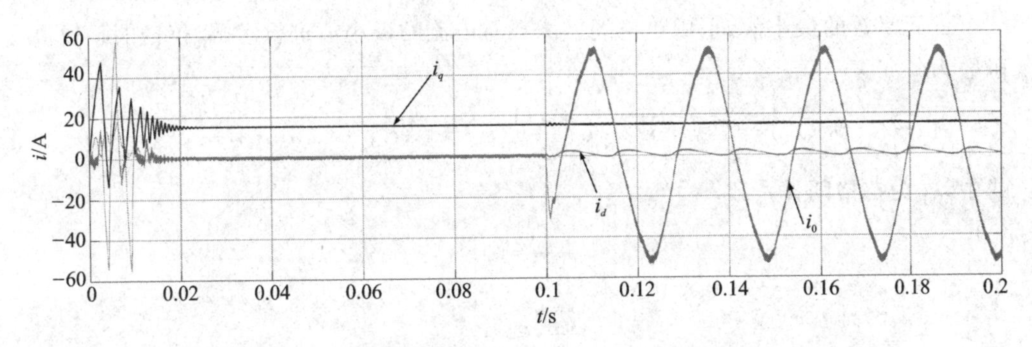

图 4－27　故障后在容错控制下的解耦电流暂态响应(0.1 s A 相断路故障)

第 5 章

应用示例——最大转矩电流比控制及弱磁调速

5.1 最大转矩电流比控制(MTPA)的控制策略

5.1.1 MTPA 的理论基础

PMSM 电磁转矩的数学模型为

$$T_{em}=\frac{3}{2}p\left[\psi_f i_q+(L_d-L_q)i_d i_q\right] \tag{5-1}$$

令 $i_s=\sqrt{i_d^2+i_q^2}$，则 MTPA 控制的数学表达式为

$$\left.\begin{aligned}&\min:\quad i_s=\sqrt{i_d^2+i_q^2}\\&C:\quad T_{em}=\frac{3}{2}p\left[\psi_f i_q+(L_d-L_q)i_d i_q\right]\end{aligned}\right\} \tag{5-2}$$

式中，T_{em} 为电磁转矩。通过式(5-2)可以看出，MTPA 控制器的数学含义是求解一个二元函数的最小值，采用拉格朗日函数对电流的极小值进行求解，拉格朗日极值函数为

$$f(i_d,i_q,\lambda_1)=\sqrt{i_d^2+i_q^2}-\lambda_1\left\{\frac{3}{2}p\left[\psi_f i_q+(L_d-L_q)i_d i_q\right]-T_{em}\right\} \tag{5-3}$$

式中，λ_1 为拉格朗日系数。令

$$\left.\begin{aligned}\frac{\partial f}{\partial i_d}&=0\\\frac{\partial f}{\partial i_q}&=0\\\frac{\partial f}{\partial \lambda_1}&=0\end{aligned}\right\} \tag{5-4}$$

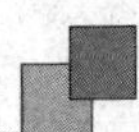

则

$$\left.\begin{aligned}&\frac{i_d}{\sqrt{i_d^2+i_q^2}}-\frac{3}{2}\lambda_1 p(L_d-L_q)i_q=0\\&\frac{i_q}{\sqrt{i_d^2+i_q^2}}-\frac{3}{2}\lambda_1 p[\psi_f+(L_d-L_q)i_d]=0\\&\frac{3}{2}\lambda_1 p[\psi_f i_q+(L_d-L_q)i_d i_q]=T_{em}\end{aligned}\right\} \tag{5-5}$$

对式(5-5)进行整理可得

$$\left.\begin{aligned}&\frac{i_q}{\sqrt{i_d{}^2+i_q{}^2}}-\frac{i_d}{\sqrt{i_d{}^2+i_q{}^2}}\left[\frac{\psi_f}{(L_d-L_q)i_q}+\frac{i_d}{i_q}\right]=0\\&\frac{3}{2}\lambda_1 p[\psi_f i_q+(L_d-L_q)i_d i_q]=T_{em}\end{aligned}\right\} \tag{5-6}$$

由式(5-6)可以看出,该控制方法过于依赖电机的参数,这将影响系统的控制精度和鲁棒性。为了降低对电机参数的依赖性,对方程进行标幺化。

令 $i_d=\psi_f/(L_d-L_q)$、$T_b=2/3p\psi_f i_b$ 作为基值,对式(5-6)标幺化可得

$$\left.\begin{aligned}i_q^*&=\pm\sqrt{i_d^{*2}-i_d^*}\\T_{em}&=i_q^*(1-i_d^*)\end{aligned}\right\} \tag{5-7}$$

当电磁转矩 T_{em} 确定后,可通过式(5-7)得到相应的 i_d^* 和 i_q^* 值,此时定子电流 $i_s^*=\sqrt{i_d^{*2}+i_q^{*2}}$ 最小,即

$$\left.\begin{aligned}i_d^*&=f_{\min d}(T_{em})\\i_q^*&=f_{\min q}(T_{em})\end{aligned}\right\} \tag{5-8}$$

式中,i_d^*、i_q^* 分别为直轴、交轴电流极小值函数。

对于隐极式电动机($L_d=L_q$),MTPA 控制就是 $i_d=0$ 控制。

应该指出,转矩公式既适用于面装式 PMSM,也适用于插入式和内装式 PMSM,具有普遍性。因为 ψ_f 和 $\dot{I}_s$ 在电动机内部客观存在,故当参考轴系改变时,并不能改变两者间的作用关系和转矩值。

由转矩公式推导可知,在转矩矢量的控制中,控制的目标是定子电流矢量 $\boldsymbol{i}_s$ 的幅值和相对 ψ_f 的空间相位角 β。在正弦稳态下,就相当于控制定子电流相量 $\dot{I}_s$ 的幅值和相对 ψ_f 的相位空间角 β。控制策略的原理如图5-1所示。

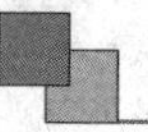

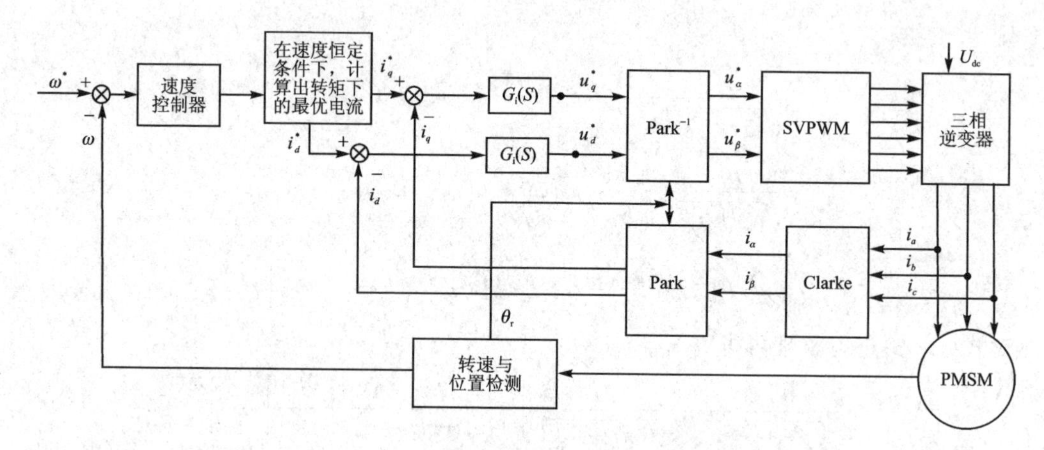

图 5-1　永磁同步凸极电动机最优转矩电流比矢量控制系统原理图

5.1.2　控制系统的仿真分析

1. 整体模型

图 5-2 为 MTPA 控制的 MATLAB 仿真模型，以 SVPWM 控制算法的基本框架为原型，加入了 MTPA 相应计算模块以及 PI 控制器。

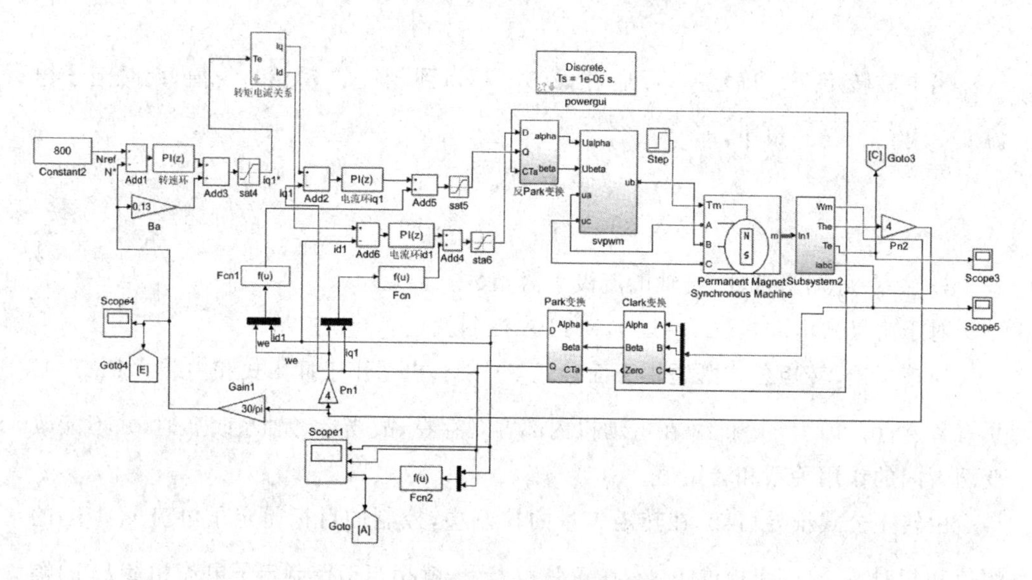

图 5-2　MTPA 控制整体模型

2. MTPA 计算模块

经速度环 PI 控制器之后，需要经过 MTPA 计算模块算出 i_d、i_q 的给定量。图 5-3 为 MTPA 计算模块的搭建模型。

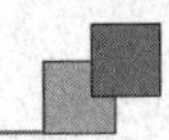

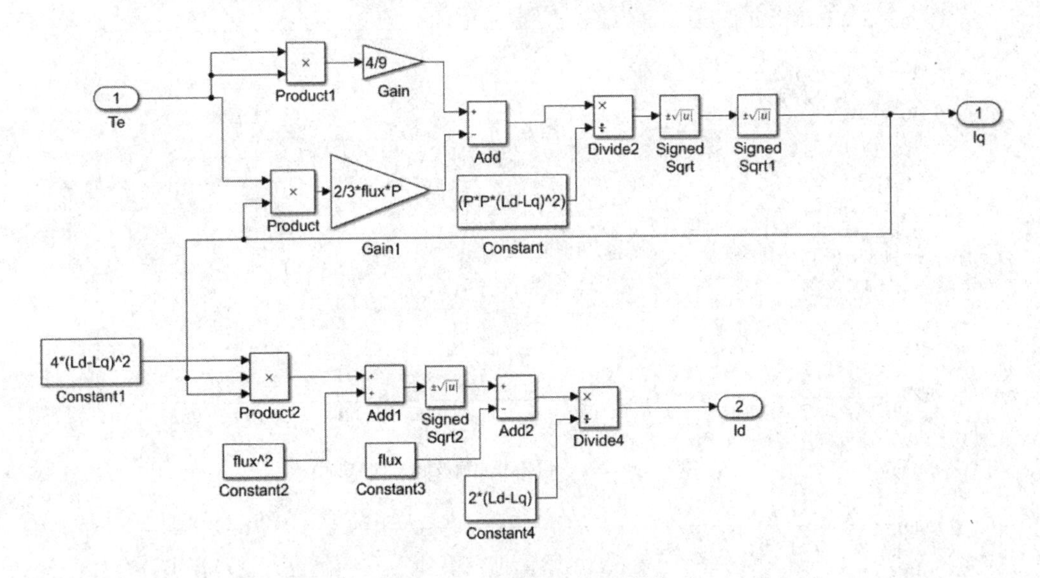

图 5-3　转矩电流计算模块

3. 仿真结果及分析

图 5-4 为 MTPA 仿真结果验证，在速度为 800 r/min 的情况下，分别给定转矩为 12 N·m 和 18 N·m。在电机有一定凸极率的情况下，对比 $i_d=0$ 与 MTPA 的控制方案，观察三相电流幅值的大小，可以很明显地从三相电流波形中看出，MTPA 的控制策略下的电流幅值更小。

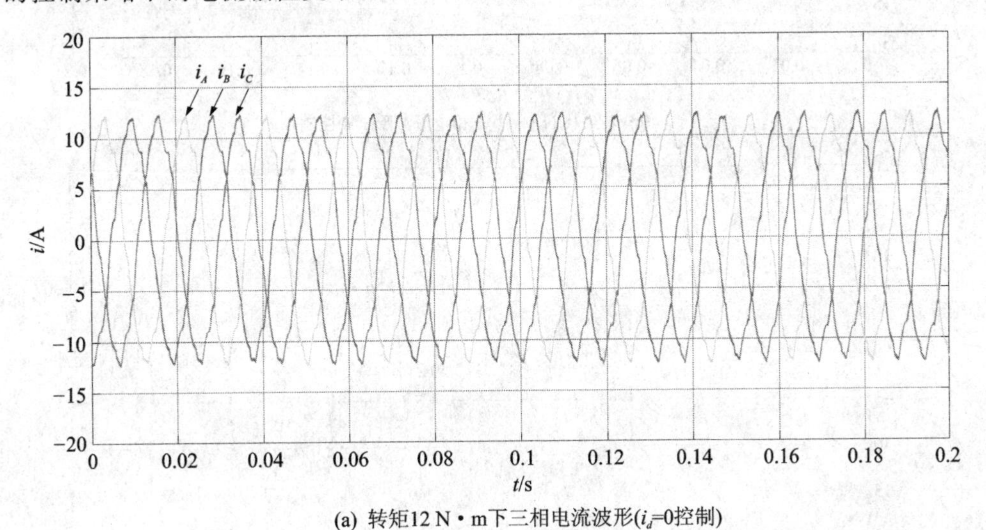

(a) 转矩12 N·m下三相电流波形(i_d=0控制)

图 5-4　MTPA 仿真结果

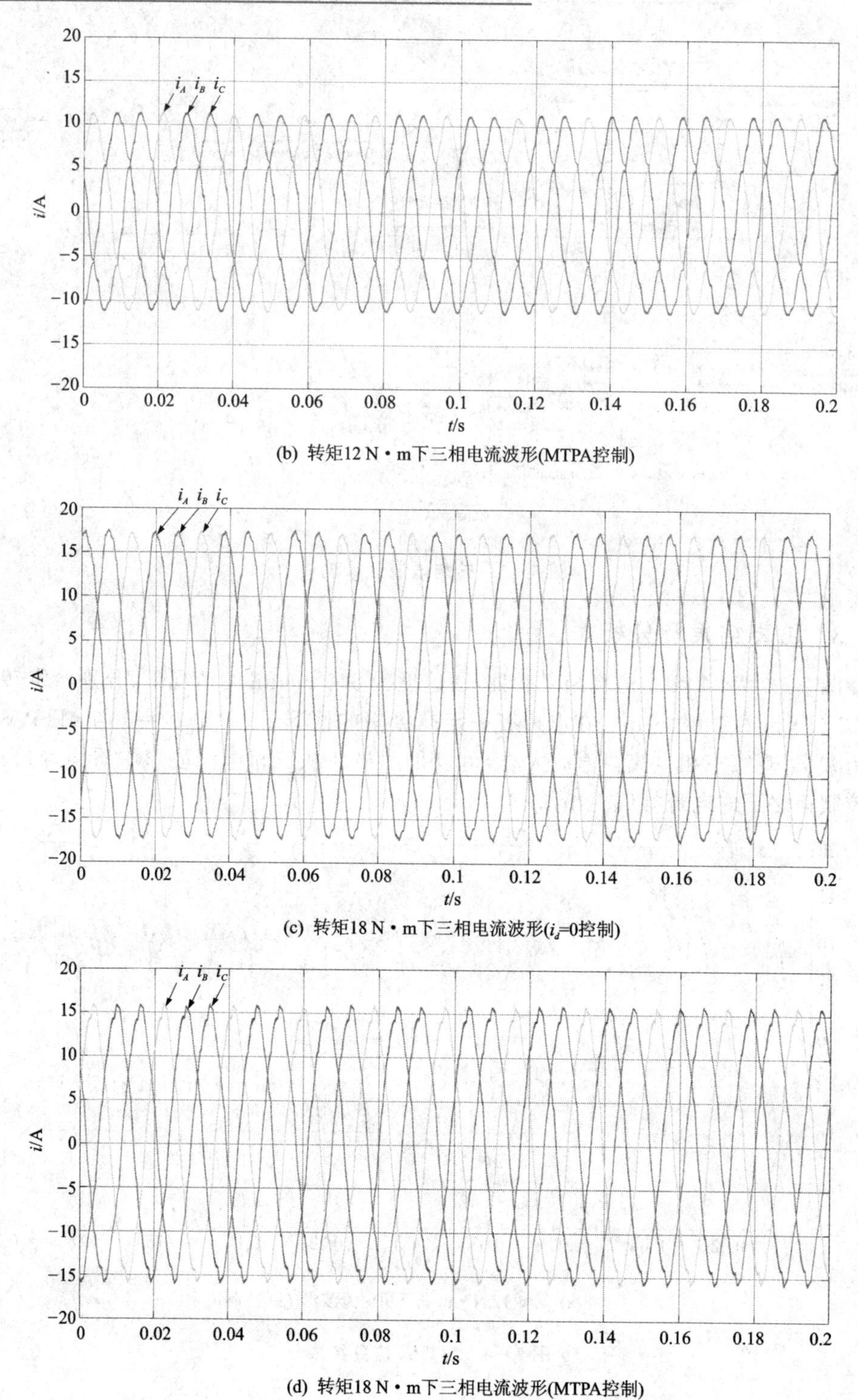

(b) 转矩12 N·m下三相电流波形(MTPA控制)

(c) 转矩18 N·m下三相电流波形(i_d=0控制)

(d) 转矩18 N·m下三相电流波形(MTPA控制)

图 5-4　MTPA 仿真结果(续)

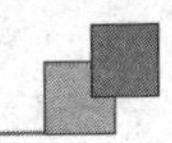

传统的 $i_d=0$ 控制方式，对于表贴式 PMSM 而言，与最大转矩电流比控制方式相同；但对于内置式 PMSM，两种控制方式则不同，$i_d=0$ 控制方式得到的定子电流大于 MPTA 控制方式，因此其定子电阻上的损耗大，效率也相对低。

最大转矩电流比控制（MPTA）方式只针对内置式 PMSM，在同样的转矩条件下，求得其最小的定子电流以减小损耗，提高效率。

5.2　永磁电机的弱磁调速

弱磁控制的思想源自他励直流电机的调磁控制，当他励直流电机端电压达到最大时，只能通过调节电机的励磁电流，改变励磁磁通，在保证输出电压最大值不变的条件下，使电机能恒功率运行于更高的转速。也就是说，他励直流电机可以通过降低励磁电流达到弱磁调速的目的。

5.2.1　弱磁控制概述

永磁同步电机具有高效率和高功率密度等诸多优点，因此广泛应用于轨道牵引、电动汽车等领域。然而在这些领域，往往需要非常宽的转速运行范围，而在高速段往往并不需要非常大的转矩输出。因此永磁同步电机在高速段一般会采用弱磁控制技术来提升转速。此外，由于永磁同步电机的反电动势与转速成正比，当电机转速超过额定转速之后，转子永磁体产生的反电动势会导致逆变器电压饱和。严重的电压饱和会导致逆变器输出电压谐波含量显著增加，电机稳定性和效率都会大大下降。除此之外，永磁同步电机的定子电阻、电感和转子磁链等参数在电机弱磁运行模式下会表现出明显的非线性特征，从而导致铁耗增加和 dq 轴的电感耦合。为了解决上述问题，许多学者在过去的二十多年中提出了非常多的弱磁控制算法，大致可以分为反馈型、前馈型和混合型。

反馈型一般采用电流或电压测量值作为反馈量，利用电流或电压误差来补偿电流参考值，进而减小 dq 轴的电压饱和状况。由于反馈闭环的引入导致这种方法对电机参数并不明显，故动态效果一般。前馈型一般直接给定转矩参考值，进而具有更快的动态响应。电流参考值多用解析计算或者查表法获得，因此高度依赖电机模型。混合型是一种反馈型和前馈型弱磁控制算法的结合，直接给定转矩参考值，通过查表法获得电流参考值，同时利用电压反馈补偿电流参考值以防止电压饱和。这里，将分别探讨 IPMSM 和 SPMSM 弱磁控制方法。

对于感应电机，可直接减小励磁电流来降低励磁磁通，实现电机的高速运行，这种方式也称为弱磁控制。而永磁同步电机中的磁场由永磁体产生，其大小不能被直接控制。

由永磁同步电机在 dq 同步旋转坐标系下的磁链方程可知

$$\left.\begin{aligned}\psi_d &= L_d i_d + \psi_f \\ \psi_q &= L_q i_q\end{aligned}\right\} \tag{5-9}$$

ψ_f 为永磁体产生的磁场，将 d 轴方向与转子磁链的方向保持一致，并控制 d 轴电流分量产生相反的磁通量，实现弱磁控制，如图 5－5 所示。

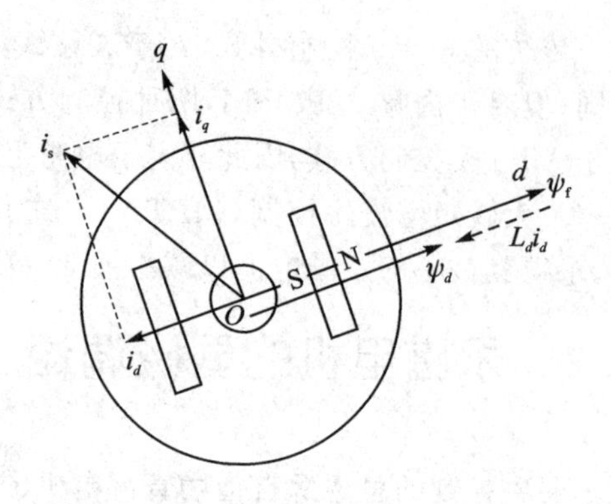

图 5－5 永磁电机弱磁控制原理

PMSM 的工作区通常分为：恒转矩区（低于基速）、恒功率区（高于基速（弱磁区）），如图 5－6 所示。

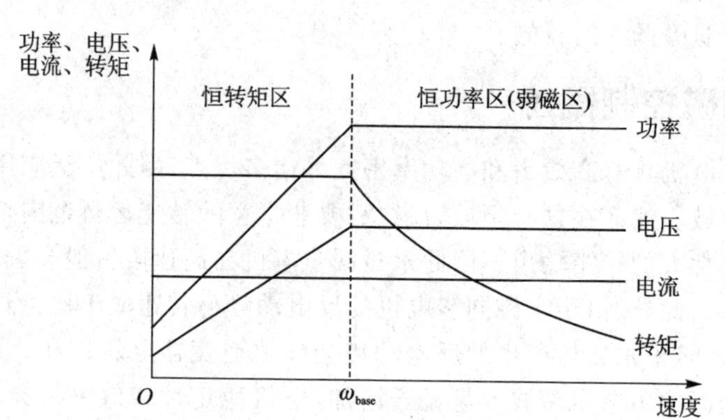

图 5－6 PMSM 的工作区

依据转子永磁体磁极的励磁磁链与 d 轴定子电流产生的最大磁链（即 $L_d I_{s\max}$）之间的关系，PMSM 的输出功率特性可以有 3 种情况，如图 5－7 所示。

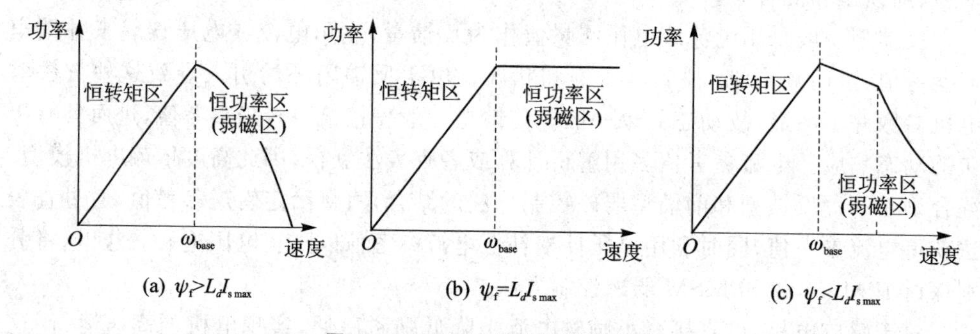

图 5－7 PMSM 的输出功率特性

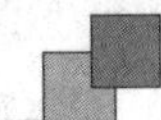

5.2.2　IPMSM 弱磁控制

1. 恒转矩区 $\omega \leqslant \omega_{base}$

若不考虑定子电阻，并假设电机运行稳定状态，则电压方程可写为

$$\left.\begin{aligned} u_d &= -\omega L_q i_q \\ u_q &= \omega(L_d i_d + \psi_f) \end{aligned}\right\} \tag{5-10}$$

当电机工作在 MTPA 状态时，IPMSM 的输出转矩主要受限于电机定子最大输入电流的幅值 $I_{s\max}$。然而在高速区，反电动势增大，因此 IPMSM 的输出转矩的限制条件要考虑逆变器输出最大电压的幅值 $U_{s\max}$，即需要考虑在最大电压 $U_{s\max}$ 下电机所能达到的最大转速是多少。

$$\sqrt{u_d^2 + u_q^2} \leqslant U_{s\max} \tag{5-11}$$

将式(5-10)代入式(5-11)可得出电压椭圆极限方程在 i_d、i_q 平面的数学表达式：

$$\sqrt{\omega^2(L_d i_d + \psi_f)^2 + \omega^2(L_q i_q)^2} \leqslant U_{s\max} \tag{5-12}$$

式中，ω 为实际电角速度，进一步可得出 $\omega \leqslant \dfrac{U_{s\max}}{\sqrt{(L_d i_d + \psi_f)^2 + (L_q i_q)^2}}$，也就是说，恒转矩工作的最大电角速度为

$$\omega_{base} = \frac{U_{s\max}}{\sqrt{(L_d i_d + \psi_f)^2 + (L_q i_q)^2}} \tag{5-13}$$

这也是弱磁调速区的起始电角速度，其中 i_d、i_q 为 MTPA 工作下的 d 轴及 q 轴电流。

2. 恒功率区 $\omega > \omega_{base}$

首先，在 dq 轴电流平面中表示 IPMSM 的电压和电流限制边界。在最大定子电流 $I_{s\max}$ 下，IPMSM 的 dq 轴定子电流被限制在下式条件下。

$$\sqrt{i_d^2 + i_q^2} \leqslant I_{s\max} \tag{5-14}$$

式中，$I_{s\max}$ 为电机定子最大输入电流的幅值。

电压约束方程如式(5-12)所示，因此在稳定状态时，将电压约束方程和电流约束方程画在 i_d、i_q 平面上，如图 5-8 所示。

图 5-8 表示了电流、电压约束关系在 dq 平面的图形，电压约束方程是一个椭圆，中心点落在 $\left(-\dfrac{\psi_f}{i_d}, 0\right)$，它的大小与转速成反比，这是因为反电动势随着运行速度的增加而增大。

椭圆的中心是理论上的无限大转速点。电流约束方程是以 $I_{s\max}$ 大小为半径的圆。在弱磁控制时，电流矢量的给定值要同时满足电压约束方程和电流约束方程，它

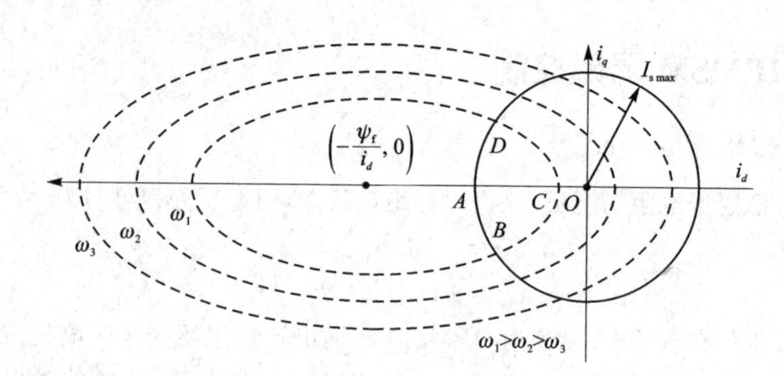

图 5-8　电压约束方程和电流约束方程在 i_d、i_q 平面的曲线

的轨迹必须在电流极限圆和电压极限椭圆的重叠区域中。例如，电机转速为 ω_1 时，电流矢量必须在 $ABCD$ 区域内。

对于 IPMSM，最高转速与输出功率特性根据 ψ_f 和 $L_d I_{s\max}$ 之间的大小关系而变化，这种关系也可以通过电压限制椭圆的中心是否在电流限制圆内来表示，进而存在不同的控制策略。由式(5-13)可知，当 $i_d=-I_{s\max}$ 且 $i_q=0$ 时，最大电角速度为

$$\omega_{\max}=\frac{U_{s\max}}{|\psi_f-L_d I_{s\max}|} \tag{5-15}$$

当 $\psi_f>L_d I_{s\max}$ 时，通过弱磁调速电机所能提高的速度有限；而当 $\psi_f<L_d I_{s\max}$ 时，理论上通过弱磁调速电机所能提高的速度可以是无穷大。

(1) $\boldsymbol{\psi_f>L_d I_{s\max}}$

在中低速范围内，电压极限椭圆包含电流极限圆。电机的反电动势还未达到逆变器输出的最大电压幅值，它与转速成正比，而电机的输出转矩恒定，因此，输出功率不断增加。此时电流控制可以采用最大转矩电流比控制，它可以实现转矩的最优控制，在电流最小的情况下，使电机的转矩要求满足，从而减小电机的铜损，提高控制的效率。最大转矩电流比控制即是用最小的电流来产生给定的转矩：

$$T_e=\psi_f i_q+(L_d-L_q)i_d i_q \tag{5-16}$$

由此，可以将最大转矩电流问题转化为求解极值问题，作拉格朗日函数：

$$L(i_d,i_q,\lambda)=\sqrt{i_d^2+i_q^2}-\lambda\{T_e-[\psi_f i_q+(L_d-L_q)i_d i_q]\} \tag{5-17}$$

对式(5-17)求偏导，令偏导项为 0，可以得到

$$\left.\begin{aligned}
&\frac{\partial L(i_d,i_q,\lambda)}{\partial i_d}=\frac{i_d}{\sqrt{i_d^2+i_q^2}}+\lambda[(L_d-L_q)i_q]=0\\
&\frac{\partial L(i_d,i_q,\lambda)}{\partial i_q}=\frac{i_q}{\sqrt{i_d^2+i_q^2}}+\lambda[\psi_f+(L_d-L_q)i_d]=0\\
&\frac{\partial L(i_d,i_q,\lambda)}{\partial \lambda}=-\{T_e-[\psi_f i_q+(L_d-L_q)i_d i_q]\}=0
\end{aligned}\right\} \tag{5-18}$$

求解式(5-18)，得到永磁同步电机在最大转矩电流比情况下 i_d 和 i_q 电流的关系

如下：

$$\psi_f i_d + (L_d - L_q)(i_q^2 - i_d^2) = 0 \tag{5-19}$$

电流的 i_d 分量为

$$i_d = \frac{-\psi_f + \sqrt{\psi_f^2 + 4(L_d - L_q)^2 i_q^2}}{2(L_d - L_q)} \tag{5-20}$$

由式(5-19)绘出最大转矩电流比的曲线轨迹，如图5-9中 OA 段所示。这时候，采用最大转矩电流比控制，电流矢量工作于 OA 段，定子电流矢量只受电流极限圆的限制，因此，在给定控制电流时，直接按照最大转矩电流比计算出的电流进行给定：

$$\left.\begin{aligned} i_d &= \frac{-\psi_f + \sqrt{\psi_f^2 + 8(L_d - L_q)^2 I_{s\max}^2}}{2(L_d - L_q)} \\ i_q &= \sqrt{I_{s\max}^2 - I_d^2} \end{aligned}\right\} \tag{5-21}$$

当电流矢量运行到 A 点时(MTPA与电流极限圆的交点)，电机的转矩达到最大值，转速也在此刻达到额定值，受到电流极限圆的限制，无法沿着曲线继续上升。因此，恒转矩控制的最大转折速度为 ω_{base}。

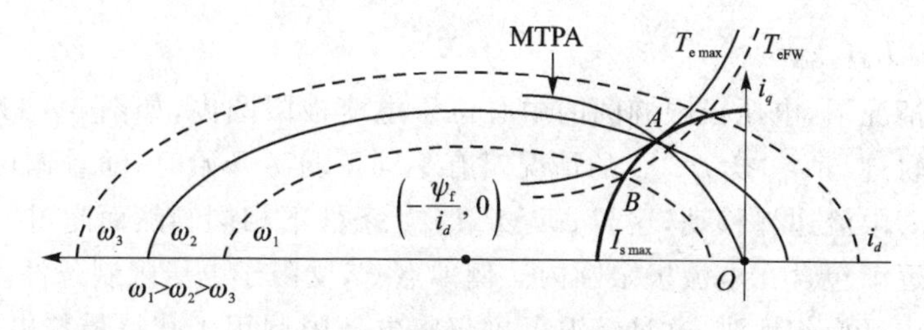

图5-9 弱磁操作的起始阶段

若希望转速继续上升，则控制状态进入弱磁区，转速和转矩成反比，输出功率恒定。在图5-9中，当转速上升时，电压极限椭圆开始向中心点收缩，电流矢量要落在电压极限椭圆和电流极限圆的交集中，因此电流矢量也会跟随移动。当电机运行在额定电流和逆变器的最大输出电压下时，转速上升，电流运行轨迹如图5-9中的 AB 段。弱磁区中的电流矢量同时运行在电流极限圆和电压极限椭圆中，约束方程为

$$\left.\begin{aligned} i_d^2 + i_q^2 &= I_{s\max}^2 \\ \sqrt{(\omega L_q i_q)^2 + (\omega L_d i_d + \omega\psi_f)^2} &= U_{s\max} \end{aligned}\right\} \tag{5-22}$$

此时，在弱磁区中，由电压椭圆极限方程，可以算出 i_d 分量电流为

$$i_d = \frac{-\psi_f + \sqrt{\left(\frac{U_{s\max}}{\omega}\right)^2 - (L_q i_q)^2}}{L_d} \tag{5-23}$$

将式(5-22)代入式(5-23)中，可以得到电流矢量运行在弱磁Ⅰ区时，凸极式永

磁同步电机的电流给定为

$$\left.\begin{aligned} i_d &= \frac{\psi_f L_d - \sqrt{(\psi_f L_d)^2 - (L_d^2 - L_q^2)\left[\psi_f^2 + L_q^2 I_{s\max}^2 - \left(\frac{U_{s\max}}{\omega}\right)^2\right]}}{(L_d^2 - L_q^2)} \\ i_q &= \sqrt{I_{s\max}^2 - i_d^2} \end{aligned}\right\} \tag{5-24}$$

随着电机转速的增高,最佳点的轨迹按逆时针方向沿电流极限圆边界移动,如图 5-10 所示。此时,d 轴电流在负方向上增加,q 轴电流降低,直至当 $I_d = I_{s\max}$,$I_q = 0$ 时,电机转速达到最高。这说明,这种电机的最高转速存在一定的限制。

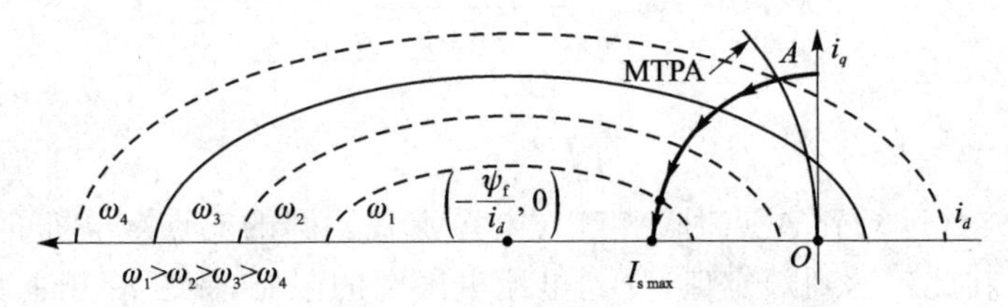

图 5-10　$\psi_f > L_d I_{s\max}$ 情况下的电流轨迹图

(2) $\psi_f < L_d I_{s\max}$

在这种情况下,电压极限椭圆的中心位于电流极限圆内,如图 5-11 所示,并且最佳电流的轨迹与 $\psi_f > L_d I_{s\max}$ 的情况略有不同。弱磁开始时,随着速度增加,最优点的轨迹沿着限流边界移动,这与 $\psi_f > L_d I_{s\max}$ 条件下相同。然而超过一定速度,电压极限椭圆逐渐包含在电流极限圆内。例如点 C,受限于电压限制条件,同时包含在电流极限圆内。换句话讲,这种情况下可仅将电压限制用于获得最佳电流的约束条件。因此,当速度增加时,最佳点应移动到椭圆的中心,而不再沿着限制圆移动,如图 5-11 所示。因此,最佳点不是点 D,而是点 C,这种弱磁通操作被称为 MTPV。

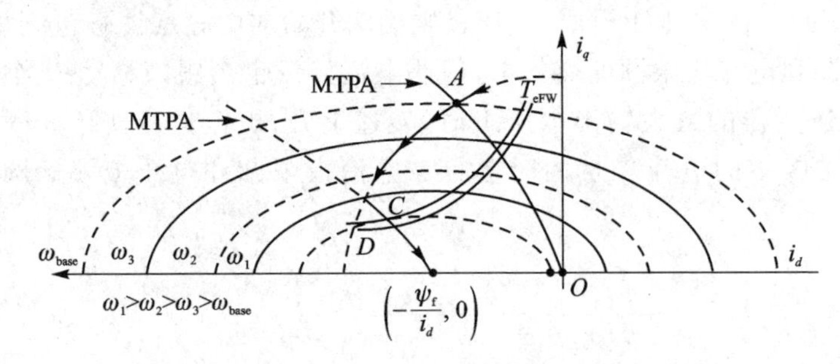

图 5-11　$\psi_f < L_d I_{s\max}$ 情况下的电流轨迹图

5.2.3　SPMSM 弱磁控制

与 IPMSM 不同,SPMSM 的典型工作范围是恒转矩区。然而,在诸如洗衣机等若干应用中经常需要 SPMSM 工作于高速状态。SPMSM 的弱磁操作与 IPMSM 的操作相似。本小节，我们将找到最佳的弱磁控制方法，确保在电压和电流限制条件下的最大转矩。

SPMSM 的电流限制条件为

$$\sqrt{i_d^2 + i_q^2} \leqslant I_{s\max} \tag{5-25}$$

其运行轨迹为圆，其半径是最大定子电流 $I_{s\max}$，如图 5-12 所示。

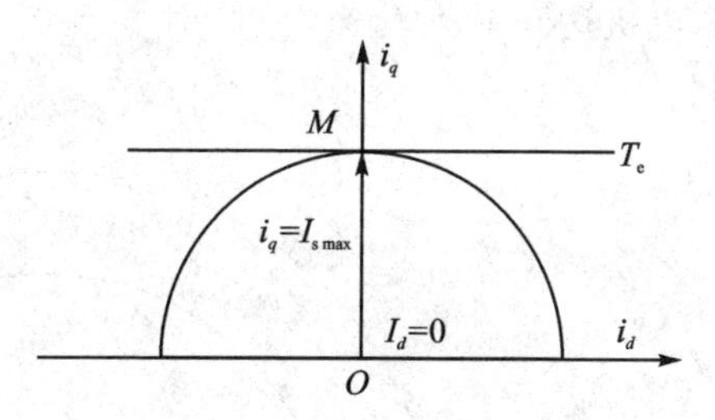

图 5-12　电流限制条件下的电流轨迹图

可以看出：$i_d=0$ 控制就是 SPMSM 的最大转矩电流比控制，即控制定子电流矢量在图 5-12 中向 i_q 轴正方向移动。当电流矢量运行到 M 点时，电机在恒转矩阶段转速达到最大值。此时，电流矢量无法再沿着 i_q 轴的正方向继续向上运行。恒转矩阶段，SPMSM 的控制电流分量为

$$\left.\begin{aligned} i_d &= 0 \\ i_q &= I_{s\max} \end{aligned}\right\} \tag{5-26}$$

此时，转折速度为

$$\omega_n = \frac{U_{s\max}}{\sqrt{(L_q I_{s\max})^2 + \psi_f^2}} \tag{5-27}$$

忽略定子电阻压降，dq 轴稳态电压方程为

$$\left.\begin{aligned} u_d &= -\omega L_s i_q \\ u_q &= \omega (L_s i_d + \psi_f) \end{aligned}\right\}$$

需满足电压限制条件：

$$(\omega L_s i_q)^2 + \omega^2 (L_s i_d + \psi_f)^2 \leqslant U_{s\max}$$

与 IPMSM 不同的是，SPMSM 的电压限制条件是以 $\left(-\dfrac{\psi_f}{i_d}, 0\right)$ 为中点的圆，随转速增高，圆的半径变小，如图 5-13 所示。

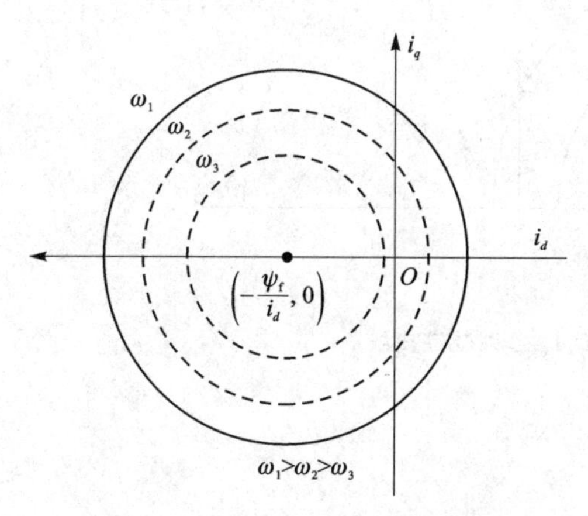

图 5-13　SPMSM 的电压限制条件

按照与 IPMSM 同样的分析方法，SPMSM 弱磁区间的电流给定为

$$\left.\begin{aligned} i_d &= \frac{\left(\dfrac{U_{s\max}}{\omega}\right)^2 - \psi_f^2 - L_q^2 I_{s\max}^2}{2L_d \psi_f} \\ i_q &= \sqrt{I_{s\max}^2 - i_d^2} \end{aligned}\right\} \tag{5-28}$$

与 IPMSM 相似，按照电压极限圆的中点是否在电流极限圆内，SPMSM 的弱磁区也分为两种情况：电压限制圆的中心点落在电流限制圆内（$\psi_f < L_d I_{s\max}$），电压限制圆的中心点落在电流限制圆外（$\psi_f > L_d I_{s\max}$）。

当 $\psi_f > L_d I_{s\max}$ 时，电压限制圆的中心点落在电流限制圆外，如图 5-14 所示。此时，控制 i_d 的大小就可实现电机的最高转速。当 $i_d = I_{s\max}$ 时（达到定子最大电流时），电机达到最大转速，但此时 $i_q = 0$。因此在这种情况下弱磁调速存在一定的限制。

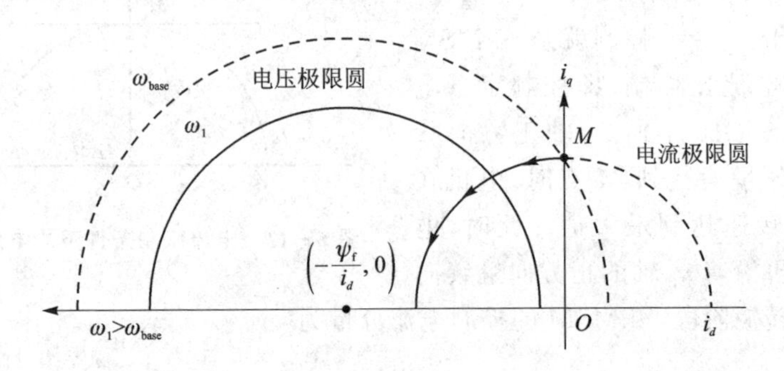

图 5-14 $\psi_f > L_d I_{s\max}$ 时轨迹曲线

当 $\psi_f < L_d I_{s\max}$ 时，弱磁调速的起始阶段与 $\psi_f > L_d I_{s\max}$ 时相同，但如果受限于电压极限关系（MTPV 工作点，见图 5-15 中的"×"点）的最大转矩电流落入电流极限圆内时，需采用 MTPV 操作，在这种情况下，i_d 保持不变，但 i_q 会随着转速的升高而降低。

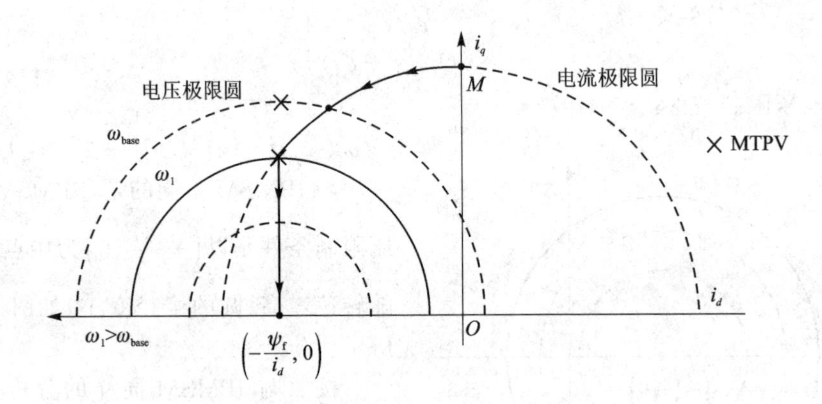

图 5-15 $\psi_f < L_d I_{s\max}$ 时轨迹曲线

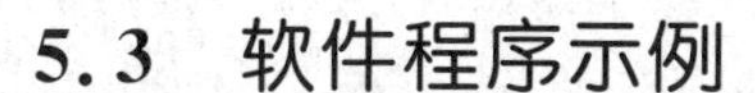

5.3 软件程序示例

5.3.1 基于 SVPWM 的 MTPA 算法分析

对于 IPMSM，其转子为插入式结构，导致电机气隙不均匀，有 $L_d < L_q$。由转矩公式可知，在电机参数不变的情况下，定子电流的两个分量共同决定电磁转矩的大小。对每一个 T_e，都有无数组 i_d 和 i_q 与之对应，这就需要确定两个电流分量的分配原则，也就是定子电流的优化控制问题。

当电机转速在基速以下、恒转矩区工作时，铜耗比重较大。若输出转矩不变，控制定子电流分量使定子电流幅值最小，就可以减小电机损耗。

在 dq 坐标系中，由转矩公式可以确定给定转矩对应的转矩曲线。转矩曲线上距离原点最近的点，即为该转矩下 MTPA 的工作点，此时电流矢量幅值(距离原点位置)最小。将不同转矩曲线上的 MTPA 点连在一起，可以得到该电机的 MTPA 曲线。

参考代码如下，代码中其他子程序在第 3 章和第 4 章已经完整给出，请读者查阅相关位置获取。

```
interrupt void epwm1_isr(void)
{
    Alpha = RRA;
    Beta = ( - RRA - 2 * RRC) * 0.57735026918963;          // Clarke 变换
    if((LockRotorFlag == 0)&&(kaiguan1 == 1))              // 检测启动信号
    {
        DatQ19 = EQep1Regs.QPOSCNT;                         // 读取电机位置信号
        diff1 = DatQ19 * 2 * 3.1415926/4096 - 2.058602;     // 初始角度 = 118°
        angle = 2 * diff1;                                  // 电机为 2 对极，得到电角度值
        countjishi1++;
        if(countjishi1 == 10)                               // 每 10 次进行一次速度环 PI
        {
            cesu();                                         // 测量电机转速
            PI_SPEED();                                     // 速度环 PI
            countjishi1 = 0;                                // 速度环计数位清零
        }
        ID = cos(angle) * Alpha + sin(angle) * Beta;
        IQ = ( - sin(angle)) * Alpha + cos(angle) * Beta;   // Park 变换
        IqGIVE_real = IqGIVE * 0.0000000596 * 78.8;         // MTPA 算出 iq 给定实际值
        // MTPA 拟合公式算出 id 给定实际值
        IdGIVE_real = - 0.003657 * IqGIVE_real * IqGIVE_real
                    - 0.0061537 * IqGIVE_real + 0.02848;
        // 将 id 给定值转换为_iq(24)格式
        IdGIVE = IdGIVE_real * 0.012690355 * 16777216;
        if(IdGIVE >= _IQ(0.4))
        {
```

```
            IdGIVE = _IQ(0.4);                       // 限制 id 最大值为_IQ(0.4)
        }
        if(IdGIVE < = _IQ( - 0.4))
        {
            IdGIVE = _IQ( - 0.4);                    // 限制 iq 最大值为_IQ(0.4)
        }
        PI_ID();                                     // ID 电流环 PI 控制器
        PI_IQ();                                     // IQ 电流环 PI 控制器
        ud = out_ID;
        uq = out_IQ;
        iAlpha = cos(angle) * ud - sin(angle) * uq;  // Park 反变换
        iBeta = sin(angle) * ud + cos(angle) * uq;
        SVPWM();                                     // SVPWM 算法
        pwm_ratio();                                 // 占空比计算函数
    }
    EPwm1Regs.ETCLR.bit.INT = 1;                     // 清除 ePWM1 中断标志位
    PieCtrlRegs.PIEACK.all = PIEACK_GROUP3;          // 第三组的中断可以重新响应
}
```

5.3.2 基于电压反馈法的弱磁升速算法分析

在永磁同步电机运行过程中，电机电枢绕组的反电动势会随着转速升高而不断增大。当反电动势达到逆变器所能提供的最大电压时，电机将无法继续提速。此时便需要通过弱磁调节控制直轴电流，通过减弱电机气隙磁场，从而达到扩大电机转速范围的目的。

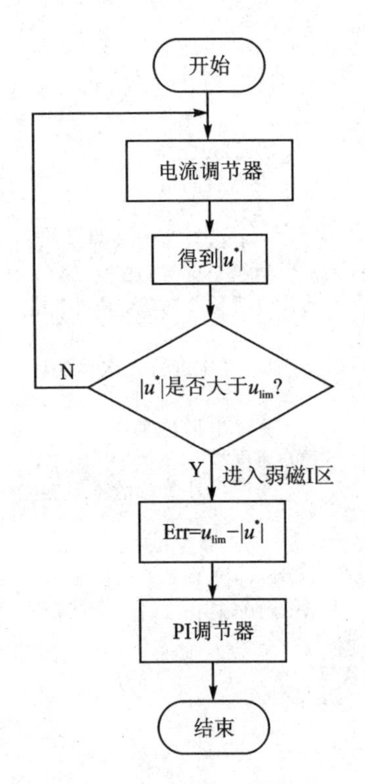

图 5－16　弱磁算法流程图

通过电流调节器输出的电压 u_d 和 u_q，计算得到参考电压的模，并与限制电压 U_{lim} 比较。若参考电压的模大于给定的限制电压，则判断进入弱磁 I 区，此时将两者之差经 PI 调节器输出，得到弱磁控制量。其中较为常见的电压反馈弱磁算法包括直轴电流增量法和超前角弱磁控制。弱磁算法流程图如图 5－16 所示，永磁同步凸极电机弱磁升速控制系统原理图如图 5－17 所示。

直轴电流增量法将弱磁控制量经过限幅作为直轴电流增量，叠加到直轴电流参考值上。在基速以上时直轴电流会继续负向增大，这样便实现了由恒转矩区域过渡到弱磁 I 区。

超前角弱磁控制则是通过调节电流空间矢量的相位角 β 实现弱磁控制。参考电压与给定电压幅值之差经过 PI 调节器和限幅后得到电流空间

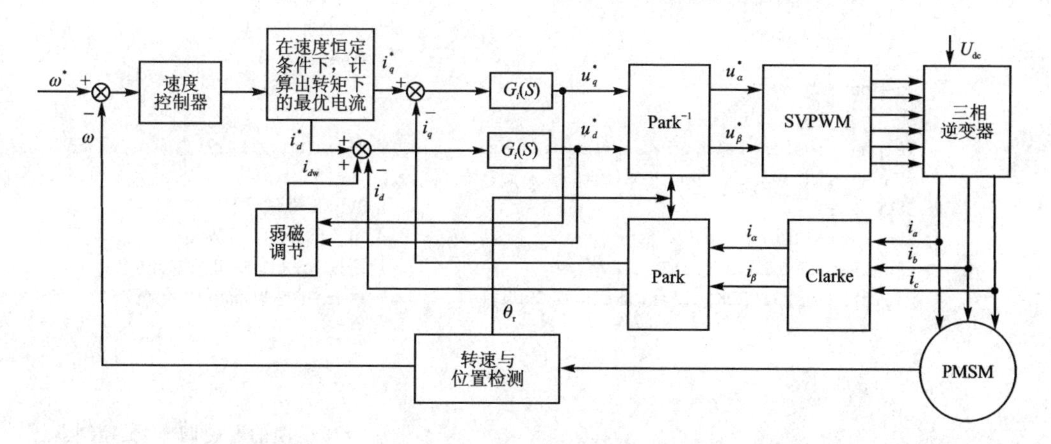

图5-17　永磁同步凸极电机弱磁升速控制系统原理图

矢量相位角 $\Delta\beta$，将变化量叠加到 MTPA 参考电流矢量相位角 β_{MTPA} 上，此时应保证总的电流空间矢量相位 β^* 在 $[\beta_{\mathrm{MTPA}},\pi]$ 之间，则在弱磁Ⅰ区 i_d^* 和 i_q^* 可表示为

$$\begin{bmatrix} i_d^* \\ i_q^* \end{bmatrix} = I_s \begin{bmatrix} \cos(\beta_{\mathrm{MTPA}} + \Delta\beta) \\ \sin(\beta_{\mathrm{MTPA}} + \Delta\beta) \end{bmatrix} \tag{5-29}$$

基速以下 $\Delta\beta=0$，此时系统工作在恒转矩区。基速以上，随着 $\Delta\beta$ 的增大，电流矢量沿电流极限圆逆时针移动，通过对 dq 轴电流的重新分配实现了弱磁控制。中断程序如下（中断服务程序中的其他子程序在本章其他位置已经完全给出）：

```
interrupt void epwm1_isr(void)                          // pwm1 中断服务子程序
{
    Alpha = RRA;
    Beta = ( - RRA - 2 * RRC) * 0.57735026918963;       // Clarke 变换
    DatQ19 = EQep1Regs.QPOSCNT;                         // 读取电机位置信号
    diff1 = DatQ19 * 2 * 3.1415926/4096 - 2.058602;    // 初始角度 = 118°
    angle = 2 * diff1;                                  // 电机为 2 对极,得到电角度值
    countjishi1 + + ;
    if(countjishi1 = = 10)                              // 每 10 次进行一次速度环 PI
    {
        cesu();                                         // 测量电机转速
        PI_SPEED();                                     // 速度环 PI
        countjishi1 = 0;                                // 速度环计数位清零
    }
    ID = cos(angle) * Alpha + sin(angle) * Beta;
    IQ = ( - sin(angle)) * Alpha + cos(angle) * Beta;  // Park 变换
    IqGIVE = out_SPEED;                                 // Iq 电流给定
    If(_IQ(1) - sqrt(ud * ud + uq * uq) < 0)
    {
        PI_FW();                                        // 电压反馈的弱磁调节
    }
    delta_Id = out_FW;                                  // Id 弱磁反馈
    IdGIVE = - delta_Id;                                // Id 电流给定
```

```
    PI_ID();                                        // ID 电流环 PI
    PI_IQ();                                        // IQ 电流环 PI
    ud = out_ID;
    uq = out_IQ;
    iAlpha = cos(angle) * ud - sin(angle) * uq;     // 对 ud、uq 反 Park 变换
    iBeta = sin(angle) * ud + cos(angle) * uq;
    SVPWM();                                        // SVPWM 算法
    pwm_ratio_2D();                                 // 占空比计算函数
    EPwm1Regs.ETCLR.bit.INT = 1;                    // 清除 ePWM1 中断标志位
    PieCtrlRegs.PIEACK.all = PIEACK_GROUP3;         // 第三组的中断可以重新响应
}
```

弱磁程序如下：

```
void PI_FW()                                        // 电压反馈的弱磁调节 PI 控制器
{
    float Err = 0;
    float outmax = _IQ(0.0);
    float outmin = _IQ( - 0.4);
    Err = _IQ(1) - sqrt(ud * ud + uq * uq);         // 误差给定 - 反馈
    Up_FW = 0.001 * kp_FW * Err;
    Ui_FW = Ui_FW + 0.001 * ki_FW * Err;
    if(Ui_FW > 0.8 * outmax)
    {
        Ui_FW = 0.8 * outmax;
    }
    else if(Ui_FW < 0.8 * outmin)
    {
        Ui_FW = 0.8 * outmin;
    }
    else
    {
        Ui_FW = Ui_FW;
    }
    out_FW = Up_FW + Ui_FW;
    if(out_FW > outmax)
    {
        out_FW = outmax;
    }
    else if(out_FW < outmin)
    {
        out_FW = outmin;
    }
    else
    {
        out_FW = out_FW;
    }
    OUT_FW = out_FW + 30000;
}
```

第6章 手把手教你制作电机控制器——前期准备

6.1 Altium Designer 快速入门

6.1.1 Altium Designer 常见功能说明

Altium Designer 是原 Protel 软件开发商 Altium 公司推出的一体化的电子产品开发系统。这套软件通过把原理图设计、电路仿真、PCB 绘制编辑、拓扑逻辑自动布线、信号完整性分析和设计输出等技术的完美融合，为设计者提供了全新的设计解决方案，使设计者可以轻松进行设计，熟练使用这一软件，使电路设计的效率大大提高。本书使用 Altium Designer16，为大家介绍软件的使用方法。

1. 认识原理图绘制窗口

原理图绘制窗口中的常见图标如图 6-1 所示，其说明如表 6-1 所列。

图 6-1 原理图绘制窗口中的常见图标

表 6-1 常见图标的说明

图标	英文名称	说明
	Browser Component Libraries	浏览元器件库
	Place Wire	放置线，用于元器件引脚的连接
	Place Bus	放置总线，用于总线的连接

续表 6-1

图　标	英文名称	说　明
	Place Signal Harness	放置信号约束，将多个导线、总线包裹在一起进行连接
	Place Bus Entry	放置总线分支，用于总线与分支的连接
Net	Place Net Label	放置网络标签，用于连接具有相同网络标签的线或引脚连接
	GND Power Port	电源端口，放置电源地端口
Vcc	VCC Power Port	电源端口，放置电压源端口

2. 认识元器件库

点击图标栏中的 Browser Component Libraries 或者点击软件右侧的 Libraries，可以看到两个常用的集成库：Miscellaneous Devices 和 Miscellaneous Connectors。其中，Miscellaneous Devices 包括了常用的元器件及其封装，如表 6-2～表 6-4 所列；Miscellaneous Connectors 包括了常用的接线端子及其封装。

表 6-2　Miscellaneous Devices 集成库中常用元器件中英文对照

中　文	英　文	中　文	英　文
电阻	Res	电池	Battery
电感	Inductor	保险管	FUSE
电容	Cap	运算放大器	Op
二极管	Diode	开关	Sw
三极管	NPN、PNP、MOS、FET、IGBT	晶振	XATL
数码管	Dpy	继电器	Relay
跳线	Jumper		

表 6-3　Miscellaneous Devices 集成库中常用到的封装

元器件	封　装
电阻(直插)	Axial0 *，一般使用 AXIAL0.4
电容(无极性)	RAD *，一般使用 RAD0.1
电解电容	RB *
电位器	VR *
二极管	DIODE-0.4(小功率)，DIODE-0.7(大功率)
三极管	TO-18(普通三极管)，TO-22(普通三极管)，TO-3(大功率达林顿管)

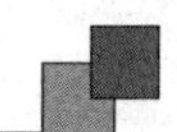

表6-4　贴片电阻的封装

封装名称	贴片电阻封装(英制)	额定功率/W	最大工作电压/V
0402	0402	1/16	25
0603	0603	1/16	50
0805	0805	1/10	150
1206	1206	1/8	200
1210	1210	1/4	200
1812	1812	1/2	200
2010	2010	1/2	200
2515	2515	1	200

3. 认识PCB绘制窗口

PCB绘制窗口中的常见图标如图6-2所示,其说明如表6-5所列。

图6-2　PCB绘制窗口中的常见图标

表6-5　常见图标的说明

图　标	英文名称	说　明
	Interactively Route Connections	交互式布线
	Interactively Route Multiple Connections	差分对布线
	Interactively Route Differential Pair Connections	灵巧交互式布线
	Place Pads	放置焊盘
	Place Via	放置过孔
	Place Arc by Edge	放置边缘弧
	Place Full	放置矩形填充
	Place Polygon Plane	放置多边形填充
A	Place String	放置文本
	Place Component	放置元器件

4. PCB 布线规则

(1) PCB 的可制造性与布局设计

① 要有合理的走向,如输入/输出、交流/直流、强信号/弱信号、高频/低频、高电压/低电压等,它们的走向应该呈线形或者相互分离,不能相互交叉。

② 选择接地点,一般情况下要求共地。

③ 合理布置电源滤波/退耦电容,应尽可能靠近相应元器件。

④ 在允许情况下,布线的线条应尽量放宽,高压及高频线条应圆滑。

(2) 电路的功能单元与布局设计

① 按照电路的流向安排各个功能单元的位置,使信号尽可能保持一致的方向。

② 以每个功能电路的核心组件为中心来进行布局,尽量缩短各元器件之间的引线和连接。

③ 对于高频下工作的电路,要考虑元器件之间的分布参数,一般尽量使元器件平行排列。

④ 位于电路板边缘的元器件,离电路板边缘的距离一般不小于 2 mm,电路板的最佳形状为矩形,其长宽比为 3∶2 或 4∶3。

⑤ 时钟发生器、晶振和 CPU 的时钟输入端尽量相互靠近并远离其他低频器件,而且这些元器件的下方不可以布线。

⑥ 在考虑印刷电路板在机箱中的位置和方向时,应保证发热量大的器件处在上方。

5. 常用快捷键汇总

(1) 原理图中常用快捷键

① 复制：建议使用 Ctrl＋R 代替 Ctrl＋C。

② 修改属性：Tab。

③ 删除：Delete 或者 E＋D。

④ 测量长度：Ctrl＋M 或者 R＋M。

⑤ 公英转换：Q。

⑥ 缩放：Ctrl＋鼠标滚轮,或者鼠标中键＋移动鼠标,或者 Pagedown/Pageup。

⑦ 镜像/旋转：移动元器件按 X 和 Y 进行左右镜像移转,按空格键上下旋转。

⑧ 元器件变换方向：放置时或者选中时按空格键。

⑨ 调整图片显示满屏：V＋F。

⑩ 刷新：V＋R。

⑪ 终止当前正在进行的操作：Esc。

⑫ 方向键：移动光标。

⑬ 移动元器件：Ctrl＋方向键。

⑭ 高亮显示同网络名的对象：Ctrl＋鼠标左键。

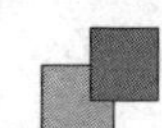

(2) PCB 中常用快捷键

① 切换不同的布线层：Ctrl＋Shift＋鼠标滚轮。

② 切换不同的层：＋、－。

③ 查找元器件：J＋C。

④ 定位到原点：Ctrl＋End。

⑤ 修改覆铜：P＋G。

⑥ 只显示当前层：Shift＋S。

⑦ 页面最大化：Ctrl＋Pageup，页面最小化：Ctrl＋Pagedown。

⑧ 更改走线方式：Shift＋空格。

⑨ 放大镜：Shift＋M。

⑩ 视图：按数字 3 转换为 3D 效果，按数字 2 恢复为 2D 效果。

⑪ 测量距离功能在菜单栏的 Reports 中。

⑫ 测量线与线之间的距离：Measure Distance(Ctrl＋M)。

⑬ 测量焊盘与焊盘之间的距离：Measure Primitives。

⑭ 测量线长，先选中线再使用 Measure Selected Objects。

6.1.2　原理图的绘制

光耦驱动芯片 TLP250 的引脚图及封装图如图 6－3 所示。

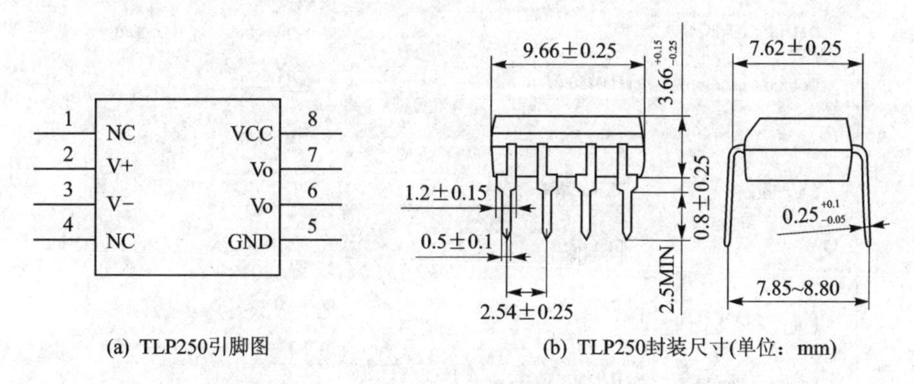

(a) TLP250引脚图　　(b) TLP250封装尺寸(单位：mm)

图 6－3　TLP250 的引脚图及封装

下面以 TLP250 为例，介绍绘制原理图的步骤。步骤如下：

步骤一：新建原理图库

单击菜单栏 File→New→Library→Schematic Library，新建原理图库，如图 6－4 所示。单击菜单栏的保存图标，命名为“TEST. SchLib”。

步骤二：添加元器件

在 SCH Library 中单击 Add，在弹出的对话框中填写 TLP250。然后单击 Edit，在 Library Component Properties 对话框中修改元器件默认属性，如图 6－5 所示。

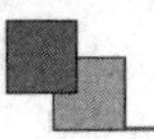

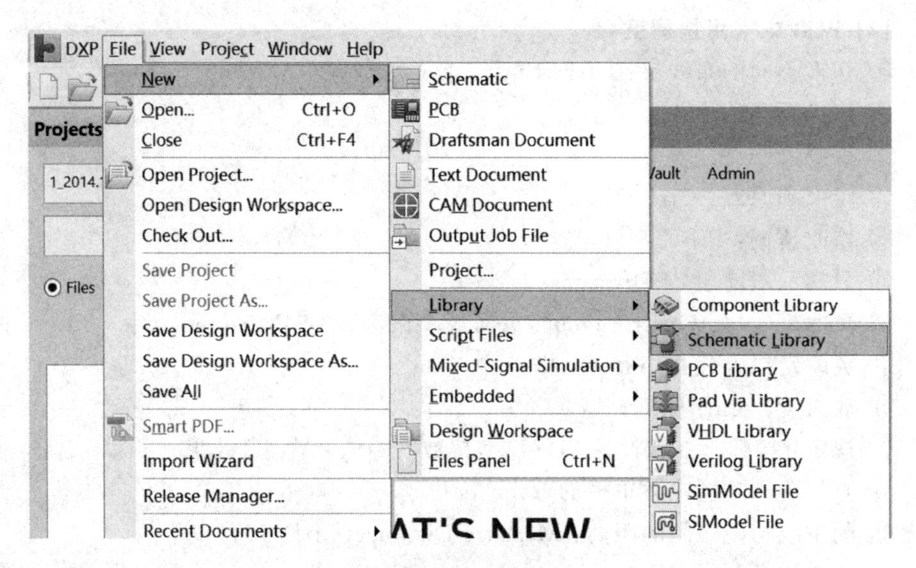

图 6-4　新建原理图库

Library Component Properties

Properties

Default Designator	U*	☑ Visible	☐ Locked
Default Comment	TLP250	☑ Visible	
	<< < > >>	Part 1/0	☑ Locked
Description	高速光耦驱动芯片		
Type	Standard		

Library Link

Symbol Reference	TLP250

图 6-5　元器件的属性

其中：

Default Designator：元器件默认标号。

Default Comment：元器件默认名称/型号/参数。

Description：元器件描述/简介。

步骤三：添加封装库

在 Library Component Properties 对话框的 Models 中单击 Add，Model Type 选

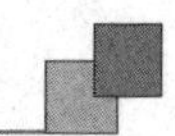

择 Footprint，在弹出的 PCB Model 对话框中的 PCB Library 中选择 Any 或者默认库中的 Miscellaneous Devices. PcbLib，然后在 Footprint Model 中键入“DIP－8”，可以在 Selected Footprint 中看到 DIP－8 封装，单击 OK 按钮，如图 6－6 所示。注意：TLP250 可以选择默认的 DIP－8 封装。

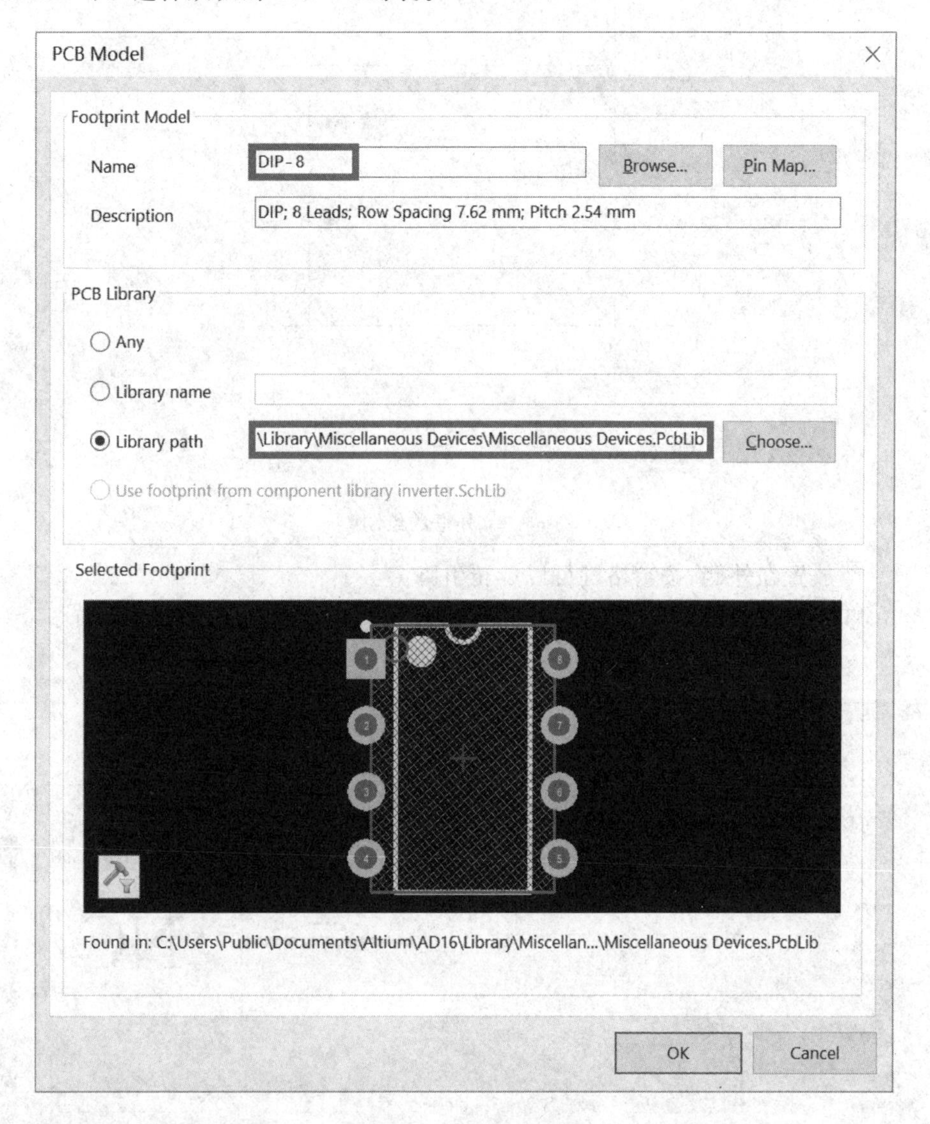

图 6－6　封装的选择

步骤四：绘制原理图

① 绘制外框。单击菜单栏 Place→Rectangle，在 Editor 区的原点处绘制 2.5×3（格）的矩形，如图 6－7 所示。

② 放置引脚。单击菜单栏 Place→Pin 放置引脚，注意带“×”的点用来连接外部

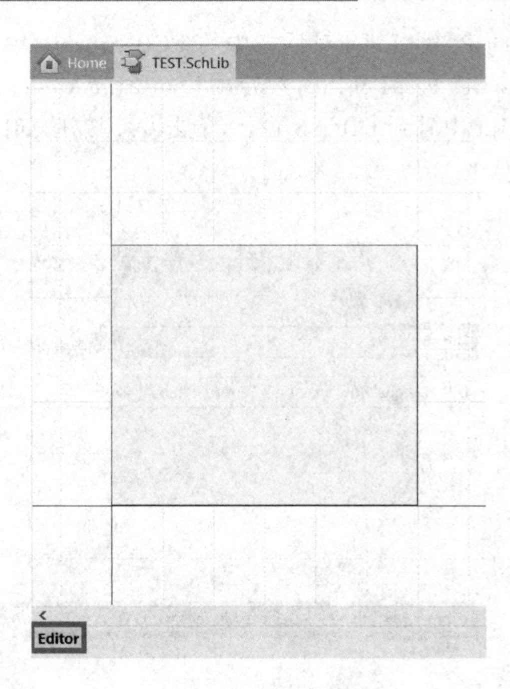

图 6－7　外框的绘制

接线，一般放置在外侧，按空格键可以旋转引脚。

③ 修改引脚参数。双击放置的引脚，结合图 6－3，修改引脚参数，如图 6－8 所示。

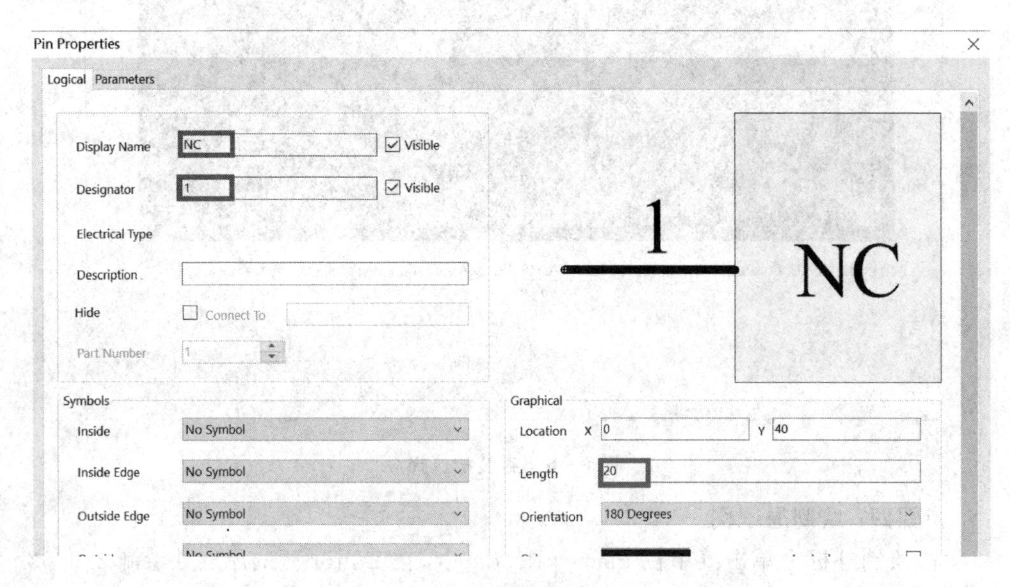

图 6－8　引脚参数的修改

④ 继续放置引脚。结合图 6－3 并重复步骤②和步骤③，完成引脚的放置，如

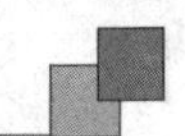

图 6－9 所示。

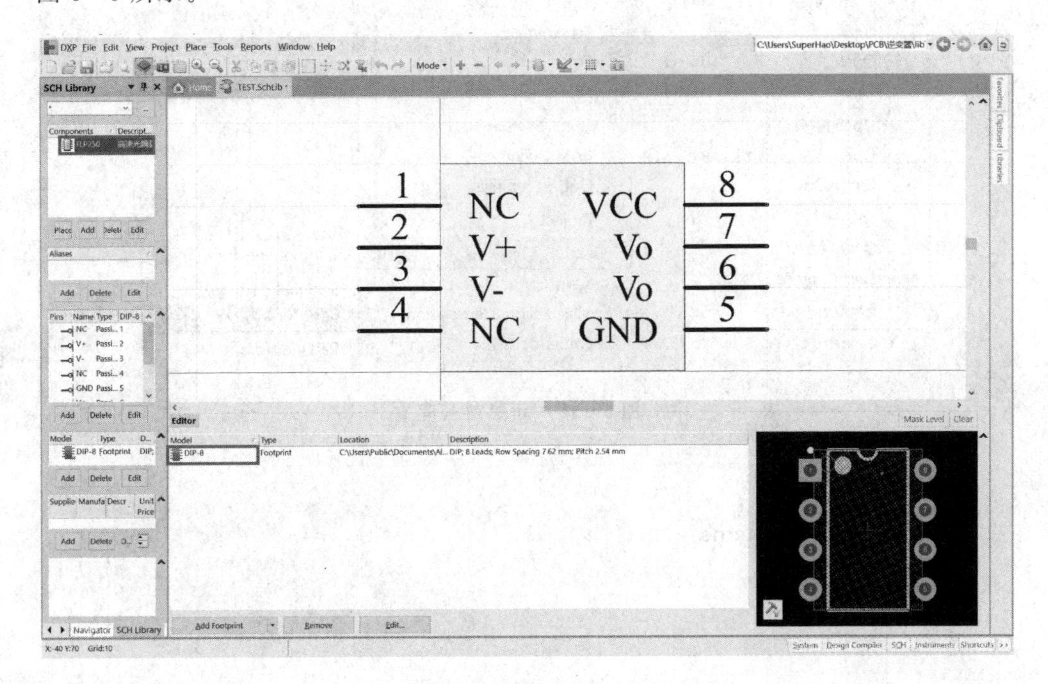

图 6－9　最终效果图

⑤ 保存。单击保存图标。注意：绘制其他元器件原理图可以点击 Add，重复以上步骤②～步骤④绘制。

6.1.3　封装图的绘制

同样，以 TLP250 为例，介绍封装图的绘制步骤。对于规则的元器件，可以使用软件自带的工具绘制。

步骤一：新建封装库

单击菜单栏 File→New→Library→PCB Library 新建封装库，如图 6－10 所示。单击菜单栏的保存图标，命名为“TEST.PcbLib”。

步骤二：快速生成封装

① 进入快速生成封装向导。单击菜单栏 Tools→Component Wizard→Next。说明：Component Wizard 可以用来快速生成规则的直插式元器件封装；IPC Compliant Footprint Wizard 用来快速生成规则的贴片式元器件封装。

② 选择模式。Component patterns 选择 Dual In-line Package (DIP)，Unit 选择 Metric(mm)，如图 6－11 所示，单击 Next 按钮。

③ 修改引脚大小。根据图 6－3 可知引脚的大小为(0.5±0.1)mm，而软件的默认值为 0.6 mm，满足我们的需求，因此直接单击 Next 按钮即可，如图 6－12 所示。

④ 修改两排引脚间距。

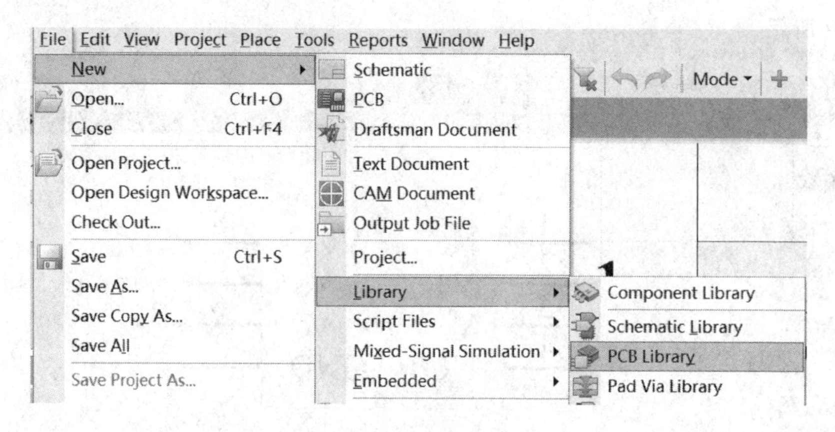

图 6-10 新建封装库

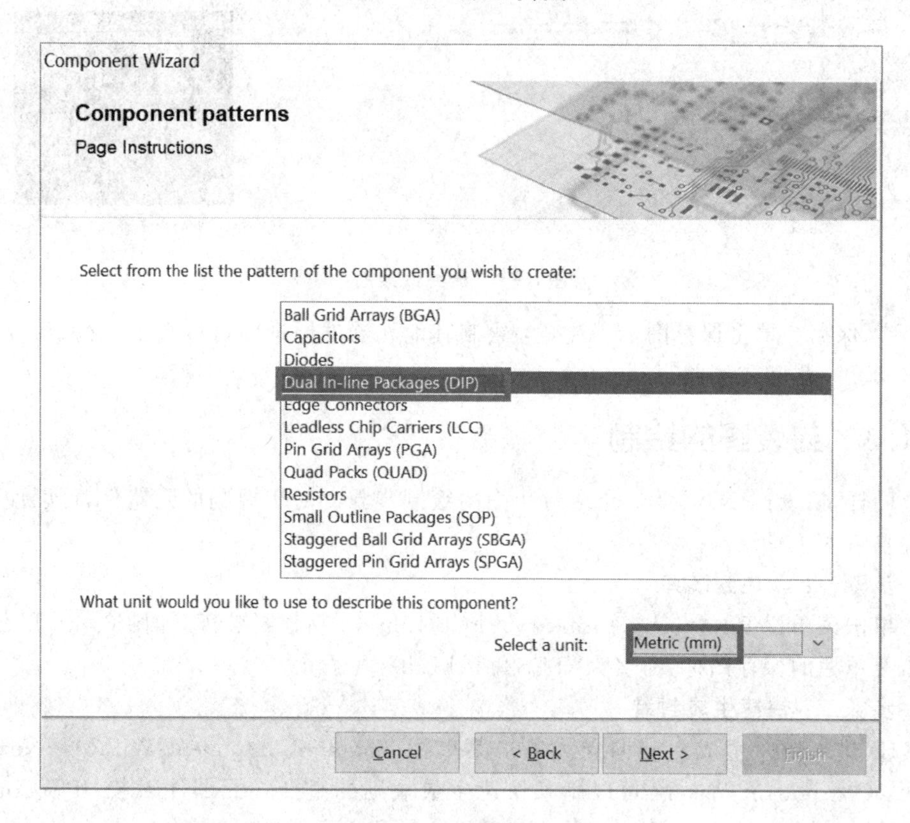

图 6-11 模式选择

根据图 6-3 可知两排引脚间距为(7.62±0.25)mm,修改间距为 7.62 mm,如图 6-13 所示。

⑤ 修改轮廓线宽度。轮廓线宽度采用默认即可,单击 Next 按钮。

⑥ 修改焊盘数量。修改焊盘数量为 8,单击 Next 按钮。

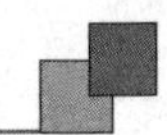

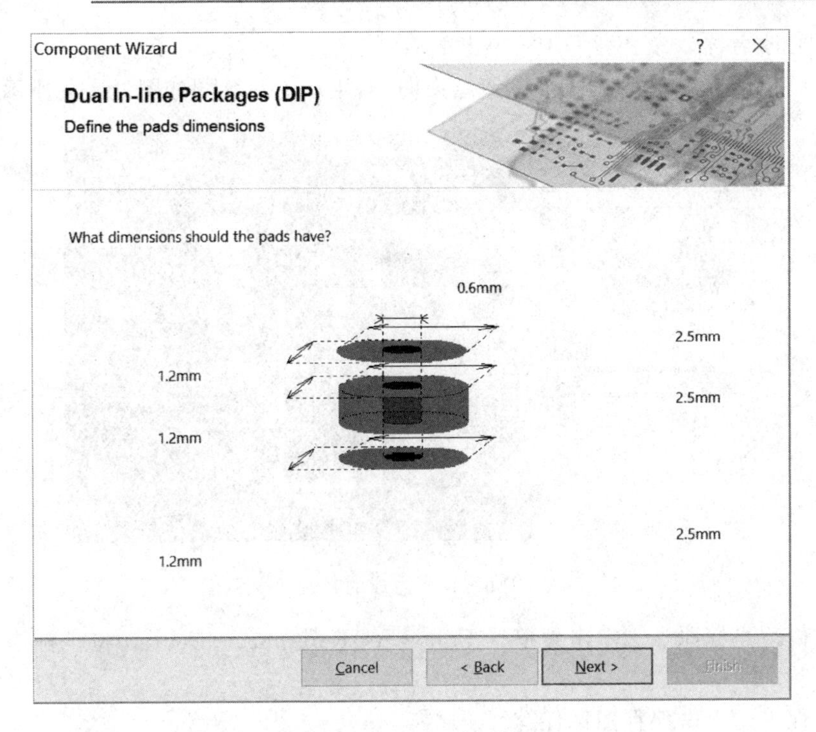

图 6－12　引脚大小修改

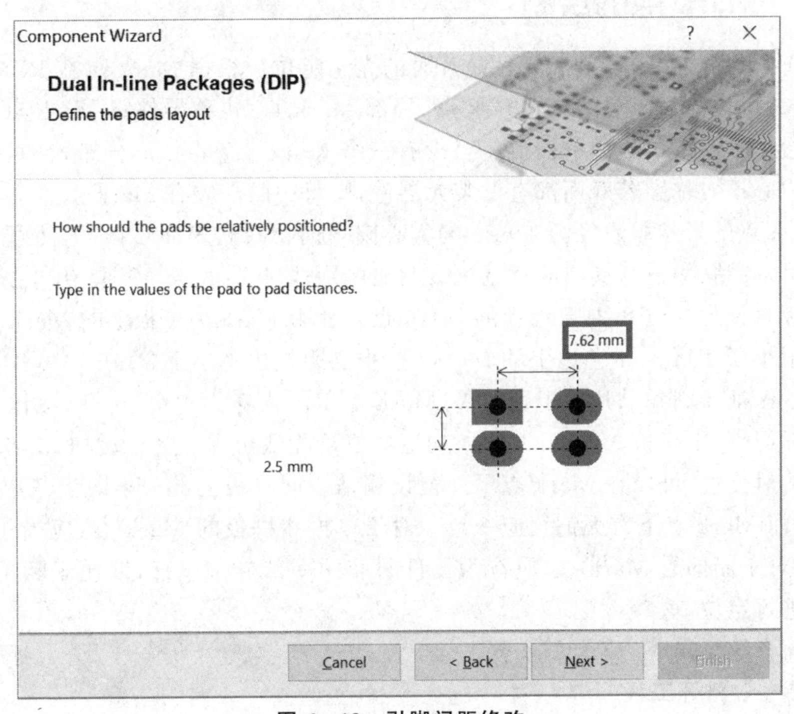

图 6－13　引脚间距修改

⑦ 修改名称。命名为 DIP8,单击 Next 按钮。

⑧ 结束向导。单击 Finish 按钮结束向导,生成的封装图如图 6-14 所示。

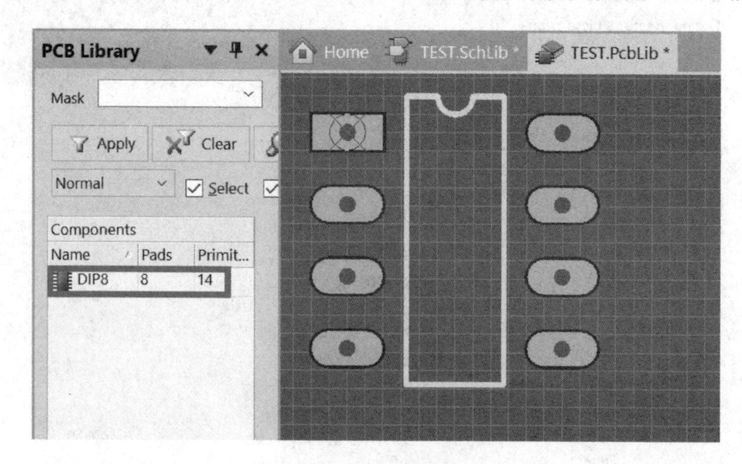

图 6-14 生成的封装

⑨ 修改坐标原点。单击菜单栏 Edit→Set Reference→Center,将坐标原点设置为元器件中心。

⑩ 保存。单击保存图标保存。

6.1.4 Mark 点的绘制

Mark 点用于锡膏印刷和元件贴片时的光学定位。根据 Mark 点在 PCB 上的作用,可分为拼板 Mark 点、单板 Mark 点、局部 Mark 点(也称器件级 Mark 点)。拼板的工艺边上和不需拼板的单板上应至少有三个 Mark 点,呈 L 形分布,且对角 Mark 点关于中心不对称。若双面都有贴装元器件,则每一面都应有 Mark 点。

Mark 点的形状是直径为 1 mm 的实心圆,材料为铜,表面喷锡,需注意平整度,边缘光滑、齐整,颜色与周围的背景色有明显区别;阻焊开窗与 Mark 点同心,对于拼板和单板直径为 3 mm,对于局部的 Mark 点直径为 1 mm。单板上的 Mark 点,中心距板边不小于 5 mm;工艺边上的 Mark 点,中心距板边不小于 3 mm。

为了保证印刷和贴片的识别效果,Mark 点范围内应无焊盘、过孔、测试点、走线及丝印标识等,不能被 V-CUT 槽所切造成机器无法辨识。为了增加 Mark 点和基板之间的对比度,可以在 Mark 点下面覆设铜箔。同一板上的 Mark 点,其内层背景要相同,即 Mark 点下有无铜箔应一致。对于单板和拼板的 Mark 点,应当作为元件来设计;对于局部的 Mark 点,应作为元件封装的一部分来设计,以便于赋予准确的坐标值进行定位。

下面介绍绘制 Mark 点的步骤。

步骤一:打开工程

在 TEST. PcbLib 中添加封装,并修改名称为 Mark。

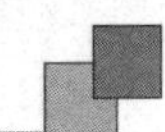

步骤二：绘制 Mark 点

① 添加焊盘。单击 Top Layer，在中心点处添加焊盘，双击焊盘，弹出 Pad 对话框，按 Ctrl＋Q 切换单位为公制(mm)，Layer 选择 Top Layer，X－Size 和 Y－Size 都设置为 1mm，如图 6－15 所示，单击 OK 按钮。

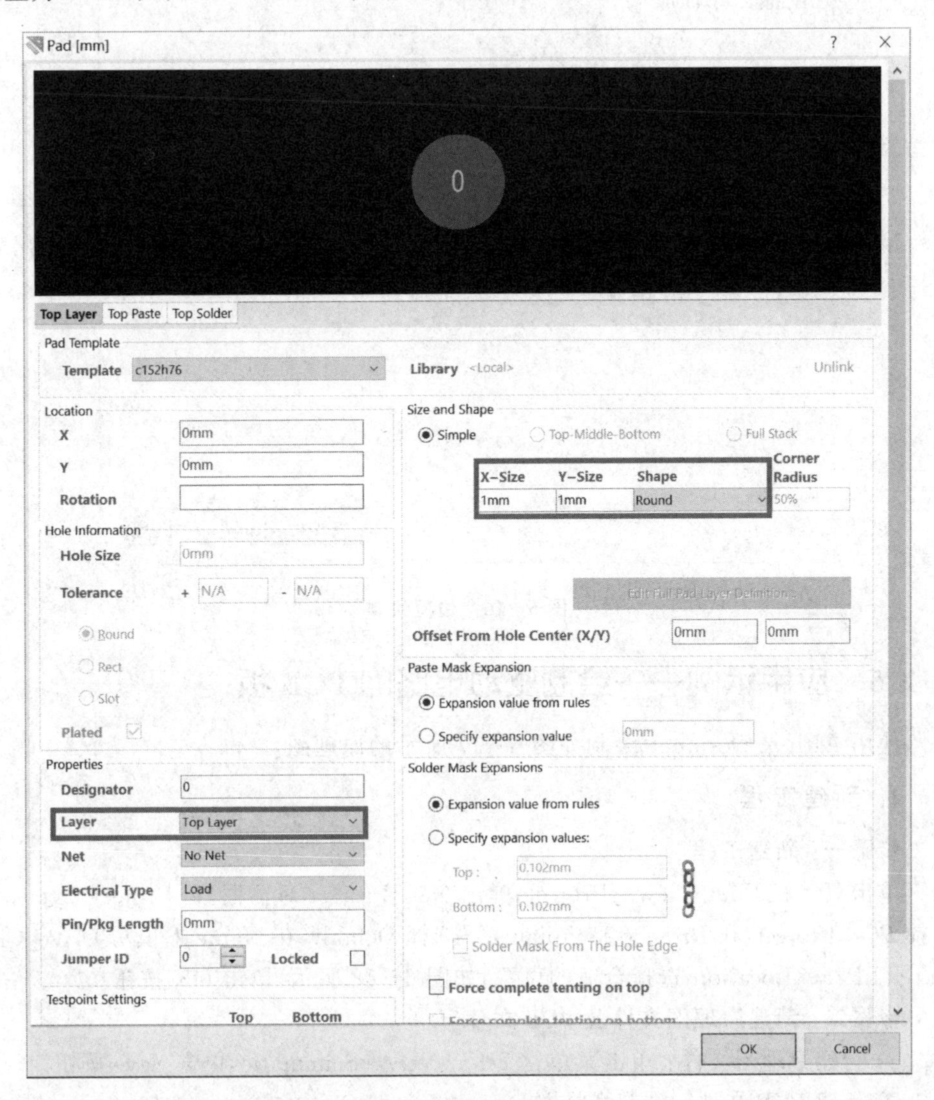

图 6－15　焊盘添加

② 绘制边框。切换到 Top Overlay 层，在菜单栏中单击 Place→Circle，放置圆。双击圆，在弹出的 Arc 对话框中，将 Radius 修改为 1.5 mm，如图 6－16 所示，单击 OK 按钮，保存即可。

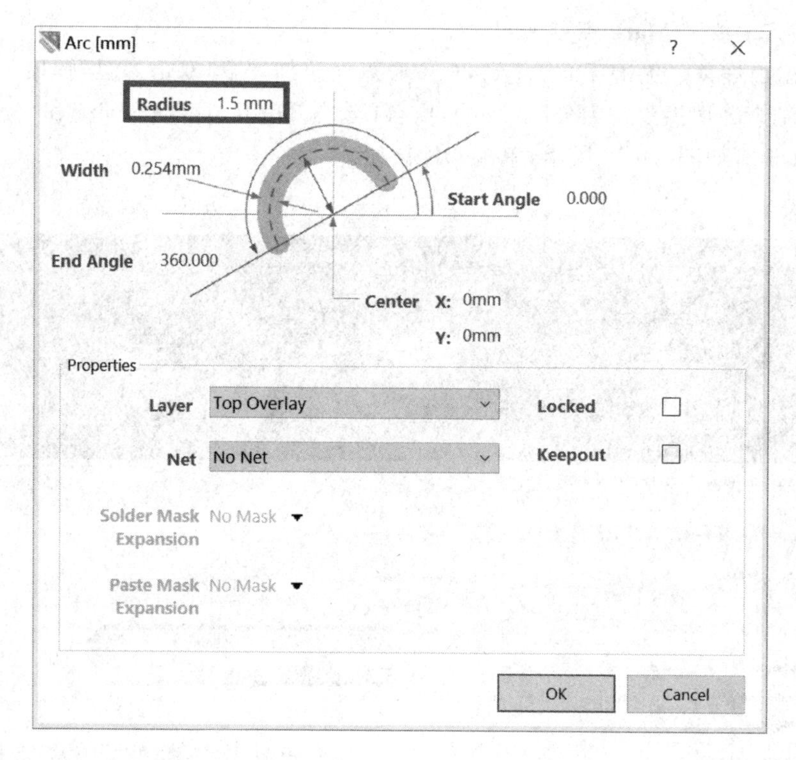

图 6-16 边框绘制

6.1.5 应用示例——绘制驱动电路的 PCB 板

使用 Altium Designer 绘制如图 6-17 所示的原理图。

1. 新建工程

步骤一：新建工程

单击菜单栏 File→New→Project，弹出 New Project 对话框，在 Project Types 下选择 PCB Project，在 Project Templates 下选择 Default，在 Name 下填写 Drive_Circuit_TLP250，Location 选择合适的位置，如图 6-18 所示，单击 OK 按钮。

步骤二：新建原理图文件及 PCB 文件

① 新建原理图文件：单击菜单栏 File→New→Schematic，单击 Save 按钮。

② 新建 PCB 文件：单击菜单栏 File→New→PCB，单击 Save 按钮。

2. 绘制原理图

提示：TLP250 及 74F04 需要读者按照“绘制原理图库及封装库”的步骤自行绘制。

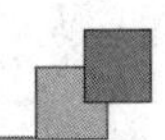

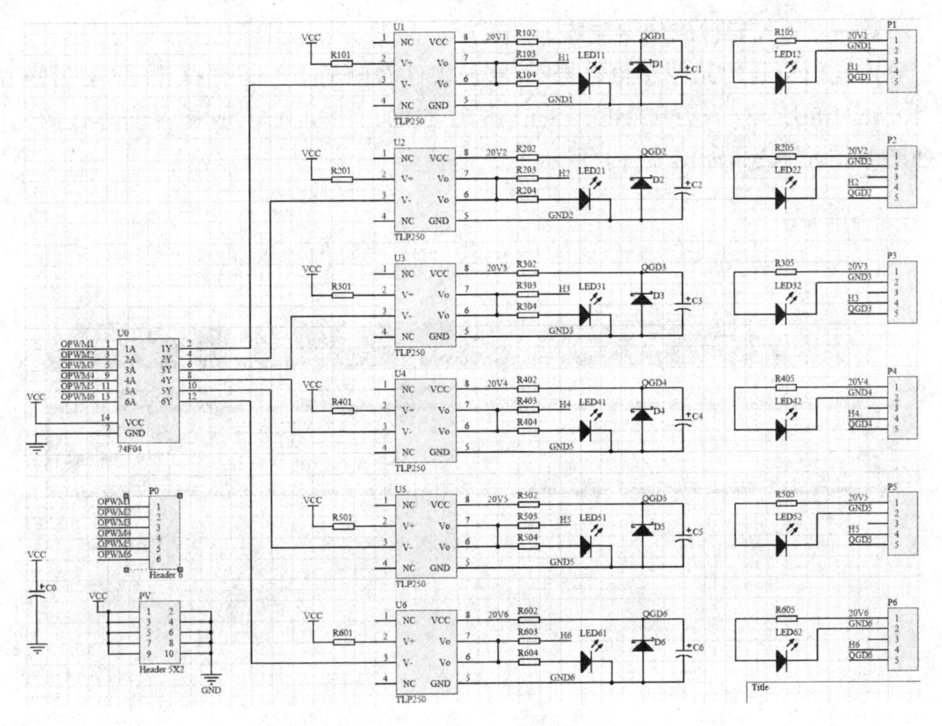

图 6－17　需要绘制的原理图

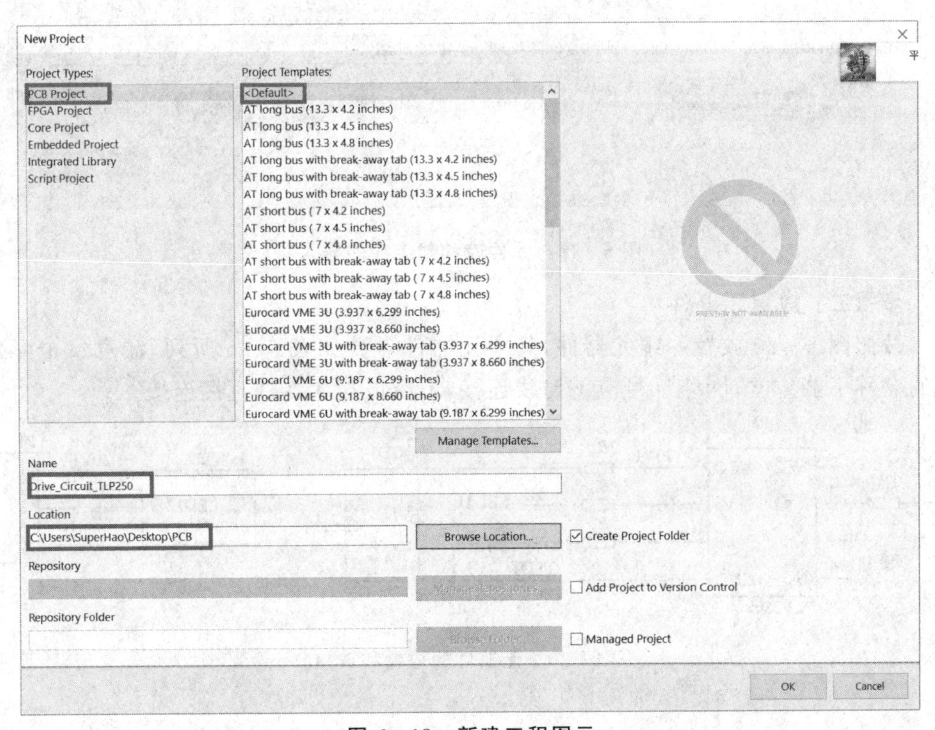

图 6－18　新建工程图示

步骤一：导入元件库和封装库

导入我们绘制的元件库和封装库，单击软件右侧的 Library→Libraries... →Install from file... →，选择 TSET. SchLib 和 TSET. PcbLib，并且确保新导入的元件库处于 Active 状态，如图 6-19 所示。

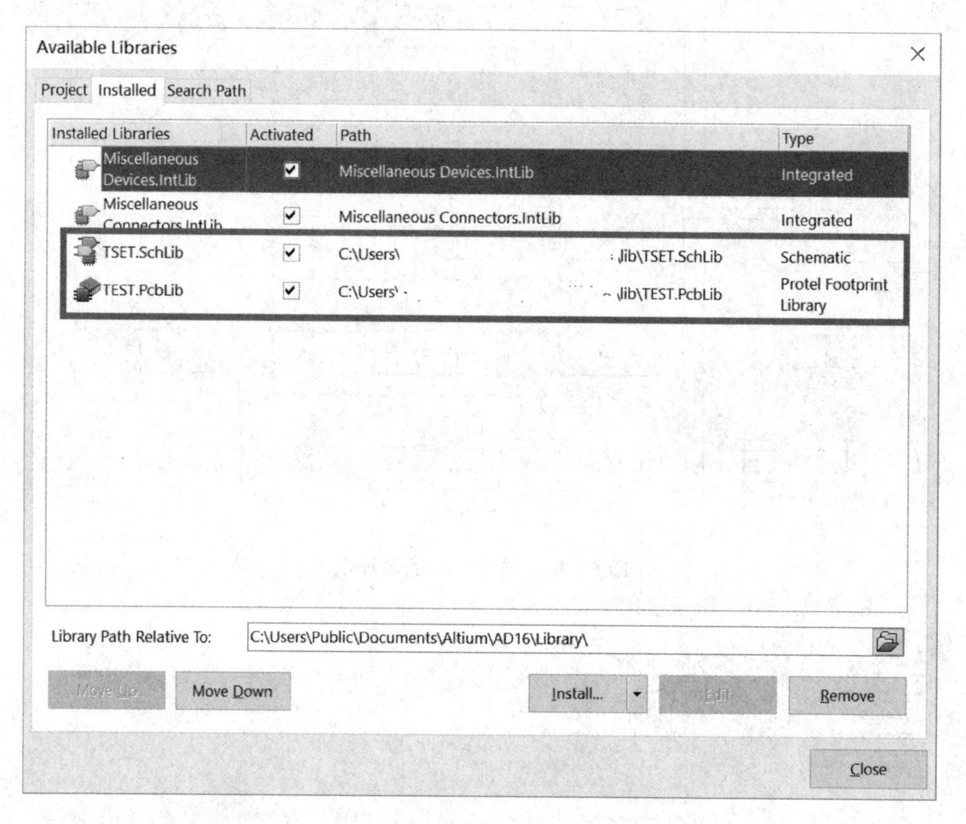

图 6-19　元件库和封装库的导入

步骤二：放置元器件

按照图 6-20 放置一组元器件，其中元器件参数如表 6-6 所列，注意每个元器件的名称不能重复；网络标号应该与线连接，不应该与元器件直接连接。

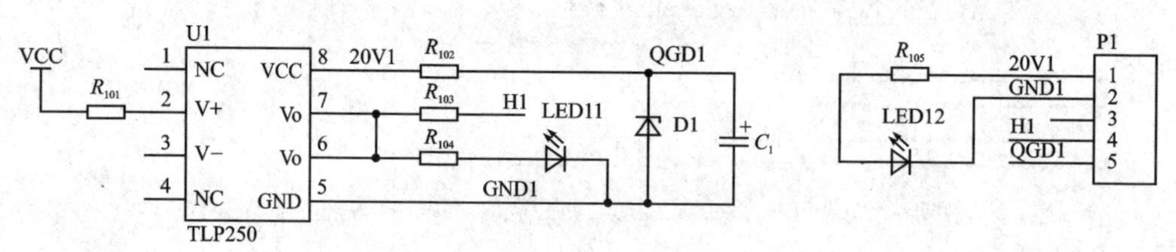

图 6-20　元器件的放置和连接

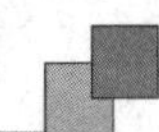

表 6-6 元器件参数

元器件	标 号	位 置	封 装	说 明
TLP250	U1	TEST\TLP25O	DIP-8	TLP25O
电阻	R_{101}	Devices\Res2	Axial-0.3	680 Ω
	R_{102}			20 kΩ
	R_{103}			100 Ω
	R_{104}、R_{105}			4.7 kΩ
LED	LED11	Devices\LED0	LED(自绘)	LED
	LED12			LED
稳压管	D1	Devices\DIODE 11DQ03	DO204-AL	4733
电容	C_1	Devices\CAP Pol1	RB5-10.5	100 μF/35 V
接线端子	P1	Connectors\Header 5	HDR1X5	Header 5

步骤三：复制元器件

复制元器件，得到6组TLP250驱动电路，如图6-21所示。注意每个元器件的名称不能重复。

步骤四：接连非门电路

将74F04的输出端与六组驱动电路连接起来，并连接电源和DSP输出引脚，其中元器件参数如表6-7所列。最终效果图如图6-17所示。

表 6-7 元器件参数

元器件	标 号	位 置	封 装	Comment
74F04	U0	TEST\74F04	DIP-14	74F04
电容	C0	Devices\CAP Pol1	RB7.6-15	100 μF/35 V
接线端子	P0	Connectors\Header6	HDR1X6	Header6
接线端子	PV	Connectors\Header 5X2	HDR2X5	Header5X2

步骤五：检查原理图

单击Project→Compile Document xxx.SchDoc，如果没有弹窗，则说明原理图没有错误。

3. 绘制PCB

步骤一：生成PCB

在绘制原理图的菜单栏中单击Design→Update PCB Document xxx.PcbDoc。在弹出的"Engineering Change Order"对话框中单击Validate Changes，Status的Check中如果出现红色的×，则需找出错误的地方并修改，然后重新开始；如果全部是绿色的√，则表示原理图无误；单击Execute Changes→Close，切换到PCB图，可

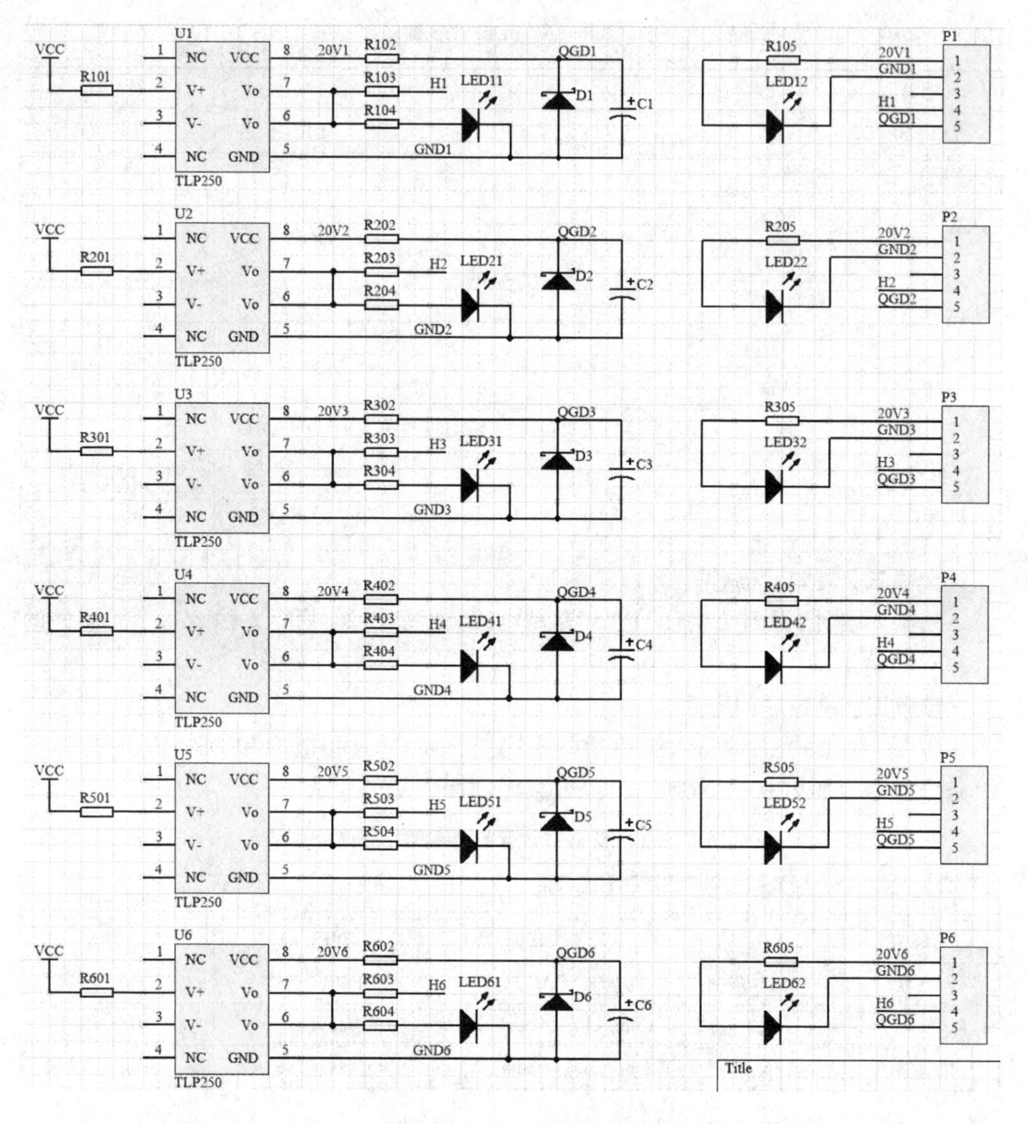

图 6－21　需要绘制的 6 组 TLP250 驱动电路

以看到元器件整齐地排列在一起，如图 6－22 所示。

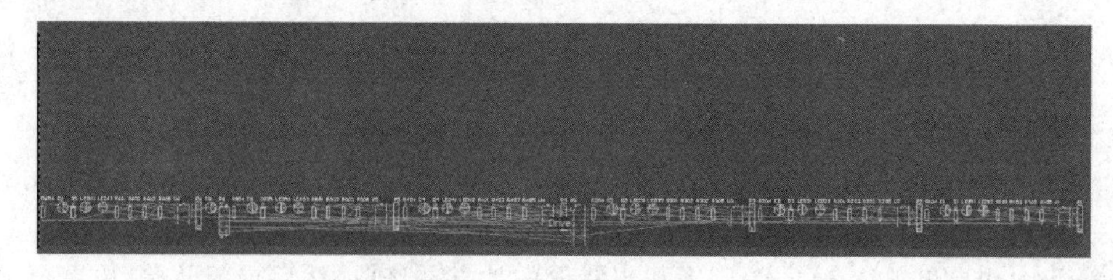

图 6－22　PCB 的生成

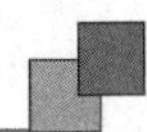

步骤二：设置布线线宽

1）添加网络类

单击菜单栏 Design→Classes，右击 Net Classes→Add Class，名称填写 VCC20，双击左侧的 20V1～20V6 以及 H1～H6，加入 VCC20 网络类，如图 6－23 所示。继续右击 Net Classes→Add Class，名称填写 GND20，双击左侧的 GND1～GND6 以及 QGD1～QGD6，加入 GND20 网络类。

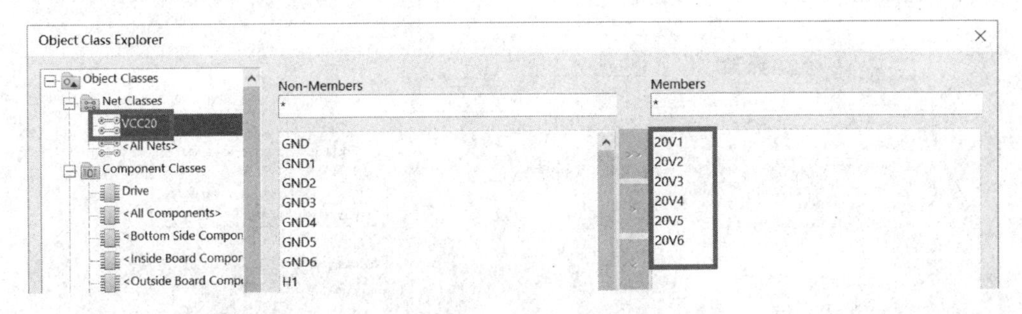

图 6－23　网络添加

2）设置布线层

单击菜单栏 Design→Routing→Routing Layers→RoutingLayers，勾选 Top Layer 和 Bottom Layer，单击 Apply 按钮，如图 6－24 所示。

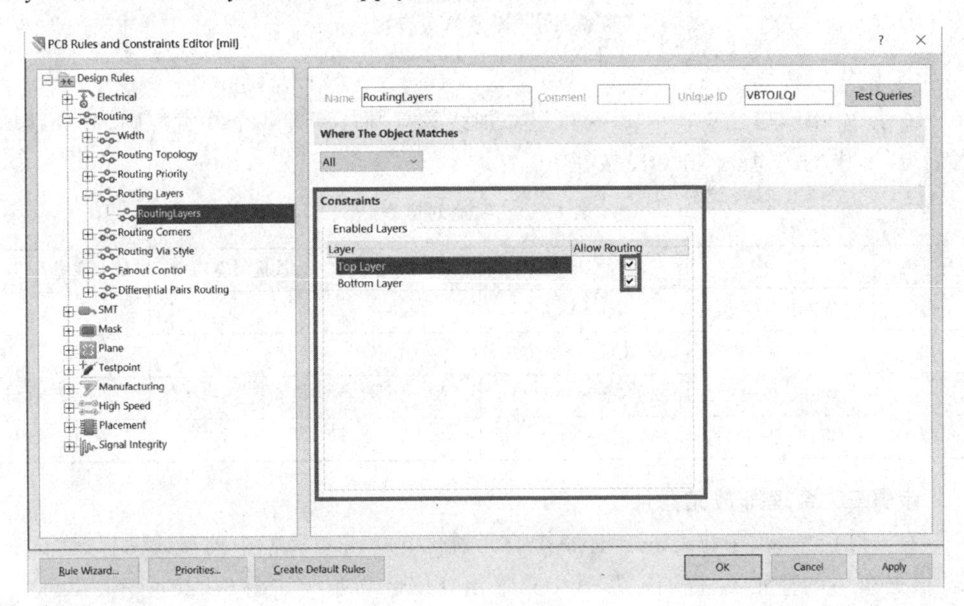

图 6－24　设置布线

3）设置线宽

① 设置信号层布线。

同样在 Routing 选项中，展开 Width，单击其中的 Width_Signal，在 Name 后填

写 Width_Signal；将 Min Width 修改为 20 mil；Preferred Width 修改为 20 mil；Max Width 修改为50 mil，如图 6－25 所示。

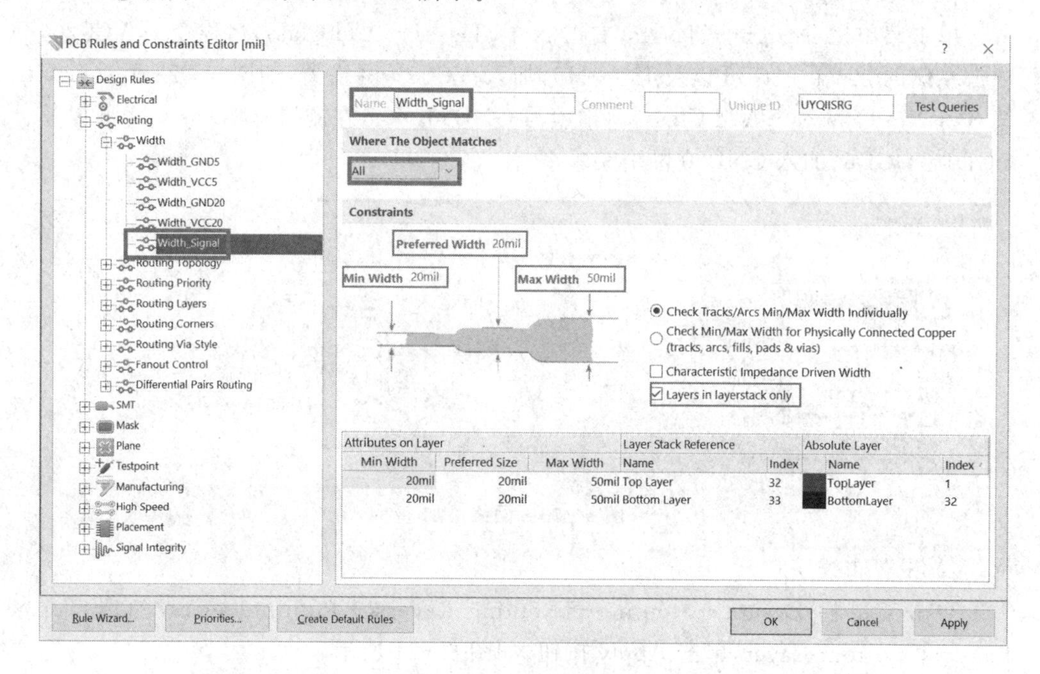

图 6－25　设置信号层布线

② 设置电源线线宽。

右击 Width，单击 New Rules 可以添加线宽规则。新建 4 个线宽规则，并分别填入表 6－8 中的信息，单击 OK 按钮。

表 6－8　线宽对应表

序　号	名　称	目标对应关系	最小线宽/mil	最优线宽/mil	最大线宽/mil
1	Width_VCC5	Net→VCC	20	20	50
2	Width_VCC20	Net Class→VCC20	30	30	50
3	Width_GND5	Net→GND	30	30	50
4	Width_GND20	Net Class→GND20	40	40	50

步骤三：合理排放元器件

右击红色区域，单击 Clear，有序排放元器件。单击图标栏中的布线图标，尝试布线，根据布局调整元器件的位置，其中第一组 TLP210 布线如图 6－26 所示。

删除布线：单击布线→Delete。

删除所有布线：菜单栏 Tool→Un-Route→All。

布线时切换信号层：快捷键 L。

旋转元器件：单击鼠标左键按住元器件，按空格键。

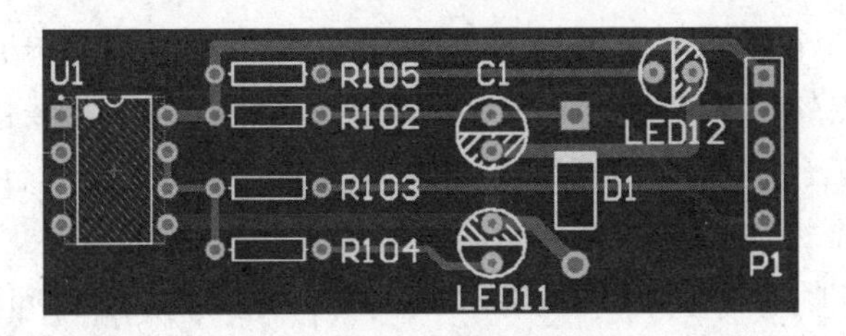

图 6 - 26　推荐布线方式

步骤四：绘制 PCB 区域(如图 6 - 27 所示)

注意：如果绘制的 PCB 有相应的 CAD 图，则需要在步骤一绘制 PCB 区域。

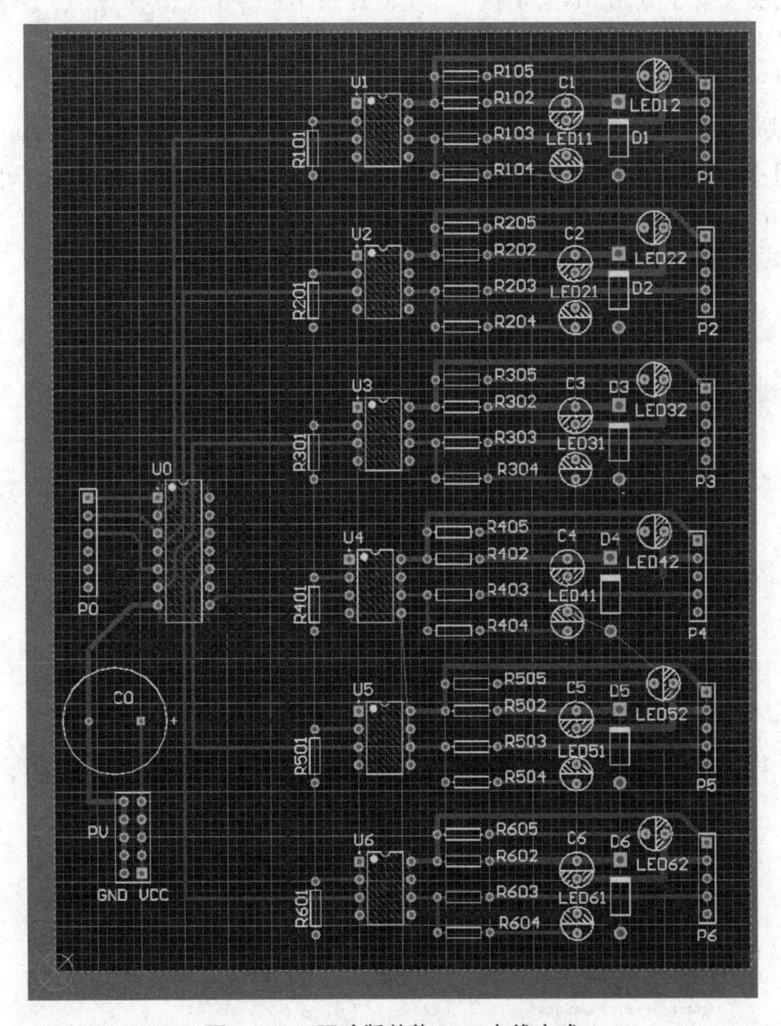

图 6 - 27　驱动版整体 PCB 布线方式

① 绘制外框。单击机械 1 层(Mechanical 1)，单击图标栏绘图工具→Place Line，绘制 PCB 外框。

② 放置原点。再次单击图标栏绘图工具→Place Origin,将坐标原点放置在矩形区域的左下角的交点处。如果有 CAD 尺寸图,则可以通过双击外框线修改线的长度。

③ 选中外框。Ctrl+鼠标轮滚放大 PCB,按住 Shift 键并配合鼠标左键选中刚刚绘制的封闭外框。

④ 调整 PCB 区域。单击菜单栏的 Design→Board Shape→Define from Selected Object。

步骤五:放置 Mark 点

在 Mark 点标记周围,必须有一块没有其他电路特征或标记的空旷面积,且空旷区圆半径要大于 2 倍 Mark 点半径。当空旷区圆半径等于 3 倍 Mark 点半径时,机器识别效果更好。

步骤六:覆　铜

① 顶层覆铜。单击 Top Layer,单击图标栏覆铜图标,弹出 Polygon Pour 对话框,Fill Mode 选择 Solid;Name 填写"Top Layer-GND";Layer 选择 Top Layer;Connect to Net 选择 GND 以及 Pour Over All Same Net Objects,如图 6-28 所示。然后框选覆铜区域。注意:按 Ctrl+Shift+空格键可以更换线型。

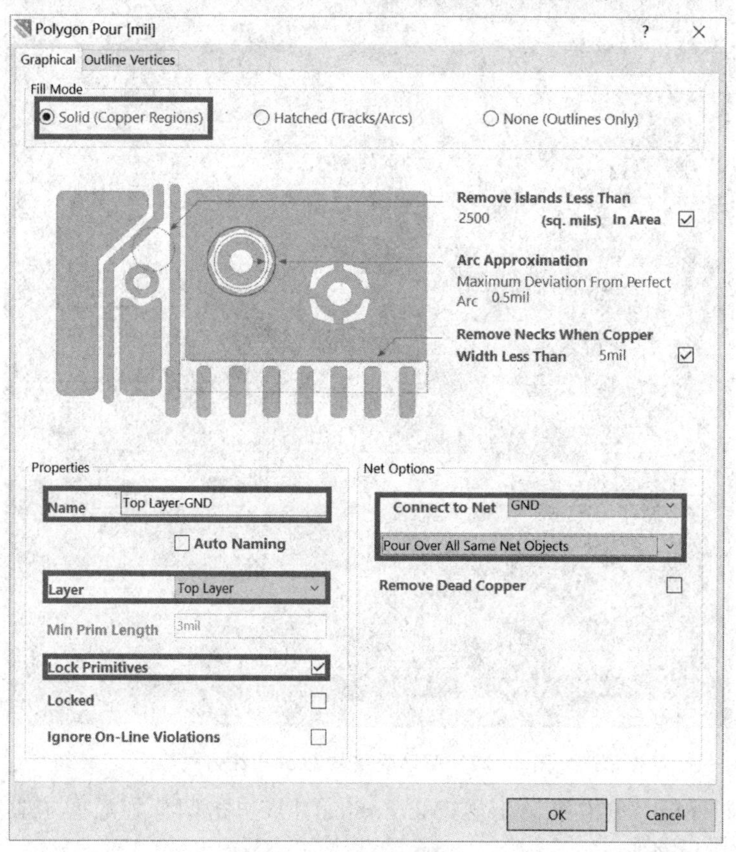

图 6-28　覆铜设置

② 底层覆铜。按照顶层覆铜的方法，在 Polygon Pour 对话框中，Fill Mode 选择 Solid；Name 填写 Bottom Layer-GND；Layer 选择 Bottom Layer。

6.2　CCS 快速入门

6.2.1　使用 CCS6.0 新建一个 F28335 的工程

步骤一：下载并安装 controlSUITE

在 controlSUITE 官网下载，地址为 http:// www.ti.com/tool/controlsuite。下载完成后，安装即可。

步骤二：使用 CCS 新建工程

在 CCS_edit 界面，在菜单栏中选择 Project→New CCS Project，按照图 6-29 填写，之后单击 Finish 按钮，如图 6-29 所示。

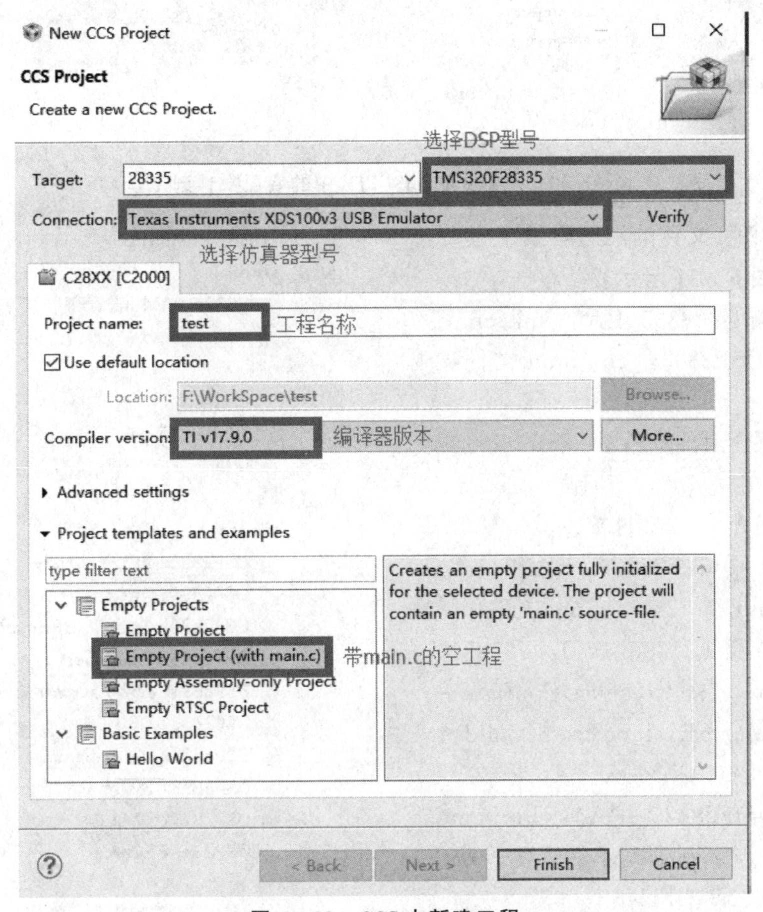

图 6-29　CCS 中新建工程

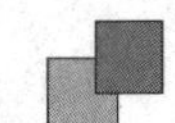

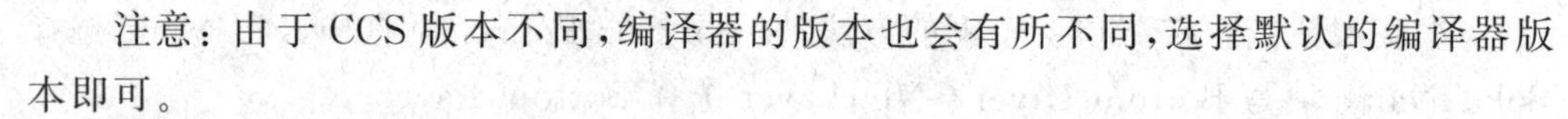

注意：由于 CCS 版本不同，编译器的版本也会有所不同，选择默认的编译器版本即可。

步骤三：复制底层文件(如图 6－30 所示)

① 将 controlSUITE\device_support\f2833x\v142 中的 DSP2833x_common 和 DSP2833x_headers 两个文件夹复制到新建的工程中。

② 将 controlSUITE\libs\math 中的 FPUfastRTS 和 IQmath 两个文件夹复制到新建工程。

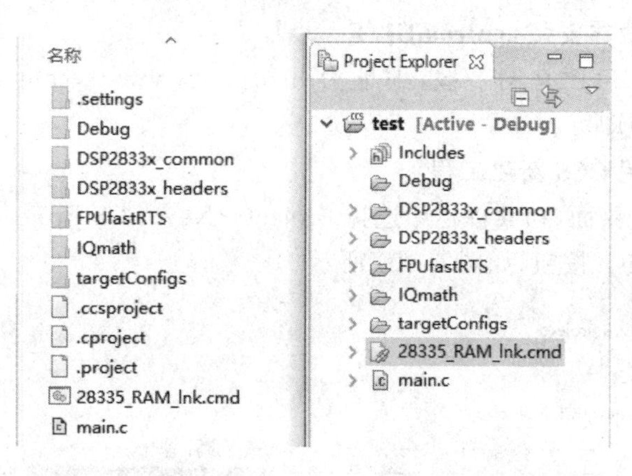

图 6－30　复制 controlSUITE 中的底层文件到工程

步骤四：文件的删除与禁用(如图 6－31 所示)

(1) 删除 28335_RAM_lnk. cmd。

(2) DSP2833x_common 文件夹的配置。

① 展开 DSP2833x_common 文件夹。

② 展开 cmd 文件夹。

➢ 只保留 F28335_RAM_lnk. cmd 和 F28335. cmd 文件。

➢ 屏蔽 F28335. cmd：F28335. cmd，右击 Resouce Configurations→Exclude from Build→Select All→OK。

注意：F28335_RAM_lnk. cmd 是将程序烧录到 RAM，F28335. cmd 是将程序烧录到 Flash。

③ 展开 gel\ccsv4，只保留

DSP2833x_common
cmd
28335_RAM_lnk.cmd
F28335.cmd
gel
ccsv4
f28335.gel
include
lib
source
DSP2833x_ADC_cal.asm
DSP2833x_Adc.c
DSP2833x_CodeStartBranch.asm
DSP2833x_CpuTimers.c
DSP2833x_CSMPasswords.asm
DSP2833x_DBGIER.asm
DSP2833x_DefaultIsr.c
DSP2833x_DisInt.asm
DSP2833x_DMA.c
DSP2833x_ECan.c

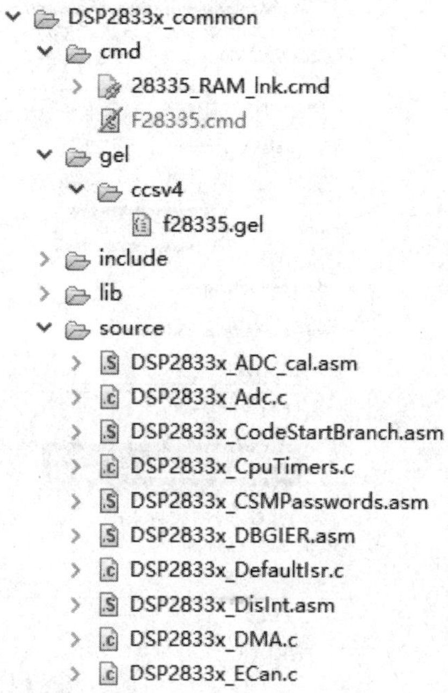

图 6－31　文件的删除/禁用

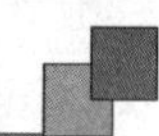

f28335.gel 文件。

④ 展开 source，屏蔽 DSP2833x_SWPrioritizedDefaultIsr.c 和 DSP2833x_SWPrioritizedPieVect.c。

(3) DSP2833x_headers 文件夹的配置，如图 6-32 所示。

① 展开 DSP2833x_headers。

② 展开 cmd，屏蔽 DSP2833x_Headers_BIOS.cmd。

(4) FPUfastRTS 文件夹的配置，如图 6-33 所示。

① 展开 FPUfastRTS\V100。

② 只保留 include、lib 和 source 三个文件夹。

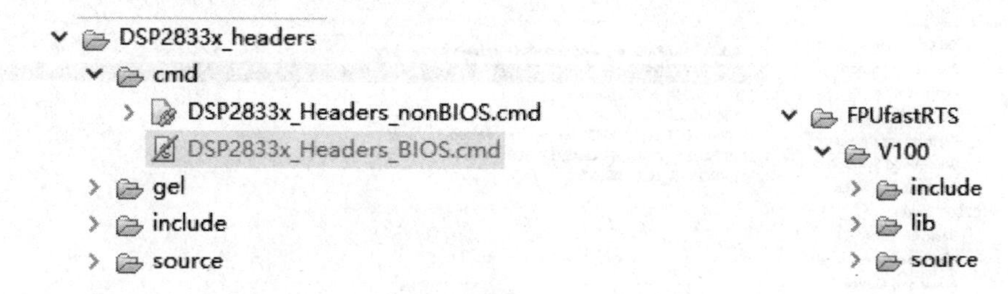

图 6-32　DSP2833x_headers 的配置　　　图 6-33　FPUfastRTS 的配置

(5) IQmath 的配置，如图 6-34 所示。

① 展开 IQmath，只保留 v160 文件夹。

②展开 v160，只保留 include、lib 和 source 三个文件夹。

(6) 在 test 工程下，新建一个文件夹，命名为 APPS，存放我们自己写的程序，如图 6-35 所示，具体路径为：test→右键→New→Floder→Floder name 填写 APPS。至此，各个文件夹配置完成了。

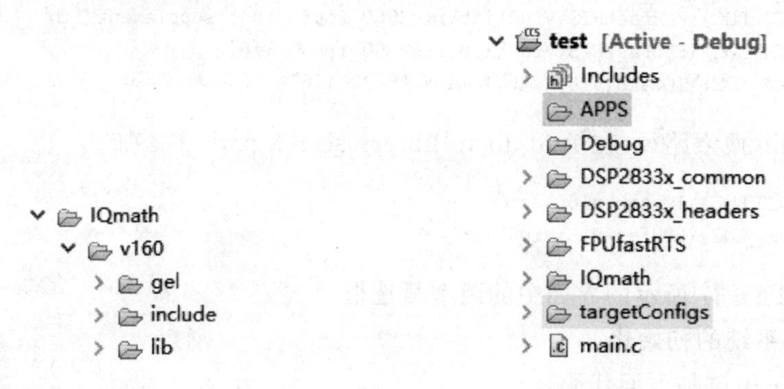

图 6-34　IQmath 的配置　　　图 6-35　在工程中如何添加 APPS 文件夹

步骤五：索引配置 test→右键→properties

(1) 添加头文件路径（如图 6-36 所示），依次展开 Build→C2000 Compiler→

Include Options,在 Add dir to #include search path 中添加。

```
"${PROJECT_LOC}\DSP2833x_common\include"
"${PROJECT_LOC}\DSP2833x_headers\include"
"${PROJECT_LOC}\FPUfastRTS\V100\include"
"${PROJECT_LOC}\IQmath\v160\include"
"${PROJECT_LOC}\APPS"
```

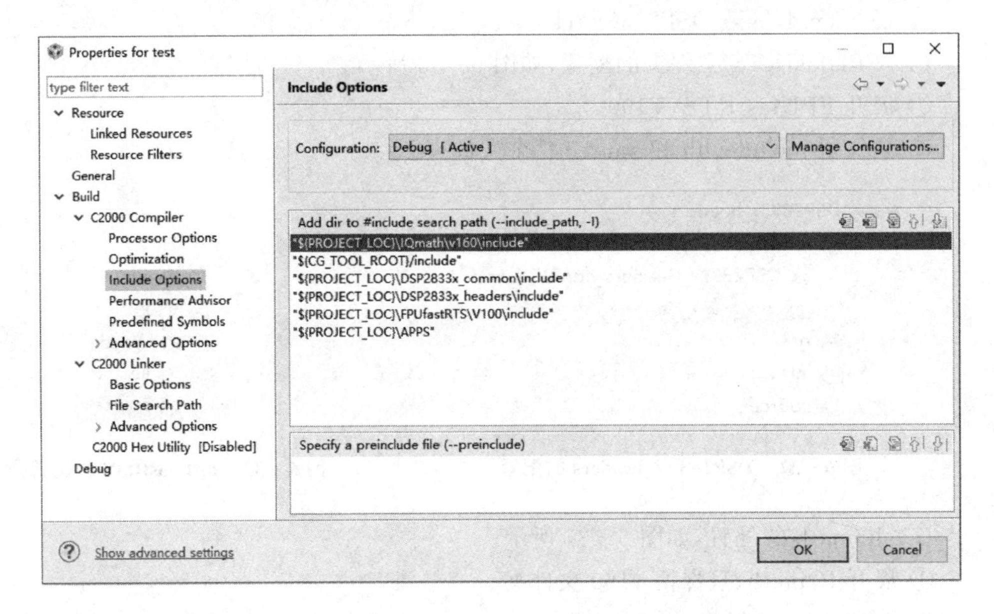

图 6-36 添加头文件路径

(2) 添加 lib 路径,Build→C2000 Linker→File Search Path。

① 添加 lib 文件,在 Include library file or command file as input 中添加。

```
"${PROJECT_LOC}\FPUfastRTS\V100\lib\rts2800_fpu32_fast_supplement.lib"
"${PROJECT_LOC}\FPUfastRTS\V100\lib\rts2800_fpu32.lib"
"${PROJECT_LOC}\IQmath\v160\lib\IQmath_fpu32.lib"
```

② 添加 lib 搜索路径,在 Add dir to library search path 中添加。

```
"${PROJECT_LOC}\IQmath\v160\lib"
"${PROJECT_LOC}\FPUfastRTS\V100\lib"
```

勾选如图 6-37 所示的界面中的两个复选框。

步骤六:系统的初始化

在 main.c 中添加下面代码:

```
#include "DSP2833x_Device.h"
#include "DSP2833x_Examples.h"
void main(void)
{
```

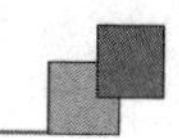

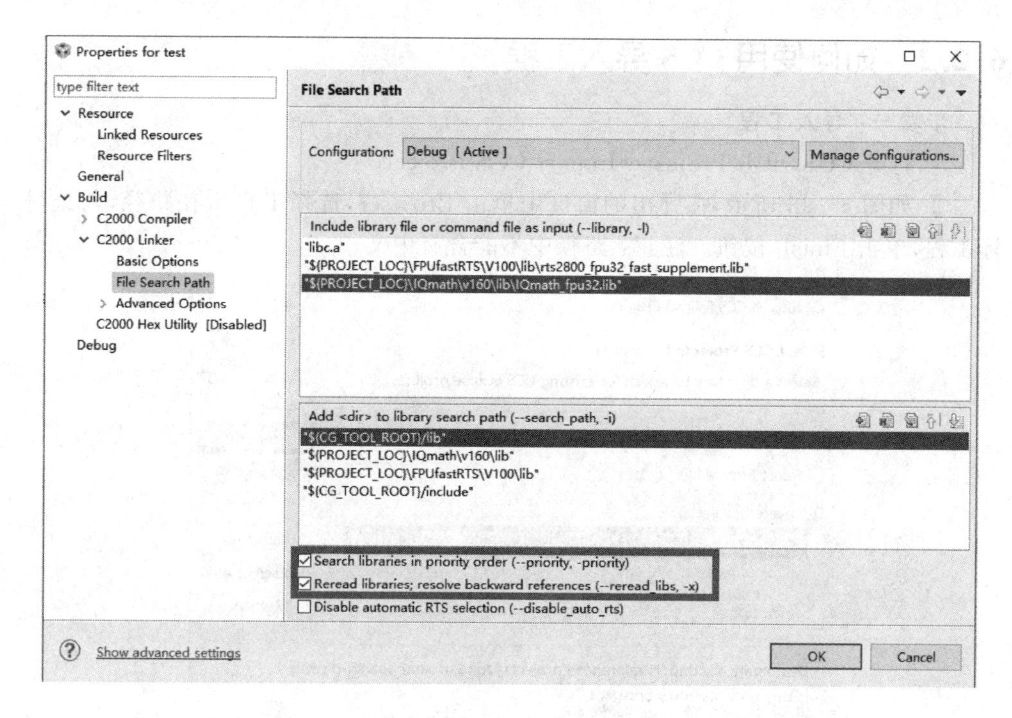

图 6-37　索引配置步骤(2)

```
    InitSysCtrl();        // 系统初始化
    DINT;
    InitPieCtrl();
    IER = 0x0000;
    IFR = 0x0000;
    InitPieVectTable();
    // 在此添加初始化代码
    while(1)
    {
        // 在此添加主程序
    }
}
```

步骤七：(选做)将代码烧录到 Flash 中

步骤一至步骤六的配置是将程序烧录到 RAM 中，烧录到 RAM 中的程序掉电会丢失，而烧录到 Flash 中的程序掉电不会丢失，那么如何将代码烧录到 Flash 中呢？

① 在步骤四的 DSP2833x_common 文件夹的配置中，屏蔽 28335_RAM_lnk.cmd，而不是 F28335.cmd。

② 在 main 函数中添加下面的代码：

```
MemCopy(&RamfuncsLoadStart, &RamfuncsLoadEnd, &RamfuncsRunStart);
InitFlash();
```

6.2.2 如何使用 CCS 导入工程

步骤一：导入工程

① 打开 CCS，单击 Project→Import CCS Project。

② 如图 6-38 所示，在弹出的窗口中单击 Browser，选择工程所在路径，勾选目标工程，单击 Finish 按钮。注意：路径中不能含有中文。

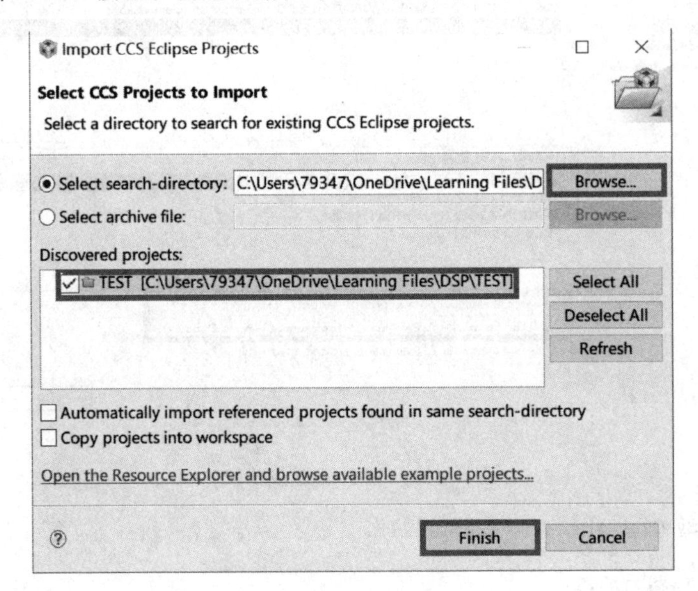

图 6-38 导入工程配置

③ 注意：导入工程时可能会出现 Project Import Summary 窗口，单击 Details，将滑块拉到最后，可以看到 Error：Import failed for project 'xxxxx' because its compiler definition is not available. Please install the C2000vx. y compiler before importing this project，如图 6-39 所示。

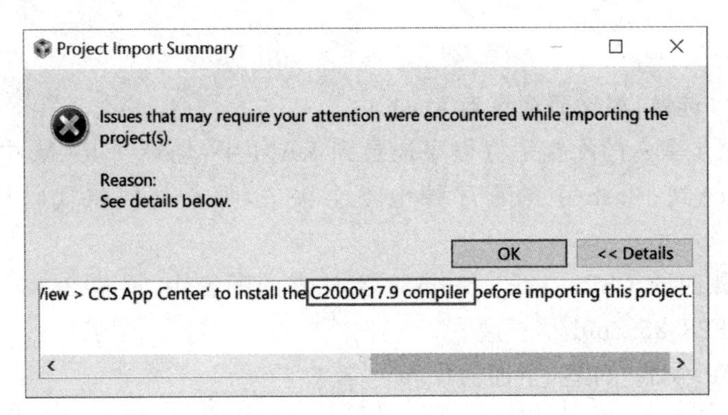

图 6-39 提示的错误界面

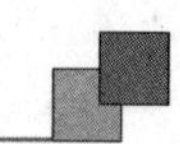

解决方法如下：

① 访问 http:// software-dl. ti. com/codegen/non-esd/downloads/download. htm，下载对应版本的 compiler，本例中应下载 v17. 9 版本。

② 将下载下来的文件复制到 CCS 安装路径目录\ccsv6\tools\compiler 下安装。

③ 重新导入工程。

步骤二：（选做）重新链接仿真器（如图 6－40 所示）

① 单击 View→Target Configurations，在右侧会弹出窗口。

② Uer Defined 中若没有文件，则右击 Target Configuration→OK；如果有，则单击 Next 按钮。

③ 双击 Uer Defined 里的文件（NewTargetConfiguration），在 Connection 中选择仿真器型号，在 Board or Device 中选择 TMS320F28335，单击 Save 按钮。此时需要为 DSP 上电，单击 Test Connection 测试仿真器是否连接成功，若成功，则在弹出的窗口末尾会有 succeed。

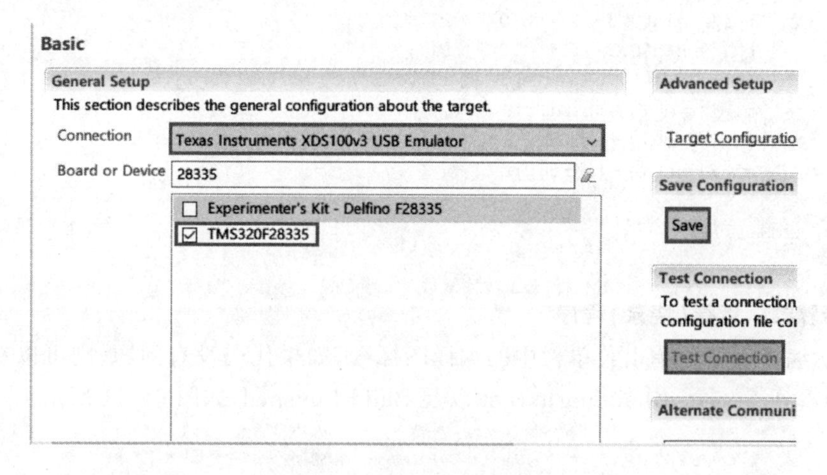

图 6－40 重新链接仿真器

④ 右击 NewTargetConfiguration→Link File to Project，选择目标工程。

6.2.3 程序的运行及 CCS 的波形观测

步骤一：键入示例代码——SVPWM 简单发波算法

在 main. c 中添加以下代码：

```
#define NUM 200
#define PI 3.1415926535
float a[NUM] = {0},b[NUM] = {0},c[NUM] = {0};               // 三相正弦电
float third[NUM] = {0};                                      // 零序分量-三次谐波
float m1[NUM] = {0}, m2[NUM] = {0}, m3[NUM] = {0};          // 三相马鞍波
floatmax(float num1,float num2)
{
```

```
    return num1 > num2? num1:num2;
}
floatmin(float num1,float num2)
{
    return num1 < num2? num1:num2;
}
int main(void)
{
    Uint16 i = 0;
    InitSysCtrl();
    DINT;
    InitPieCtrl();
    IER = 0x0000;
    IFR = 0x0000;
    InitPieVectTable();
    for(i = 0;i < NUM;i + +)
    {
        a[i] = sin(0.3 * i);
        b[i] = sin(0.3 * i + 2.0/3 * PI);
        c[i] = sin(0.3 * i + 4.0/3 * PI);
        third[i] = ( max(max(a[i],b[i]),c[i]) + min(min(a[i],b[i]),c[i]) ) / 2;
        m1[i] = a[i] - third[i];
        m2[i] = b[i] - third[i];
        m3[i] = c[i] - third[i];
    }
    while(1);
}
```

步骤二:运行(烧录)程序

① 编译程序。单击菜单栏中的编译图标,如果代码没有问题,则可以在 Console 中看到 Finished building target 以及 Build Finished,如图 6-41 所示。

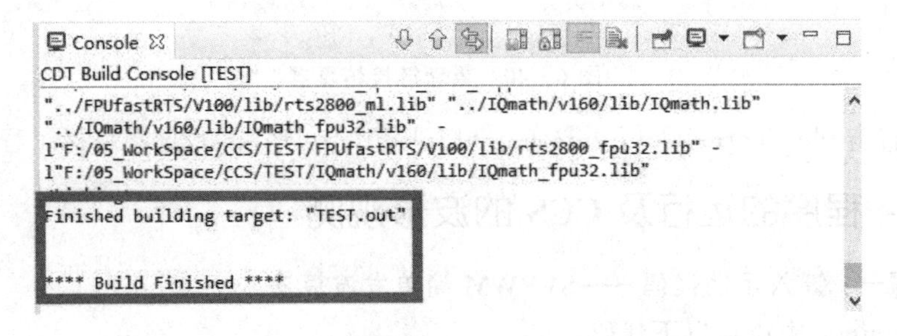

图 6-41 Console 编译成功提示

② 烧录/调试程序。单击菜单栏中的调试图标。

③ 加载程序。单击 Run→Load→TEST.out,如图 6-42 所示。

④ 运行程序。单击菜单栏中的运行图标。

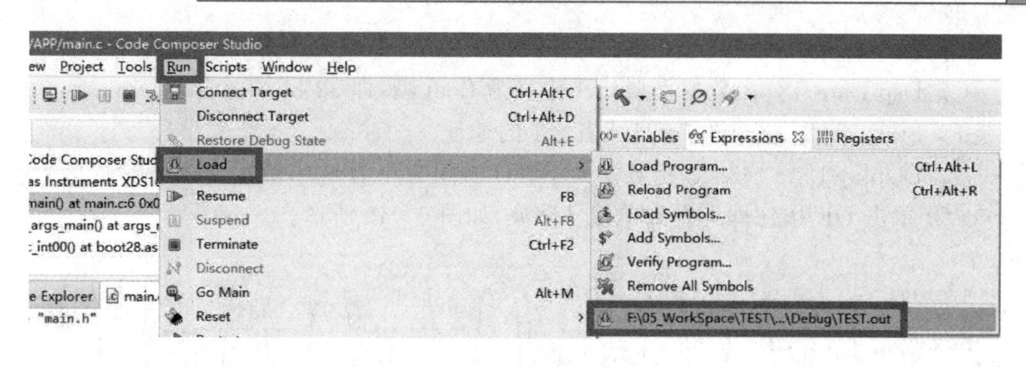

图 6-42　加载程序

步骤三：查看变量的值。

在 Expressions 窗口，单击 Add new expression，输入全局变量的名称，即可查看该变量的值和变量的地址，如图 6-43 所示。

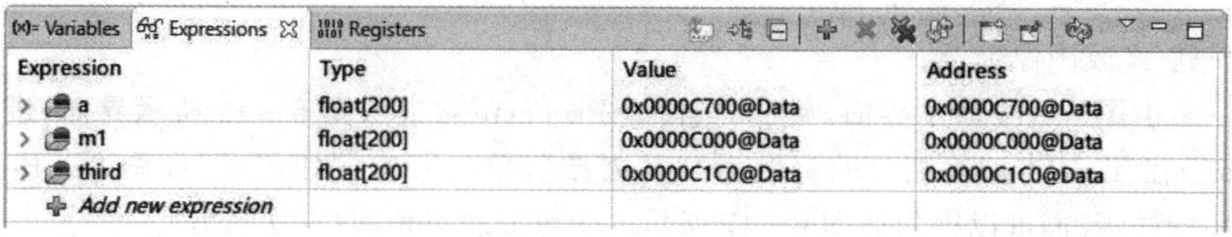

Expression	Type	Value	Address
a	float[200]	0x0000C700@Data	0x0000C700@Data
m1	float[200]	0x0000C000@Data	0x0000C000@Data
third	float[200]	0x0000C1C0@Data	0x0000C1C0@Data
Add new expression			

图 6-43　变量数值的观测方法

步骤四：CCS 波形的观测(以查看 m1 的波形为例)

① 编译工程，进入 debug，运行程序。

② 单击 Tool→Graph→Single Time 进入到参数设置界面，如图 6-44 所示。

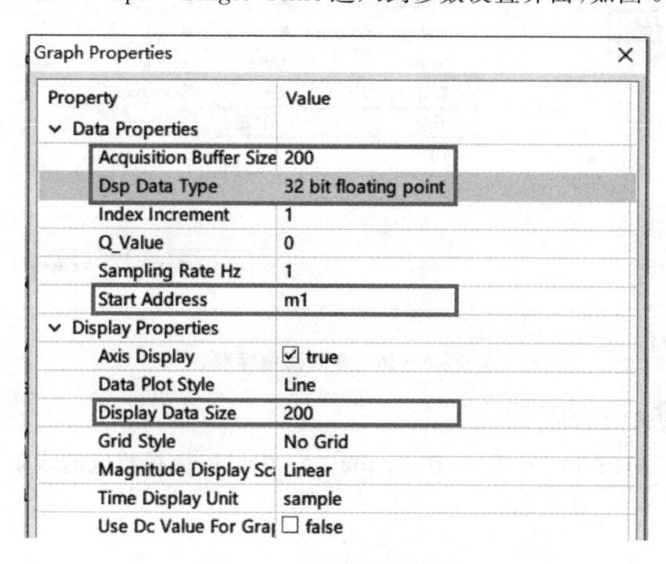

图 6-44　参数设置界面

➢ Acquisition Buffer Size：数据缓冲区大小，m1 数组大小为 200，填写 200。

➢ Dsp Data Type：数据类型，m1 定义为 float 型，即 32 bit floating point。

➢ Start Address：填写“m1”或者 m1 的地址。

➢ Display Data Size：显示数据大小，m1 数组大小为 200，填写 200。

③ 单击 OK 按钮即可看到单相马鞍波，如图 6－45 所示。

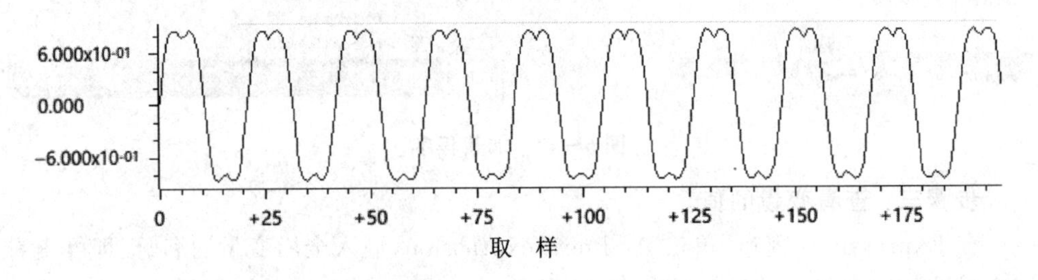

图 6－45 马鞍波形

④ 修改图像标题。

右击图 6－44 所示界面，单击 Display Properties，进入图 6－46 所示界面，进入 Axes，在 Title 中填写相应的标题，如“马鞍波”，单击 OK 按钮即可，如图 6－45 所示。同样，我们可以得到如图 6－47 所示的正弦波和三角波(三次谐波)。

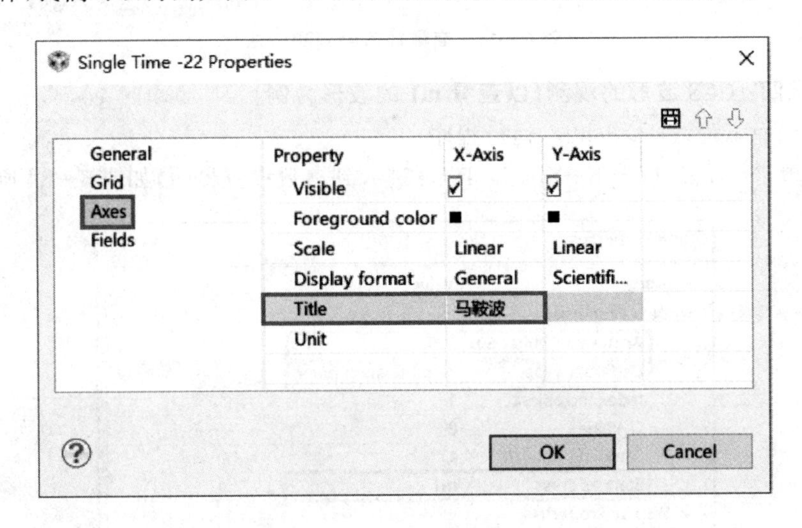

图 6－46 修改图像标题

⑤ 修改波形的形状。

右击图像，如图 6－48 所示，在 Display As 中可以选择相应的线条。

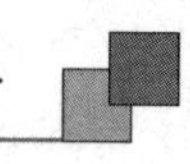

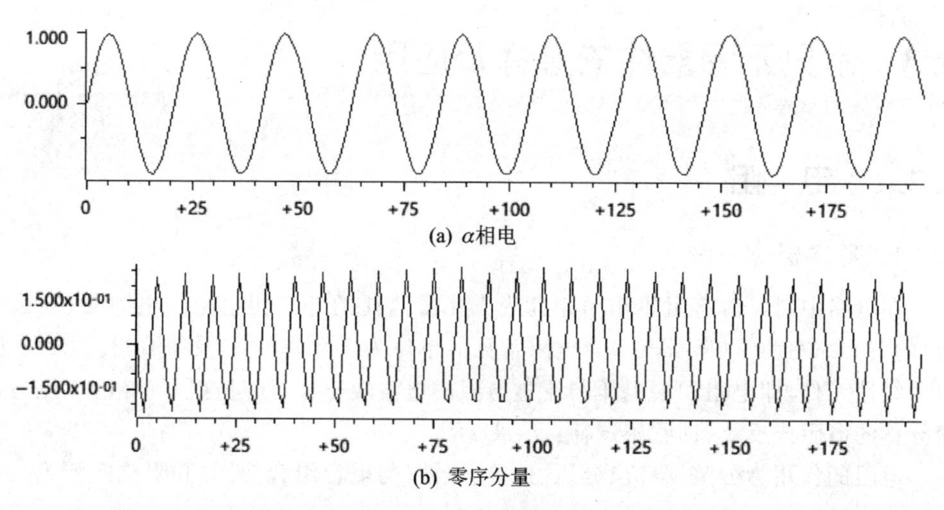

(a) α相电

(b) 零序分量

图 6－47　正弦及三次谐波

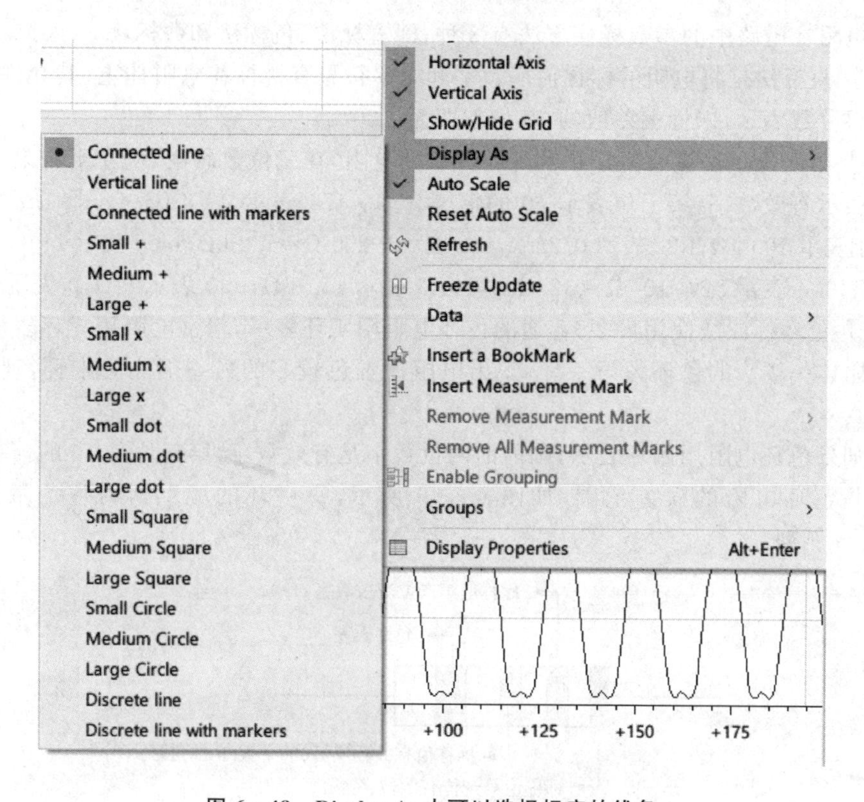

图 6－48　Display As 中可以选择相应的线条

6.3 常见无源器件的选择及应用

6.3.1 电　阻

1. 基本概念

在电路中对电流有阻碍作用并且造成能量消耗的部分叫电阻。电阻器(简称电阻)的英文缩写为R(Resistor)。电阻常见的单位为千欧姆(kΩ)及兆欧姆(MΩ)。电阻为线性元件,即电阻两端电压与流过电阻的电流成正比,通过这段导体的电流与这段导体的电阻成反比,即欧姆定律:$I=U/R$。

电阻的作用为分流、限流、分压、偏置、滤波(与电容组合使用)和阻抗匹配等。

2. 电路中的参数标注方法

电阻在电路中的参数标注方法有3种,即直标法、色标法和数标法。

① 直标法是将电阻的标称值用数字和文字符号直接标在电阻体上,其允许偏差则用百分数表示,未标偏差值的,其偏差即为±20%。

② 数码标示法主要用于贴片等小体积的电阻,在三位数码中,从左至右第一、二位数表示有效数字,第三位表示10的倍幂。如:472表示47×10^2 Ω(即4.7 kΩ);104则表示100 kΩ;R22表示0.22 Ω,122表示1 200 Ω=1.2 kΩ,1402表示14 000 Ω=14 kΩ,324表示32×10^4 Ω=320 kΩ,17R8表示17.8 Ω,000表示0 Ω,0表示0 Ω。

③ 色环标注法使用最多,普通的色环电阻用4环表示,精密电阻用5环表示;紧靠电阻体一端头的色环为第一环,露出电阻体本色较多的另一端头为末环,现举例如下:

如果色环电阻用四环表示,则前面两位数字是有效数字,第三位是10的倍幂,第四环是色环电阻的误差范围,如图6-49所示,每一环的颜色所对应的数值如表6-9所列。

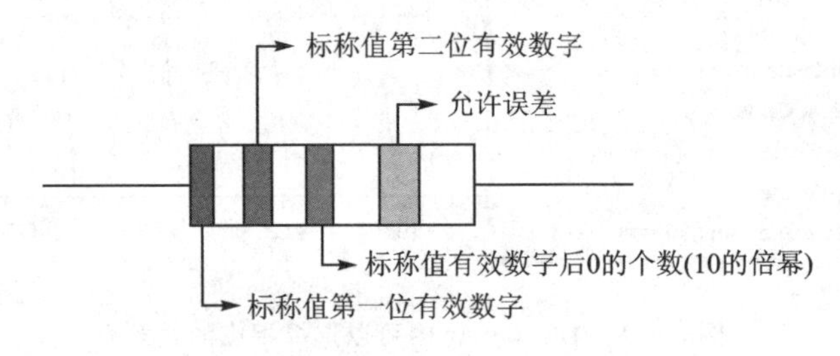

图6-49　四色环电阻(普通电阻)

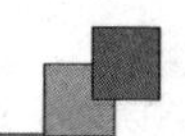

表 6-9　两位有效数字阻值的色环表示法

颜　色	第一位有效值	第二位有效值	倍　幂	允许偏差/%
黑	0	0	10^0	—
棕	1	1	10^1	±1
红	2	2	10^2	±2
橙	3	3	10^3	—
黄	4	4	10^4	—
绿	5	5	10^5	±0.5
蓝	6	6	10^6	±0.25
紫	7	7	10^7	±0.1
灰	8	8	10^8	—
白	9	9	10^9	−20～+50
金	—	—	10^{-1}	±5
银	—	—	10^{-2}	±10
无色	—	—	—	±20

如果色环电阻用五环表示，则前面三环数字是有效数字，第四环数字是 10 的倍幂，第五环是色环电阻的误差范围，如图 6-50 所示，每一环的颜色所对应的数值如表 6-10 所列。

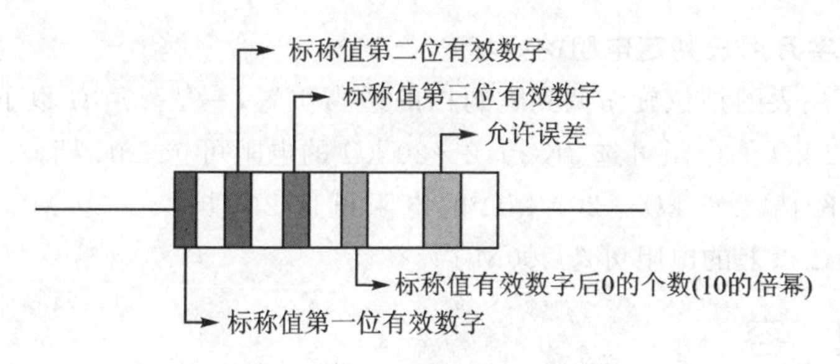

图 6-50　五色环电阻(精密电阻)

表 6-10　三位有效数字阻值的色环表示法

颜　色	第一位有效值	第二位有效值	第三位有效值	倍　幂	允许偏差/%
黑	0	0	0	10^0	
棕	1	1	1	10^1	±1
红	2	2	2	10^2	±2
橙	3	3	3	10^3	
黄	4	4	4	10^4	
绿	5	5	5	10^5	±0.5

续表 6-10

颜　色	第一位有效值	第二位有效值	第三位有效值	倍　幂	允许偏差/%
蓝	6	6	6	10^6	±0.25
紫	7	7	7	10^7	±0.1
灰	8	8	8	10^8	
白	9	9	9	10^9	−20～+50
金	—	—	—	10^{-1}	±5
银	—	—	—	10^{-2}	±10

3. 电阻好坏的检测

(1) 用指针万用表判定电阻的好坏

首先选择测量挡位，再将倍率挡位旋钮置于适当的位置，一般 100 Ω 以下电阻可选 R×1 挡，100 Ω～1 kΩ 的电阻可选 R×10 挡，1～10 kΩ 电阻可选 R×100 挡，10～100 kΩ 的电阻可选 R×1K 挡，100 kΩ 以上的电阻可选 R×10K 挡。测量挡位选择确定后，对万用表电阻挡位进行校 0。校 0 的方法是：将万用表两表笔金属棒短接，观察指针是否到 0 的位置，如果不在 0 的位置，调整调零旋钮表针指向电阻刻度的 0 位置；接着将万用表的两表笔分别和电阻的两端相接，表针应指在相应的阻值刻度上。如果表针不动或指示不稳定，或指示值与电阻上的标示值相差很大，则说明该电阻已损坏。

(2) 用数字万用表判定电阻的好坏

首先将万用表的挡位旋钮调到欧姆挡的适当位置，一般 200 Ω 以下的电阻可选 200 挡，200～2 kΩ 的电阻可选 2K 挡，2～20 kΩ 的电阻可选 20K 挡，20～200 kΩ 的电阻可选 200K 挡，200 kΩ～200 MΩ 的电阻可选 2M 挡，2～20 MΩ 的电阻可选 20M 挡，20 MΩ 以上的电阻可选 200M 挡。

6.3.2 电　容

1. 基本概念

电容的含义：电容是衡量导体储存电荷能力的物理量。电容器（简称电容）的英文缩写为 C(Capacitor)。电容常见的单位为毫法（mF）、微法（μF）、纳法（nF）、皮法（pF）。电容的作用可归纳为：隔直流、旁路、耦合、滤波、补偿、充放电、储能等。

电容的特性：电容容量的大小就是表示能贮存电能的大小，电容对交流信号的阻碍作用称为容抗，它与交流信号的频率及电容量有关。

电容的分类：根据极性可分为有极性电容和无极性电容。我们常见到的电解电容就是有极性的，是有正负极之分的。

电容的主要性能指标：电容的容量（即储存电荷的容量）、耐压值（指在额定温度

范围内电容能长时间可靠工作的最大直流电压或最大交流电压的有效值)、耐温值(表示电容所能承受的最高工作温度)。

电容的品牌有：主板电容主要分为日系和中国台湾的台系两种。日系品牌有：NICHICON、RUBICON、RUBYCON(红宝石)、KZG、SANYO(三洋)、PANASONIC(松下)、NIPPON、FUJITSU(富士通)等;中国台湾的台系品牌有：TAICON、G-LUXCON、TEAPO、CAPXON、OST、GSC、RLS 等。

2. 电容的识别方法

(1) 直标法

该方法是将电容的标称值用数字和单位在电容的本体上表示出来。如：220MF 表示 220 μF;.01UF 表示 0.01 μF;R56UF 表示 0.56 μF;6n8 表示 6 800 pF。

(2) 不标单位的数码表示法

其中用 1～4 位数表示有效数字,一般为 PF,而电解电容其容量则为 μF。如：3 表示 3 pF,2200 表示 2 200 pF,0.056 表示 0.056 μF。

(3) 数字表示法

一般用 3 位数字表示容量的大小,前两位表示有效数字,第三位表示 10 的倍幂。如：102 表示 10×10^2 pF=1 000 pF,224 表示 22×10^4 pF=0.22 μF。

(4)用色环或色点表示电容的主要参数

电容的色标法与电阻相同,电容器偏差标志符号为：+100%～0—H、+100%～10%—R、+50%～10%—T、+30%～10%—Q、+50%～20%—S、+80%～20%—Z。

3. 电容的测量方法

(1) 脱离线路时检测

采用万用表 R×1K 挡。在检测前,先将电解电容的两根引脚相碰,以便放掉电容内残余的电荷。当表笔刚接通时,表针向右偏转一个角度,然后表针缓慢地向左回转,最后表针停下。表针停下来所指示的阻值为该电容的漏电电阻,此阻值越大越好,最好应接近无穷大处。如果漏电电阻只有几十 kΩ,则说明这一电解电容漏电严重。表针向右摆动的角度越大,说明这一电解电容的电容量也越大,反之说明电容量越小。

(2) 线路上直接检测

主要是检测电容是否已开路或已击穿这两种明显故障;而对漏电故障,由于受外电路的影响,一般是测不准的,用万用表 R×1 挡。电路断开后,先放掉残存在电容内的电荷。测量时若表针向右偏转,则说明电解电容内部断路。如果表针向右偏转后所指示的阻值很小(接近短路),则说明电容严重漏电或已击穿。如果表针向右偏后无回转,但所指示的阻值不是很小,则说明电容开路的可能性很大,应脱开电路后进一步检测。

(3) 线路上通电状态时检测

若怀疑电解电容只在通电状态下才存在击穿故障,可以给电路通电,然后用万用表直流挡测量该电容两端的直流电压,如果电压很低或为 0 V,则说明该电容已击穿。对于电解电容的正、负极标志不清楚的,必须先判别出它的正、负极。对换万用表的表笔测两次,以漏电大(电阻值小)的一次为准,黑表笔所接的脚为负极,另一脚为正极。

6.3.3 电 感

1. 基本概念

电感器(简称电感)的英文缩写为 L(Inductance),电感的国际标准单位为 H(亨利)、mH(毫亨)、μH(微亨)、nH(纳亨)。

① 电感的特性:通直流隔交流;通低频阻高频。

② 电感的作用:滤波、陷波、振荡、储存磁能等。

③ 电感的分类:空芯电感和磁芯电感,磁芯电感又可称为铁芯电感和铜芯电感等,主机板中常见的是铜芯绕线电感。

2. 电感的识别方法

电感在电路中常用"L"加数字表示,如:L6 表示编号为 6 的电感。电感线圈是将绝缘的导线在绝缘的骨架上绕一定的圈数制成的。直流信号可通过线圈,直流电阻就是导线本身的电阻,压降很小;当交流信号通过线圈时,线圈两端将会产生自感电动势,自感电动势的方向与外加电压的方向相反,阻碍交流的通过,所以电感的特性是通直流阻交流,频率越高,线圈阻抗越大。电感在电路中可与电容组成振荡电路。电感一般有直标法和色标法。色标法与电阻类似,如:棕、黑、金。金表示 1 μH(误差 5%)的电感。

3. 电感的测量

电感的质量检测包括外观和阻值测量。首先检测电感的外表是否完好,磁芯有无缺损、裂缝,金属部分有无腐蚀氧化,标志是否完整清晰,接线有无断裂和折伤等。用万用表对电感做初步检测,测线圈的直流电阻,并与原已知的正常电阻值进行比较。若检测值比正常值显著增大,或指针不动,可能是电感本体断路;若比正常值小许多,可判断电感本体严重短路。线圈的局部短路需用专用仪器进行检测。

6.3.4 晶 振

1. 基本概念

晶振是能够产生具有一定幅度及频率波形的振荡器,在线路中的符号是"X"或"Y"。

2. 测量方法

测量电阻方法：用万用表 R×10K 挡测量石英晶体振荡器的正、反向电阻值。正常时应为无穷大；若测得石英晶体振荡器有一定的阻值或为零，则说明该石英晶体振荡器已漏电或击穿损坏。

动态测量方法：用示波器在电路工作时测量晶振的实际振荡频率是否符合其额定振荡频率。如果是，则说明该晶振正常；如果该晶振的额定振荡频率偏低、偏高或根本不起振，则表明该晶振已漏电或击穿损坏。

6.4 常见有源器件的选择及应用

6.4.1 半导体二极管

1. 基本概念

二极管的英文缩写为 D(Diode)，其主要特性是单向导电性，也就是在正向电压的作用下，导通电阻很小；而在反向电压作用下，导通电阻极大或无穷大。二极管按材质可分为硅二极管和锗二极管；按用途可分为整流二极管、检波二极管、稳压二极管、发光二极管、光电二极管、变容二极管。

2. 半导体二极管的导通电压

① 硅二极管在两极加上电压，并且电压大于 0.6 V 时才能导通，导通后电压保持在 0.6～0.8 V 之间。

② 锗二极管在两极加上电压，并且电压大于 0.2 V 时才能导通，导通后电压保持在 0.2～0.3 V 之间。

3. 半导体二极管的识别方法

① 目视法判断半导体二极管的极性：一般在电路图中可以通过眼睛直接看出半导体二极管的正负极。而在实物中，有颜色标示的一端是负极，另外一端是正极。

② 用万用表(指针表)判断半导体二极管的极性：通常选用万用表的欧姆挡(R×100 或 R×1K)，然后用万用表的两表笔分别接到二极管的两个极上，当二极管导通，测得的阻值较小(一般几十 Ω 至几 kΩ 之间)时，黑表笔接的是二极管的正极，红表笔接的是二极管的负极。当测得的阻值很大(一般为几 Ω 至几 kΩ)时，黑表笔接的是二极管的负极，红表笔接的是二极管的正极。

③ 测试注意事项：用数字式万用表去测二极管时，红表笔接二极管的正极，黑表笔接二极管的负极，此时测得的阻值才是二极管的正向导通阻值，这与指针式万用表的表笔接法刚好相反。

4. 稳压二极管的基本知识

① 稳压二极管的稳压原理：稳压二极管的特点就是击穿后，其两端的电压基本保持不变。这样，当把稳压二极管接入电路以后，若由于电源电压发生波动，或其他原因造成电路中各点电压变动时，负载两端的电压将基本保持不变。

② 故障特点：稳压二极管的故障主要表现为开路、短路和稳压值不稳定。在这三种故障中，前一种故障表现为电源电压升高；后两种故障表现为电源电压变低到0 V或输出不稳定。

③ 常用稳压二极管的型号及稳压值如表6-11所列。

表6-11　常用稳压二极管的型号及稳压值

型　号	1N4728	1N4729	1N4730	1N4732	1N4733
稳压值/V	3.3	3.6	3.9	4.7	5.1
型　号	1N4734	1N4735	1N4744	1N4750	1N4751
稳压值/V	5.6	6.2	15	27	30

5. 半导体二极管的好坏判别

用万用表(指针表)R×100或R×1K挡测量二极管的正、反向电阻，正向电阻越小越好；反向电阻越大越好。若正向电阻无穷大，则表明二极管内部断路；若反向电阻为0 Ω，则表明二极管击穿。内部断路或击穿的二极管均不能使用。

6.4.2 半导体三极管

1. 基本概念

半导体三极管英文缩写为Q或T。其特点是：半导体三极管(简称晶体管)是内部含有2个PN结，并且具有放大能力的特殊器件。它分NPN型和PNP型两种类型，这两种类型的三极管从工作特性上可互相弥补，所谓OTL电路中的对管就是由PNP型和NPN型配对使用的。三极管按材料可分为硅管和锗管，我国目前生产的硅管多为NPN型，锗管多为PNP型。

2. 主要参数

① 电流放大系数：三极管的电流分配规律为$I_e=I_b+I_c$，由于基极电流I_b的变化，使集电极电流I_c发生更大的变化，即基极电流I_b的微小变化控制了集电极电流较大的变化，这就是三极管的电流放大原理，即$\beta=\Delta I_c/\Delta I_b$。

② 极间反向电流：集电极与基极的反向饱和电流。

③ 极限参数：反向击穿电压、集电极最大允许电流、集电极最大允许功率损耗。

3. 工作状态

半导体三极管具有三种工作状态：放大(发射结正偏、集电结反偏)、饱和(发射结正偏、集电结正偏)和截止(发射结反偏、集电结反偏)。在模拟电路中一般使用放大状态。饱和、截止状态一般用在数字电路中。

① 半导体三极管的三种基本放大电路如表 6-12 所列。

表 6-12　半导体三极管的三种基本放大电路

类　别	共射极放大电路	共集电极放大电路	共基极放大电路
电路形式	U_{CC} R_b R_c C_2 C_1 T + + R_s + u_i u_o R_L u_s − −	U_{CC} R_b C_1 T C_2 + + R_s + u_i R_e R_L u_o u_s − −	U_{CC} R_{b1} R_c C_1 C_L + + R_s u_i R_e R_{b2} C_3 R_L u_o u_s − −
直流通道	U_{CC} R_c R_b T	U_{CC} R_b T R_e	U_{CC} R_c R_{b1} T R_{b2} R_e
静态工作点	$I_B=\frac{U_{CC}}{R_b}$ $I_C=\beta I_B$ $U_{CE}=U_{CC}-I_e R_e$	$I_B=\frac{U_{CC}}{R_b+(1+\beta)R_e}$ $I_C=\beta I_B$ $U_{CE}=U_{CC}-I_C R_e$	$U_B=\frac{R_{b2}}{R_{b1}+R_{b2}}U_{CC}$ $I_C=I_E=\frac{U_B-0.7\ \text{V}}{R_e}$ $U_{CE}=U_{CC}-I_C(R_c+R_e)$
交流通道	R_s + + u_i R_b R_c R_L u_o u_s − − −	R_s + + u_i R_b R_e R_L u_o u_s − − −	R_s + + u_i R_e R_c R_L u_o u_s − − −
微变等效电路	$\dot{I}_b$ $\beta\dot{I}_b$ R_s + + u_i R_b r_{be} R_c R_L u_o u_s − − − r_i r_o	$\dot{I}_b$ r_{be} $\beta\dot{I}_b$ R_s + + u_i R_b R_e R_L u_o u_s − − − r_i r_o	$\beta\dot{I}_b$ $\dot{I}_b$ R_s + + u_i R_e r_{be} R_c R_L u_o u_s − − − r_i r_o
A_u	$-\frac{\beta R_L'}{r_{be}}$	$\frac{(1+\beta)R_L'}{r_{be}+(1+\beta)R_L'}$	$\frac{\beta R_L'}{r_{be}}$

续表 6－12

类　别	共射极放大电路	共集电极放大电路	共基极放大电路
r_i	R_b/r_{be}	$R_b//[r_{be}+(1+\beta)R'_L]$	$R_e//\frac{r_{be}}{1+\beta}$
r_o	R_C	$R_e//\frac{r_{be}+R'_S}{1+\beta}$，　$R'_S=R_B//R_S$	R_C
用途	多级放大电路的中间级	输入、输出级或缓冲级	高频电路或恒流源电路

② 三极管三种放大电路可以从放大电路中通过交流信号的传输路径来进行区别及判断，没有交流信号通过的极，就称为公共极。

【注】交流信号从基极输入、集电极输出，那么发射极就叫公共极；交流信号从基极输入，发射极输出，那么集电极就叫公共极；交流信号从发射极输入，集电极输出，那么基极就叫公共极。

4. 用万用表判断半导体三极管极性的步骤

① 选量程：R×100 或 R×1K 挡位。

② 判别半导体三极管 b 极：

用万用表黑表笔固定三极管的某一个电极，红表笔分别接半导体三极管另外两个电极，观察指针偏转，若两次的测量阻值都大或是都小，则该引脚所接就是基极(两次阻值都小的为 NPN 型管，两次阻值都大的为 PNP 型管)。若两次测量阻值一大一小，则用黑表笔重新固定半导体三极管另一个引脚继续测量，直到找到 b 极。

③ 判别半导体三极管的 c 极和 e 极：

确定 b 极后，对于 NPN 管，用万用表两表笔接三极管另外两极，交替测量两次，若两次测量的结果不相等，则其中测得阻值较小的一次，黑表笔接的是 e 极，红表笔接的是 c 极(若是 PNP 型管则黑、红表笔所接的电极相反)。

【注】如果已知某个半导体三极管的基极，可以用红表笔接基极，黑表笔分别测量其另外两个电极引脚，如果测得的电阻值很大，则该三极管是 NPN 型半导体三极管；如果测量的电阻值都很小，则该三极管是 PNP 型半导体三极管。

5. 塑封管三个引脚的判断

常见的三极管大部分是塑封的，如何准确判断三极管的三个引脚哪个是 b、c、e 呢？三极管的 b 极很容易测出来，但怎么断定哪个是 c，哪个是 e 呢？

第一种方法：对于有测三极管 hFE 插孔的指针表，先测出 b 极后，将三极管随意插到插孔中去(当然 b 极是可以插准确的)，测一下 hFE 值；然后再将管子倒过来再测一遍，测得 hFE 值比较大的一次，则各引脚插入的位置是正确的。

第二种方法：对无 hFE 测量插孔的表，或管子太大不方便插入插孔的，可以用这种方法：对 NPN 管，先测出 b 极，将表置于 R×1K 挡，将红表笔接假设的 e 极(注意，拿红表笔的手不要碰到表笔尖或引脚)，黑表笔接假设的 c 极，同时用手指捏住表

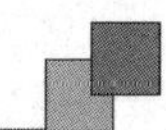

笔尖及这个引脚，将管子拿起来，用舌尖舔一下b极，看表头指针应有一定的偏转，如果各表笔接得正确，指针偏转会大些；如果接得不对，指针偏转会小些，差别是很明显的。由此就可判定管子的c、e极。对PNP管，要将黑表笔接假设的e极(手不要碰到笔尖或引脚)，红表笔接假设的c极，同时用手指捏住表笔尖及这个引脚，然后用舌尖舔一下b极，如果各表笔接得正确，表头指针会偏转得比较大。当然测量时表笔要交换一下测两次，比较读数后才能最后判定。这个方法适用于所有外形的三极管，方便实用。根据表针的偏转幅度，还可以估计出管子的放大能力，当然这是要凭经验的。

第三种方法：先判定管子的NPN或PNP类型及其b极后，将表置于R×10K挡。对NPN管，黑表笔接e极，红表笔接c极时，表针可能会有一定偏转；对PNP管，黑表笔接c极，红表笔接e极时，表针可能会有一定的偏转，反过来都不会有偏转。由此也可以判定三极管的c、e极。不过对于高耐压的管子，这个方法就不适用了。

对于常见的进口型号的大功率塑封管，其c极基本都是在中间。中、小功率管有的b极可能在中间。比如常用的9014三极管及其系列的其他型号三极管2SC1815、2N5401、2N5551等，其b极有的就在中间。当然它们也有c极在中间的。所以在维修更换三极管时，一定要先进行测试。

6.5　IC器件的应用

6.5.1　IC器件的选择

1. 基本概念

IC(Integrated Circuit，集成电路)，是将三极管、二极管、电阻及电容等元器件聚集在一块硅芯片上，形成完整的逻辑电路，以实现控制、计算或记忆等功能。

集成电路的发展趋势是体积越来越小，集成程度越来越高，功能越来越强。SOC(System On a Chip)片上系统，是电子技术和集成电路技术不断发展的产物和方向。现在已有技术能将一个复杂的系统集成在小小的硅芯片上。起先是一些数字系统，现在正在将一些模拟和数字功能集成到同一芯片上。集成电路的常见封装形式如表6-13所列。

表6-13　集成电路的常见封装形式

英文缩写	英文全称	图　片
DIP	DUAL IN-LINE PACKAGE	

续表 6-13

英文缩写	英文全称	图 片
SIP	SINGLE IN-LINE PACKAGE	
SOT	SMALL OUTLINE TRANSISTOR	
SOP	SMALL OUTLINE PACKAGE	
TSSOP	THIN SHRINK SMALL OUTLINE PACKAGE	
PLCC	PLASTIC LEADED CHIP CARRIER	 PLCC
QFN	QUAD FLAT NO-LEAD PACKAGE	
BGA	BALL GRID ARRAY	

【注】使用 IC 器件时，永远不要超过最大值"Absolute Maximum Ratings"，应确保器件在厂家推荐的工作条件下工作。

2. 可靠性应用原则

(1) 防静电

静电放电(Electrostatic Discharge，ESD)：处于不同静电电位的两个物体间的静电电荷的转移。静电放电引发的失效模式有：突发性失效和潜在性失效，如图 6-51 所示。

常见的静电放电失效机理有：过电压场致失效(MOS 器件)、过电流热致失效

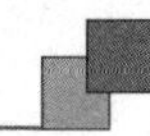

(a) 突发性失效

(b) 潜在性失效

图 6-51　静电放电引发的失效模式

(双极器件),如图 6-52 所示。实际器件发生哪种失效,取决于静电放电瞬间器件对地的绝缘程度。

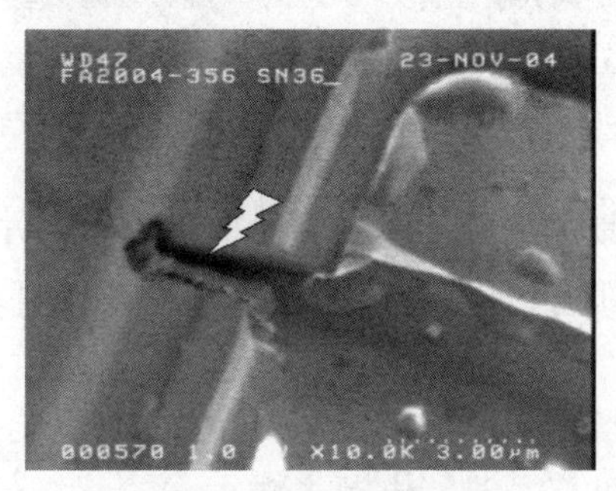

(a) 过电压场致失效

(b) 过电流热致失效

图 6-52　两种静电放电失效机理

可通过压敏电阻、铁氧体磁环、瞬变电压抑制二极管进行静电的防护,如图 6-53 所示。

(a) 压敏电阻

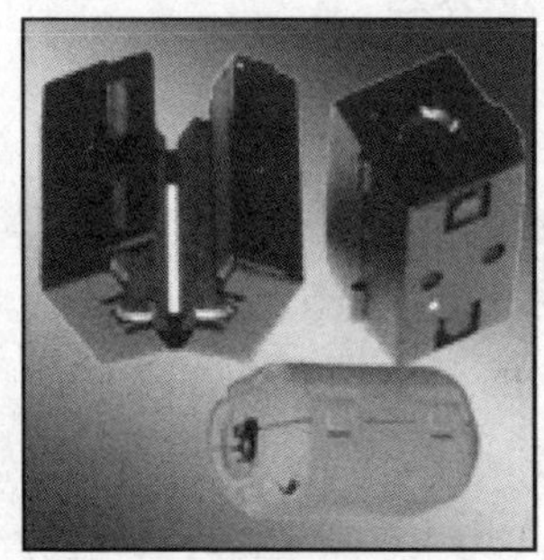

(b) 铁氧体磁环

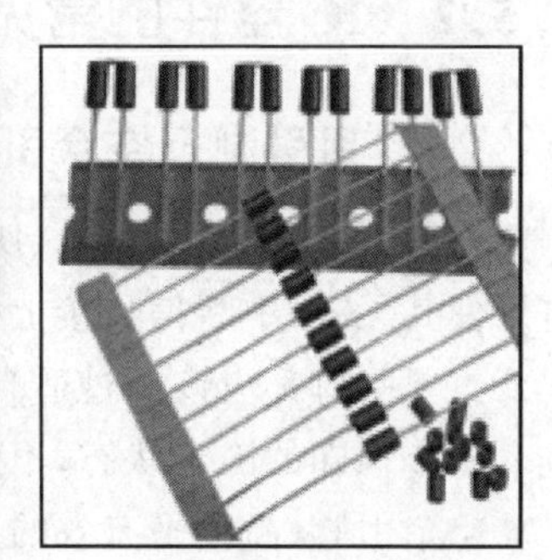

(c) 瞬变电压抑制二极管

图 6-53　抑制静电常见器件

(2) 防浪涌

电浪涌是一种随机的短时间的高电压或强电流冲击，其平均功率虽然很小，但瞬时功率却非常之大，如图 6-54 所示。电浪涌引起的电过应力(Electrical Overstress，EOS)损伤或烧毁是 IC 在使用过程中最常见的失效模式之一。

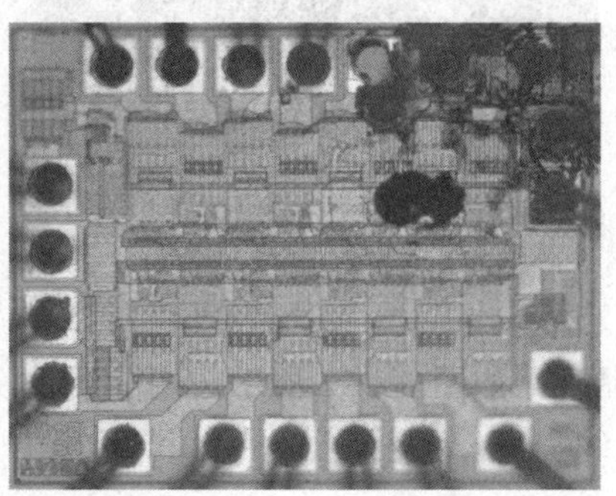

图 6-54 浪涌造成的器件损坏

(3) 防噪声

噪声是指器件中除有用信号之外的不期望的扰动。噪声的来源有三个方面：来自电子设备外部的干扰；来自电子设备内部电路中的干扰；来自微电子器件本身的干扰。

可进行集成电路(IC)的去耦操作，即当一个逻辑门开关时，在电源线上会产生瞬间电流，通过电流的阻抗会产生压降，因此必须进行电源去耦。

电源去耦所需电容：电容一般都有串联电感，所以要用钽电解电容或多层瓷片电容。同时，要加一个对高频噪声去耦电容[0.1 μF(<15 MHz)、0.01 μF(>15 MHz)]，这两个电容必须靠近电源端。

6.5.2 IC 器件的常见问题

1. 专用引脚及空余引脚的操作

专用引脚(如片选信号、使能信号、中断信号)的处理：片选信号、使能信号等上电后使其无效；中断信号接上拉、下拉电阻使其处于非激活状态。

重要引脚都应该经过适当的上拉或下拉处理。这一方面是为了使芯片在上电后进入一个预知的固定状态，不致造成冲突；另一方面是为了提高抗干扰能力。

空余引脚(高电平有效的无用中断输入端)的处理：该无用中断输入端接下拉电阻使其处于非激活状态。

应根据相关器件的应用资料做适当的处理，注意既不是一味地上拉，也不是一味地接地，要针对使用的器件具体问题具体分析，一般来说应使其处于稳定的非有效输入电平状态。

2. 输入/输出信号规则

① 所有 CMOS 电路的输入端都不能浮置，最好使用一个上拉或下拉电阻，以保护器件不受损害；

② 输入脉冲信号的上升和下降时间必须小于 15 μs，否则必须经施密特电路整形后方可输入 CMOS 开关电路；

③ 在某些应用场合，输入端要串入电阻，以限制流过保护二极管的电流不大于 10 mA；

④ 避免 CMOS 电路直接驱动双极型晶体管，否则可能导致 CMOS 电路的功耗超过规范值。

第7章 手把手教你制作电机控制器——设计示例

7.1 开关量信号设计

开关量为一个电平的两种状态，高电平为1，低电平为0。开关量控制是系统中最基本也是最简单的控制，例如控制LED的亮灭，控制蜂鸣器的响与不响，读取按键或者拨码开关状态等。开关量控制经常用于控制器产品当中，例如使用LED状态显示控制器工作状态是否正常，使用蜂鸣器实现故障报警，使用按键实现基本的人机交互，使用拨码开关实现控制器工作方式的选择等。下面主要对开关量信号的硬件电路和软件代码进行设计。

7.1.1 LED电路设计

LED为半导体发光二极管，具有单向导通特性，正向导通时发光，其工作电流不大于20 mA，通过限流电阻设置其工作电流。如图7-1所示为4个LED组成的驱动电路，DSP的GPIO引脚足够驱动LED，所以无需设计三极管对LED进行驱动。

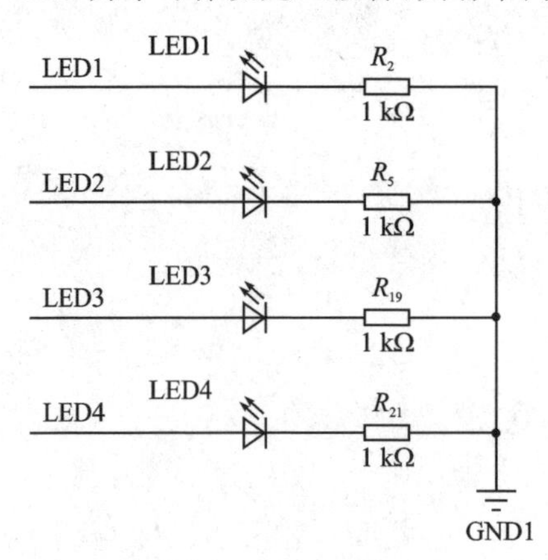

图7-1 LED驱动电路

控制板上LED的正极分别接到DSP的GPIO13、GPIO14、GPIO15、GPIO16引脚，LED的负极通过限流电阻接到控制器的地。当GPIO为高电平输出时，相应LED正向导通，产生正向导通电流，使LED发光，光亮度由相应支路串联的限流电阻决定，

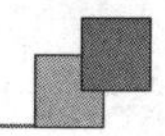

由于 DSP 的 GPIO 引脚高电平输出时为 3.3 V，所以图 7-1 中 LED 正向导通电流大约为 3 mA（考虑 LED 管压降为 0.3 V）。当 GPIO 为低电平时，LED 支路电流为 0，LED 熄灭。

7.1.2 LED 代码解析

LED 控制代码主要包括 LED 的初始化以及 LED 的基本控制函数设计。LED 初始化对 LED 使用的 GPIO 进行设置，LED 的基本控制函数设计主要是对 LED 的常用操作进行封装，以便后续使用。

代码 1 的功能是实现对 LED 使用的 GPIO 引脚进行初始化设置，包括不复用 GPIO 以及设置 GPIO 为输出引脚。

代码 1：

```
void Init_Led(void)
{
    EALLOW;
    // 设置 4 个 LED 对应的 GPIO 引脚不复用，为普通 IO 口
    GpioCtrlRegs.GPAMUX1.bit.GPIO13 = 0;
    GpioCtrlRegs.GPAMUX1.bit.GPIO14 = 0;
    GpioCtrlRegs.GPAMUX1.bit.GPIO15 = 0;
        GpioCtrlRegs.GPAMUX2.bit.GPIO16 = 0;
    // 设置 4 个 LED 对应的 GPIO 引脚为输出引脚
    GpioCtrlRegs.GPADIR.bit.GPIO13 = 1;z
    GpioCtrlRegs.GPADIR.bit.GPIO14 = 1;
    GpioCtrlRegs.GPADIR.bit.GPIO15 = 1;
    GpioCtrlRegs.GPADIR.bit.GPIO16 = 1;
    EDIS;
}
```

代码 2 的功能是实现 LED 状态的取反，从而能够实现 LED 的闪烁。当函参 Led_Pin 为 1～4 时，对相应的 LED 状态进行取反，否则 4 个 LED 同时状态取反。

代码 2：

```
void Shift_Led(Uint16 Led_Pin)
{
    switch(Led_Pin)
    {
        case 1:    GpioDataRegs.GPATOGGLE.bit.GPIO13 = 1;
                   break;
        case 2:    GpioDataRegs.GPATOGGLE.bit.GPIO14 = 1;
                   break;
        case 3:    GpioDataRegs.GPATOGGLE.bit.GPIO15 = 1;
                   break;
        case 4:    GpioDataRegs.GPATOGGLE.bit.GPIO16 = 1;
                   break;
```

```
        default:    GpioDataRegs.GPATOGGLE.bit.GPIO13 = 1;
                    GpioDataRegs.GPATOGGLE.bit.GPIO14 = 1;
                    GpioDataRegs.GPATOGGLE.bit.GPIO15 = 1;
                    GpioDataRegs.GPATOGGLE.bit.GPIO16 = 1;
                    break;
    }
}
```

代码 3 的功能是设置 4 个 LED 的状态。当参变量 state 为 1 时，相应的 LED 点亮；当参变量 state 为 0 时，相应的 LED 熄灭。

代码 3：

```
void Set_Led_State(Uint16 Led_Pin,char state)
{
    if(state = = 1)
    {
        switch(Led_Pin)
        {
            case 1:     GpioDataRegs.GPASET.bit.GPIO13 = 1;
                        break;
            case 2:     GpioDataRegs.GPASET.bit.GPIO14 = 1;
                        break;
            case 3:     GpioDataRegs.GPASET.bit.GPIO15 = 1;
                        break;
            case 4:     GpioDataRegs.GPASET.bit.GPIO16 = 1;
                        break;
            default:    GpioDataRegs.GPASET.bit.GPIO13 = 1;
                        GpioDataRegs.GPASET.bit.GPIO14 = 1;
                        GpioDataRegs.GPASET.bit.GPIO15 = 1;
                        GpioDataRegs.GPASET.bit.GPIO16 = 1;
                        break;
        }
    }
    else if(state = = 0)
    {
        switch(Led_Pin)
        {
            case 1:     GpioDataRegs.GPACLEAR.bit.GPIO13 = 1;
                        break;
            case 2:     GpioDataRegs.GPACLEAR.bit.GPIO14 = 1;
                        break;
            case 3:     GpioDataRegs.GPACLEAR.bit.GPIO15 = 1;
                        break;
            case 4:     GpioDataRegs.GPACLEAR.bit.GPIO16 = 1;
                        break;
            default:    GpioDataRegs.GPACLEAR.bit.GPIO13 = 1;
                        GpioDataRegs.GPACLEAR.bit.GPIO14 = 1;
                        GpioDataRegs.GPACLEAR.bit.GPIO15 = 1;
                        GpioDataRegs.GPACLEAR.bit.GPIO16 = 1;
                        break;
```

```
        }
    }
}
```

7.1.3 按键及拨码开关电路设计

图7-2为按键电路,该电路包括4个按键,每个按键串联一个上拉电阻,通过测量按键及电阻间的电平来获取按键的状态。图中BT1、BT2、BT3、BT4分别接到DSP的GPIO48、GPIO49、GPIO50、GPIO51引脚上,当按键按下时,BT接地,从而为低电平;否则BT约为3.3 V,为高电平。

图7-3为拨码开关电路,与按键电路不同的是按键为自恢复型,按下为低电平,松开为高电平,而拨码开关进行设置后,相应拨码开关支路检测的电平只与拨码开关的状态有关。图7-3中BT5、BT6、BT7、BT8分别接到DSP的GPIO52、GPIO53、GPIO54、GPIO55引脚上。

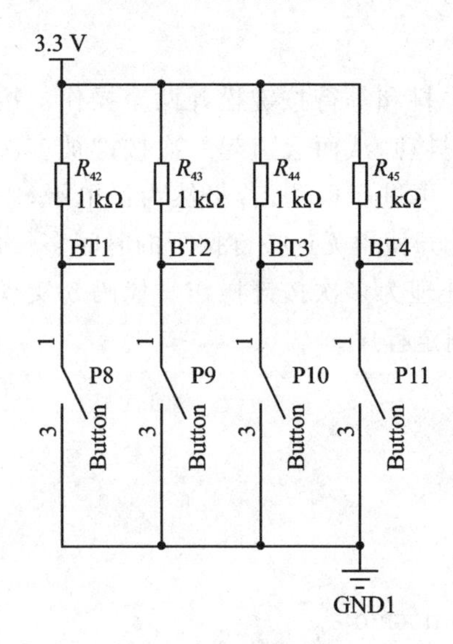

图7-2 按键电路

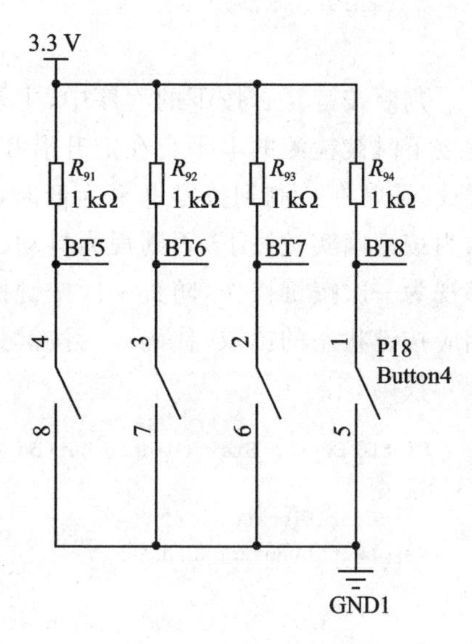

图7-3 拨码开关电路

7.1.4 按键及拨码开关代码解析

按键程序主要包括按键GPIO初始化以及按键判断程序。代码4为按键及拨码开关的GPIO初始化程序,设置按键及拨码开关的GPIO不复用且为输入引脚。

代码4:

```
void Init_Button(void)
{
    EALLOW;
    // 设置按键、拨码开关对应的Button引脚不复用,为普通IO口
```

```
    GpioCtrlRegs.GPBMUX2.bit.GPIO48 = 0;
    GpioCtrlRegs.GPBMUX2.bit.GPIO49 = 0;
    GpioCtrlRegs.GPBMUX2.bit.GPIO50 = 0;
    GpioCtrlRegs.GPBMUX2.bit.GPIO51 = 0;
    GpioCtrlRegs.GPBMUX2.bit.GPIO52 = 0;
    GpioCtrlRegs.GPBMUX2.bit.GPIO53 = 0;
    GpioCtrlRegs.GPBMUX2.bit.GPIO54 = 0;
    GpioCtrlRegs.GPBMUX2.bit.GPIO55 = 0;
    // 设置按键、拨码开关对应的 GPIO 引脚为输入引脚
    GpioCtrlRegs.GPBDIR.bit.GPIO48 = 0;
    GpioCtrlRegs.GPBDIR.bit.GPIO49 = 0;
    GpioCtrlRegs.GPBDIR.bit.GPIO50 = 0;
    GpioCtrlRegs.GPBDIR.bit.GPIO51 = 0;
    GpioCtrlRegs.GPBDIR.bit.GPIO52 = 0;
    GpioCtrlRegs.GPBDIR.bit.GPIO53 = 0;
    GpioCtrlRegs.GPBDIR.bit.GPIO54 = 0;
    GpioCtrlRegs.GPBDIR.bit.GPIO55 = 0;
    EDIS;
}
```

判断按键是否按下的程序中,主要包括延时去抖和等待按键松开两个操作。按键按下时被检测的电平会在上升沿和下降沿发生抖动,从而会引起一次按键被多次误读,通常在检测到按键电平为低时,延时 10 ms,再进行检测,若仍然为低电平,则认为按键确实被按下,否则视为抖动。等待按键松开使得无论按键按下的时间多长,都视为一次按键操作,防止一次按键操作被程序处理为多次按键操作。代码 5 实现相应按键状态的读取,代码 6 为按键是否按下的判定程序。

代码 5:

```
Uint16 Button_State(Uint16 Button_Pin)
{
    Uint16 state;
    switch(Button_Pin)
    {
        case 1:     state = GpioDataRegs.GPBDAT.bit.GPIO48;
                    break;
        case 2:     state = GpioDataRegs.GPBDAT.bit.GPIO49;
                    break;
        case 3:     state = GpioDataRegs.GPBDAT.bit.GPIO50;
                    break;
        case 4:     state = GpioDataRegs.GPBDAT.bit.GPIO51;
                    break;
        default:    state = 1;
                    break;
    }
    return state;
}
```

代码 6:

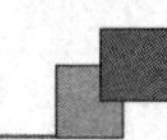

```
Uint16 Get_Button_State(Uint16 Button_Pin)
{
    if(Button_State(Button_Pin) = = 0)                  // 按键按下
    {
        delay_ms(10);
        if(Button_State(Button_Pin) = = 0)              // 延时消抖
        {
            while(Button_State(Button_Pin) = = 0)       // 等待按键松开
            {
                delay_ms(10);
            }
            return 1;
        }
    }
    return 0;
}
```

4位拨码开关有16种状态组合，定义检测的BT引脚为高电平时为1，为低电平时为0，从而拨码开关的状态也即为一个二进制数值。代码7的功能是返回拨码开关组成的二进制数值。GpioDataRegs.GPBDAT.all为GPIO63～GPIO32组成的二进制数值，代码7主要完成将拨码开关连接的GPIO55～GPIO52的二进制数值提取出来。

代码7：

```
char Get_Key_Value(void)
{
    unsigned long Value;
    unsigned char Key_Value;
    Value = GpioDataRegs.GPBDAT.all;
    Key_Value = (unsigned char)((Value&0x00f00000) > > 20);
    return Key_Value;
}
```

7.1.5　开关量综合实验

1. 实验目的

实验实现一个LED控制系统，该系统有两种工作模式，由拨码开关的BT7决定。模式1为4个按键分别控制4个LED的亮灭，每按一次对应的LED改变亮灭状态。模式2为流水灯模式，其速度由拨码开关的BT6、BT5组成的二进制值决定，其流动方向由按键BT1决定，每按下一次，其流动方向都发生改变。拨码开关的BT8为系统开关，只有当BT8＝1时，系统才工作。

2. 实验代码解析

实验要实现两种模式，可以先分别对两种模式代码进行封装，封装后代码可读性强,也极大地方便了调用。代码 8 为模式 1 的功能实现,可见,由于前面已经对按键检测以及改变 LED 状态的代码进行了封装,使模式 1 的实现代码非常简洁。

代码 8:

```
void Model_One(void)
{
    if(Get_Button_State(1))          // 按键 1 被按下
    {
        Shift_Led(1);                // 改变 LED2 的状态
    }
    if(Get_Button_State(2))          // 按键 2 被按下
    {
        Shift_Led(2);                // 改变 LED2 的状态
    }
    if(Get_Button_State(3))          // 按键 3 被按下
    {
        Shift_Led(3);                // 改变 LED3 的状态
    }
    if(Get_Button_State(4))          // 按键 4 被按下
    {
        Shift_Led(4);                // 改变 LED4 的状态
    }
}
```

模式 2 是实现对流水灯速度和方向的控制,可以将方向以及速度作为函数形参,封装成一个函数。代码 9 实现速度和方向可控的流水灯功能。

代码 9:

```
void Water_Light(char direction,int time)
{
    if(direction)        // 正向
    {
        GpioDataRegs.GPASET.bit.GPIO13 = 1;
        delay_ms(time);
        GpioDataRegs.GPACLEAR.bit.GPIO13 = 1;

        GpioDataRegs.GPASET.bit.GPIO14 = 1;
        delay_ms(time);
        GpioDataRegs.GPACLEAR.bit.GPIO14 = 1;

        GpioDataRegs.GPASET.bit.GPIO15 = 1;
        delay_ms(time);
        GpioDataRegs.GPACLEAR.bit.GPIO15 = 1;

        GpioDataRegs.GPASET.bit.GPIO16 = 1;
        delay_ms(time);
        GpioDataRegs.GPACLEAR.bit.GPIO16 = 1;
    }
    else                 // 反向
```

```
    {
        GpioDataRegs.GPASET.bit.GPIO16 = 1;
        delay_ms(time);
        GpioDataRegs.GPACLEAR.bit.GPIO16 = 1;

        GpioDataRegs.GPASET.bit.GPIO15 = 1;
        delay_ms(time);
        GpioDataRegs.GPACLEAR.bit.GPIO15 = 1;

        GpioDataRegs.GPASET.bit.GPIO14 = 1;
        delay_ms(time);
        GpioDataRegs.GPACLEAR.bit.GPIO14 = 1;

        GpioDataRegs.GPASET.bit.GPIO13 = 1;
        delay_ms(time);
        GpioDataRegs.GPACLEAR.bit.GPIO13 = 1;
    }
}
```

最后，在main函数的for循环中不断读取拨码开关的值。先判断BT8，根据BT8决定系统是否工作；如果系统工作，再根据BT7对工作模式进行选择，若为模式2，则再根据拨码BT6和BT5进行速度计算，检测按键BT1改变流水灯方向。具体实现代码如代码10所示。

代码10：

```
for(;;)
{
    Key = Get_Key_Value();
    if(Key&0x08)                          // 判断 BT8
    {
        if(Key&0x04)                      // 判断 BT7
        {
            Model_One();                  // 模式 1
        }
        else                              // 模式 2
        {
            if(Get_Button_State(1))       // 是否按键 1 被按下
            {
                flag = 1 - flag;          // 改变流水灯方向
            }
            speed = ((Key&0x03) + 1) * 500;    // 速度分为 4 挡:0.5 s;1 s;1.5 s;2 s
            Water_Light(flag,speed);
        }
    }
}
```

3. 编程作业

编写LED控制程序，控制系统工作时4个按键分别控制4个LED的亮灭，4位拨码开关分别为 4 个 LED 的控制使能开关，只有对应的拨码开关使能时，按键按下后才能改变对应 LED 的状态，否则按键按下后无法改变 LED 的状态。

7.2 系统显示设计

控制系统显示中常用的显示器件有数码管、LCD、OLED 等。OLED（Organic Light Emitting Diode）即有机发光二极管，其同时具备自发光、不需背光源、对比度高、制程较简单等优异特性，被认为是下一代的平面显示器新兴应用技术。本节主要介绍 OLED 的工作原理、底层驱动代码编写以及如何通过取模软件显示任何自己想要显示的文字或者图片。

7.2.1 OLED 显示原理

如图 7-4 所示为 0.96 寸 OLED 显示模块，其分辨率为 128×64，采用 4 线 SPI 接口方式，模块的接口定义如表 7-1 所列。

图 7-4 0.96 寸 OLED 显示模块

表 7-1 OLED 显示模块接口定义

序 号	标 号	功 能
1	GND	电源地
2	VCC	电源正（3～5.5 V）
3	D0	在 SPI 和 IIC 通信中为时钟引脚
4	D1	在 SPI 和 IIC 通信中为数据引脚
5	RES	复位（低电平复位）
6	DC	数据和命令控制引脚（0：读/写命令，1：读/写数据）
7	CS	片选引脚（低电平选中）

0.96 寸 OLED 模块内部选用 SSD1306 驱动，支持多种接口方式，包括 6800、880

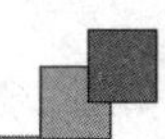

两种并行接口方式、3线或4线SPI接口方式、IIC接口方式。这里介绍OLED模块4线SPI通信方式，只需4根通信线就能实现对OLED模块的显示控制。这4根线为D0、D1、DC、CS。

如图7-5所示为4线SPI写操作时序图，在4线SPI模式下，每个数据长度均为8位，即为1个字节。每次发送该字节数据前，如果该字节数据为指令号，则将DC引脚拉低；如果该字节数据为普通数据，则将DC引脚置高。在SCLK上升沿，数据从SDIN移入SSD1306，并且高位在前。

SSD1306的显存总共为128×64 bit，SSD1306将这些显存分为8页，其对应关系如表7-2所列。可见OLED水平像素分为128段，即SEG0～SEG127；垂直像素平分为8页，即垂直方向每8个像素点为1页。可见，在确定显示的位置后，通过往显存中写入一个字节数据，则相应的SEG将按照数据进行显示，当位数据为1时，相应像素点被点亮；当位数据为0时，相应的像素点熄灭。

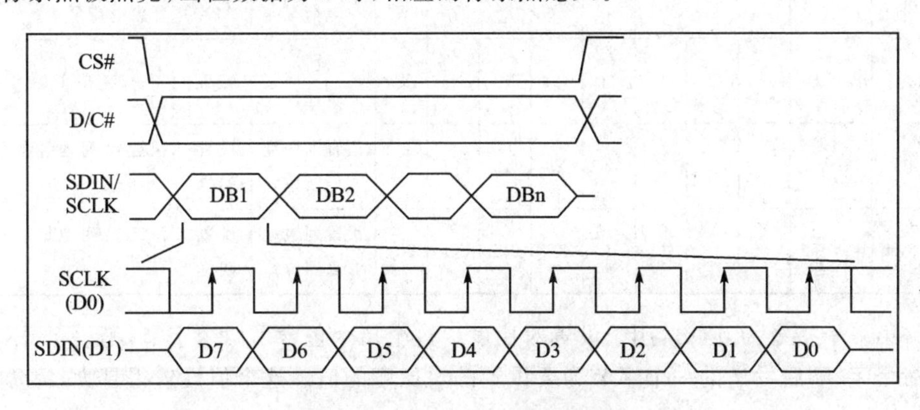

图7-5　4线SPI写操作时序图

表7-2　SSD1306显存与屏幕对应关系表

行＼列	(COL0～COL127)						
(COM0～COM63)	SEG0	SEG1	SEG2	…	SEG125	SEG126	SEG127
	PAGE0						
	PAGE1						
	PAGE2						
	PAGE3						
	PAGE4						
	PAGE5						
	PAGE6						
	PAGE7						

使用 OLED 进行显示时，需要根据 SSD1306 的指令对 OLED 进行配置。SSD1306 的指令较多，具体可以参考相关手册，这里介绍如表 7－3 所列的几个比较常用的指令。

表 7－3　SSD1306 常用指令表

序号	HEX	各位描述								指令	说明
		D7	D6	D5	D4	D3	D2	D1	D0		
0	81	1	0	0	0	0	0	0	1	设置对比度	值越大，屏幕越亮
	A[7:0]	A7	A6	A5	A4	A3	A2	A1	A0		
1	AE/AF	1	0	1	0	1	1	1	X0	设置显示开关	X0＝0，关闭显示 X0＝1，开启显示
2	8D	1	0	0	0	1	1	0	1	设置电荷泵	A2＝0，关闭电荷泵 A2＝1，开启电荷泵
	A[7:0]	*	*	0	1	0	A2	0	0		
3	B0～B7	1	0	1	1	0	X2	X1	X0	设置页地址	X[2:0]:0～7 对应页 0～7
4	00～0F	0	0	0	0	X3	X2	X1	X0	设置列地址（低四位）	设置 8 位起始列地址的低四位
5	10～1F	0	0	0	1	X3	X2	X1	X0	设置列地址（高四位）	设置 8 位起始列地址的高四位

第一个指令为 0X81，用于设置对比度。这个指令包含了两个字节，第一个 0X81 为命令字，随后发送的一个字节为要设置的对比度的值。这个值设置得越大，屏幕就越亮。

第二个指令为 0XAE/0XAF。0XAE 为关闭显示指令，0XAF 为开启显示指令。

第三个指令为 0X8D，该指令也包含 2 个字节，第一个为命令字，第二个为设置值。第二个字节的 BIT2 表示电荷泵的开关状态，该位为 1，则开启电荷泵；该位为 0，则关闭电荷泵。在模块初始化的时候，这个必须要开启，否则是看不到屏幕显示的。

第四个指令为 0XB0～B7，该指令用于设置页地址，其低三位的值对应着 GRAM 的页地址。

第五个指令为 0X00～0X0F，该指令用于设置显示时的起始列地址低四位。第六个指令为 0X10～0X1F，该指令用于设置显示时的起始列地址高四位。

7.2.2　OLED 底层驱动代码编写

表 7－4 所列为 OLED 模块与 DSP 的连接对应关系。为方便程序编写和增强代码的可读性，首先在 oled.h 头文件中建立对通信线操作的宏定义，如代码 11 所示。

表 7-4　OLED 模块与 DSP 的连接对应关系表

OLED 模块引脚	DSP 引脚	OLED 模块引脚	DSP 引脚
GND	GND	RES	GPIO72
VCC	5 V 或 3.3 V	DC	GPIO70
D0	GPIO76	CS	GPIO68
D1	GPIO74		

代码 11：

```
#define OLED_SCLK_Clr()GpioDataRegs.GPCCLEAR.bit.GPIO76 = 1      // CLK = 0
#define OLED_SCLK_Set()GpioDataRegs.GPCSET.bit.GPIO76 = 1        // CLK = 1
#define OLED_SDIN_Clr()GpioDataRegs.GPCCLEAR.bit.GPIO74 = 1      // DIN = 0
#define OLED_SDIN_Set() GpioDataRegs.GPCSET.bit.GPIO74 = 1       // DIN = 1
#define OLED_RST_Clr() GpioDataRegs.GPCCLEAR.bit.GPIO72 = 1      // RES = 0
#define OLED_RST_Set() GpioDataRegs.GPCSET.bit.GPIO72 = 1        // RES = 1
#define OLED_DC_Clr() GpioDataRegs.GPCCLEAR.bit.GPIO70 = 1       // DC = 0
#define OLED_DC_Set() GpioDataRegs.GPCSET.bit.GPIO70 = 1         // DC = 1
#define OLED_CS_Clr()  GpioDataRegs.GPCCLEAR.bit.GPIO68 = 1      // CS = 0
#define OLED_CS_Set()  GpioDataRegs.GPCSET.bit.GPIO68 = 1        // CS = 1
#define OLED_CMD  0                                              // 写指令
#define OLED_DATA 1                                              // 写数据
```

要实现对 OLED 的显示控制，首先得建立控制器与 OLED 模块之间的通信，主要就是如何将指令或者数从控制器发送给 OLED 模块的驱动芯片 SSD1306。根据图 7-5 所示的 4 线 SPI 写操作时序，可编写代码 12，该函数代码能够实现将单个字节的指令或者数据发送给 OLED 模块的功能。

代码 12：

```
void OLED_WR_Byte(u8 dat,u8 cmd)
{
    u8 i;
    if(cmd)                          // 如果为指令数据，则 DC = 1
    {
        OLED_DC_Set();
    }
    else
    {
        OLED_DC_Clr();               // 如果为普通数据，则 DC = 0
    }
    OLED_CS_Clr();                   // 传输数据前将 CS = 0
    for(i = 0;i < 8;i++)             // 8 bit 数据轮流发送，先发送高位，后发送低位
    {
```

```
        OLED_SCLK_Clr();                  // 时钟线 CLK = 0
        if(dat&0x80)                      // 数据线根据数据设置电平
        {
            OLED_SDIN_Set();
        }
        else
        {
            OLED_SDIN_Clr();
        }
        OLED_SCLK_Set();                  // 时钟线 CLK = 1,上升沿,1 bit 数据被传输
        dat < < = 1;                      // 进行下个 bit 数据传输
    }
    OLED_CS_Set();                        // 1 个字节数据传输完成,CS = 1
    OLED_DC_Set();                        // DC = 1
}
```

建立好发送数据的函数后,就可以对 OLED 进行初始化设置。表 7-5 所列为 OLED 初始化流程及相关代码。

表 7-5　OLED 初始化流程及其相关代码

序　号	流程说明	相关代码
1	GPIO 设置	EALLOW; GpioCtrlRegs. GPCMUX1. bit. GPIO68=0; GpioCtrlRegs. GPCMUX1. bit. GPIO70=0; GpioCtrlRegs. GPCMUX1. bit. GPIO72=0; GpioCtrlRegs. GPCMUX1. bit. GPIO74=0; GpioCtrlRegs. GPCMUX1. bit. GPIO76=0; GpioCtrlRegs. GPCDIR. bit. GPIO68=1; GpioCtrlRegs. GPCDIR. bit. GPIO70=1; GpioCtrlRegs. GPCDIR. bit. GPIO72=1; GpioCtrlRegs. GPCDIR. bit. GPIO74=1; GpioCtrlRegs. GPCDIR. bit. GPIO76=1; EDIS;

2	复位 SSD1306	OLED_RST_Set();
		delay_ms(100);
		OLED_RST_Clr();
		delay_ms(200);
		OLED_RST_Set();

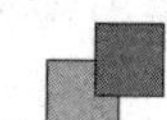

续表 7-5

序　号	流程说明	相关代码
3	SSD1306 初始化序列	OLED_WR_Byte(0xAE,OLED_CMD); OLED_WR_Byte(0x00,OLED_CMD); OLED_WR_Byte(0x10,OLED_CMD); OLED_WR_Byte(0x40,OLED_CMD); OLED_WR_Byte(0x81,OLED_CMD); OLED_WR_Byte(0xCF,OLED_CMD); OLED_WR_Byte(0xA1,OLED_CMD); OLED_WR_Byte(0xC8,OLED_CMD); OLED_WR_Byte(0xA6,OLED_CMD); OLED_WR_Byte(0xA8,OLED_CMD); OLED_WR_Byte(0x3f,OLED_CMD); OLED_WR_Byte(0xD3,OLED_CMD); OLED_WR_Byte(0x00,OLED_CMD); OLED_WR_Byte(0xd5,OLED_CMD); OLED_WR_Byte(0x80,OLED_CMD); OLED_WR_Byte(0xD9,OLED_CMD); OLED_WR_Byte(0xF1,OLED_CMD); OLED_WR_Byte(0xDA,OLED_CMD); OLED_WR_Byte(0x12,OLED_CMD); OLED_WR_Byte(0xDB,OLED_CMD); OLED_WR_Byte(0x40,OLED_CMD); OLED_WR_Byte(0x20,OLED_CMD); OLED_WR_Byte(0x02,OLED_CMD); OLED_WR_Byte(0x8D,OLED_CMD); OLED_WR_Byte(0x14,OLED_CMD); OLED_WR_Byte(0xA4,OLED_CMD); OLED_WR_Byte(0xA6,OLED_CMD);
4	开启显示	OLED_WR_Byte(0xAF,OLED_CMD);
5	清屏	OLED_Clear();
6	开始显示	OLED_ShowChar(0,0,'A');

初始化流程中SSD1306初始化序列使用的是SSD1306厂家推荐的初始化代码，该代码可实现对SSD1306的一些最基本设置，具体指令的含义可查阅相关手册，这里我们直接使用即可，无需修改。初始化结束后需要使用OLED_Clear()函数对OLED进行清屏处理，也即往128×64 bit显存中写0x00。具体实现如代码13所示，其实现由左往右、由上到下对显存写0x00，实现清屏。

代码13：

```
void OLED_Clear(void)
```

```
{
    u8 i,n;
    for(i = 0;i < 8;i + + )
    {
        // 起始行地址 0xb0～0xb7 对应 0 页到 7 页
        OLED_WR_Byte (0xb0 + i,OLED_CMD);
        OLED_WR_Byte (0x00,OLED_CMD);                          // 起始列地址低 4 位
        OLED_WR_Byte (0x10,OLED_CMD);                          // 起始列地址高 4 位
        for(n = 0;n < 128;n + + )OLED_WR_Byte(0,OLED_DATA);    // 写 0x00 进行清屏
    }
}
```

7.2.3 字符取模软件的使用

OLED 是通过点亮或者熄灭 128×64 个像素点来显示字符或者图形的，首先建立以 OLED 屏幕左上角为中心的坐标系，水平往右为 x 轴正向，x 轴的范围为 0～127；垂直向下为 y 轴正向，但由前面介绍可知，y 轴像素点被平分为 8 页，只能以页为单位显示，不能随意显示，所以 y 轴的范围为 0～7。接下来，介绍如何使用字模提取软件获取 ASCII 字符以及汉字的字模。

1. ASCII 字符取模

定义每个 ASCII 字符占用 8×16 个像素点，首先打开如图 7-6 所示的字符取模

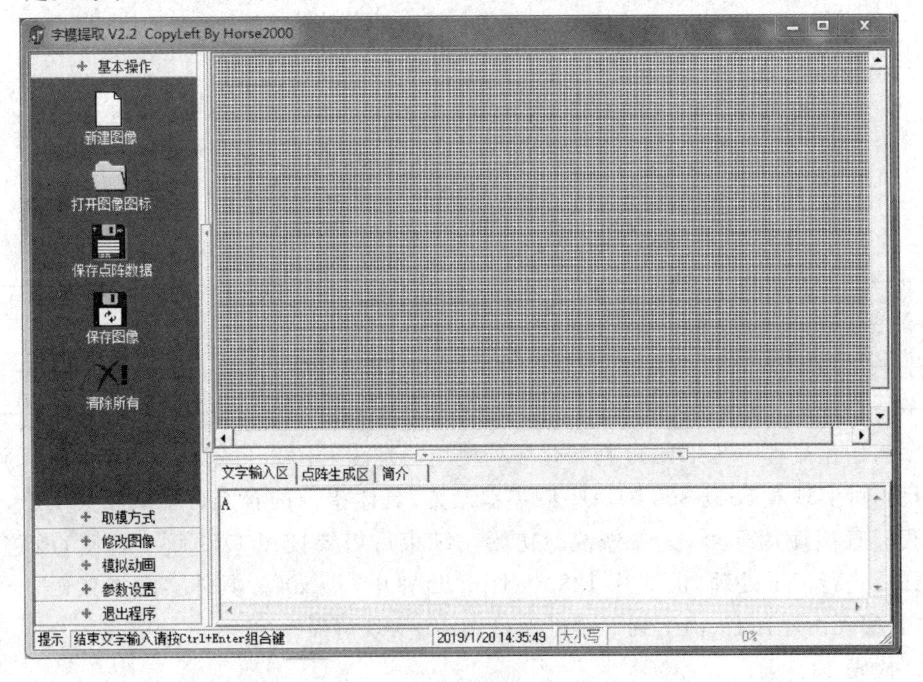

图 7-6　字符取模操作 1

软件，在软件的文字输入区输入我们需要取模的字符，例如“A”。也可以输入多个字符，实现多个字符同时取模。

输入完成后按 Ctrl＋Enter 组合键，输入的文字将在软件点阵区域显示出来，然后单击软件左侧取模方式，鼠标单击“C51　格式”，在软件下方点阵生成区将得到取模的结果。如图 7－7 所示显示字符“A”的取模结果为：0x00，0x00，0xC0，0x38，0xE0，0x00，0x00，0x00，0x20，0x3C，0x23，0x02，0x02，0x27，0x38，0x20。

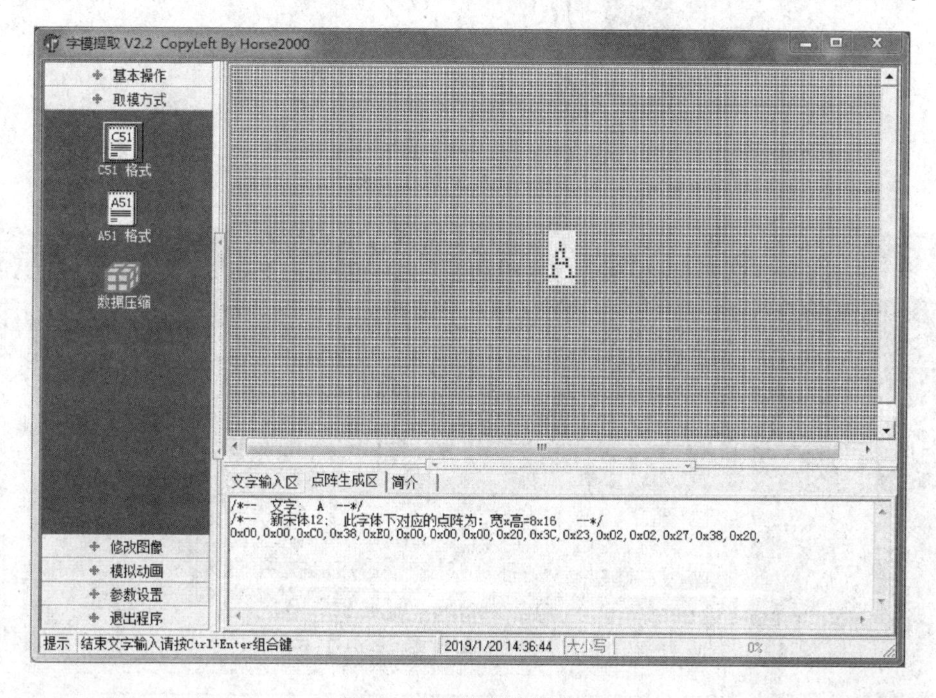

图 7－7　字符取模操作 2

该取模软件还能实现输入字符的上下调转、左右调转、旋转 90°、黑白反显、大小调整、字体修改等操作，接线根据取模结果分析该字符的取模方式。如图 7－8 所示为字符“A”在点阵中显示的样式以及取模结果。可见，对于一个字符，取模软件以纵向 8 个点为一个字节单位进行取模，且点阵下方的点为字节的高位，点阵上方的点为字节的低位。取模软件取模时扫描的方向为：由左往右、由上到下。

2. 汉字取模

每个汉字占用 16×16 个像素点，首先打开如图 7－9 所示字符取模软件，在软件的文字输入区输入我们需要取模的汉字，例如“中”。也可以输入多个汉字，实现多个汉字同时取模。

输入完成后按 Ctrl＋Enter 组合键，输入的文字将在软件点阵区域显示出来，然后打开软件左侧取模方式，鼠标单击“C51　格式”，在软件下方点阵生成区将得到取模的结果。如图 7－10 所示显示字符“中”的取模结果为：0x00，0x00，0xF0，0x10，

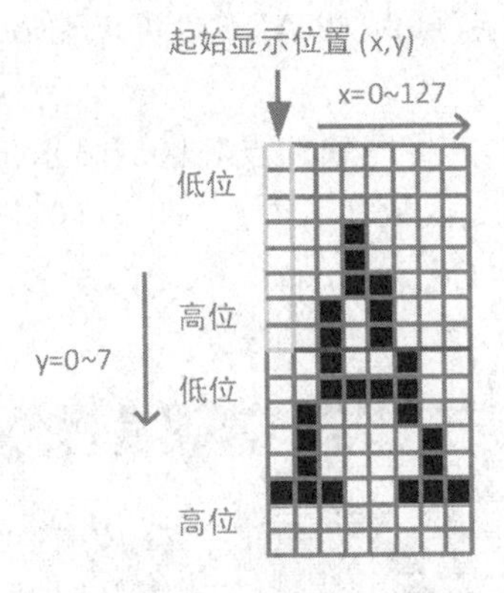

图 7-8 字符取模方式解析

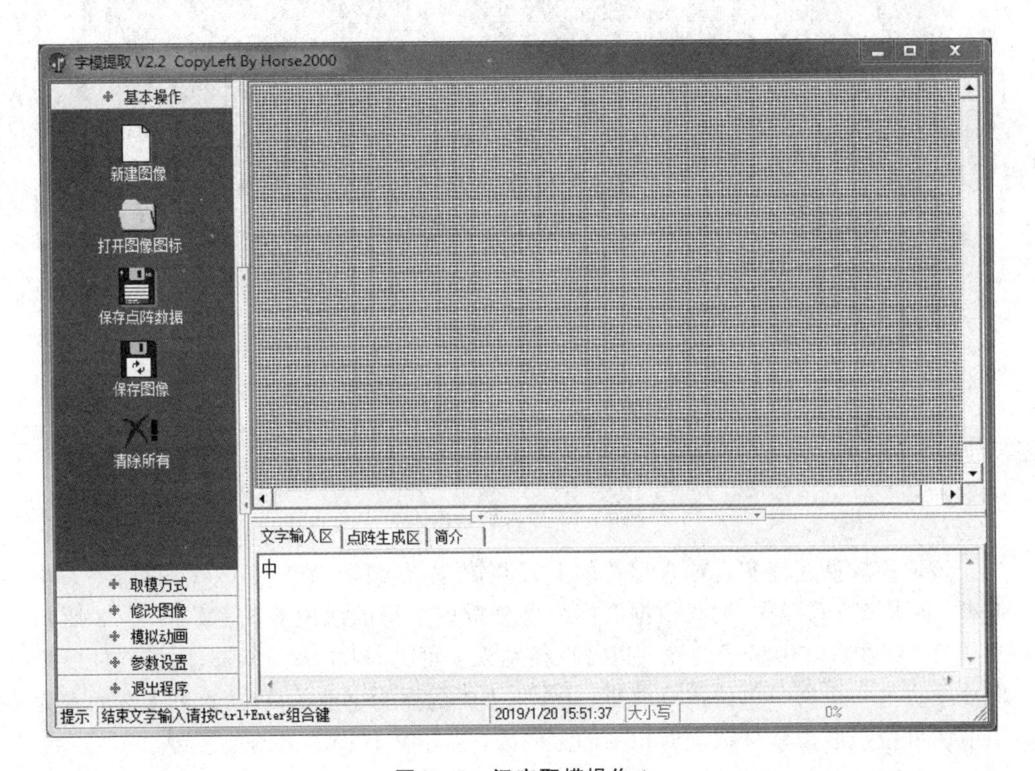

图 7-9 汉字取模操作 1

0x10,0x10,0x10,0xFF,0x10,0x10,0x10,0x10,0xF0,0x00,0x00,0x00,0x00,0x00,0x0F,0x04,0x04,0x04,0x04,0xFF,0x04,0x04,0x04,0x04,0x0F,0x00,0x00,0x00。

如图 7-11 所示为汉字“中”在点阵中显示的样式以及取模结果。可见,汉字取模方式与字符取模方式一样,取模软件都是以纵向 8 个点为一个字节单位进行取模,且点阵下方的点为字节的高位,点阵上方的点为字节的低位。取模软件取模时扫描的方向为:由左往右、由上到下。

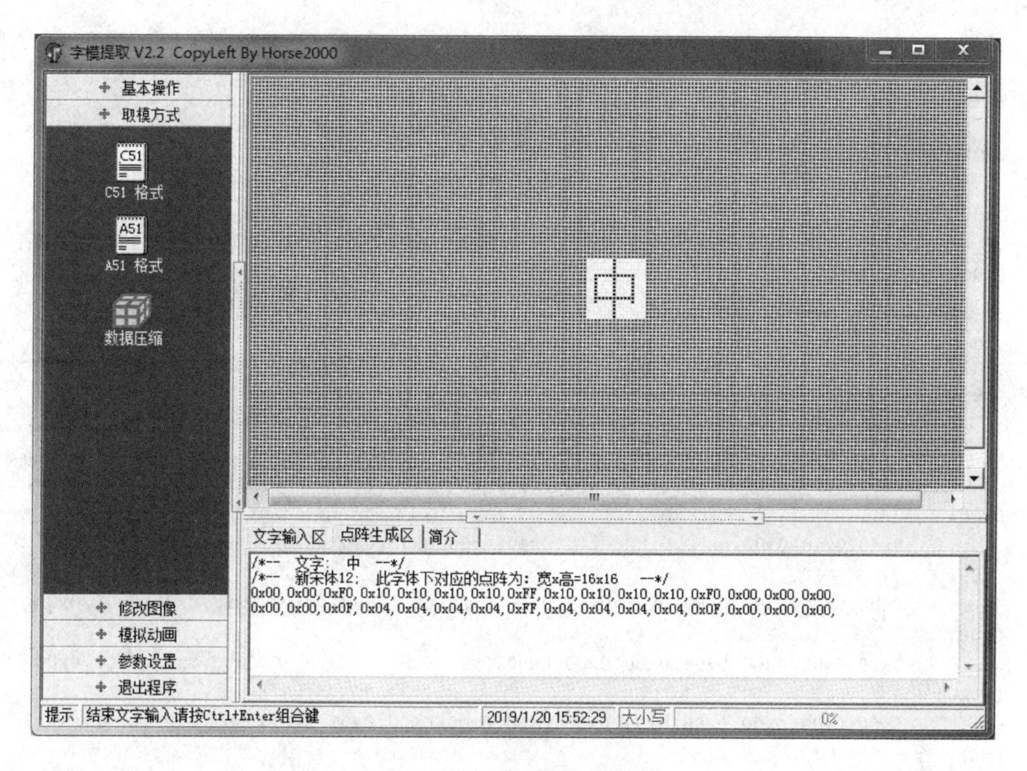

图 7-10　汉字取模操作 2

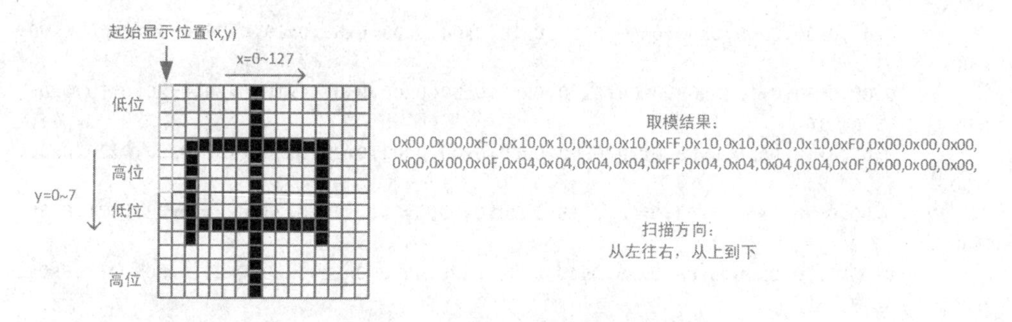

图 7-11　汉字取模方式解析

7.2.4　使用 OLED 显示字符

通过取模软件可以获取 ASCII 码表上所有字符的模，将这些字符按照 ASCII 码表的顺序形成如下所示的数组，字符显示时将从 F8X16[]数组中调取数据。

```
const unsigned char F8X16[] =
{
    0x00,0x00,0x00,0x00,0x00,0x00,0x00,0x00,0x00,0x00,0x00,0x00,0x00,0x00,0x00,
0x00,    // sp 0
    0x00,0x00,0x00,0xF8,0x00,0x00,0x00,0x00,0x00,0x00,0x00,0x33,0x30,0x00,0x00,
```

```
0x00,    //!  1
    0x00,0x10,0x0C,0x06,0x10,0x0C,0x06,0x00,0x00,0x00,0x00,0x00,0x00,0x00,0x00,
0x00,    //"  2
    0x40,0xC0,0x78,0x40,0xC0,0x78,0x40,0x00,0x04,0x3F,0x04,0x04,0x3F,0x04,0x04,
0x00,    //#  3
    0x00,0x70,0x88,0xFC,0x08,0x30,0x00,0x00,0x00,0x18,0x20,0xFF,0x21,0x1E,0x00,
0x00,    //$  4
    0xF0,0x08,0xF0,0x00,0xE0,0x18,0x00,0x00,0x00,0x21,0x1C,0x03,0x1E,0x21,0x1E,
0x00,    //%  5
    0x00,0xF0,0x08,0x88,0x70,0x00,0x00,0x00,0x1E,0x21,0x23,0x24,0x19,0x27,0x21,
0x10,    //&  6
    0x10,0x16,0x0E,0x00,0x00,0x00,0x00,0x00,0x00,0x00,0x00,0x00,0x00,0x00,0x00,
0x00,    //'  7
    0x00,0x00,0x00,0xE0,0x18,0x04,0x02,0x00,0x00,0x00,0x00,0x07,0x18,0x20,0x40,
0x00,    //(  8
    0x00,0x02,0x04,0x18,0xE0,0x00,0x00,0x00,0x00,0x40,0x20,0x18,0x07,0x00,0x00,
0x00,    //)  9
    0x40,0x40,0x80,0xF0,0x80,0x40,0x40,0x00,0x02,0x02,0x01,0x0F,0x01,0x02,0x02,
0x00,    //*  10
    0x00,0x00,0x00,0xF0,0x00,0x00,0x00,0x00,0x01,0x01,0x01,0x1F,0x01,0x01,0x01,
0x00,    //+  11
    0x00,0x00,0x00,0x00,0x00,0x00,0x00,0x00,0x80,0xB0,0x70,0x00,0x00,0x00,0x00,
0x00,    //,  12
    0x00,0x00,0x00,0x00,0x00,0x00,0x00,0x00,0x00,0x01,0x01,0x01,0x01,0x01,0x01,
0x01,    //-  13
    0x00,0x00,0x00,0x00,0x00,0x00,0x00,0x00,0x00,0x30,0x30,0x00,0x00,0x00,0x00,
0x00,    //.  14
    0x00,0x00,0x00,0x00,0x80,0x60,0x18,0x04,0x00,0x60,0x18,0x06,0x01,0x00,0x00,
0x00,    ///  15
    0x00,0xE0,0x10,0x08,0x08,0x10,0xE0,0x00,0x00,0x0F,0x10,0x20,0x20,0x10,0x0F,
0x00,    //0  16
    0x00,0x10,0x10,0xF8,0x00,0x00,0x00,0x00,0x00,0x20,0x20,0x3F,0x20,0x20,0x00,
0x00,    //1  17
    0x00,0x70,0x08,0x08,0x08,0x88,0x70,0x00,0x00,0x30,0x28,0x24,0x22,0x21,0x30,
0x00,    //2  18
    0x00,0x30,0x08,0x88,0x88,0x48,0x30,0x00,0x00,0x18,0x20,0x20,0x20,0x11,0x0E,
0x00,    //3  19
    0x00,0x00,0xC0,0x20,0x10,0xF8,0x00,0x00,0x00,0x07,0x04,0x24,0x24,0x3F,0x24,
0x00,    //4  20
    0x00,0xF8,0x08,0x88,0x88,0x08,0x08,0x00,0x00,0x19,0x21,0x20,0x20,0x11,0x0E,
0x00,    //5  21
    0x00,0xE0,0x10,0x88,0x88,0x18,0x00,0x00,0x00,0x0F,0x11,0x20,0x20,0x11,0x0E,
0x00,    //6  22
    0x00,0x38,0x08,0x08,0xC8,0x38,0x08,0x00,0x00,0x00,0x00,0x3F,0x00,0x00,0x00,
0x00,    //7  23
    0x00,0x70,0x88,0x08,0x08,0x88,0x70,0x00,0x00,0x1C,0x22,0x21,0x21,0x22,0x1C,
0x00,    //8  24
    0x00,0xE0,0x10,0x08,0x08,0x10,0xE0,0x00,0x00,0x00,0x31,0x22,0x22,0x11,0x0F,
0x00,    //9  25
    0x00,0x00,0x00,0xC0,0xC0,0x00,0x00,0x00,0x00,0x00,0x30,0x30,0x00,0x00,
```

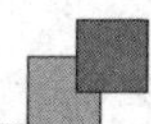

```
0x00,     //： 26
     0x00,0x00,0x00,0x80,0x00,0x00,0x00,0x00,0x00,0x00,0x80,0x60,0x00,0x00,0x00,
0x00,     //； 27
     0x00,0x00,0x80,0x40,0x20,0x10,0x08,0x00,0x00,0x01,0x02,0x04,0x08,0x10,0x20,
0x00,     //＜ 28
     0x40,0x40,0x40,0x40,0x40,0x40,0x40,0x00,0x04,0x04,0x04,0x04,0x04,0x04,0x04,
0x00,     //=  29
     0x00,0x08,0x10,0x20,0x40,0x80,0x00,0x00,0x00,0x20,0x10,0x08,0x04,0x02,0x01,
0x00,     //＞ 30
     0x00,0x70,0x48,0x08,0x08,0x08,0xF0,0x00,0x00,0x00,0x00,0x30,0x36,0x01,0x00,
0x00,     //?  31
     0xC0,0x30,0xC8,0x28,0xE8,0x10,0xE0,0x00,0x07,0x18,0x27,0x24,0x23,0x14,0x0B,
0x00,     //@  32
     0x00,0x00,0xC0,0x38,0xE0,0x00,0x00,0x00,0x20,0x3C,0x23,0x02,0x02,0x27,0x38,
0x20,     //A  33
     0x08,0xF8,0x88,0x88,0x88,0x70,0x00,0x00,0x20,0x3F,0x20,0x20,0x20,0x11,0x0E,
0x00,     //B  34
     0xC0,0x30,0x08,0x08,0x08,0x08,0x38,0x00,0x07,0x18,0x20,0x20,0x20,0x10,0x08,
0x00,     //C  35
     0x08,0xF8,0x08,0x08,0x08,0x10,0xE0,0x00,0x20,0x3F,0x20,0x20,0x20,0x10,0x0F,
0x00,     //D  36
     0x08,0xF8,0x88,0x88,0xE8,0x08,0x10,0x00,0x20,0x3F,0x20,0x20,0x23,0x20,0x18,
0x00,     //E  37
     0x08,0xF8,0x88,0x88,0xE8,0x08,0x10,0x00,0x20,0x3F,0x20,0x00,0x03,0x00,0x00,
0x00,     //F  38
     0xC0,0x30,0x08,0x08,0x08,0x38,0x00,0x00,0x07,0x18,0x20,0x20,0x22,0x1E,0x02,
0x00,     //G  39
     0x08,0xF8,0x08,0x00,0x00,0x08,0xF8,0x08,0x20,0x3F,0x21,0x01,0x01,0x21,0x3F,
0x20,     //H  40
     0x00,0x08,0x08,0xF8,0x08,0x08,0x00,0x00,0x00,0x20,0x20,0x3F,0x20,0x20,0x00,
0x00,     //I  41
     0x00,0x00,0x08,0x08,0xF8,0x08,0x08,0x00,0xC0,0x80,0x80,0x80,0x7F,0x00,0x00,
0x00,     //J  42
     0x08,0xF8,0x88,0xC0,0x28,0x18,0x08,0x00,0x20,0x3F,0x20,0x01,0x26,0x38,0x20,
0x00,     //K  43
     0x08,0xF8,0x08,0x00,0x00,0x00,0x00,0x00,0x20,0x3F,0x20,0x20,0x20,0x20,0x30,
0x00,     //L  44
     0x08,0xF8,0xF8,0x00,0xF8,0xF8,0x08,0x00,0x20,0x3F,0x00,0x3F,0x00,0x3F,0x20,
0x00,     //M  45
     0x08,0xF8,0x30,0xC0,0x00,0x08,0xF8,0x08,0x20,0x3F,0x20,0x00,0x07,0x18,0x3F,
0x00,     //N  46
     0xE0,0x10,0x08,0x08,0x08,0x10,0xE0,0x00,0x0F,0x10,0x20,0x20,0x20,0x10,0x0F,
0x00,     //O  47
     0x08,0xF8,0x08,0x08,0x08,0x08,0xF0,0x00,0x20,0x3F,0x21,0x01,0x01,0x01,0x00,
0x00,     //P  48
     0xE0,0x10,0x08,0x08,0x08,0x10,0xE0,0x00,0x0F,0x18,0x24,0x24,0x38,0x50,0x4F,
0x00,     //Q  49
     0x08,0xF8,0x88,0x88,0x88,0x88,0x70,0x00,0x20,0x3F,0x20,0x00,0x03,0x0C,0x30,
0x20,     //R  50
     0x00,0x70,0x88,0x08,0x08,0x08,0x38,0x00,0x00,0x38,0x20,0x21,0x21,0x22,0x1C,
```

```
0x00,    //S  51
        0x18,0x08,0x08,0xF8,0x08,0x08,0x18,0x00,0x00,0x00,0x20,0x3F,0x20,0x00,0x00,
0x00,    //T  52
        0x08,0xF8,0x08,0x00,0x00,0x08,0xF8,0x08,0x00,0x1F,0x20,0x20,0x20,0x20,0x1F,
0x00,    //U  53
        0x08,0x78,0x88,0x00,0x00,0xC8,0x38,0x08,0x00,0x00,0x07,0x38,0x0E,0x01,0x00,
0x00,    //V  54
        0xF8,0x08,0x00,0xF8,0x00,0x08,0xF8,0x00,0x03,0x3C,0x07,0x00,0x07,0x3C,0x03,
0x00,    //W  55
        0x08,0x18,0x68,0x80,0x80,0x68,0x18,0x08,0x20,0x30,0x2C,0x03,0x03,0x2C,0x30,
0x20,    //X  56
        0x08,0x38,0xC8,0x00,0xC8,0x38,0x08,0x00,0x00,0x00,0x20,0x3F,0x20,0x00,0x00,
0x00,    //Y  57
        0x10,0x08,0x08,0x08,0xC8,0x38,0x08,0x00,0x20,0x38,0x26,0x21,0x20,0x20,0x18,
0x00,    //Z  58
        0x00,0x00,0x00,0xFE,0x02,0x02,0x02,0x00,0x00,0x00,0x00,0x7F,0x40,0x40,0x40,
0x00,    //[  59
        0x00,0x0C,0x30,0xC0,0x00,0x00,0x00,0x00,0x00,0x00,0x00,0x01,0x06,0x38,0xC0,
0x00,    //\  60
        0x00,0x02,0x02,0x02,0xFE,0x00,0x00,0x00,0x00,0x40,0x40,0x40,0x7F,0x00,0x00,
0x00,    //]  61
        0x00,0x00,0x04,0x02,0x02,0x02,0x04,0x00,0x00,0x00,0x00,0x00,0x00,0x00,0x00,
0x00,    //^  62
        0x00,0x00,0x00,0x00,0x00,0x00,0x00,0x00,0x80,0x80,0x80,0x80,0x80,0x80,0x80,
0x80,    //_  63
        0x00,0x02,0x02,0x04,0x00,0x00,0x00,0x00,0x00,0x00,0x00,0x00,0x00,0x00,
0x00,    //`  64
        0x00,0x00,0x80,0x80,0x80,0x80,0x00,0x00,0x00,0x19,0x24,0x22,0x22,0x22,0x3F,
0x20,    //a  65
        0x08,0xF8,0x00,0x80,0x80,0x00,0x00,0x00,0x00,0x3F,0x11,0x20,0x20,0x11,0x0E,
0x00,    //b  66
        0x00,0x00,0x00,0x80,0x80,0x80,0x00,0x00,0x00,0x0E,0x11,0x20,0x20,0x20,0x11,
0x00,    //c  67
        0x00,0x00,0x00,0x80,0x80,0x88,0xF8,0x00,0x00,0x0E,0x11,0x20,0x20,0x10,0x3F,
0x20,    //d  68
        0x00,0x00,0x80,0x80,0x80,0x80,0x00,0x00,0x00,0x1F,0x22,0x22,0x22,0x22,0x13,
0x00,    //e  69
        0x00,0x80,0x80,0xF0,0x88,0x88,0x88,0x18,0x00,0x20,0x20,0x3F,0x20,0x20,0x00,
0x00,    //f  70
        0x00,0x00,0x80,0x80,0x80,0x80,0x80,0x00,0x00,0x6B,0x94,0x94,0x94,0x93,0x60,
0x00,    //g  71
        0x08,0xF8,0x00,0x80,0x80,0x80,0x00,0x00,0x20,0x3F,0x21,0x00,0x00,0x20,0x3F,
0x20,    //h  72
        0x00,0x80,0x98,0x98,0x00,0x00,0x00,0x00,0x00,0x20,0x20,0x3F,0x20,0x20,0x00,
0x00,    //i  73
        0x00,0x00,0x00,0x80,0x98,0x98,0x00,0x00,0x00,0xC0,0x80,0x80,0x80,0x7F,0x00,
0x00,    //j  74
        0x08,0xF8,0x00,0x00,0x80,0x80,0x80,0x00,0x20,0x3F,0x24,0x02,0x2D,0x30,0x20,
0x00,    //k  75
        0x00,0x08,0x08,0xF8,0x00,0x00,0x00,0x00,0x00,0x20,0x20,0x3F,0x20,0x20,0x00,
```

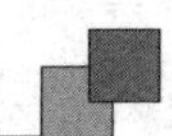

```
0x00,    //l  76
        0x80,0x80,0x80,0x80,0x80,0x80,0x80,0x00,0x20,0x3F,0x20,0x00,0x3F,0x20,0x00,
0x3F,    //m  77
        0x80,0x80,0x00,0x80,0x80,0x80,0x00,0x00,0x20,0x3F,0x21,0x00,0x00,0x20,0x3F,
0x20,    //n  78
        0x00,0x00,0x80,0x80,0x80,0x80,0x00,0x00,0x00,0x1F,0x20,0x20,0x20,0x20,0x1F,
0x00,    //o  79
        0x80,0x80,0x00,0x80,0x80,0x00,0x00,0x00,0x80,0xFF,0xA1,0x20,0x20,0x11,0x0E,
0x00,    //p  80
        0x00,0x00,0x00,0x80,0x80,0x80,0x80,0x00,0x00,0x0E,0x11,0x20,0x20,0xA0,0xFF,
0x80,    //q  81
        0x80,0x80,0x80,0x00,0x80,0x80,0x80,0x00,0x20,0x20,0x3F,0x21,0x20,0x00,0x01,
0x00,    //r  82
        0x00,0x00,0x80,0x80,0x80,0x80,0x80,0x00,0x00,0x33,0x24,0x24,0x24,0x24,0x19,
0x00,    //s  83
        0x00,0x80,0x80,0xE0,0x80,0x80,0x00,0x00,0x00,0x00,0x00,0x1F,0x20,0x20,0x00,
0x00,    //t  84
        0x80,0x80,0x00,0x00,0x00,0x80,0x80,0x00,0x00,0x1F,0x20,0x20,0x20,0x10,0x3F,
0x20,    //u  85
        0x80,0x80,0x80,0x00,0x00,0x80,0x80,0x80,0x00,0x01,0x0E,0x30,0x08,0x06,0x01,
0x00,    //v  86
        0x80,0x80,0x00,0x80,0x00,0x80,0x80,0x80,0x0F,0x30,0x0C,0x03,0x0C,0x30,0x0F,
0x00,    //w  87
        0x00,0x80,0x80,0x00,0x80,0x80,0x80,0x00,0x00,0x20,0x31,0x2E,0x0E,0x31,0x20,
0x00,    //x  88
        0x80,0x80,0x80,0x00,0x00,0x80,0x80,0x80,0x80,0x81,0x8E,0x70,0x18,0x06,0x01,
0x00,    //y  89
        0x00,0x80,0x80,0x80,0x80,0x80,0x80,0x00,0x00,0x21,0x30,0x2C,0x22,0x21,0x30,
0x00,    //z  90
        0x00,0x00,0x00,0x00,0x80,0x7C,0x02,0x02,0x00,0x00,0x00,0x00,0x00,0x3F,0x40,
0x40,    //{  91
        0x00,0x00,0x00,0x00,0xFF,0x00,0x00,0x00,0x00,0x00,0x00,0x00,0xFF,0x00,0x00,
0x00,    //|  92
        0x00,0x02,0x02,0x7C,0x80,0x00,0x00,0x00,0x00,0x40,0x40,0x3F,0x00,0x00,0x00,
0x00,    //}  93
        0x00,0x06,0x01,0x01,0x02,0x02,0x04,0x04,0x00,0x00,0x00,0x00,0x00,0x00,0x00,
0x00,    //~  94
    };
```

编写单个字符显示函数,该函数可实现单个字符在(x,y)位置上的显示。

代码14:

```
void OLED_ShowChar(u8 x,u8 y,u8 chr)
{
    unsigned char c = 0,i = 0;
    c = chr - ' ';                    // 计算获得待显示字符点阵数据在F8X16[]中的相对位置
    if(x > 127){x = 0;y = y + 2;}// 显示位置x大于128则在下一行进行显示
    OLED_Set_Pos(x,y);               // 设置显示的起始位置
    for(i = 0;i < 8;i++)             // 描出字符的上半身,也即前8个字节
    OLED_WR_Byte(F8X16[c * 16 + i],OLED_DATA);
```

```
    OLED_Set_Pos(x,y + 1);       // x 不变,y + 1 换页
    for(i = 0;i < 8;i + + )      // 描出字符的下半身,也即后 8 个字节
    OLED_WR_Byte(F8X16[c * 16 + i + 8],OLED_DATA);
}
```

代码 14 中的 OLED_Set_Pos(x,y)实现显示的初始位置设定,后续发送的点阵数据将从这个位置开始往后描点。OLED_Set_Pos(x,y)函数数显如代码 15 所示。

代码 15:

```
void OLED_Set_Pos(unsigned char x, unsigned char y)
{
    OLED_WR_Byte(0xb0 + y,OLED_CMD);                  // 先设定垂直方向位置 y
    OLED_WR_Byte(((x&0xf0) > > 4)|0x10,OLED_CMD);// 再设定水平方向位置低 4 位
    OLED_WR_Byte((x&0x0f)|0x01,OLED_CMD);           // 最后设定水平方向位置高 4 位
}
```

字符串的显示建立在单个字符显示的基础之上,OLED 字符串显示函数如代码 16 所示。

代码 16:

```
void OLED_ShowString(u8 x,u8 y,u8 * chr)
{
    unsigned char j = 0;
    while (chr[j]! = '\0')                            // 字符非空则继续显示
    {
        OLED_ShowChar(x,y,chr[j]);                    // 在(x,y)处显示字符
        x + = 8;
                                    // 显示完后,起始显示位置 x + 8,转到下一个字符位置
        if(x > 120){x = 0;y + = 2;}                   // 一行显示完后则进行换行
        {
            j + + ;                                   // 指向下一个字符
        }
    }
}
```

代码 17 实现在 OLED 初始化之后,调用 OLED_ShowChar(0,2,'A'),在第 2 页的 x=0 位置显示字符“A”,调用 OLED_ShowChar(0,6,"hello world!"),在第 6 页的 x=0 位置显示字符串“hello world!”,其效果如图 7-12 所示。应该注意的是虽然字符设定在第 2 页或第 6 页显示,但字符还占用了第 3 页和第 7 页。

图 7-12　OLED 字符显示效果图

代码 17:

```
OLED_Init();
OLED_ShowChar(0,2,'A');
OLED_ShowString(0,6,'hello world! ');
```

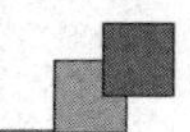

7.2.5　使用 OLED 显示汉字

ASCII 字符可以组合形成英文的各种表达，但汉字的数目成千上万，就无法像 ACSII 字符一样形成一个数组，并通过查表方式进行显示。当然也有专门的软件形成汉字字库文件，将汉字字库文件存在 Flash、内存卡等存储器件上，通过读取内存数据进行显示。但毕竟 OLED 显示的区域较小，通常也只是显示某些特定场合的说明性文字，使用到的汉字数量也不会太多，也就不用搞得这么复杂。类似于字符显示，根据取模软件的扫描方式，建立如代码 18 所示的单个汉字显示函数。

代码 18：

```
void OLED_ShowChinese(u8 x,u8 y,u8 no)
{
    u8 t;
    OLED_Set_Pos(x,y);              // 设置汉字上半身显示的起始位置
    for(t = 0;t < 16;t + + )        // 传输汉字字模上 16 个字节
    {
        OLED_WR_Byte(Hzk[2 * no][t],OLED_DATA);
    }
    OLED_Set_Pos(x,y + 1);          // 设置汉字下半身显示的起始位置
    for(t = 0;t < 16;t + + )        // 传输汉字字模下 16 个字节
    {
        OLED_WR_Byte(Hzk[2 * no + 1][t],OLED_DATA);
    }
}
```

代码 18 所示的汉字显示函数的参变量 x 和 y 分别为汉字显示的水平位置和垂直位置。参变量 no 为待显示的汉字的字模在汉字字模表中的序号，汉字字模表为代码 19 所示的一个数组。需要使用的汉字的字模存放在该数组中，根据汉字在数组的序号调取点阵数据进行显示。

代码 19：

```
const unsigned char Hzk[][32] =
{
    // 0:"中"
    {0x00,0x00,0xF0,0x10,0x10,0x10,0x10,0xFF,0x10,0x10,0x10,0x10,0xF0,0x00,0x00,
0x00},
    {0x00,0x00,0x0F,0x04,0x04,0x04,0x04,0xFF,0x04,0x04,0x04,0x04,0x0F,0x00,0x00,
0x00},
    // 1:"国"
    {0x00,0xFE,0x02,0x12,0x92,0x92,0x92,0xF2,0x92,0x92,0x92,0x12,0x02,0xFE,0x00,
0x00},
    {0x00,0xFF,0x40,0x48,0x48,0x48,0x48,0x4F,0x48,0x4A,0x4C,0x48,0x40,0xFF,0x00,
0x00},
};
```

代码 20 在 mian 函数中使用，实现在第 0 页 x=0 处显示“中”字，在第 4 页 x=0

处显示“国”字。其汉字显示的效果如图 7－13 所示。

代码 20：

```
OLED_Init();
OLED_ShowChinese(0,0,0);  // 中
OLED_ShowChinese(0,4,1);  // 国
```

图 7－13　OLED 汉字显示效果图

7.2.6　图片取模软件的使用

通过图片取模软件，可以实现图片在 OLED 上显示。但由于 OLED 模块每个像素点只能显示单个颜色，所以无法显示彩图，只能显示图片的外形。使用图片取模软件实现取模的步骤如下：

① 打开图片取模软件 Image2Lcd，其软件界面如图 7－14 所示。

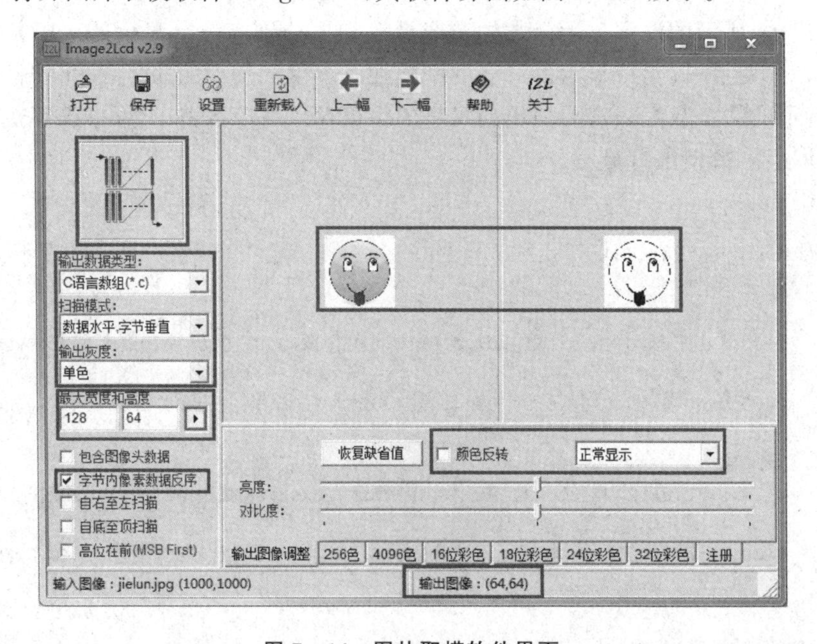

图 7－14　图片取模软件界面

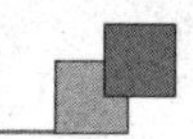

② 单击软件左上角的“打开”，打开需要取模的图片。

③ 按照图7-14软件界面设置取模方式，扫描方式选择“数据水平，字节垂直”，并且选中“字节内像素数据反序”，这样软件输出的点阵数据才符合OLED的描点方式。界面中最大宽度和高度设置图片显示区域的最大像素值，但要注意的是取模软件会根据实际图片大小和软件设置给出实际输出图像的像素值，如图7-14软件界面最下面“输出图像：(64,64)”所示，也就是说取模后的图片实际像素为64×64，注意垂直方向像素必须为8的整数倍。

④ 单击软件左上方“保存”，文件名要为英文名字，名字后加“.c”后缀，如图7-15所示将取模结果保存为“smile.c”，然后单击“保存”按钮。

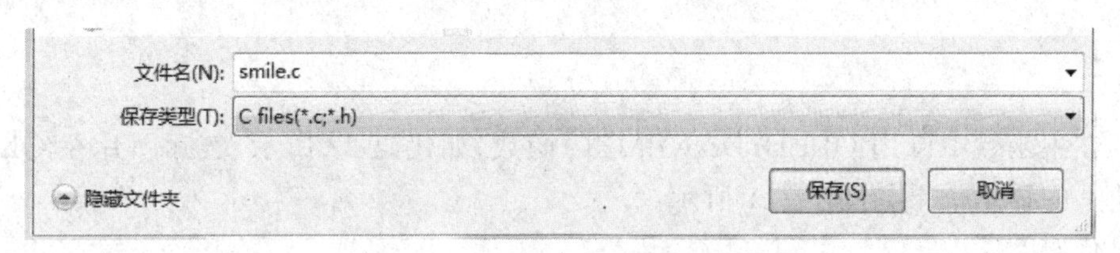

图7-15　保存图片取模结果

⑤ 保存后软件会自动打开保存的.c文件，如图7-16所示，取模结果自动保存为一个数组，数组数据前6个字节被自动注释了，这6个字节包含取模图片的信息，其中第3个字节为图片的水平像素，第5个字节为图片的垂直像素。

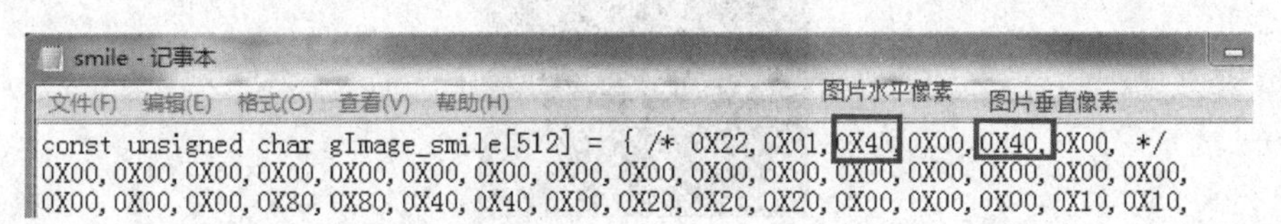

图7-16　图片取模结果

7.2.7　使用OLED显示图片

图片经过取模软件取模后，需要通过编写图片显示函数将图片在OLED上显示出来。首先建立picture.h头文件专门存放图片取模数据，直接将取模结果全部复制粘贴到picture.h即可。其次建立图片显示函数，如代码21所示，注意x1－x0＋1＝图片水平像素，(y1－y0＋1)×8＝图片垂直像素。

代码21：

```
// x1 > x0,y1 > y0,图片水平像素不大于128,垂直像素不大于64,垂直像素必须为8的倍数
// x0:图片水平起始位置(0~127)
// x1:图片水平结束位置(0~127)
// y0:图片垂直起始位置(0~7)
// y1:图片垂直结束位置(0~7)
```

```
// BMP[]:点阵数据
void OLED_DrawBMP(unsigned char x0,unsigned char x1,unsigned char y0, unsigned char y1,
const unsigned char BMP[])
{
    unsigned int j = 0;
    unsigned char x,y;
    for(y = y0;y < = y1;y + + )                          // 垂直显示长度:y1 - y0 + 1 页
    {
        OLED_Set_Pos(x0,y);
        for(x = x0;x < = x1;x + + )                      // 水平显示长度:x1 - x0 + 1
        {
            OLED_WR_Byte(BMP[j + + ],OLED_DATA);         // 描点
        }
    }
}
```

在主函数中调用 OLED_DrawBMP()函数,如代码 22 所示,实际图片在 OLED 模块上的显示效果如图 7 - 17 所示。

代码 22:

```
OLED_DrawBMP(24,87,0,7,gImage_smile);
```

图 7 - 17　图片在 OLED 模块上的显示效果

7.2.8　使用 OLED 显示数据

在实际工程应用中,OLED 常用来显示系统的运行状态及相关参数,如电压、电流、转速、温度等,因而编写一个可以实现有符号浮点型数据显示的函数非常有必要。首先编写代码 23 和代码 24 两个函数,代码 23 中函数 oled_pow(m,n)返回 m 的n 次方,代码 24 中函数 get_weishu(m)返回数值 m 的位数。

代码 23:

```
// 返回 m 的 n 次方(m^n)
u32oled_pow(u8 m,u8 n)
{
    u32 result = 1;
    while(n - - )result * = m;
    return result;
```

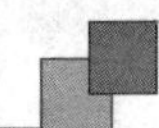

```
}
```

代码 24：

```
// 返回数值 m 的位数,如 32546 返回 5, 56 返回 2
u8 get_weishu(u32 m)
{
    u8 i;
    u32 n;
    if(m = = 0)
    {
        return 1;
    }
    else
    {
        for(i = 0;i < 16;i + + )
        {
            n = oled_pow(10,i);
            if(((m/n)! = 0)&&(m/(n * 10)) = = 0)     return (i + 1);
        }
        return 16;
    }
}
```

接下来编写整数显示的函数,该函数能够实现有符号整数的显示功能,其代码如代码 25 所示。代码 25 首先判断数值是否为负数,如果是负数,则显示数值前先添加负号,否则直接显示数值。显示数值段代码先获取数值的位数,然后从高位到低位将每位上的数字提取出来,在指定位置进行显示,从而完成一个整数的显示。

代码 25：

```
void OLED_ShowNum(u8 x,u8 y,int num)
{
    u8 t,temp,len;
    u8 enshow = 0;
    OLED_ClearLine(x,y,64);                               // 先将显示区域进行清理
    if(num > = 0)                                         // 如果为正数
    {
        len = get_weishu(num);                            // 得到整数的位数
        for(t = 0;t < len;t + + )                         // 将每位数进行显示
        {
            temp = (num/oled_pow(10,len - t - 1)) % 10;  // 获取数值高位的数字
            if(enshow = = 0&&t < (len - 1))     // 高位为 0,则不显示,如 012,则显示 12
            {
                if(temp = = 0)
                {
                    OLED_ShowChar(x + 8 * t,y,' ');
                    continue;
                }else
                {
```

```
                    enshow = 1;
                }
            }
            OLED_ShowChar(x + 8 * t,y,temp + '0');        // 显示获取的数字
        }
    }else                                                 // 如果为负数
    {
        OLED_ShowChar(x,y,'-');                           // 加负号
        num = 0 - num;                                    // 取正数
        len = get_weishu(num);                            // 得到整数的位数
        for(t = 0;t < len;t + + )                         // 将每位数字进行显示
        {
            temp = (num/oled_pow(10,len - t - 1)) % 10;
            if(enshow = = 0&&t < (len - 1))         // 高位的 0 不显示,如 012,则显示 12
            {
                if(temp = = 0)
                {
                    OLED_ShowChar(x + 8 + 8 * t,y,' ');
                    continue;
                }
                else
                {
                    enshow = 1;
                }
            }
            OLED_ShowChar(x + 8 + 8 * t,y,temp + '0');    // 显示获取的数字
        }
    }
}
```

在显示有符号整数的基础上,编写有符号浮点型数据的显示函数,该函数代码如代码 26 所示。代码 26 主要是将待显示的有符号浮点数的负号、整数部分、小数部分进行提取并分别进行显示,要注意的是如果小数点后最高位开始有连续的 0,则应将这些 0 提取出来显示。

代码 26:

```
// 显示浮点数 value,小数点后保留 n 位
void OLED_Showfloat(u8 x,u8 y,float value,u8 n)
{
    int i = 0,m = 0,p = 0,num = 0;
    OLED_ClearLine(x,y,64);
    if(value > = 0)                                       // 非负数
    {
        num = value/1;                                    // 获取浮点数整数部分
        m = get_weishu(num);                              // 获取浮点数整数部分位数
        value = (value - num) * oled_pow(10,n);           // 将小数部分扩大 10^n 倍显示
        p = n - get_weishu(value);                        // 小数点后连续为 0 的位数
        OLED_ShowNum(x,y,num);                            // 显示整数部分
```

```
        OLED_ShowChar(x + 8 * m,y,'.');                    // 显示小数点
        for(i = 0;i < p;i + + )                             // 显示小数点后连续 p 个 0
        {
            OLED_ShowNum(x + 8 * (m + i + 1),y,0);
        }
        OLED_ShowNum(x + 8 * (m + p + 1),y,value);          // 显示小数
    }else                                                   // 负数
    {
        OLED_ShowChar(x,y,'-');                             // 显示负号
        value = 0 - value;                                  // 获取数值
        num = value/1;                                      // 获取浮点数整数部分
        m = get_weishu(num);                                // 获取浮点数整数部分位数
        value = (value - num) * oled_pow(10,n);             // 将小数部分扩大 10^n 倍显示
        p = n - get_weishu(value);                          // 小数点后连续为 0 的位数
        OLED_ShowNum(x + 8,y,num);                          // 显示整数部分
        OLED_ShowChar(x + 8 * (m + 1),y,'.');               // 显示小数点
        for(i = 0;i < p;i + + )                             // 显示小数点后连续 p 个 0
        {
            OLED_ShowNum(x + 8 * (m + i + 2),y,0);
        }
        OLED_ShowNum(x + 8 * (m + p + 2),y,value);          // 显示小数
    }
}
```

运行代码 27,OLED 模块显示的实际效果如图 7 - 18 所示。可见 OLED 上正确显示了正整数、负整数、正浮点数、负浮点数,并且能够正确地保留小数位数。

代码 27:

```
OLED_ShowNum(0,0,12345);
OLED_ShowNum(0,2, - 12345);
OLED_Showfloat(0,4,31.04583,4);
OLED_Showfloat(0,6, - 31.04583,2);
```

图 7 - 18　OLED 数据显示效果

7.3 模拟量信号采集

本节主要介绍如何使用电位器实现逆变输出的调压、调频，以及直流电压、交流电压、直流电流、交流电流的采样及调理电路的设计。这些部分都涉及到模拟量的采集操作，并在最后解析了 DSP 的基于 DMA 的 ADC 代码。

7.3.1 电位器调压调频电路设计

异步电机可以实现调频调速和调压调速，通过控制逆变电路输出电压的幅值和频率达到异步电机调速的目的。实现逆变器的调压调频，一种较为简单的方法就是通过调整电位器来调节电压和频率，设计采用如图 7－19 所示的两个电位器分别来实现调压和调频操作。该电路首先由电位器分压获取采样电压，经过滤波电容（C_{99}、C_{100}）滤波后再经过一个电压跟随电路输出，输出电压经过 RC 滤波（R_{70} 和 C_{101}、R_{71} 和 C_{102}）以及钳位电路（D7 和 D8、D9 和 D10）后接到 DSP 的 ADC 引脚，从而通过调节电位器可以调节 ADC 转换的结果，DSP 控制器根据 ADC 转换的结果实现对逆变输出的电压幅值和频率的控制。

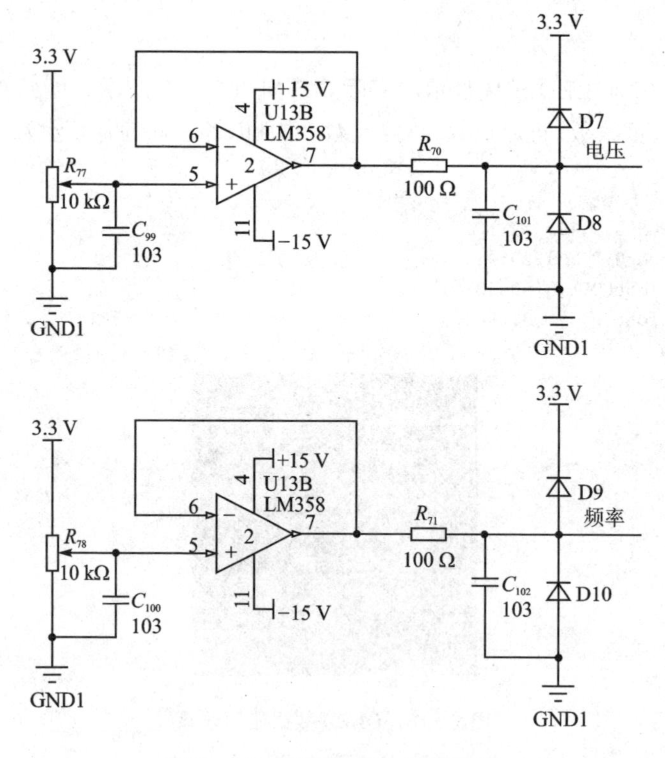

图 7－19　电位器调压、调频电路

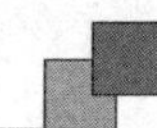

7.3.2　直流电压采样及调理电路设计

工程应用中常采用如图7-20所示的差分放大电路实现对电压的采样，相比于使用霍尔电压传感器，差分放大电路的成本要低得多。

$$U_o=(U_1-U_2)\times\frac{R_2}{R_1} \quad (7-1)$$

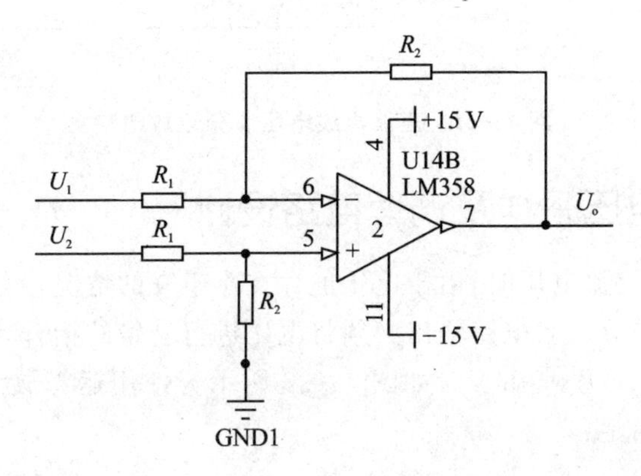

图7-20　差分放大电路

设计差分放大电路测量几百伏的大电压时，应当注意以下几点：

① 差分电路的放大倍数的确定：保证差分电路输出电压在控制器模/数转换引脚允许的电压范围内，一般是0～3 V或者0～5 V。

② 差分电路采样电阻阻值的确定：对于大电压的测量，一个是要考虑电阻的阻值；另一个是要考虑电阻的功率，一般电阻的功率为0.25 W，单个电阻的功率肯定不够，通常采用多个大阻值电阻串联实现差分电路电阻的选择。

③ 差分电路电阻精度的确定：差分电路对电阻的精度要求很高，电阻阻值偏差会影响最终的换算关系，可以采用专门的差分运放设计，差分电路电阻必须使用高精度低温漂电阻，比如千分之一精度的电阻。

设计的电机控制器运行最高输入的直流母线电压为600 V，对于该情况下直流母线电压的测量，可以采用如图7-21所示的差分运放电路。LM358芯片包含两个运放，图7-21中一个作为差分运算放大电路的运放，该差分电路由6个千分之一精度的100 kΩ电阻串联形成600 kΩ的电阻；另一个作为电压跟随器的运放。输出再经过RC滤波和电压钳位电路后输出到控制器的A/D转换引脚。该差分运算放大电路满足：

$$\mathrm{AD\_U_{dc}}=U_{\mathrm{dc\text{-}GND}}\times\frac{3\ \mathrm{k\Omega}}{600\ \mathrm{k\Omega}}=\frac{U_{\mathrm{dc\text{-}GND}}}{20} \quad (7-2)$$

对极限情况下电阻实际功率进行验算，此时直流母线电压为600 V，U_{dc}和GND间大约有1 200 kΩ的电阻，从而可粗略计算每个100 kΩ电阻的功率为0.025 W，满足电阻功率的要求。

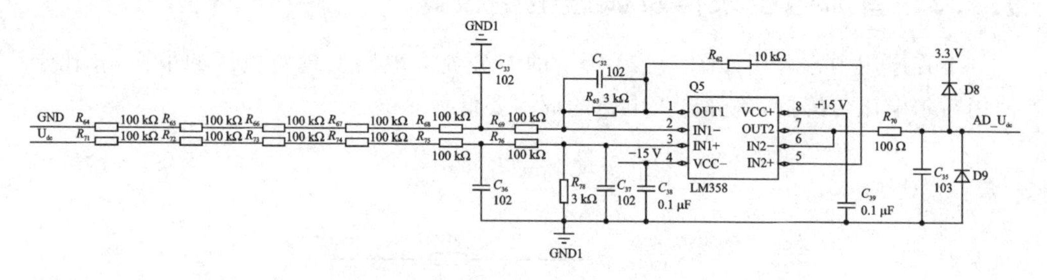

图 7－21　直流母线电压差分运放电路

7.3.3　交流电压采样及调理电路设计

当采样电压为交流电压时，由于电压值存在小于 0 的情况，所以运算放大器必须使用双电压供电，差分放大电路输出必须将电压进行一定的抬升，使最终达到控制器 A/D 转换引脚的电压为 0～3 V。如图 7－22 所示为使用运算放大器实现加法电路的电路图，该电路满足：

$$U_o = \frac{R_1 \times U_2 + R_2 \times U_1}{R_1 + R_2} \tag{7-3}$$

当 $R_1 = R_2$ 时，有

$$U_o = \frac{U_1 + U_2}{2} \tag{7-4}$$

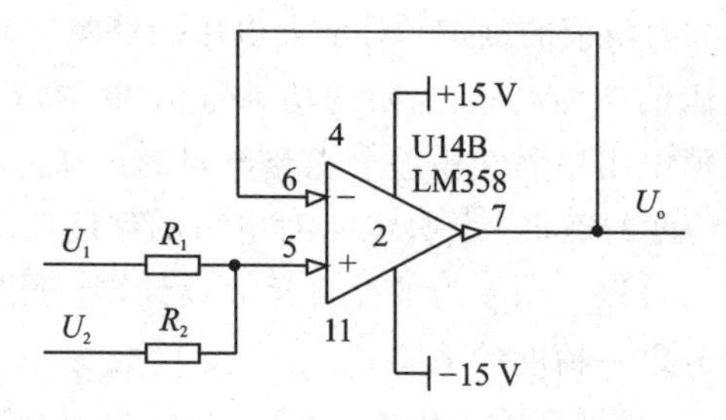

图 7－22　加法电路

设计逆变交流输出相电压的最大峰值为 400 V，则交流电压采样、调理电路先将 ±400 V 交流电压通过差分运放电路转换为 ±2 V，其放大倍数为 1/200。该差分输出电压再与 3.3 V 经过加法电路得到 0.65～2.65 V 输出，该电压经过 RC 滤波和电压钳位电路后输出给 DSP 的 A/D 转换引脚，从而可得如图 7－23 所示的交流电压差分采样调理电路。

该电路满足：

$$\text{AD\_U}_{an} = \frac{U_a - U_n}{400\ \text{V}} + 1.65 \tag{7-5}$$

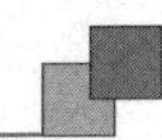

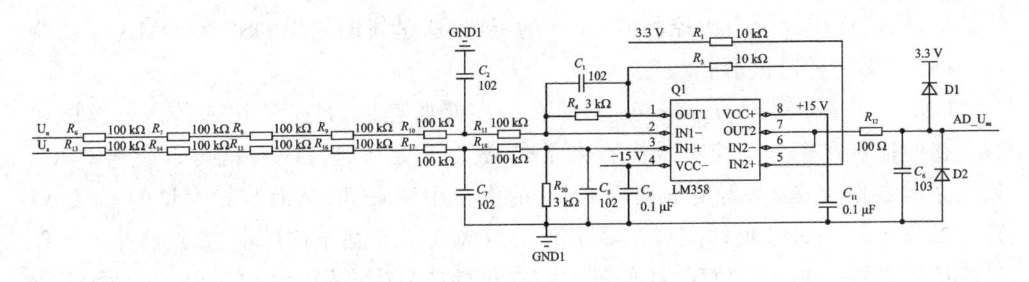

图 7－23　交流电压差分采样调理电路

7.3.4　交流电流采样及调理电路设计

ACS712 是一款经济实惠且精确的电流采样芯片，该芯片具有精确的低偏置线性霍尔电路，且其铜制的电流路径靠近晶片的表面。通过该铜制电流路径施加的电流能够生成可被霍尔 IC 感应并转化为成正比的电压的磁场。通过将该磁性信号靠近霍尔传感器，实现器件精确度优化。ACS712 根据不同量程有三个不同规格的芯片：ACS712ELCTR－05B－T、ACS712ELCTR－20A－T、ACS712ELCTR－30A－T，其量程分别为±5 A、±20 A、±30 A，其输出灵敏度分别为 185 mV/A、100 mV/A、66 mV/A。ACS712 电流采样芯片的外围电路如图 7－24 所示，该芯片由 5 V 电压供电，当电流为 0 时，7 脚的输出电压为 2.5 V。当流入正向电流时，测量输出模拟电压在 2.5 V 基础上按芯片输出灵敏度增加。当流入反向电流时，测量输出模拟电压在 2.5 V 基础上按芯片输出灵敏度减小。所以 ACS712 能够直接测量直流电流和交流电流，无需调理电路。

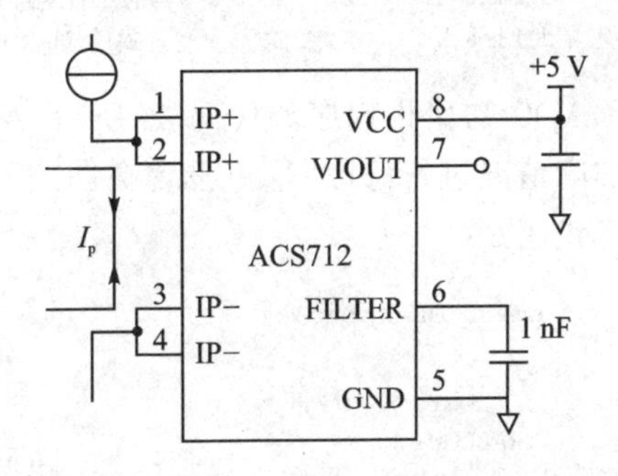

图 7－24　ACS712 电流采样芯片外围电路

设计电机控制板的输出电流最大不超过 5 A，所以电流采样芯片采用 ACS712ELCTR－05B－T，输出模拟电压与所测电流大小满足：

$$V_{out} = 2.5\ \mathrm{V} + I_p \times 0.1\ \Omega \tag{7-6}$$

式中，V_{out} 为 7 脚的输出电压。

7.3.5　模拟量信号采集软件代码解析

TMS320F2833x 系列 DSP 芯片的 ADC 模块是一个 12 位具有流水线结构的模/数转换器，内置 16 个通道，可配置 2 个独立的 8 通道模块，每个模块对应一个排序器，共有 2 个排序器，但只有 1 个转换器。2 个独立的 8 通道模块可以级联成一个 16 通道模块，此时将自动构成一个16 通道排序器。通常采样中断或轮询读取 ADC

的结果,但这样将大量占用控制器CPU的资源,这里我们使用DSP的DMA模块实现ADC结果的随时读取。

DMA(Direct Memory Access),即直接存储器存取,是一种快速传送数据的机制。它的优点在于一旦控制器初始化完成,数据开始传送,DMA就可以脱离CPU,独立完成数据传送,不需要依赖于CPU的大量中断负载,从而节省大量的CPU资源。形象点说:ADC模块完成产品生产,而DMA就相当于传送带,直接将生产的结果传送到设置好的指定位置,我们就无需在每件产品生产好后去读取或者查看,只需在每次需要调用ADC结果时去指定的位置取就行,极大地节省了CPU资源,非常方便快捷。

为方便后续修改及调用,首先对ADC_DMA程序的一些关键参数进行宏定义,如代码28所示。BUF_SIZE为被使用通道的数目,这里设置ADC模块16个通道全部使用,k表示每个通道采样的次数,从而可以非常方便地实现均值滤波。

代码28:

```
#define BUF_SIZE   16      // 使用的通道数目
#define k          2       // 每个通道采样次数,可用于均值滤波
```

ADC初始化程序如代码29所示,ADC初始化完成ADC一些最基本的设置,根据实际情况进行修改,这里设置ADC模块双序列级联并发采样。

代码29:

```
void Adc_Init(void)
{
    // 设置ADC时钟
    EALLOW;
    // HSPCLK = SYSCLKOUT/2 * ADC_MODCLK2 = 150/(2 * 3) = 25.0 MHz
    SysCtrlRegs.HISPCP.all = 0x3;
    SysCtrlRegs.PCLKCR0.bit.ADCENCLK = 1;
    ADC_cal();
    EDIS;
    AdcRegs.ADCTRL3.all = 0x00E0;
    // 设置adc时钟分频,ADCCLK = HSPCLK/(2 * ADCCLKPS * (CPS + 1)),
    // ADCCLKPS! = 0.一般不要把CPS设为0.  ADCCLK < = 25MHz
    AdcRegs.ADCTRL1.bit.CPS = 1;
    AdcRegs.ADCTRL3.bit.ADCCLKPS = 3;
    ///////////////////////////// 以下主要的设置 /////////////////////////////
    // 设置adc工作模式
    AdcRegs.ADCTRL1.bit.SEQ_CASC = 1;          // 0:双序列      1:级联
    AdcRegs.ADCTRL3.bit.SMODE_SEL = 1;         // 0:顺序采样    1:并发采样
    AdcRegs.ADCMAXCONV.all = 0x0077;           // 双序列满:     0x77
    AdcRegs.ADCTRL1.bit.CONT_RUN = 1;          // 0:单次转换    1:连续转换
    AdcRegs.ADCTRL1.bit.ACQ_PS = 0x0f;         // 采样窗口大小设置
    // 设置转换顺序
    AdcRegs.ADCCHSELSEQ1.bit.CONV00 = 0x0;
    AdcRegs.ADCCHSELSEQ1.bit.CONV01 = 0x1;
```

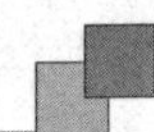

```
    AdcRegs.ADCCHSELSEQ1.bit.CONV02 = 0x2;
    AdcRegs.ADCCHSELSEQ1.bit.CONV03 = 0x3;
    AdcRegs.ADCCHSELSEQ2.bit.CONV04 = 0x4;
    AdcRegs.ADCCHSELSEQ2.bit.CONV05 = 0x5;
    AdcRegs.ADCCHSELSEQ2.bit.CONV06 = 0x6;
    AdcRegs.ADCCHSELSEQ2.bit.CONV07 = 0x7;
    // 清除中断标志
    AdcRegs.ADCST.bit.INT_SEQ1_CLR = 1;
    AdcRegs.ADCST.bit.INT_SEQ2_CLR = 1;
    // 复位序列发生器
    AdcRegs.ADCTRL2.bit.RST_SEQ1 = 1;
    AdcRegs.ADCTRL2.bit.RST_SEQ2 = 1;
    // 使能或失能中断
    AdcRegs.ADCTRL2.bit.INT_ENA_SEQ1 = 1;
    AdcRegs.ADCTRL2.bit.INT_ENA_SEQ2 = 1;
    // 软件启动转换
    AdcRegs.ADCTRL2.bit.SOC_SEQ1 = 1;
    AdcRegs.ADCTRL2.bit.SOC_SEQ2 = 1;
}
```

进行完 ADC 初始化设置后，再对 DMA 进行设置，通过 DMA 将 ADC 结果寄存器与设定的内存建立联系，该段程序如代码 30 所示。代码 30 中首先定义一个无符号 16 位数组变量 DMABuf[BUF_SIZE * k]，用于存放 BUF_SIZE 个 ADC 通道，每个通道有 k 个转换数据；并对 DMA 函数进行设置，具体设置规则见代码 30 的注释。主函数中调用 Adc_Init()和 ADC_DMA_Config()后，便能实现 ADC 转换结果的 DMA 传送，随时调用 DMABuf[i]即为对应 ADC 通道的实时结果。

代码 30：

```
#pragma DATA_SECTION(DMABuf,"DMARAML4");
volatile Uint16 DMABuf[BUF_SIZE * k];
volatile Uint16 *DMADest;
volatile Uint16 *DMASource;
void ADC_DMA_Config(void)
{
    // DMA 目标内存地址，用于存放 ADC 结果的内存
    DMADest   = &DMABuf[0];
    DMASource = &AdcMirror.ADCRESULT0;          // DMA 源地址，指向 ADC 结果寄存器
    DMACH1AddrConfig(DMADest,DMASource);        // 建立 DMA
    // (i,j,k):采样 i + 1 个通道，源地址每次传完 + j，目标地址每次传完 + k
    DMACH1BurstConfig(BUF_SIZE - 1,1,k);
    DMACH1TransferConfig(k - 1,1,0);            // 进行 k 次采样，可以用来进行均值滤波
    // (i,j,k,m):第一个 0，表示一旦 Transfer 后，就要进行地址回绕；第二个 0，回绕步长
    // 不增长。第四个 1，表示目标地址回绕后增加 1
    DMACH1WrapConfig(0,0,0,1);
    DMACH1ModeConfig(DMA_SEQ1INT,PERINT_ENABLE,ONESHOT_DISABLE,CONT_ENABLE,SYNC_
    DISABLE,SYNC_SRC,OVRFLOW_DISABLE,SIXTEEN_BIT,CHINT_END,CHINT_ENABLE);
    StartDMACH1();
}
```

若对 ADC 的 16 个通道的每个通道进行 k 次采样存储，则根据代码 28 和代码 29，ADC 通道与 DMABuf[i]的对应关系如表 7-6 所列。

表 7-6 ADC 通道与 DMABuf[i]的对应关系

ADC 通道	DMABuf[i]
A0	DMABuf[0]～ DMABuf[k-1]
B0	DMABuf[k]～ DMABuf[k-1]
A1	DMABuf[2k]～ DMABuf[2k-1]
B1	DMABuf[3k]～ DMABuf[3k-1]
A2	DMABuf[4k]～ DMABuf[4k-1]
B2	DMABuf[5k]～ DMABuf[5k-1]
A3	DMABuf[6k]～ DMABuf[6k-1]
B3	DMABuf[7k]～ DMABuf[7k-1]
A4	DMABuf[8k]～ DMABuf[8k-1]
B4	DMABuf[9k]～ DMABuf[9k-1]
A5	DMABuf[10k]～ DMABuf[10k-1]
B5	DMABuf[11k]～ DMABuf[11k-1]
A6	DMABuf[12k]～ DMABuf[12k-1]
B6	DMABuf[13k]～ DMABuf[13k-1]
A7	DMABuf[14k]～ DMABuf[14k-1]
B7	DMABuf[15k]～ DMABuf[15k-1]

即使 ADC 模拟输入在硬件上已经做了滤波处理，软件上进行滤波也是有必要的，软件滤波实际上是对某个采样结果进行多次采样和某种处理后得到更加平稳的采样输出结果。最常用的就是均值滤波和加权平均滤波。代码 31 为均值滤波程序。

代码 31：

```
Uint16 Get_Average(volatile Uint16 * buf,char n)
{
    Uint32 sum,i;
    Uint16 result;
    sum = 0;
    for(i = 0;i < n;i + + )
    {
        sum + = ( * buf);
        buf + + ;
    }
    result = sum/n;
```

```
    return result;
}
```

电机控制板的调压电位器和调频电位器分别接到DSP的A0和A1通道，main()函数中调用如代码32所示的程序，实现调压电位器和调频电位器的A/D转换结果在OLED上的显示。其显示效果如图7-25所示。

代码32：

```
OLED_Init();                        // OLED初始化
Adc_Init();                         // ADC_DMA初始化
ADC_DMA_Config();
// 显示
OLED_ShowString(0,0,"result of A0");
OLED_ShowString(0,0,"result of A1");
for(;;)
{
    // 显示A0均值滤波后的结果
    OLED_ShowNum(0,0,Get_Average(&DMABuf[0],k));
    // 显示A1均值滤波后的结果
    OLED_ShowNum(0,2,Get_Average(&DMABuf[2],k));
    delay_ms(500);                  // 延时500 ms
}
```

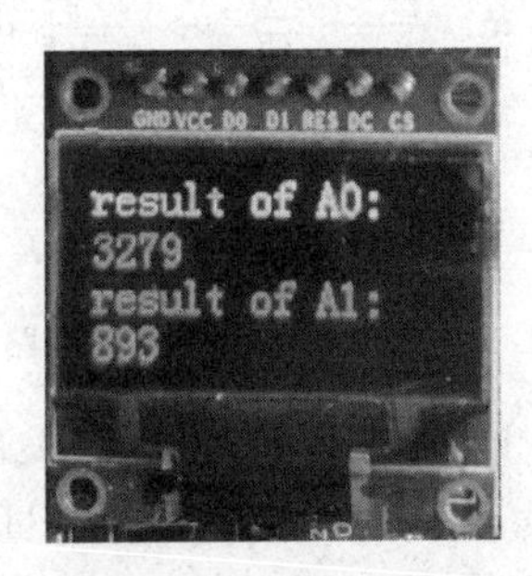

图7-25　调压、调频电位器AD采样结果

7.4　电机驱动系统设计

本节主要介绍电机驱动系统的硬件电路设计以及直流电机、三相异步电机的软件设计。

7.4.1　电机驱动系统硬件电路设计

设计电机控制板的驱动电路应该能够同时完成直流电机、三相异步电机、三相同步电机驱动和控制，使得控制板具有更多的应用场合。驱动主电路采用如图7-26所示的三相全控桥式电路。驱动三相电机时，三相桥臂都工作；驱动直流电机时，只使用其中两相桥臂即可。图 7-26 中 U_{dc}、GND 分别为直流母线电压的正负极，H1、H2、H3 为上桥臂功率管的驱动信号，L1、L2、L3 为下桥臂功率管的驱动信号，VS1、VS2、VS3 为上桥臂门极驱动信号各自的地，$U+$、$V+$、$W+$ 为桥式电路的输出，用于驱动电机。为了降低米勒电容和杂散电感的影响，通常在驱动信号和功率管门极间串联开通和关断电阻。图中 R_{117}、R_{118}、R_{119}、R_{132}、R_{133}、R_{134} 为开通电阻，使驱动功率管的电流在 100 mA 左右。R_{112}、R_{113}、R_{114}、R_{129}、R_{130}、R_{131} 为关断电阻，通常选取关断电阻阻值要小于开通电阻阻值。由于功率管的集电极一般接在高压上，因此通常在其门极和发射极之间并联 10 kΩ 的电阻，即图 7-26 中的 R_{122}、R_{123}、R_{124}、R_{135}、R_{136}、R_{137}，以避免外加高压的干扰引起误触发。

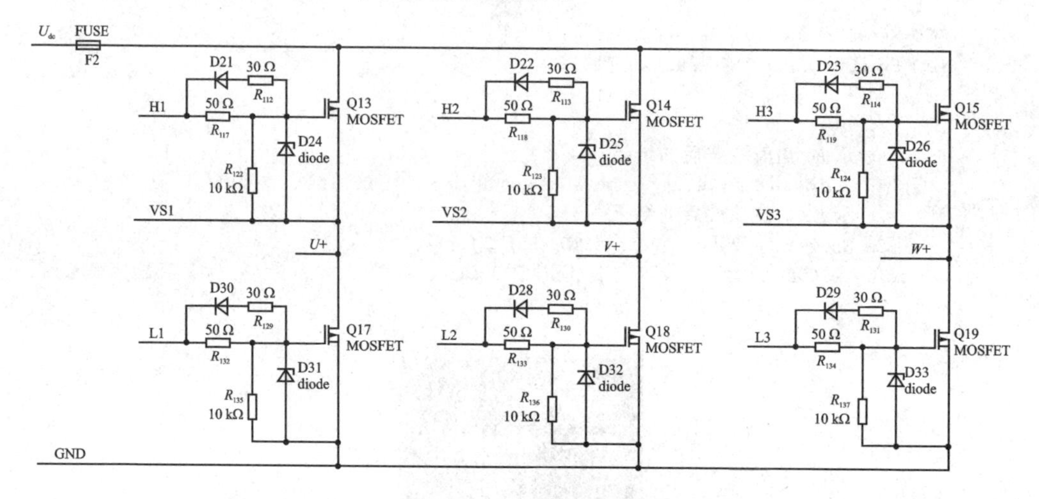

图 7-26　三相全控桥式电路

驱动功率管的门极信号由 DSP 的 EPWM 引脚发出，为了保证系统安全和提高 PWM 信号的驱动能力，DSP 发出的 PWM 信号应经过隔离电路和驱动电路后传送给图 7-26 所示的桥式电路。隔离电路采用如图 7-27 所示的光耦隔离电路，光耦隔离芯片采用 TLP521-2，当输入 PWM 信号为高电平时，光耦输出为高电平；当输入 PWM 信号为低电平时，光耦输出也为低电平。光耦隔离的原边为 DSP 控制侧，其地为 GND1；光耦隔离的副边为驱动侧，其地为高压的地 GND，从而实现强电和弱电的电气隔离，保证电机控制系统的安全。

对于如图 7-26 所示的三相桥式电路，显然 6 路门极驱动信号至少需要 4 个独立电源才能实现驱动，这样将使得电路的器件和成本都增加。为避免使用多个电源，设计采用 IR2110 实现对三相桥式电路的驱动。

IR2110 芯片是一种双通道、栅极驱动、高压高速功率器件的单片式集成驱动模块。由于它具有体积小、成本低、集成度高、响应速度快、偏置电压高(＜600 V)、驱动能力强等特点，自推出以来，这种适于功率 MOSFET、IGBT 驱动的自举式集成电路在电机调速、电源变换等功率驱动领域中都获得了广泛的应用。IR2110 采用先进

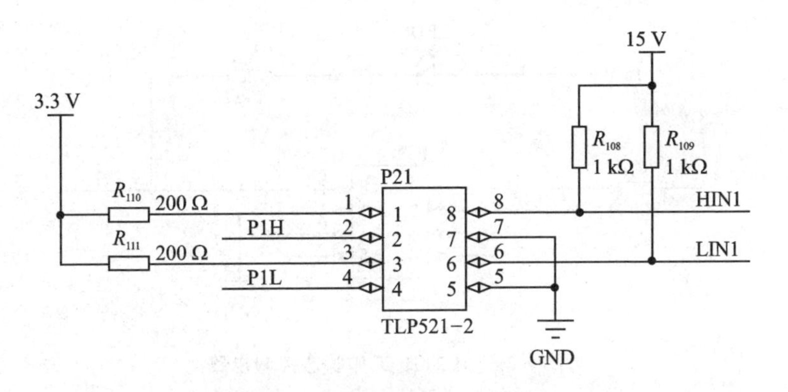

图 7-27　TLP521-2 光耦隔离电路

的自举电路和电平转换技术，大大简化了逻辑电路对功率器件的控制要求，使得每对 MOSFET(上下管)可以共用 1 片 IR2110，并且所有的 IR2110 可共用一路独立电源。对于典型的 6 管构成的三相桥式逆变器，可采用 3 片 IR2110 驱动 3 个桥臂，仅需 1 路 10～20 V 电源。这样，在工程上大大减小了驱动电路的体积和电源的数目，简化了系统结构，提高了系统的可靠性。

如图 7-28 所示为 IR2110 驱动芯片的外围电路，光耦输出的 PWM 信号 HIN1、LIN1 连接到 IR2110 的信号输入引脚，IR2110 输出信号 H1、L1 为功率管门极的驱动信号，VS1 为 H1 对应的地，接到 H1 驱动的功率管的发射极。IR2110 驱动芯片 SD 引脚能够实现对驱动信号的封锁，当 SD 为低电平的时候，IR2110 正常工作；当 SD 为高电平的时候，IR2110 封锁驱动信号输出。因此，设计如图 7-29 所示的 SD 引脚控制电路，ERR 接到 DSP 的 GPIO 引脚，当 ERR 输出低电平时，IR2110 正常工作，LED 点亮；当 ERR 输出高电平时，IR2110 封锁输出，LED 熄灭。

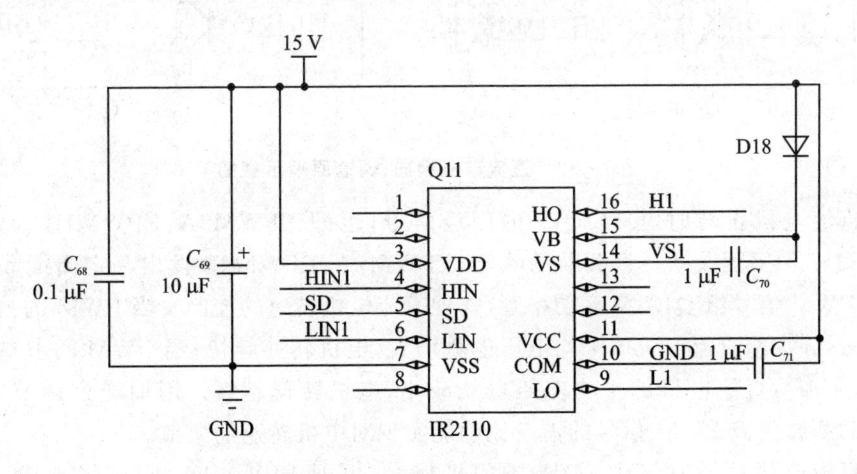

图 7-28　IR2110 驱动电路

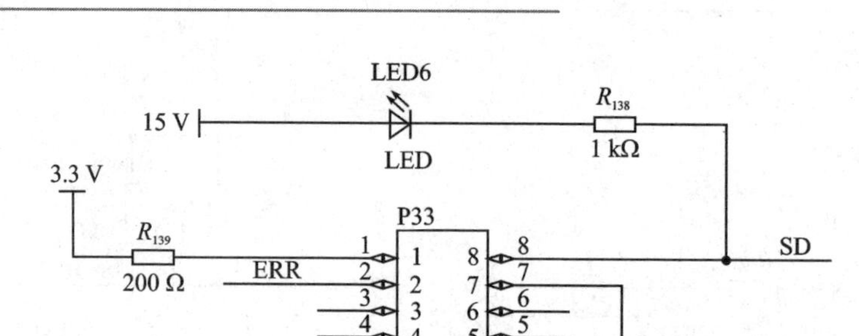

图 7-29 IR2110 工作状态控制电路

7.4.2 直流电机调速设计

1. 直流电机换向、调速原理

电机控制板直流电机调速实验中所使用的直流电机的额定电压为 24 V，额定转速为 1 600 r/min。对于直流电机的驱动，只需使用三相桥式电路中的两相即可。采用 Q13、Q14、Q17、Q18 组成的桥式电路实现对直流电机的驱动。Q13、Q14、Q17、Q18 的门极驱动信号分别由 EPWM1A、EPWM2A、EPWM1B、EPWM2B 发出。如图 7-30 所示为直流电机换向、调速原理示意图。

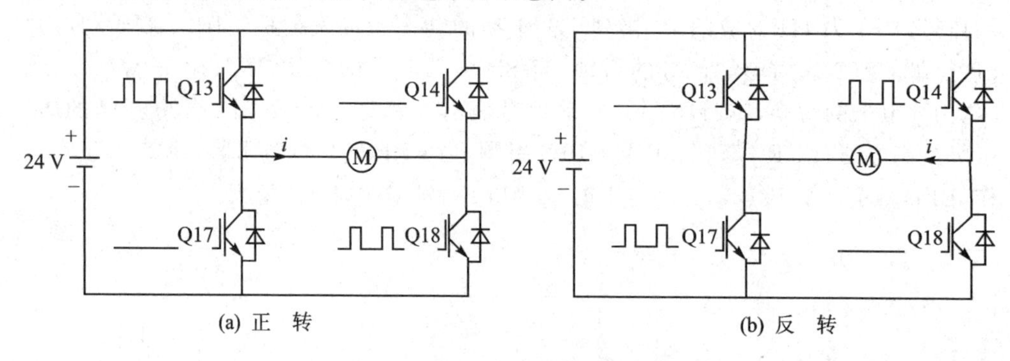

图 7-30 直流电机换向、调速原理示意图

直流电机正转时，Q14、Q17 的门极信号，也即 EPWM2A、EPWM1B 为 0 V，Q14、Q17 功率管保持一直关断的状态，EPWM1A、EPWM2B 发出一定周期和占空比的 PWM 信号给 Q13、Q18 功率管，实现直流电机转速的控制。当 PWM 的占空比增大时，施加给直流电机的平均电压也就增大，电机转速越快；当 PWM 的占空比减小时，施加给直流电机的平均电压也就减小，电机转速越慢。因而通过调节 Q13、Q18 功率管门极 PWM 信号的占空比即能实现对电机转速的调节。

直流电机反转时，Q13、Q18 的门极信号，也即 EPWM1A、EPWM2B 为 0 V，Q13、Q18 功率管保持一直关断的状态，EPWM2A、EPWM1B 发出一定周期和占空

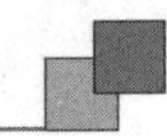

比的 PWM 信号给 Q13、Q18 功率管，实现直流电机转速的控制。反转时同样是控制 PWM 的占空比实现电机转速的控制，只不过此时直流电机电流与正转时电流方向相反，从而电机实现反转。

2. 直流电机换向、调速开环程序代码解析

直流电机换向、调速开环程序主要是对 EPWM 模块的控制，程序中能够实现对每个门极信号 PWM 的控制，也就实现了对直流电机的控制。代码 33 进行功率管驱动信号频率的宏定义，通过修改该值，可调整 PWM 的周期以及进入 EPWM 中断的时间间隔。

代码 33：

```
#define motor_fc          5000.0                          // PWM 频率
#define EPWM_TBPRD        150000000/motor_fc              // EPWM 周期寄存器值
```

直流电机调速控制 EPWM 的初始化设置程序如代码 34 所示，该段代码设置了 EPWM 的周期以及动作方式，并定义 EPWM 中断服务程序入口 DC_Motor_isr()，每隔一定 PWM 周期进入一次中断，在中断服务程序中进行换向以及调速的操作。

代码 34：

```
void Motor_Init(void)// 直流电机 EPWM 初始化设置
{
    //////////// GPIO 复用设置 ////////////
    EALLOW;
    GpioCtrlRegs.GPAPUD.bit.GPIO0 = 0;
    GpioCtrlRegs.GPAPUD.bit.GPIO1 = 0;
    GpioCtrlRegs.GPAPUD.bit.GPIO2 = 0;
    GpioCtrlRegs.GPAPUD.bit.GPIO3 = 0;
    GpioCtrlRegs.GPAMUX1.bit.GPIO0 = 1;                // Configure GPIO0 as EPWM1A
    GpioCtrlRegs.GPAMUX1.bit.GPIO1 = 1;
    GpioCtrlRegs.GPAMUX1.bit.GPIO2 = 1;
    GpioCtrlRegs.GPAMUX1.bit.GPIO3 = 1;                // Configure GPIO3 as EPWM2B
    EDIS;
    EALLOW;
    SysCtrlRegs.PCLKCR0.bit.TBCLKSYNC = 0;
    EDIS;
    //////////// EPWM1AB 设置 ////////////
    // Setup TBCLK
    EPwm1Regs.TBPRD = EPWM_TBPRD;                      // 周期设置
    EPwm1Regs.TBPHS.half.TBPHS = 0x0000;               // Phase is 0
    EPwm1Regs.TBCTR = 0x0000;                          // Clear counter
    // Set Compare values
    EPwm1Regs.CMPA.half.CMPA = 0;                      // Set compare A value
    EPwm1Regs.CMPB = 0;                                // Set compare A value
    // 设置计数模式
    EPwm1Regs.TBCTL.bit.CTRMODE = TB_COUNT_UP;         // 向上计数
    EPwm1Regs.TBCTL.bit.PHSEN = TB_DISABLE;            // Disable phase loading
```

```
    EPwm1Regs.TBCTL.bit.HSPCLKDIV = TB_DIV1;          // Clock ratio to SYSCLKOUT
    EPwm1Regs.TBCTL.bit.CLKDIV = TB_DIV1;
    // Setup shadowing
    EPwm1Regs.CMPCTL.bit.SHDWAMODE = CC_SHADOW;
    EPwm1Regs.CMPCTL.bit.SHDWBMODE = CC_SHADOW;
    EPwm1Regs.CMPCTL.bit.LOADAMODE = CC_CTR_ZERO;     // Load on Zero
    EPwm1Regs.CMPCTL.bit.LOADBMODE = CC_CTR_ZERO;
    // Set actions
    EPwm1Regs.AQCTLA.bit.ZRO = AQ_SET;                // 计数值等于 0 时,PWM 为高
    EPwm1Regs.AQCTLA.bit.CAU = AQ_CLEAR;              // 计数值等于 CMPA 时,PWM 为低
    EPwm1Regs.AQCTLB.bit.ZRO = AQ_SET;                // 计数值等于 0 时,PWM 为高
    EPwm1Regs.AQCTLB.bit.CBU = AQ_CLEAR;              // 计数值等于 CMPA 时,PWM 为低
    // Interrupt where we will change the Compare Values
    EPwm1Regs.ETSEL.bit.INTSEL = ET_CTR_ZERO;         // INT on Zero event
    EPwm1Regs.ETSEL.bit.INTEN = 1;                    // Enable INT
    EPwm1Regs.ETPS.bit.INTPRD = ET_1ST;               // Generate INT on 3rd event
    //////////// EPWM2AB 设置 ////////////
    // Setup TBCLK
    EPwm2Regs.TBPRD = EPWM_TBPRD;                     // 周期设置
    EPwm2Regs.TBPHS.half.TBPHS = 0x0000;              // Phase is 0
    EPwm2Regs.TBCTR = 0x0000;                         // Clear counter
    // Set Compare values
    EPwm2Regs.CMPA.half.CMPA = 0;                     // Set compare A value
    EPwm2Regs.CMPB = 0;                               // Set compare A value
    // Setup counter mode
    EPwm2Regs.TBCTL.bit.CTRMODE = TB_COUNT_UP;        // Count up
    EPwm2Regs.TBCTL.bit.PHSEN = TB_DISABLE;           // Disable phase loading
    EPwm2Regs.TBCTL.bit.HSPCLKDIV = TB_DIV1;          // Clock ratio to SYSCLKOUT
    EPwm2Regs.TBCTL.bit.CLKDIV = TB_DIV1;
    // Setup shadowing
    EPwm2Regs.CMPCTL.bit.SHDWAMODE = CC_SHADOW;
    EPwm2Regs.CMPCTL.bit.SHDWBMODE = CC_SHADOW;
    EPwm2Regs.CMPCTL.bit.LOADAMODE = CC_CTR_ZERO;     // Load on Zero
    EPwm2Regs.CMPCTL.bit.LOADBMODE = CC_CTR_ZERO;
    // Set actions
    EPwm2Regs.AQCTLA.bit.ZRO = AQ_SET;                // 计数值等于 0 时,PWM 为高
    EPwm2Regs.AQCTLA.bit.CAU = AQ_CLEAR;              // 计数值等于 CMPA 时,PWM 为低
    EPwm2Regs.AQCTLB.bit.ZRO = AQ_SET;                // 计数值等于 0 时,PWM 为高
    EPwm2Regs.AQCTLB.bit.CBU = AQ_CLEAR;              // 计数值等于 CMPA 时,PWM 为低
    EALLOW;
    SysCtrlRegs.PCLKCR0.bit.TBCLKSYNC = 1;
    EDIS;
    //////////// 中断设置 ////////////
    EALLOW;
    PieVectTable.EPWM1_INT = &DC_Motor_isr;           // 在中断中进行换向以及调速操作
    EDIS;
    IER |= M_INT3;
    PieCtrlRegs.PIEIER3.bit.INTx1 = 1;
}
```

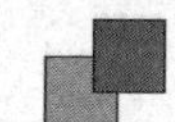

代码35为直流电机换向以及调速程序，第一个函数设置电机转动方向，为1时正转，为0时反转；第二个函数设置输出PWM占空比的大小，直接设置EPWM模块计数器的比较值就行，当计数值小于比较值时，PWM为高电平，否则为低电平。

代码35：

```
// 换向、调速函数
// direction:  1 正转;        0 反转
// duty:        PWM 占空比,        0.00~1.00
void Motor_speed(char direction,float duty)
{
    if(direction = = 1)
    {
        EPwm1Regs.CMPB = 0;
        EPwm2Regs.CMPA.half.CMPA = 0;
        delay_ms(1);
        EPwm1Regs.CMPA.half.CMPA = EPWM_TBPRD * duty;
        EPwm2Regs.CMPB = EPWM_TBPRD * duty;
    }
    else if(direction = = 0)
    {
        EPwm1Regs.CMPA.half.CMPA = 0;
        EPwm2Regs.CMPB = 0;
        delay_ms(1);
        EPwm1Regs.CMPB = EPWM_TBPRD * duty;
        EPwm2Regs.CMPA.half.CMPA = EPWM_TBPRD * duty;
    }
}
```

此外，根据前面对驱动芯片IR2110的介绍可知，可通过对芯片SD引脚的电平控制实现对电机是否工作的控制。SD引脚硬件上由DSP的GPIO7控制，建立如代码36所示的宏定义，以便程序中实现对电机启动与停止的控制。

代码36：

```
#define Motor_Turn_On   GpioDataRegs.GPACLEAR.bit.GPIO7 = 1   // 电机启动
#define Motor_Turn_Off GpioDataRegs.GPASET.bit.GPIO7 = 1      // 停止
```

直流电机开环调速实验能够实现对电机的转向控制以及转速的开环控制。电机的转动方向是通过按键1实现的，每次按下后，电机进行一次换向。而电机的转速可通过调压电位器进行调节，通过调节调压电位器使得PWM占空比在0～1之间变化，从而实现速度的调节。电机转向和PWM的占空比通过OLED模块进行实时显示。如代码37所示为直流电机开环调速实验主函数的程序段，在for死循环中不断进行按键检测以及数据显示，其中变量direction和duty分别为转向和占空比的全局变量。

代码37：

```
for(;;)
```

```
{
    if(Get_Button_State(1))                        // 按键 1 被按下
    {
        direction = 1 - direction;                 // 换向
    }
    OLED_ShowNum(80,2,direction);                  // 显示电机转向
    OLED_Showfloat(80,4,duty,2);                   // 显示电机转速
    delay_ms(50);                                  // 延时 50 ms 刷新
}
```

在 PWM 的中断服务程序中进行转向和速度的调整操作，由于 PWM 的周期为 200 μs，所以每 200 μs 进入一次中断服务程序，通过 count 计数实现换向、调速操作周期的控制。代码 38 所示的中断服务程序中设置每 100 ms 进行一次方向和速度的调节，直接读取调压电位器对应的 A/D 转换结果并除以 4 095 可得到 0～1 之间变换的一个值，调用该值作为 PWM 占空比，从而实现电机转速的调节。

代码 38：

```
#pragma CODE_SECTION(DC_Motor_isr,"ramfuncs")
interrupt void DC_Motor_isr(void)
{
    count++;                          // 每进入一次中断,count 递增 1 200 μs 进入一次中断
    if(count % 500 == 0)              // 每 100ms 进行一次转速转向的调整
    {
        duty = (float)DMABuf[0]/4095;
        Motor_speed(direction,duty);// 执行
    }
    EPwm1Regs.ETCLR.bit.INT = 1;
    PieCtrlRegs.PIEACK.all = PIEACK_GROUP3;
}
```

直流电机开环实验 OLED 显示界面如图 7-31 所示。实际操作过程中，可通过按键 1 实现对转向的调节，通过调压电位器实现对转速的调节，相应的转向以及占空比参数在 OLED 上实时更新。

图 7-31　直流电机开环调速 OLED 显示界面

3. PID 算法及其软件实现

PID 算法是控制领域运用最普遍的一种闭环控制算法，它具有原理简单、易于实现、应用面广、参数选定比较简单等优点。PID 控制器存在位置式和增量式两种形式，其基本原理在第 1 章已经有了详细介绍，在此不再赘述。

为将 PID 在 DSP 中实现，首先建立包含 PID 算法中相关参数的结构体，如代码 39 所示。

代码 39：

```
typedef struct
{
    float P;                    // P 参数
    float I;                    // I 参数
    float D;                    // D 参数
    float Error;                // 当前偏差
    float PreError;             // 上次的偏差
    float PrePreError;          // 上上次的偏差
    float Integ;                // 积分计算
    float Deriv;                // 微分计算
    float Limit_min;            // 输出限幅下限
    float Limit_max;            // 输出限幅上限
    float Output;               // PID 输出结果
}PID_Typedef;
```

代码 40 为对 PID 进行参数设置的函数，该函数对 PID 控制器的 P 参数、I 参数、D 参数以及 PID 输出的上下限进行设置。

代码 40：

```
// >> >> >> >> >> >> >> >> >> >> PID 参数设定 <<<<<<<<<<<<<<<<<< //
void PID_Config(PID_Typedef * PID,float P,float I,float D,float min,float max)
{
    PID- > P = P;
    PID- > I = I;
    PID- > D = D;
    PID- > Limit_min = min;
    PID- > Limit_max = max;
}
```

代码 41 为离散位置型 PID 算法的计算函数，该函数函参 1 为要进行计算的 PID 名称，函参 2 为输出设定值，函参 3 为实际输出的测量值，函参 4 为采样时间，单位为 ms。PID. Output 即为计算结果。

代码 41：

```
// >> >> >> >> >> >> >> >> >> >> 位置式 PID 计算 <<<<<<<<<<<<<<<<< //
void Pos_PID_Cal(PID_Typedef * PID,float target,float measure,Uint32 dertT)
{
    float dt = dertT * 1000.0;                                    // 采样时间:ms
```

```
    PID - > Error = target - measure;                    // 当前偏差
    PID - > Integ = (PID - > Integ) + (PID - > Error) * dt; // 积分累加
    PID - > Deriv = (PID - > Error - PID - > PreError)/dt;   // 微分计算
    PID - > Output = (PID - > P * PID - > Error) + (PID - > I * PID - > Integ) +
    (PID - > D * PID - > Deriv);                         // 位置型 PID 计算
    // 限幅
    if(PID - > Output > PID - > Limit_max)
    {
        PID - > Output = PID - > Limit_max;
    }
    if(PID - > Output < PID - > Limit_min)
    {
        PID - > Output = PID - > Limit_min;
    }
    PID - > PreError = PID - > Error;                    // 偏差传递
}
```

代码 42 为离散增量型 PID 算法的计算函数。

代码 42：

```
//> >> > > > > > > > > > > > > >增量式 PID 计算 < < < < < < < < < < < < //
void Inc_PID_Cal(PID_Typedef * PID,float target,float measure)
{
    PID - > PrePreError = PID - > PreError;              // 偏差传递
    PID - > PreError = PID - > Error;                    // 偏差传递
    PID - > Error = target - measure;                    // 偏差传递
    PID - > Output + = (PID - > P * PID - > Error - PID - > I * PID - > PreError
                + PID - > D * PID - > PrePreError);      // 增量型 PID 计算
    // 限幅
    if(PID - > Output > PID - > Limit_max)
    {
        PID - > Output = PID - > Limit_max;
    }
    if(PID - > Output < PID - > Limit_min)
    {
        PID -  >Output = PID -  >Limit_min;
    }
}
```

4. 直流电机转速闭环代码解析

设计直流电机闭环调速实验，按键 1 依旧为电机转向的控制按键，不同的是调压电位器调整的不再是 PWM 的占空比，而是直流电机速度的设定值。要实现对直流电机的闭环调速，首先得实现对直流电机转速的测量。实验采用的直流电机自带编码器，通过 DSP 的 EQep 模块可以很方便地实现对直流电机转速的测量。DSP 的 EQep 模块初始化设置函数如代码 43 所示。

代码43：

```
void  QEP_Init(void)
{
    EALLOW;
    GpioCtrlRegs.GPAPUD.bit.GPIO20 = 0;             // GPIO20 (EQEP1A)
    GpioCtrlRegs.GPAPUD.bit.GPIO21 = 0;             // GPIO21 (EQEP1B)
    GpioCtrlRegs.GPAPUD.bit.GPIO22 = 0;             // GPIO22 (EQEP1S)
    GpioCtrlRegs.GPAPUD.bit.GPIO23 = 0;             // GPIO23 (EQEP1I)

    GpioCtrlRegs.GPAQSEL2.bit.GPIO20 = 0;           // GPIO20 (EQEP1A)
    GpioCtrlRegs.GPAQSEL2.bit.GPIO21 = 0;           // GPIO21 (EQEP1B)
    GpioCtrlRegs.GPAQSEL2.bit.GPIO22 = 0;           // GPIO22 (EQEP1S)
    GpioCtrlRegs.GPAQSEL2.bit.GPIO23 = 0;           // GPIO23 (EQEP1I)

    GpioCtrlRegs.GPAMUX2.bit.GPIO20 = 1;            // Configure GPIO20 as EQEP1A
    GpioCtrlRegs.GPAMUX2.bit.GPIO21 = 1;            // Configure GPIO21 as EQEP1B
    GpioCtrlRegs.GPAMUX2.bit.GPIO22 = 1;            // Configure GPIO22 as EQEP1S
    GpioCtrlRegs.GPAMUX2.bit.GPIO23 = 1;            // Configure GPIO23 as EQEP1I
    EDIS;

    EQep1Regs.QUPRD = 1500000;                      // Unit Timer for 100Hz at 150MHz
    EQep1Regs.QDECCTL.bit.QSRC = 00;                // QEP quadrature count mode
    EQep1Regs.QEPCTL.bit.FREE_SOFT = 2;
    EQep1Regs.QEPCTL.bit.PCRM = 00;                 // QPOSCNT reset on index evnt
    EQep1Regs.QEPCTL.bit.UTE = 1;                   // Unit Timer Enable
    EQep1Regs.QEPCTL.bit.QCLM = 1;                  // Latch on unit time out
    EQep1Regs.QPOSMAX = 0xffffffff;
    EQep1Regs.QEPCTL.bit.QPEN = 1;                  // QEP enable
    EQep1Regs.QCAPCTL.bit.UPPS = 5;                 // 1/32 for unit position
    EQep1Regs.QCAPCTL.bit.CCPS = 7;                 // 1/128 for CAP clock
    EQep1Regs.QCAPCTL.bit.CEN = 1;                  // QEP Capture Enable
}
```

如图7-32所示为直流电机编码器接线说明，其中信号A输出点和信号B输出点分别接到EQep1的EQEP1A和EQEP1B，也就是DSP的GPIO20和GPIO21引脚。编码器的电源V_{CC}接3.3 V，电机电源接直流母线电压24 V。

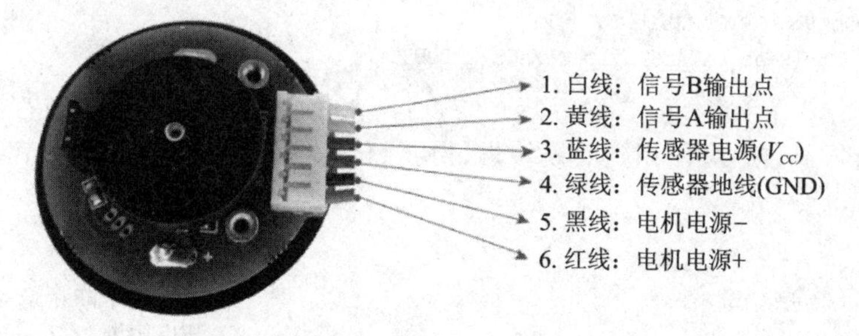

图7-32　直流电机编码器接线说明图

直流电机每转 1 圈，EQep 计数寄存器 EQep1Regs. QPOSCNT 计数值增加 400，而程序设计每隔 50 ms 进行一次速度测量及 PID 运算，从而计算可得电机转速（r/min）为相邻两次 EQep1Regs. QPOSCNT 计数值的差值的 3 倍。电机转速计算的函数如代码 44 所示。

代码 44：

```
Uint32 Motor_speed_cal(void)// 1 圈计数 400，返回转速(r/min)
{
    Uint32 speed;
    speed_cnt_last = speed_cnt_now;
    speed_cnt_now = (unsigned int)EQep1Regs.QPOSCNT;
    speed = abs(speed_cnt_now - speed_cnt_last) * 3;
    return speed;
}
```

与开环调速类似，在 EPWM 中断服务程序中进行速度计算以及 PID 调节，电机设定速度由电位器调节给定，该段程序如代码 45 所示。

代码 45：

```
#pragma CODE_SECTION(DC_Motor_isr,"ramfuncs")
interrupt void DC_Motor_isr(void)
{
    count++;                        // 每进入一次中断，count 递增 1 200 μs
    if(count % 500 = = 0)           // 每 50 ms 测量转速并进行 PID 运算
    {
        if(count % 250 = = 0)       // 每 50 ms 测量一次转速
        {
            // 电位器调节设定转速
            motor_speed_set = (float)DMABuf[0]/4095 * 1600;
            motor_speed = Motor_speed_cal();                                // 测量转速
            Inc_PID_Cal(&Speed_PID,motor_speed_set,motor_speed);           // PID 计算
            duty = Speed_PID.Output;
            Motor_speed(direction,duty);                                    // 执行
        }
            count = 0;
    }
    EPwm1Regs.ETCLR.bit.INT = 1;
    PieCtrlRegs.PIEACK.all = PIEACK_GROUP3;
}
```

在 main 函数中对使用到的模块进行初始化设置，该段程序如代码 46 所示。

代码 46：

```
Init_Led();                                        // LED 初始化
InitPieVectTable();                                // 初始化中断相量表
EnableInterrupts();                                // 开启中断
OLED_Init();                                       // OLED 初始化
Adc_Init();                                        // ADC_DMA 初始化
```

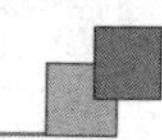

```
ADC_DMA_Config();
IR2110_EnPin();                                          // IR2110 使能控制引脚设置
Motor_Init();                                            // DC_Motor 初始化
// 设定直流电机初始转向和转速
direction = 0;
duty = 0;
Motor_speed(direction,duty);
QEP_Init();                                              // EQep 设置
PID_Config(&Speed_PID,0.0001,0.00001,0,0.05,0.98);     // PID 参数设置
Motor_Turn_On;                                           // 使能 IR2110 驱动电机
... ...
for(;;)
{
    if(Get_Button_State(1))                              // 按键 1 被按下
    {
        direction = 1 - direction;                       // 换向
    }
    OLED_ShowNum(80,2,motor_speed_set);                  // 显示电机设定转速
    OLED_ShowNum(80,4,motor_speed);                      // 显示电机实际转速
    OLED_Showfloat(80,6,duty,2);                         // 显示 PWM 占空比
    delay_ms(50);                                        // 延时 50 ms 刷新
}
```

如图 7-33 所示为直流电机闭环调速实验中 OLED 模块显示界面。实际调速过程中，通过调节电位器，实现对直流电机速度给定的调节，实测转速会快速跟随给定转速，并且偏差较小，从而实现对直流电机速度的闭环控制。

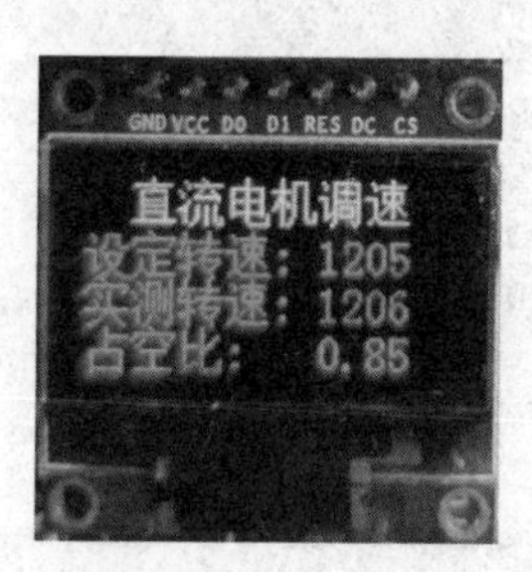

图 7-33　直流电机闭环调速 OLED 显示界面

7.4.3　异步电机调速设计

三相异步电机可以通过调节电机控制器输出三相电压的幅值或者频率来进行调速。电机控制器使用 SVPWM 算法产生三相正弦电压驱动异步电机，输出交流正弦电压的幅值和频率可以通过调压电位器和调频电位器进行调节，也可以通过按键进行调节。本小节介绍 120°坐标系下的 SVPWM 算法的软件实现，以及通过电位器进行调压调频或通过按键进行调压调频的实现过程。

1. 120°坐标系下 SVPWM 算法软件实现

这里不详细进行 SVPWM 算法原理的讲解，而主要介绍如何在 DSP 中实现 SVPWM 算法，使三相桥式电路产生正弦电压。SVPWM 算法在逆变中的本质作用是计算获得功率管门极 PWM 信号，也就是在合适的时刻对相应的功率管进行开通或者关断操作。通过 SVPWM 算法，功率管开通和关断的实际 DSP 会自动运算出来，而需要提供给 DSP 的只是输出交流电压的幅值和频率以及功率管的开关频率。

同样使用 DSP 的 EPWM 模块产生 PWM 信号，使用 DSP 的 EPWM1A/EPWM1B、EPWM2A/EPWM2B、EPWM3A/EPWM3B 分别产生控制 A 相桥臂、B 相桥臂、C 相桥臂的 PWM 信号，为防止同相桥臂直通，同相桥臂 PWM 信号应互补且带有几个微秒的死区。如代码 47 所示为 EPWM1A/EPWM1B 的初始化设置程序，其他两相 EPWM 设置与之类似。

代码 47：

```
void InitEPwm1Example()
{
    // 设置时钟
    EPwm1Regs.TBPRD = EPWM1_TBPRD;                    // 周期设置
    EPwm1Regs.TBPHS.half.TBPHS = 0x0000;              // Phase is 0
    EPwm1Regs.TBCTR = 0x0000;                         // Clear counter
    // 设置初始比较值
    EPwm1Regs.CMPA.half.CMPA = EPWM1_TBPRD * 0.5;     // Set compare A value
    EPwm1Regs.CMPB = EPWM1_TBPRD * 0.5;               // Set Compare B value
    // 设置计数模式，上下计数
    EPwm1Regs.TBCTL.bit.CTRMODE = TB_COUNT_UPDOWN;    // Count updown
    EPwm1Regs.TBCTL.bit.PHSEN = TB_DISABLE;           // Disable phase loading
    EPwm1Regs.TBCTL.bit.HSPCLKDIV = TB_DIV1;          // Clock ratio to SYSCLKOUT
    EPwm1Regs.TBCTL.bit.CLKDIV = TB_DIV1;
    // Setup shadowing
    EPwm1Regs.CMPCTL.bit.SHDWAMODE = CC_SHADOW;
    EPwm1Regs.CMPCTL.bit.SHDWBMODE = CC_SHADOW;
    EPwm1Regs.CMPCTL.bit.LOADAMODE = CC_CTR_ZERO;     // Load on Zero
    EPwm1Regs.CMPCTL.bit.LOADBMODE = CC_CTR_ZERO;
    // 设置 PWM 动作方式，上下桥臂动作方式相反，从而互补
    EPwm1Regs.AQCTLA.bit.CAU = AQ_SET;                // 向上计数等于比较值 A 时为 1
    EPwm1Regs.AQCTLA.bit.CAD = AQ_CLEAR;              // 向下计数等于比较值 A 时为 0
    EPwm1Regs.AQCTLB.bit.CBU = AQ_CLEAR;              // 向上计数等于比较值 B 时为 0
    EPwm1Regs.AQCTLB.bit.CBD = AQ_SET;                // 向下计数等于比较值 B 时为 1
    // 设置死区
    EPwm1Regs.DBCTL.bit.IN_MODE = DBA_ALL;
    EPwm1Regs.DBCTL.bit.OUT_MODE = DB_FULL_ENABLE;
    EPwm1Regs.DBCTL.bit.POLSEL = DB_ACTV_HIC;
    EPwm1Regs.DBFED = DB;
    EPwm1Regs.DBRED = DB;
    // 设置中断
    EPwm1Regs.ETSEL.bit.INTSEL = ET_CTR_ZERO;         // INT on Zero event
```

```
    EPwm1Regs.ETSEL.bit.INTEN = 1;                  // Enable INT
    EPwm1Regs.ETPS.bit.INTPRD = ET_1ST;             // Generate INT on 3rd event
}
```

代码 47 中 DB 为死区相关寄存器的值，EPWM1_TBPRD 为 EPWM 周期寄存器的值，该值可控制功率管的开关频率，从而可根据所需的开关频率在 epwm.h 中设置该值，相关程序如代码 48 所示。

代码 48：

```
#define EPWM1_TBPRD   75000000/fc        // epwm 周期寄存器值
#define EPWM2_TBPRD   75000000/fc        // epwm 周期寄存器值
#define EPWM3_TBPRD   75000000/fc        // epwm 周期寄存器值
#define DB            450                // 死区时间 3 μs：150 对应 1 μs
```

这个 EPWM 模块初始化程序如代码 49 所示。在该程序中，对使用的 EPWM 引脚进行复用设置，对 EPWM 模块进行基础配置，并重定义了 EPWM 的中断服务程序入口，在每个 PWM 调制完成后进入中断中进行 SVPWM 算法运算，并更新 EPWM 比较寄存器的值；也即是说，若开关频率为 10 kHz，则每个 PWM 的周期为 100 μs，也就是每隔 100 μs 就进入中断服务程序。

代码 49：

```
void Epwm_Init(void)
{
    // pwm_GPIO 设置
    InitEPwm1Gpio();
    InitEPwm2Gpio();
    InitEPwm3Gpio();;
    EALLOW;
    SysCtrlRegs.PCLKCR0.bit.TBCLKSYNC = 0;
    EDIS;
    // EPWM 设置
    InitEPwm1Example();
    InitEPwm2Example();
    InitEPwm3Example();
    EALLOW;
    SysCtrlRegs.PCLKCR0.bit.TBCLKSYNC = 1;
    EDIS;
    // 定义 EPWM1 中断入口
    EALLOW;
    PieVectTable.EPWM1_INT = &epwm1_isr;     // 在 PWM1 中断中执行 SVPWM 算法
    EDIS;
    IER |= M_INT3;
    PieCtrlRegs.PIEIER3.bit.INTx1 = 1;
}
```

在 svpwm.h 中对 SVPWM 算法的一些基本参数进行宏定义，从而为后续修改时提供很大便利，相关参数以及定义如代码 50 所示。代码 50 中 Udc 和 Um 决定调制比，也就是当直流母线电压为 300 V、Um 为 150 V 时，输出相电压峰值理论上能达到 150 V；当直流母线电压变化时，输出按正比变化。

代码 50：

```
#define pi      3.1415926
#define Udc     300.0                       // 直流母线电压
#define Um      150.0                       // 输出相电压峰值
#define f       50.0                        // 输出正弦频率
#define fc      10000.0                     // 功率管开关频率
#define Ts      1/fc                        // 调制周期
```

根据 120°坐标系下 SVPWM 算法的求解步骤，可得代码 51 所示的 SVPWM 程序。EPWM2 和 EPWM3 寄存器的设置和 EPWM1 类似。由于 EPWM 模块设置为增减计数方式，因而 PWM 的一个调制周期长度的计数为 2 倍的 EPWM1_TBPRD，当计数器数值等于比较寄存器的值时，PWM 波形根据设置发生翻转。通过代码 51 所示的 SVPWM 算法可计算获得时间域上翻转时刻 t_a 的值，根据正比关系，可得比较寄存器的值应为 150 000 000 * ta。

代码 51：

```
void sinABC(float t)                                    // 产生调制波
{
    sinA = Um * sin(2 * pi * f * t);
    sinB = Um * sin(2 * pi * f * t - 2 * pi/3);
    sinC = Um * sin(2 * pi * f * t + 2 * pi/3);
}
void Get_N(void)                                        // 获得空间矢量所在扇区
{
    int i,j;
    float x,y,z,x1,x2;
    x = (sinA - sinC);
    y = (sinB - sinA);
    z = (sinC - sinB);
    if(x > 0&&z < = 0)
    {
        x1 = x;
        x2 = - z;
        i = 1;
    }
    else if(y > 0&&x < = 0)
    {
        x1 = y;
        x2 = - x;
        i = 2;
    }
    else if(z > 0&&y < = 0)
    {
        x1 = z;
```

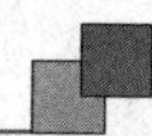

```
        x2 = - y;
        i = 3;
    }
    if(x1 > x2)
    {
        j = 1;
    }
    else
    {
        j = 2;
    }
    m = x1/Udc;
    n = x2/Udc;
    N = 2 * (i - 1) + j;
}
void Get_Tq_Tr(void)                                    // 求解矢量作用时间
{
    float T1,T2;
    T1 = m * Ts;
    T2 = n * Ts;
    if(N = = 2||N = = 4||N = = 6)
    {
        Tq = T1;
        Tr = T2 - T1;
    }
    else
    {
        Tq = T2;
        Tr = T1 - T2;
    }
}
void Get_t123(void)                                     // 求解开关时刻
{
    float Tq1,Tr1,t1,t2,t3;
    Tq1 = Tq;
    Tr1 = Tr;
    if(Tq + Tr > Ts)                                    // 过调制调整
    {
        Tq1 = (Tq * Ts)/(Tq + Tr);
        Tr1 = (Tr * Ts)/(Tq + Tr);
    }
    t1 = 0.25 * (Ts - Tq1 - Tr1);
    t2 = t1 + 0.5 * Tr;
    t3 = t2 + 0.5 * Tq;
    switch(N)                                           // 根据所在扇区分配时间
    {
        case 1: t_a = t1; t_b = t2; t_c = t3;break;
        case 2: t_a = t2; t_b = t1; t_c = t3;break;
        case 3: t_a = t3; t_b = t1; t_c = t2;break;
        case 4: t_a = t3; t_b = t2; t_c = t1;break;
```

```
        case 5: t_a = t2; t_b = t3; t_c = t1;break;
        case 6: t_a = t1; t_b = t3; t_c = t2;break;
    }
}
void svpwm(void)                                          // 120°坐标系下 SVPWM 算法实现
{
    t = Ts * d;                                           // 根据调制周期增大时间值
    sinABC(t);                                            // 产生调制波
    Get_N();                                              // 获得空间矢量所在扇区
    Get_Tq_Tr();                                          // 求解矢量作用时间
    Get_t123();                                           // 求解开关时刻
    compare1 = t_a * 150000000;        // 将时间时刻转换为 EPWM 模块的比较寄存器中的值
    compare2 = t_b * 150000000;        // 将时间时刻转换为 EPWM 模块的比较寄存器中的值
    compare3 = t_c * 150000000;        // 将时间时刻转换为 EPWM 模块的比较寄存器中的值
    d++;
    if(d >= fc/f) d = 0;                                  // 一圈结束,开始新的一圈
}
```

根据设置,当 EPWM 计数器的值为 0 时,也即是每个调制周期结束后将进入 EPWM 中断,在中断中进行下一次 SVPWM 算法计算,调节 EPWM 比较寄存器的值,从而调节各相功率管 PWM 的翻转时刻。EPWM 中断服务程序如代码 52 所示。

代码 52:

```
interrupt void epwm1_isr(void)
{
    svpwm();                                        // SVPWM 算法运算
    // 将计算的比较值赋予相关寄存器
    EPwm1Regs.CMPA.half.CMPA = compare1;            // Set compare A value
    EPwm1Regs.CMPB = compare1;
    EPwm2Regs.CMPA.half.CMPA = compare2;            // Set compare A value
    EPwm2Regs.CMPB = compare2;
    EPwm3Regs.CMPA.half.CMPA = compare3;            // Set compare A value
    EPwm3Regs.CMPB = compare3;
    EPwm1Regs.ETCLR.bit.INT = 1;                    // 清除中断
    // Acknowledge this interrupt to receive more interrupts from group 3
    PieCtrlRegs.PIEACK.all = PIEACK_GROUP3;
}
```

2. 电位器实现交流调压调频

通过对代码 50 中 Um 和 f 的修改,可以实现对逆变输出的交流电压的幅值和频率进行调节。为了能够实时控制逆变器输出交流电压的幅值和频率,可以通过电位器模拟输入的大小对 Um 和 f 进行动态调节。因此需要修改的程序为代码 53 中的 sinABC(t)这个用于产生参考正弦交流电压的函数,该函数中 Um 和 f 不再是通过宏定义给定,而是通过电位器模拟电压进行调节给定,修改后的函数如代码 53 所示。该代码中 Um_max 和 f_ max 为运行输出交流电压的幅值最大值和频率最大值,在

svpwm.h中进行宏定义，并且通过限定幅值进行输出最大幅值、最小幅值以及频率的限定。

代码53：

```
// 产生调制波
void sinABC(float t)
{
    // 电位器调压调频
    Um = (float)DMABuf[0]/4095 * Um_max;
    f = (float)DMABuf[2]/4095 * f_max;
    // 限定幅值
    if(f < 30) f = 30;
    else if(f > 500) f = 500;
    if(Um < 30) Um = 30;
    else if(Um > 170) Um = 170;
    // 生产调制波
    sinA = Um * sin(2 * pi * f * t);
    sinB = Um * sin(2 * pi * f * t - 2 * pi/3);
    sinC = Um * sin(2 * pi * f * t + 2 * pi/3);
}
```

前面说过，Um并不是实际输出电压幅值大小，而是一个与输出幅值相关的参数。真正决定输出电压幅值的量为调制比，定义调制比 k 为

$$k = \frac{U_{\mathrm{m}}}{\frac{2}{3}U_{\mathrm{dc}}} \tag{7-7}$$

也即是在程序中Udc和Um共同决定输出幅值的大小。SVPWM算法输出交流线电压峰值最大能够等于直流母线电压，也就是相电压最大能达到直流母线电压的 $1/\sqrt{3}$。

如图7-34所示为电位器调压调频操作OLED显示界面，在调节调压电位器和调频电位器时，OLED将显示交流输出的实时频率和调制比。

图7-34 电位器调压调频OLED显示界面

3. 按键实现交流调压调频

除了使用电位器外，还能使用按键实现调压调频，4 个按键可分别实现增加调制比、减小调制比、增大频率和减小频率。调制比的调节步长设为 0.05，由于频率的设置范围较宽，因此可通过拨码开关设置频率的调节步长，4 位拨码开关分别代表步长的百位、十位、个位以及十分位；上拨相应位为 1，否则为 0。频率调节步长获取程序如代码 54 所示。

代码 54：

```
// 通过拨码开关获得频率调节的步长
float Get_Step(void)
{
    float Value;
    Value = (1 - GpioDataRegs.GPBDAT.bit.GPIO52) * 100
         + (1 - GpioDataRegs.GPBDAT.bit.GPIO53) * 10
         + (1 - GpioDataRegs.GPBDAT.bit.GPIO54)
         + (1 - GpioDataRegs.GPBDAT.bit.GPIO55) * 0.1;
    return Value;
}
```

在 main()函数中进行按键的扫描以及步长的调节，该程序如代码 55 所示。由于 Udc 等于 300，因此调制比调节步长为 0.05 时，Um 的调节步长应为 10。由于 Um 和 f 为全局变量，调节的结果会在中断中进行 SVPWM 算法运算时被采用，从而能够实现按键对交流电压输出幅值和频率的调节。

代码 55：

```
// 设置初始频率和幅值参数
f = 50;
Um = 100;
Motor_Turn_On;                                  // 使能 IR2110 驱动电机
for(;;)
{
    step = Get_Step();                          // 获取步长
    if(Get_Button_State(1))
    {
        Um + = 10;
    }
    if(Get_Button_State(3))
    {
        Um - = 10;
    }
    if(Get_Button_State(2))
    {
        f + = step;
    }
    if(Get_Button_State(4))
    {
```

```
        f - = step;
    }
    OLED_Showfloat(80,2,f,1);              // 频率
    OLED_Showfloat(80,4,Um/Udc * 1.5,3);   // 调制比
    OLED_Showfloat(80,6,step,1);
    delay_ms(100);
}
```

如图 7-35 所示为按键实现交流调压调频的 OLED 显示界面，交流电压频率、调制比和频率调节步长会在 OLED 上进行实时显示。

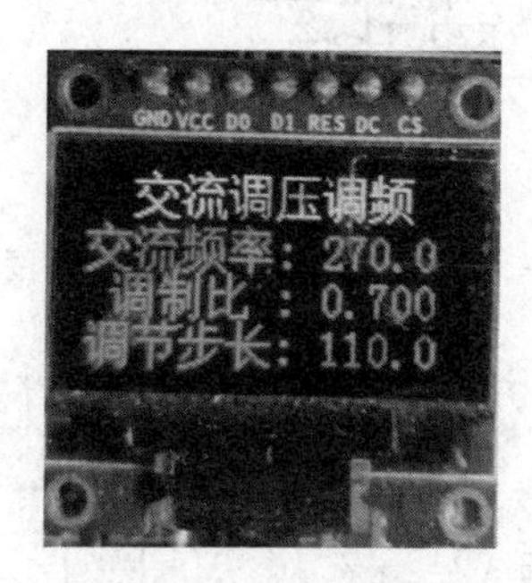

图 7-35 按键调压调频 OLED 显示界面

7.5 通信系统设计

电机控制器的通信系统是控制器与外界沟通的桥梁，实际应用中经常需要在控制器与上位机、控制器与控制器之间进行数据交换，从而实现对电机控制系统的监控以及控制器间协同工作。串口通信（SCI）和 CAN 通信是电机控制器上常用的两种通信方式；这里介绍串口通信和 CAN 通信的硬件电路设计以及在 DSP 上如何用软件实现数据发送和接收。

7.5.1 SCI 通信及 CAN 通信硬件电路设计

SCI 通信采用 SP3232E 系列串口通信芯片，该芯片为 2 驱动器/2 接收器的 RS-232 收发器，在 +3.3～+5.0 V 内的某个电压下发送符合 RS-232 的信号。SP3232E 芯片的外围电路如图 7-36 所示。SCIRX 和 SCITX 分别接到 GPIO62 和 GPIO63 引脚，这两个引脚为 SCIC 模块中的可复用引脚。

CAN 通信芯片采用 TJA1040，该芯片的外围电路如图 7-37 所示，电路中 CAN_RX 和 CAN_TX 分别接到 GPIO30 和 GPIO31 引脚，这两个引脚为 CANA 模块中的可复用引脚。

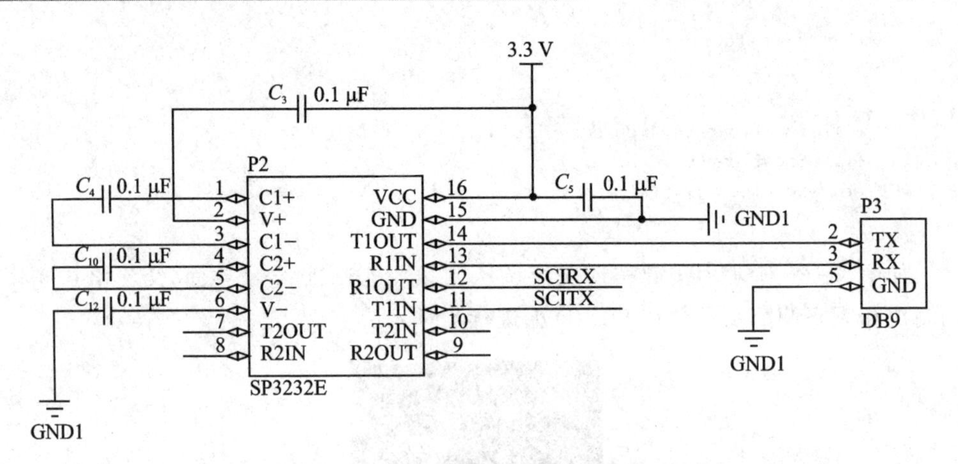

图 7-36 串口芯片 SP3232E 外围电路

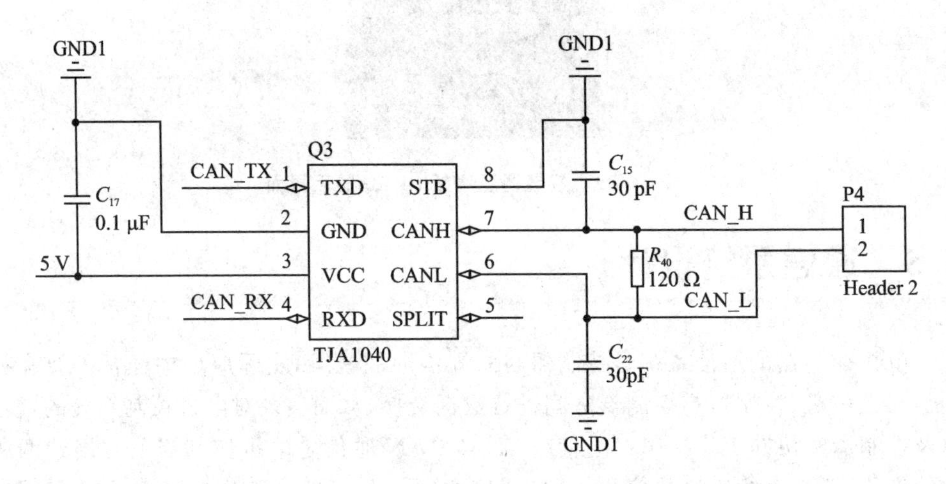

图 7-37 CAN 芯片 TJA1040 外围电路

7.5.2 SCI 通信软件代码解析

SCI 通信芯片与 DSP 的 GPIO62、GPIO63 引脚相连，这两个引脚为 SCI 复用引脚，通过复用这两个引脚，并配置 SCI 通信的一些基本设置完成 SCI 初始化。如代码 56 所示为 SCI 初始化程序，该程序中设置串口通信：8 个数据位，1 个停止位，无奇偶校验位，波特率为 115 200。波特率寄存器数值等于 37.5 MHz/(8×波特率)－1，结果四舍五入取整。程序中使能接收中断，当接收到数据时将进入接收中断。

代码 56：

```
void Scic_Init(void)
{
    ///////////// GPIO 设置 ///////////////
      EALLOW;
    GpioCtrlRegs.GPBPUD.bit.GPIO62 = 0;            // 上拉 GPIO62 (SCIRX)
```

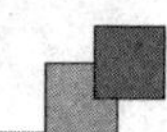

```
    GpioCtrlRegs.GPBPUD.bit.GPIO63 = 0;           // 上拉 GPIO63 (SCITX)
    GpioCtrlRegs.GPBQSEL2.bit.GPIO62 = 3;         // GPIO62 (SCIRXDC)
    GpioCtrlRegs.GPBMUX2.bit.GPIO63 = 1;          // 引脚复用 GPIO63(ScicTx)
    GpioCtrlRegs.GPBMUX2.bit.GPIO62 = 1;          // 引脚复用 GPIO62(ScicRx)
    EDIS;
    ///////////// sci 设置 //////////////
    ScicRegs.SCICCR.bit.STOPBITS = 0;             // 1 位停止位
    ScicRegs.SCICCR.bit.PARITYENA = 0;            // 禁止极性功能
    ScicRegs.SCICCR.bit.LOOPBKENA = 0;            // 禁止回环测试模式
    ScicRegs.SCICCR.bit.ADDRIDLE_MODE = 0;        // 空闲线模式
    ScicRegs.SCICCR.bit.SCICHAR = 7;              // 8 位数据位
    ScicRegs.SCICTL1.bit.TXENA = 1;               // SCIA 发送使能
    ScicRegs.SCICTL1.bit.RXENA = 1;               // SCIA 接收使能
    ScicRegs.SCICTL2.bit.RXBKINTENA = 1;
    ScicRegs.SCIHBAUD = 0;
    ScicRegs.SCILBAUD = 0x28;                     // 波特率为 115 200
    ScicRegs.SCIFFRX.all = 0x0028;
    ScicRegs.SCIFFCT.all = 0x00;
    ScicRegs.SCICTL1.all = 0x0023;                // Relinquish SCI from Reset
    EALLOW;
    PieVectTable.SCIRXINTC = &scicRxFifoIsr;
    EDIS;
    PieCtrlRegs.PIECTRL.bit.ENPIE = 1;            // Enable the PIE block
    PieCtrlRegs.PIEIER8.bit.INTx5 = 1;            // sci - c rx - interupt
    IER| = M_INT8;                                // 第 8 组中断使能
}
```

代码57的两个程序用于检测DSP是否可以进行发送或接收数据，若可以则返回1，否则返回0。

代码57：

```
// 检测是否可以发送数据
int ScicTx_Ready(void)
{
    int i;
    // 发送缓冲寄存器为空,可以接收下一个待发送数据
    if(ScicRegs.SCICTL2.bit.TXRDY = = 1)
    {
        i = 1;
    }
    else
    {
        i = 0;
    }
    return i;
}
// 检测是否可以接收数据
int ScicRx_Ready(void)
{
    int i;
```

```
    if(ScicRegs.SCIRXST.bit.RXRDY = = 1)    // 接收缓冲寄存器有数据,可以读取
    {
        i = 1;
    }
    else
    {
        i = 0;
    }
    return i;
}
```

代码 58 为 SCI 发送一个字节的程序,程序中判断 DSP 是否满足发送数据条件,不满足则等待继续判断,否则发送一个字节数据,返回 1。如果到达一定次数仍然不满足,则认为无法发送跳出程序,发送失败,返回 0。

代码 58:

```
// 发送一个字节,返回 1:成功发送;返回 0:发送失败
int ScicTx_Byte(char data)
{
    int i;
    for(i = 0;i < 100;)                          // 如果不满足发送条件,继续检测
    {
        if(ScicTx_Ready() = = 1)                 // 可以发送
        {
            ScicRegs.SCITXBUF = data;            // 发送
            while(! ScicTx_Ready());             // 等待发送完成
            return 1;
        }
        else
        {
                i+ + ;                           // 等待
        }
    }
    return 0;
}
```

代码 59 实现多个字节发送,函参 n 为发送的字节数量,buf 为数组名。发送成功返回 1,失败返回 0。

代码 59:

```
// 发送多个数据,n:数据个数;buf:数组名
// 返回 1:成功发送;返回 0:发送失败
int ScicTx_ByteS(int n,unsigned char * buf)
{
    int i,j;
    for(i = 0;i < n;i+ + )                              // 发送数据量
    {
        for(j = 0;j < 100;)                             // 等待次数
        {
```

```
            if(ScicTx_Ready() = = 1)                    // 可以发送
            {
                ScicRegs.SCITXBUF = * buf;
                buf + + ;                               // 指向下一个字节数据
                while(! ScicTx_Ready());                // 等待发送完一个字节
                break;
            }
            else
            {
                j+ + ;                                  // 等待
            }
            return 1;
        }
    }
    return 0;
}
```

实际应用中等待轮询进行接收数据会影响系统的效率，一般采用中断方式进行数据的接收。在 SCI 初始化程序里已经使能了接收中断，在 DSP 接收数据时可通过中断服务程序进行数据的接收，该中断服务程序如代码 60 所示。

代码 60：

```
interrupt void scicRxFifoIsr(void)
{
    unsigned char Res;
    Uint16 i;
    Res = ScicRegs.SCIRXBUF.all;
    ScicRegs.SCIFFRX.bit.RXFFOVRCLR = 1;          // Clear Overflow flag
    ScicRegs.SCIFFRX.bit.RXFFINTCLR = 1;          // Clear Interrupt flag
    PieCtrlRegs.PIEACK.all| = PIEACK_GROUP8;      // Issue PIE ack
}
```

实际应用中，并不是以一个数据为单位进行发送的，而是根据通信协议以帧为单位进行发送的。每帧数据含有多个字节，每个不同字节位置的数据又有不同的含义，这些都在通信协议中进行了定义。因此，中断接收应该能够实现一帧数据的接收才更有实际应用价值。

代码 61 提供了一帧数据接收的程序方案，该方案通过对两个字节帧结束符的判断完成一帧数据的接收；也就是说，中断服务程序中不断接收并将接收的数据存放在 USART_RX_BUF[i]数组中，该帧数据的数据长度为 USART_RX_STA，每接收一个数据，USART_RX_STA 加 1。此外，USART_RX_STA 最高两 bit 还作为是否接收到结束符的标志位，当接收到第一个结束符时，USART_RX_STA 的次高位为 1，在此基础上，如果下个字节接收到第二个结束符，则 USART_RX_STA 的最高位为 1，说明一帧数据接收完成。也就是说只有接收到连续两个字节数据与设定的结束符相同，才认为一帧数据接收完成。结束符设定等相关数据的设定如代码 62 所示，可按需要进行修改。

代码 61：

```
interrupt void scicRxFifoIsr(void)
{
    unsigned char Res;
    Uint16 i;
    Res = ScicRegs.SCIRXBUF.all;
    if((USART_RX_STA&0x8000)! = 0)     // 上一帧数据接收完成,新的一帧数据开始接收
    {
        for(i = 0;i < USART_REC_LEN;i + + )
        {
            USART_RX_BUF[i] = 0;
        }
        USART_RX_STA = 0;                  // 清零
    }
    if((USART_RX_STA&0x8000) = = 0)     // 接收未完成
    {
        // 接收到了 byte1,如果再接收到 byte2 就完成了一帧数据的接收工作
        if(USART_RX_STA&0x4000)
        {
            if(Res! = byte2)               // 不是结束符 byte2,接收未结束
            {
                USART_RX_STA = USART_RX_STA&0xbfff;
                USART_RX_BUF[USART_RX_STA&0X3FFF] = byte1;
                USART_RX_STA + + ;
                if(Res = = byte1)USART_RX_STA| = 0x4000;
                else
                {
                    USART_RX_BUF[USART_RX_STA&0X3FFF] = Res;
                    USART_RX_STA + + ;
                    if((USART_RX_STA&0X3FFF) > (USART_REC_LEN - 1))
                    {
                        USART_RX_STA = 0;
                    }
                }
            }
            else USART_RX_STA| = 0x8000;        // 是结束符 byte2,一帧数据接收完成
        }
        else                                    // 正常接收
        {
            if(Res = = byte1)USART_RX_STA| = 0x4000;        // 接收到结束符 byte1,标志
            else
            {
                USART_RX_BUF[USART_RX_STA&0X3FFF] = Res;
                USART_RX_STA + + ;
                if((USART_RX_STA&0X3FFF) > (USART_REC_LEN - 1))
                {
                    USART_RX_STA = 0;
                }
            }
```

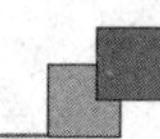

```
        }
    }
    ScicRegs.SCIFFRX.bit.RXFFOVRCLR = 1;        // Clear Overflow flag
    ScicRegs.SCIFFRX.bit.RXFFINTCLR = 1;        // Clear Interrupt flag
    PieCtrlRegs.PIEACK.all| = PIEACK_GROUP8;    // Issue PIE ack
}
```

代码 62：

```
// 结束符定义：每帧数据必须以 0x0d 0x0a 结束
#define byte1 0x0d
#define byte2 0x0a
#define USART_REC_LEN  20                        // 一帧数据最大接收字数为 20
extern Uint16 USART_RX_STA;                      // 接收状态标记
extern Uint16 USART_RX_BUF[USART_REC_LEN];       // 接收缓存
```

7.5.3　电机控制器 SCI 通信协议

通信协议是与控制器进行通信的关键，只有根据通信协议才能知道控制器发出的每帧数据各个字节代表什么含义，才能对电机控制器发送正确的控制指令。这里采用自由口通信，也即通信协议可自由进行设计及定义。设定每帧数据（无论是控制器发送的数据还是接收的数据）包含 10 个字节，每帧数据最后 2 个字节为帧结束符，前8 个字节用于帧 ID 的设置以及指令或数据的存放。这里以直流电机调速系统和三相逆变器为例，建立对应的通信协议，从而可通过串口通信对直流电机的启停、转速、转向进行设置，对三相逆变器的频率、调制比进行设置，并能够将直流电机或者三相逆变器的各项数据通过串口通信反馈给触摸屏（HMI）等监控设备。

HMI 下发启停指令、HMI 下发电机速度指令、HMI 下发电机换向指令、HMI 下发调压调频指令、DSP 上传直流电机数据、DSP 上传三相交流电压、DSP 上传三相交流电流、DSP 上传直流母线电压电流的指令分别如表 7－7～表 7－14 所列。

表 7－7　HMI 下发启停指令

HMI 下发启停指令		
Byte0	ID0	0x11
Byte1	ID1	0x92
Byte2	启/停	0：停止　1：启动
Byte3	0x00	0x00
Byte4	0x00	0x00
Byte5	0x00	0x00
Byte6	0x00	0x00
Byte7	0x00	0x00

续表 7-7

HMI 下发启停指令		
Byte8	帧结束符	0x0d
Byte9		0x0a

表 7-8　HMI 下发电机速度指令

HMI 下发电机速度指令		
Byte0	ID0	0x12
Byte1	ID1	0x92
Byte2	0x00	0x00
Byte3	0x00	0x00
Byte4	电机转速设定值	数据低 8 位
Byte5		数据高 8 位
Byte6	0x00	0x00
Byte7	0x00	0x00
Byte8	帧结束符	0x0d
Byte9		0x0a

表 7-9　HMI 下发电机换向指令

HMI 下发电机换向指令		
Byte0	ID0	0x13
Byte1	ID1	0x92
Byte2	电机旋转方向	0 或 1
Byte3	0x00	0x00
Byte4	0x00	0x00
Byte5	0x00	0x00
Byte6	0x00	0x00
Byte7	0x00	0x00
Byte8	帧结束符	0x0d
Byte9		0x0a

表 7-10　HMI 下发调压调频指令

HMI 下发调压调频指令		
Byte0	ID0	0x14
Byte1	ID1	0x92

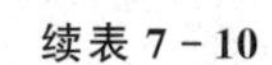

续表 7-10

HMI 下发调压调频指令		
Byte2	电压调节系数	0～100
Byte3	0x00	0x00
Byte4	频率	数据低 8 位
Byte5		数据高 8 位
Byte6	0x00	0x00
Byte7	0x00	0x00
Byte8	帧结束符	0x0d
Byte9		0x0a

表 7-11　DSP 上传直流电机数据

DSP 上传直流电机数据		
Byte0	ID0	0x01
Byte1	ID1	0x92
Byte2	方向	0 或 1
Byte3	0x00	0x00
Byte4	直流电机转速	数据低 8 位
Byte5		数据低 8 位
Byte6	PWM 占空比×100	PWM 占空比×100
Byte7	0x00	0x00
Byte8	帧结束符	0x0d
Byte9		0x0a

表 7-12　DSP 上传三相交流电压

DSP 上传三相交流电压		
Byte0	ID0	0x02
Byte1	ID1	0x92
Byte2	*A* 相电压×10	数据低 8 位
Byte3		数据高 8 位
Byte4	*B* 相电压×10	数据低 8 位
Byte5		数据高 8 位
Byte6	*A* 相电压×10	数据低 8 位
Byte7		数据高 8 位

续表 7-12

DSP 上传三相交流电压		
Byte8	帧结束符	0x0d
Byte9		0x0a

表 7-13 DSP 上传三相交流电流

DSP 上传三相交流电流		
Byte0	ID0	0x03
Byte1	ID1	0x92
Byte2	A 相电流×100	数据低 8 位
Byte3		数据高 8 位
Byte4	B 相电流×100	数据低 8 位
Byte5		数据高 8 位
Byte6	A 相电流×100	数据低 8 位
Byte7		数据高 8 位
Byte8	帧结束符	0x0d
Byte9		0x0a

表 7-14 DSP 上传直流母线电压电流

DSP 上传直流母线电压电流		
Byte0	ID0	0x04
Byte1	ID1	0x92
Byte2	直流电压×10	数据低 8 位
Byte3		数据高 8 位
Byte4	直流电流×100	数据低 8 位
Byte5		数据高 8 位
Byte6	0x00	0x00
Byte7	0x00	0x00
Byte8	帧结束符	0x0d
Byte9		0x0a

7.5.4 电机控制器 SCI 通信协议的代码实现

1. 直流电机调速系统

直流电机调速系统通过检测 HMI 发送的启停、调速、换向指令对直流电机进行

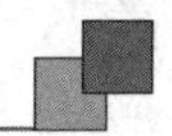

控制,并将实际转速和PWM的占空比发送到HMI。代码63为DSP上传直流电机数据的程序。

代码63:

```
// 直流电机数据上传到HMI
void Motor_To_HMI(void)
{
    unsigned char Tx_buff[10];
    // 帧ID
    Tx_buff[0] = 0x01;
    Tx_buff[1] = 0x92;
    // 电机转向
    Tx_buff[2] = direction;
    Tx_buff[3] = 0x00;
    // 电机转速
    Tx_buff[4] = (int)motor_speed&0xff;                // 电机速度低字节
    Tx_buff[5] = ((int)motor_speed >> 8)&0xff;         // 电机速度高字节
    // PWM占空比
    Tx_buff[6] = duty * 100;
    Tx_buff[7] = 0x00;
    // 帧尾
    Tx_buff[8] = 0x0d;
    Tx_buff[9] = 0x0a;
    ScicTx_ByteS(10,Tx_buff);                          // 发送
}
```

代码64实现对接收指令的检测以及执行,首先检测是否完成一帧数据的接收,如果完成一帧数据接收,则根据帧ID进行相应的操控,并将直流电机的相关信息在OLED上进行显示。

代码64:

```
while(1)
{
    inverter.voltage_dc = (Get_Average(&DMABuf[12 * k],2)/4095 * 3) * 210;
    inverter.current_dc = ((Get_Average(&DMABuf[13 * k],2)/4095 * 3) - 2.5)/0.185;
    if((USART_RX_STA&0x8000))              // 只有接收完一帧数据才执行
    {
        // ID = 0x1192:启动/停止
        if(USART_RX_BUF[0] == 0x11&&USART_RX_BUF[1] == 0x92)
        {
            state = USART_RX_BUF[2];
            if(state)
            {
                Motor_Turn_On;             // 启动
            }
            else
            {
                Motor_Turn_Off;            // 停止
```

```
            }
        }
        // ID = 0x1292:调速
        else if(USART_RX_BUF[0] = = 0x12&&USART_RX_BUF[1] = = 0x92)
        {
            motor_speed_set = USART_RX_BUF[4] + USART_RX_BUF[5] * 256;
        }
        // ID = 0x1392:换向
        else if(USART_RX_BUF[0] = = 0x13&&USART_RX_BUF[1] = = 0x92)
        {
            direction = USART_RX_BUF[2];
        }
    }
    OLED_Showfloat(72,6,duty,2,16);
    OLED_ShowNum(72,4,motor_speed,16);
    OLED_ShowNum(72,2,motor_speed_set,16);
    delay_ms(200);
}
```

代码 65 为 DSP 将检测的三相交流电压信息上传给 HMI 的程序。

代码 65：

```
// DSP 上传交流电压电流到 HMI
void AC_Voltage_To_HMI(void)
{
    unsigned char Tx_buff[10];
    // 帧 ID
    Tx_buff[0] = 0x02;
    Tx_buff[1] = 0x92;
    // A 相电压
    Tx_buff[2] = (int)(inverter.voltage_a * 10)&0xff;
    Tx_buff[3] = ((int)(inverter.voltage_a * 10) >> 8)&0xff;
    // B 相电压
    Tx_buff[4] = (int)(inverter.voltage_b * 10)&0xff;
    Tx_buff[5] = ((int)(inverter.voltage_b * 10) >> 8)&0xff;
    // C 相电压
    Tx_buff[6] = (int)(inverter.voltage_b * 10)&0xff;
    Tx_buff[7] = ((int)(inverter.voltage_b * 10) >> 8)&0xff;
    // 帧尾
    Tx_buff[8] = 0x0d;
    Tx_buff[9] = 0x0a;
    ScicTx_ByteS(10,Tx_buff);// 发送
}
```

代码 66 为 DSP 将检测的三相交流电流信息上传给 HMI 的程序。

代码 66：

```
// DSP 上传交流电流到 HMI
void AC_Current_To_HMI(void)
{
```

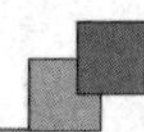

```
    unsigned char Tx_buff[10];
    // 帧 ID
    Tx_buff[0] = 0x03;
    Tx_buff[1] = 0x92;
    // A 相电流
    Tx_buff[2] = (int)(inverter.current_a * 100)&0xff;
    Tx_buff[3] = ((int)(inverter.current_a * 100) >> 8)&0xff;
    // B 相电流
    Tx_buff[4] = (int)(inverter.current_b * 100)&0xff;
    Tx_buff[5] = ((int)(inverter.current_b * 100) >> 8)&0xff;
    // C 相电流
    Tx_buff[6] = (int)(inverter.current_c * 100)&0xff;
    Tx_buff[7] = ((int)(inverter.current_c * 100) >> 8)&0xff;
    // 帧尾
    Tx_buff[8] = 0x0d;
    Tx_buff[9] = 0x0a;
    ScicTx_ByteS(10,Tx_buff);           // 发送
}
```

代码67为DSP将检测的直流母线电压电流信息上传给HMI的程序。

代码67：

```
// DSP上传直流电压电流到HMI
void DC_Power_To_HMI(void)
{
    unsigned char Tx_buff[10];
    // 帧 ID
    Tx_buff[0] = 0x04;
    Tx_buff[1] = 0x92;
    // 直流电压
    Tx_buff[2] = (int)(inverter.voltage_dc * 10)&0xff;
    Tx_buff[3] = ((int)(inverter.voltage_dc * 10) >> 8)&0xff;
    // B 相电压
    Tx_buff[4] = (int)(inverter.current_dc * 100)&0xff;
    Tx_buff[5] = ((int)(inverter.current_dc * 100) >> 8)&0xff;
    // C 相电压
    Tx_buff[6] = 0x00;
    Tx_buff[7] = 0x00;
    // 帧尾
    Tx_buff[8] = 0x0d;
    Tx_buff[9] = 0x0a;
    ScicTx_ByteS(10,Tx_buff);           // 发送
}
```

代码68实现对调压调频指令的检测与执行操作，并将相关数据在OLED上进行显示。

代码68：

```
while(1)
{
```

```
    if((USART_RX_STA&0x8000))      // 只有接收完一帧数据才执行
    {
        // ID = 0x1492:调压调频
        if(USART_RX_BUF[0] == 0x14&&USART_RX_BUF[1] == 0x92)
        {
            Um = Um_set * (float)USART_RX_BUF[2]/100.0;
            f = (USART_RX_BUF[4] + USART_RX_BUF[5] * 256);
        }
    }
    OLED_Display();
    delay_ms(200);
}
```

7.5.5 CAN 通信软件代码解析

CAN 总线是工业中应用非常广泛的一种现场总线。CAN 总线结构简单，只需两根线即可实现网络间多个节点相互通信，并且网络内的节点数量理论上不受限制，最大传输距离可达 10 km。CAN 总线适用于大数据量短距离通信或者小数据量长距离通信，实时性要求比较高，经常在多主多从或者各个节点平等的现场中使用。新能源汽车中，电机控制器通过 CAN 总线实现与外界通信。

DSP 有专门的 CAN 模块实现 CAN 通信，相比于 SCI 通信，CAN 通信要方便得多。CAN 总线上的数据传输以帧为单位，每个 CAN 帧都有各自的帧 ID 和帧数据。帧 ID 为 11 位为标准帧，帧 ID 为 29 位为扩展帧，通过帧 ID 来识别该 CAN 帧的功能。每个 CAN 帧最多可包含 8 个字节的数据，在实际应用中，通过产品的 CAN 通信协议可分析每个字节或者每位数据所代表的含义。形象点说，CAN 高和 CAN 低这两根线相当于快递公司的物流，每个 CAN 节点相当于收发快递的服务点，而 CAN ID 就相当于快递的信息，CAN 数据相当于快递的内容，任何节点都能在 CAN 总线上收发数据；有点不同的是，收货人并不是唯一的，每个节点都可以根据帧 ID 决定是否接收该帧数据。

这里主要讲解如何通过 DSP 实现 CAN 数据的收发及其相关代码分析。代码 69 为 CAN 初始化程序，使用的是 CANA 模块，复用引脚为 GPIO30 和 GPIO31。初始化中设置邮箱 0 和邮箱 5 为发送邮箱，邮箱 16 为接收邮箱，并设置邮箱的初始 ID。USE_CAN0INT 为 CAN 是否使用中断的宏定义标志，设置为 1 则为可接收状态。

代码 69：

```
void Can_Init_a(void)
{
    struct ECAN_REGS ECanaShadow;
    EALLOW;
    DisableDog();
    EALLOW;
```

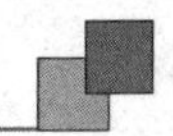

```
    InitECanGpio();                              // 初始化 CAN 的 IO 口
    InitECan();                                  // 初始化 CAN,在里面修改波特率
    EALLOW;
    // >>>>>>>>>>>>>>>>>>> 设置邮箱方向 <<<<<<<<<<<<<<<<<<<<//
    ECanaShadow.CANMD.all = ECanaRegs.CANMD.all;
    // 发送邮箱
    ECanaShadow.CANMD.bit.MD0 = 0;
    ECanaShadow.CANMD.bit.MD5 = 0;
    // 接收邮箱
    ECanaShadow.CANMD.bit.MD16 = 1;
    ECanaRegs.CANMD.all = ECanaShadow.CANMD.all;
    // >>>>>>>>>>>>>>>>> 设置邮箱数据字节数 <<<<<<<<<<<<<<<<<<<//
    ECanaMboxes.MBOX0.MSGCTRL.bit.DLC = 8;
    ECanaMboxes.MBOX5.MSGCTRL.bit.DLC = 8;
    ECanaMboxes.MBOX16.MSGCTRL.bit.DLC = 8;
    // >>>>>>>>>>>>>>>> 设置邮箱初始 ID 及数据 <<<<<<<<<<<<<<<<<//
    // 接收邮箱 ID 设置!!!!!
    ECanaMboxes.MBOX16.MSGID.all = 0x80000016;
    // 发送邮箱 ID 设置
    ECanaMboxes.MBOX0.MSGID.all = 0x80001990;
    ECanaMboxes.MBOX5.MSGID.all = 0x80001995;
    // >>>>>>>>>>>>>>>>>>> 使能 <<<<<<<<<<<<<<<<<<<//
    ECanaShadow.CANME.all = ECanaRegs.CANME.all;
    ECanaShadow.CANME.bit.ME0 = 1;
    ECanaShadow.CANME.bit.ME5 = 1;
    ECanaShadow.CANME.bit.ME16 = 1;
    ECanaRegs.CANME.all = ECanaShadow.CANME.all;
    EDIS;
#if USE_CAN0INT
    EALLOW;
    ECanaRegs.CANMIM.all = 0xFFFFFFFF;
    ECanaRegs.CANMIL.all = 0;
    ECanaShadow.CANGIM.all = ECanaRegs.CANGIM.all;
    ECanaShadow.CANGIM.bit.I0EN = 1;
    ECanaRegs.CANGIM.all = ECanaShadow.CANGIM.all;
    EDIS;
    PieCtrlRegs.PIEIER9.bit.INTx5 = 1;           // 使能 PIE 中断
    IER| = M_INT9;                               // 使能 CPU 中断
#endif
}
```

在 DSP28335x_ECAN.c 中修改 CAN 通信的波特率，相关代码在 InitECana()中修改，相关程序如代码 70 所示。在 TSEG1REG 和 TSEG2REG 分别为 10 和 2 的情况下，可通过修改 BRPREG 来修改波特率，实际波特率应等于 5 000k/(BRPREG+1)，代码 70 设置的波特率为 500 kbps。

代码 70：

```
#if (CPU_FRQ_150MHZ)
// Bit rate = 5M/(9 + 1) = 500 kbps
```

```
ECanaShadow.CANBTC.bit.BRPREG = 9;
ECanaShadow.CANBTC.bit.TSEG2REG = 2;
ECanaShadow.CANBTC.bit.TSEG1REG = 10;
#endif
```

代码 71 实现一帧数据的发送，能够直接在函参中设置该帧数据的 CANID、8 个字节数据以及发送该帧数据的邮箱，不过该邮箱应先在 CAN 初始化时进行相关设置。

代码 71：

```
// >>>>>>>>>>> 设置 box 邮箱的 id,并发送数据 datal 和 datah <<<<<<<<<<<< //
// box——邮箱;id——数据 ID;datah——高 32 位数据;datal——低 32 位数据
int Cana_Send_Msg(int box,Uint32 id,Uint32 datal,Uint32 datah)
{
    struct ECAN_REGS ECanaShadow;
    volatile struct MBOX * boxp;
    int i;
    i = 0;
    id = id|0x80000000;                                   // 使用扩展帧
    EALLOW;
    ECanaShadow.CANME.all = ECanaRegs.CANME.all;
    ECanaRegs.CANME.all = 0;                  // Required before writing the MSGIDs
    boxp = &ECanaMboxes.MBOX0;
    boxp + = box;
    ( * boxp).MSGID.all = id;                             // 设置 ID
    // 设置数据
    ( * boxp).MDL.all = datal;
    ( * boxp).MDH.all = datah;
    // 使能
    ECanaShadow.CANME.all| = (Uint32)(0x01 << box);
    ECanaRegs.CANME.all = ECanaShadow.CANME.all;
    EDIS;
    // 发送
    ECanaShadow.CANTRS.all = (Uint32)(0x01 << box);
    ECanaRegs.CANTRS.all| = ECanaShadow.CANTRS.all;       // 请求发送
    do
    {
        ECanaShadow.CANTA.all = ECanaRegs.CANTA.all;
        i++;
        if(i > = 1000) return 1;                          // 发送出错!!
    }while(((ECanaShadow.CANTA.all)&(0x01 << box)) == 0);   // 等待发送完成
    ECanaShadow.CANTA.all = 0;
    ECanaShadow.CANTA.all = (Uint32)(0x01 << box);
    ECanaRegs.CANTA.all| = ECanaShadow.CANTA.all;         // 清除响应标志
    return 0;
}
```

当 DSP 在 CAN 总线上接收到与接收邮箱 ID 一致的 CAN 帧时，进入 CAN 接收中断，在中断服务程序中进行数据的接收工作，并对相应的中断标志进行清除复

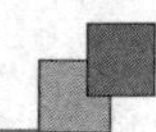

位，中断服务程序如代码 72 所示。

代码 72：

```
interrupt void ECAN0INTA_ISR(void)                    // eCAN - A
{
# if USE_CAN0INT
    struct ECAN_REGS ECanaShadow;
    ECanaShadow.CANRMP.all = ECanaRegs.CANRMP.all;
    if(ECanaShadow.CANRMP.bit.RMP16 = = 1 )
    {
        ECanaShadow.CANRMP.bit.RMP16 = 1;        // 复位 RMP 标志
        ECanaRegs.CANRMP.all = ECanaShadow.CANRMP.all;
        Rec_l = ECanaMboxes.MBOX16.MDL.all;
        Rec_h = ECanaMboxes.MBOX16.MDH.all;
    }
    PieCtrlRegs.PIEACK.bit.ACK9 = 1;
    EINT;
# endif
}
```

代码 73 实现在 main 函数中不断通过邮箱 0 和邮箱 5 发送 CAN 帧，能够非常方便地实现 CAN ID 和数据的修改。

代码 73：

```
while(1)
{
    Cana_Send_Msg(5, 0x05,0x12345678,0x19920427);        // BOX5 发送数据
    delay_ms(1000);
    Cana_Send_Msg(0, 0x0a,0x01020304,0x05060708);        // BOX0 发送数据
    delay_ms(1000);
}
```

附　　录

以 TMS320F28335 为核心的最小的硬件电路图及 PCB 图如附图 1 和附图 2 所示。

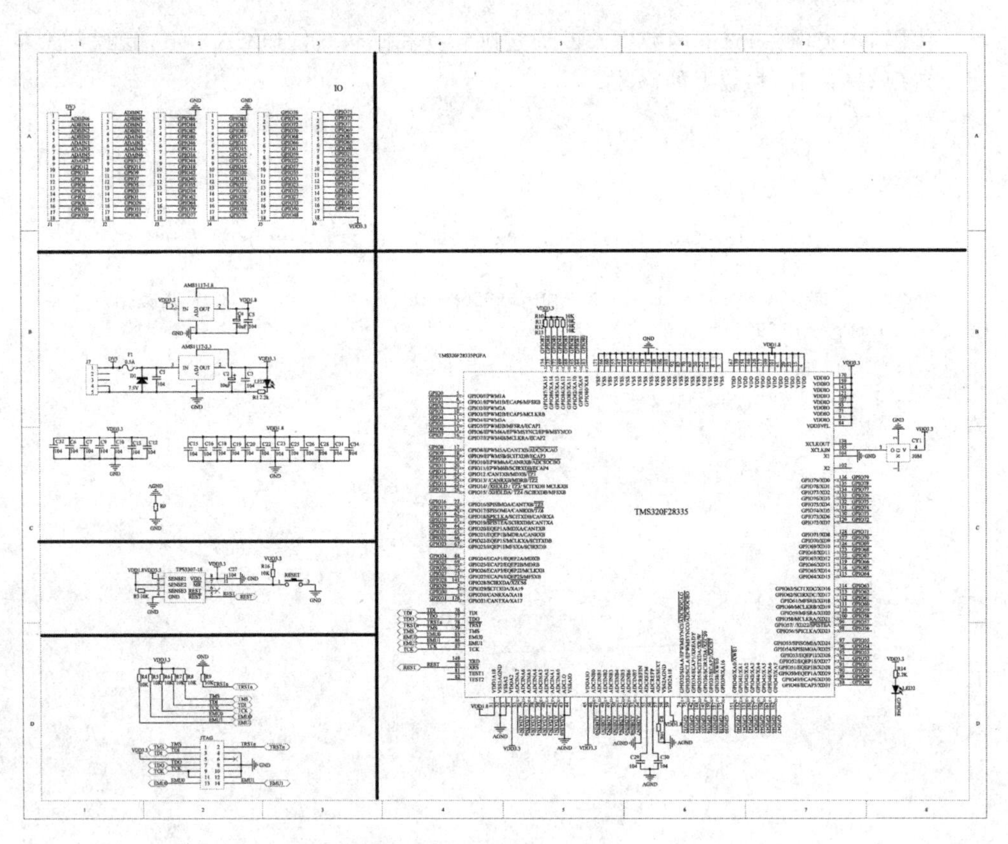

附图 1　硬件电路图

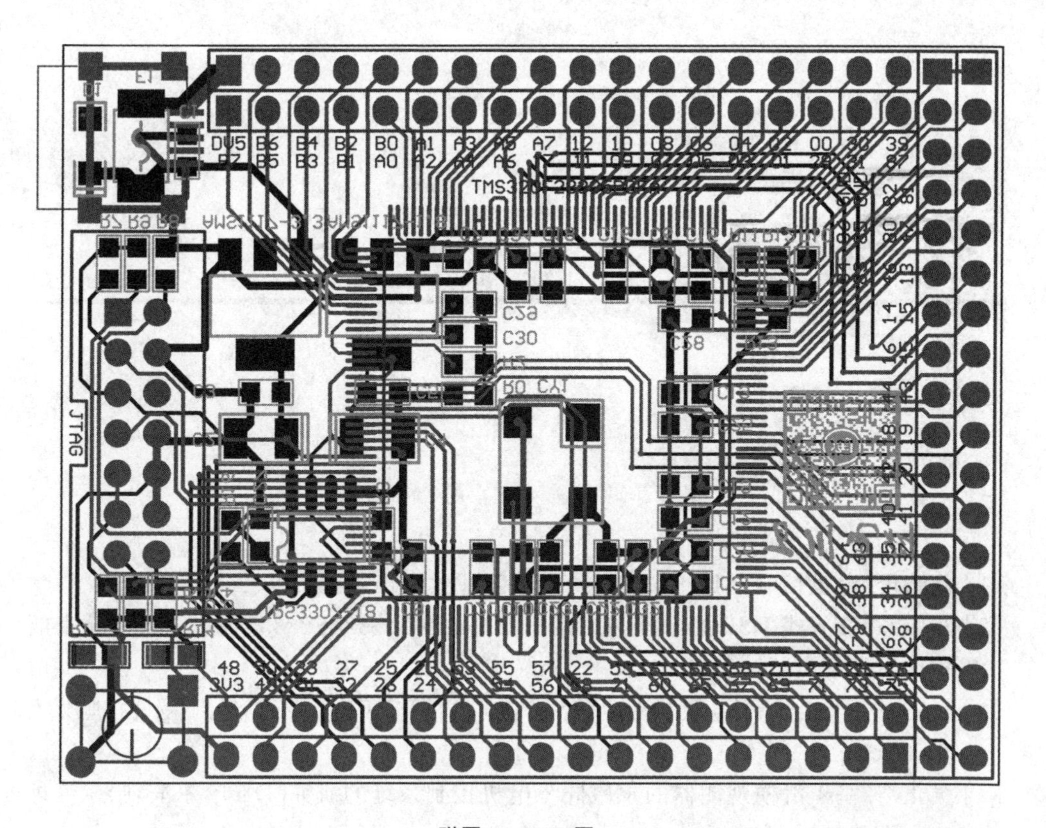

附图 2　PCB 图

参考文献

[1] 高晗璎.电机控制[M].哈尔滨:哈尔滨工业大学出版社,2018.

[2] 马骏杰.嵌入式DSP的原理与应用——基于TMS320F28335[M].北京:北京航空航天大学出版社,2016.

[3] 任志冰.六相永磁电机控制及容错技术的研究[D].哈尔滨:哈尔滨理工大学,2019.

[4] 吴正浩.基于滑模观测器的永磁同步电机控制系统的研究[D].哈尔滨:哈尔滨理工大学,2019.

[5] 王光,王旭东,马骏杰,等.一种快速SVPWM算法及其过调制策略研究[J].电力系统保护与控制,2019,47(3):142-151.

[6] 周凯,孙彦成,王旭东,等.永磁同步电机的自抗扰控制调速策略[J].电机与控制学报,2018,22(2):57-63.

[7] 毛亮亮,王旭东.一种新颖的分段式优化最大转矩电流比算法[J].中国电机工程学报,2016,36 (5):1404-1412.